U0199226

国家林业局普通高等教育"十三五"规划教材
高等院校水土保持与荒漠化防治专业教材

复合农林学

主　编　朱清科
副主编　张　岩　赵雨森　薛智德

中国林业出版社

内容提要

本书作为高等院校农林类专业及相关学科使用的专业课教材，力求向学生全面介绍复合农林学基本知识、基本理论以及复合农林经营和管理的基本方法。第 1 章系统介绍了复合农林系统的基本概念、历史沿革及其在国民经济中的作用和地位；第 2 章全面介绍了作为复合农林系统研究和经营在生态学、系统工程学、生态经济学以及可持续发展等方面的理论基础；第 3 章介绍了国内外农林复合系统的分类与分区；第 4 章介绍了我国主要的农林复合模式；第 5 章介绍了农林复合系统规划设计的原则、方法以及新技术应用；第 6 章介绍了调控与管理的机理和技术；第 7 章介绍了农林复合系统监测与效益评价的方法和典型案例。

本书在系统归纳总结国内外复合农林学研究成果的基础上，引用典型案例分析，突出了理论与实践紧密结合的特色。本书适用于农学、林学、水土保持与荒漠化防治、农业资源与环境、土地资源管理等专业本科生、专科生，也可作为研究生教学参考书，或作为从事相关领域科学研究、教学、管理及生产实践人员的参考用书。

图书在版编目（CIP）数据

复合农林学/朱清科 主编 . —北京：中国林业出版社，2015.12
国家林业局普通高等教育"十三五"规划教材　高等院校水土保持与荒漠化防治专业教材
ISBN 978-7-5038-8359-0

Ⅰ . ①复…　Ⅱ . ①朱…　Ⅲ . ①农学 – 高等学校 – 教材②林学 – 高等学校 – 教材　Ⅳ . ①S3②S7

中国版本图书馆 CIP 数据核字（2015）第 311519 号

国家林业局生态文明教材及林业高校教材建设项目

中国林业出版社·教育出版分社

策划编辑：肖基浒　　　　　　　　**责任编辑**：张　佳　肖基浒
电　　话：83143555　83143561　　**传　　真**：83143516

出版发行　中国林业出版社（100009　北京市西城区德内大街刘海胡同 7 号）
　　　　　　　E-mail：jiaocaipublic@163.com　电话：(010)83143500
　　　　　　　http://lycb.forestry.gov.cn
经　　销　新华书店
印　　刷　北京市昌平百善印刷厂
版　　次　2016 年 1 月第 1 版
印　　次　2016 年 1 月第 1 次
开　　本　850mm×1168mm　1/16
印　　张　17.5
字　　数　415 千字
定　　价　38.00 元

《复合农林学》编写人员

主　　编：朱清科

副 主 编：张　岩　赵雨森　薛智德

编写人员：（按姓氏笔画为序）

王进鑫（西北农林科技大学）

王树力（东北林业大学）

云　蕾（北京林业大学）

毕华兴（北京林业大学）

许　丽（内蒙古农业大学）

张宇清（北京林业大学）

辛　颖（东北林业大学）

高　鹏（山东农业大学）

魏天兴（北京林业大学）

前　言

　　20 世纪 70 年代以来，随着经济发展和人口剧增，世界面临着人口、资源、环境和发展的一系列重大问题，粮食生产与生态环境保护已成为国际社会普遍关注的问题，为缓解环境与发展及人地矛盾，解决农、林、牧用地问题，农林复合系统这一古老的土地利用与经营方式受到人们的重视，并被明确提出，赋予更新、更深刻的涵义，很快得到广泛使用，一门新型交叉学科复合农林学诞生了。1978 年成立了国际农林复合系统研究会（ICRAF），1982 年在内罗毕创办了 *Agroforestry systems* 杂志。嗣后，国际林联（IVFRO）、联合国粮农组织（FAO）等分别设立农林复合研究专题和机构，交流和协调有关研究内容和方法。几十年来，复合农林学领域的科学理论与技术研究及生产实践在世界各地快速发展，并取得了一系列成果，发表了大量的研究论文，出版了许多研究专著，促进了复合农林学科学理论发展与技术创新，特别是发展中国家的应用推广，取得了良好的范例。

　　我国人口众多，自然条件复杂多样，水土流失及荒漠化严重，洪涝及山地灾害频繁，人均可耕地资源较少，人地矛盾突出，农林复合经营对于解决这些问题具有重要意义。并且，我国是一个具有悠久发展历史和古代文明的农业大国，农林复合经营具有非常悠久的历史渊源，积累了丰富的复合经营经验。在 20 世纪世界兴起复合农林学之际，我国许多科技工作者和生产实践者积极开展了农林复合经营方面的科学理论与技术开发研究及生产实践活动，总结集成形成了适宜于我国不同类型区的一系列农林复合经营模式及其高效栽培技术体系。与此同时，为适应我国复合农林学的科学研究与生产实践活动的人才需求，许多农林院校在相关专业开设了复合农林学课程，开展了农林复合学学科的研究生教育培养工作。然而，我国目前尚未出版复合农林学教材。因此，为满足教学活动及人才培养的教材需要，我们联合相关院校有志从事复合农林学教学与科研的教师，共同编写了我国第一部复合农林学教材，以促进复合农林学的发展。

　　复合农林学是高等院校农林类专业及相关学科的专业课。本书全面介绍了复合农林学基本知识、基本理论以及复合农林经营和管理的基本方法，系统总结了我国及世界农林复合系统经营和研究的成果。全书共分 7 章：第 1 章系统介绍了复合农林系统的基本概念、历史沿革及其在国民经济中的作用和地位；第 2 章全面介绍了作为复合农林系统研究和经营在生态学、系统工程学、生态经济学以及可持续发展等方面的理论基础；第

3 章介绍了国内外农林复合系统分类与分区；第 4 章介绍了我国主要的农林复合模式；第 5 章介绍了农林复合系统规划设计的原则、方法以及新技术应用；第 6 章介绍了调控与管理的机理和技术；第 7 章介绍了农林复合系统监测与效益评价的方法和典型案例。

本教材由北京林业大学朱清科教授主编，长期在一线从事复合农林学科研和教学工作；副主编和编委来自国内七所高等院校。教材大纲经过多次反复讨论确定，集合了各位教师多年教学成果和经验。具体分工如下：第 1 章由朱清科和薛智德执笔；第 2 章由许丽和王树力执笔；第 3 章由薛智德和张宇清执笔；第 4 章由赵雨森和辛颖执笔；第 5 章由毕华兴和云雷执笔；第 6 章由魏天兴和张宇清执笔；第 7 章由王进鑫和高鹏执笔。全书最后由张岩统稿，并参与了部分章节内容的补充。

本教材是普通高等教育"十三五"规划教材，得到了北京林业大学和中国林业出版社的大力支持，编写过程中参考了大量国内外相关著作和研究成果，在此表示衷心感谢。

复合农林学的研究对象是农林复合系统，而农林复合系统是通过空间布局或时间安排，将多年生木本植物(乔木、灌木、棕榈和竹类等)精心地用于农作物和(或)家禽所利用的土地经营单元内，使其形成各组分间在生态上和经济上具有相互作用的土地利用系统和技术系统的集合。因此，复合农林学是一门跨学科门类的交叉型学科，涉及学科众多，内容广泛，发展迅速，但尚处发展阶段，体系还不成熟。加之编者水平有限，书中不妥甚至错误之处恐难避免，敬请读者批评指正。

编 者

2015 年 12 月于北京

目 录

20 世纪以来，随着世界人口的急剧增加，粮食和能源短缺、环境污染、水土流失加剧、土地荒漠化增加、水旱灾害频繁等生态危机已成为当今世界面临的主要问题。20 世纪 70 年代，为缓解环境与发展间的矛盾，解决农林争地，改变传统农业中存在的肥料和能源的高成本投入，农林复合系统这一古老的经营方式受到人们的重新重视，并被明确提出，赋予更新、更深刻的涵义，很快得到广泛使用。1978 年，国际农林复合系统研究会（ICRAF）成立；1982 年，*Agroforestry systems* 杂志在内罗毕创办。嗣后，国际林联（IVFRO）、联合国粮农组织（FAO）等分别设立农林复合研究专题和机构，交流和协调有关研究内容和方法。几十年来，农林复合系统生产实践及其理论研究在世界各地快速发展，并取得了大量的研究成果。

1.1　农林复合系统的概念

1.1.1　农林复合系统的定义

复合农林学研究的对象是农林复合系统（Agroforestry systems）。在我国农林复合系统这一术语包括混农林、农用林、农林业、农用林业、农用林业系统、复合农林业、农林复合经营、农林复合经营系统、农林复合生态系统、农林复合生态经济系统等。从基本内涵上看，这些术语可以视为同义词。

1966 年，前联合国粮农组织总干事、林农组织林业部主任和研究会第一任主席 K. King 博士发表了一篇题为 *Agrisilviculture in tropics* 的论文，对以后农林复合生态系统的研究和发展起到了巨大的推动作用。农林复合（Agroforestry）一词最早出现在 20 世纪 70 年代中期，是由 Agro-Silviculture 演绎而来的，并在加拿大国际发展研究中心（IDRC）一个项目"树林、粮食和人类"的文件中首次采用（King，1968，1978；蔡满堂，1996）。ICRAF 在全世界征集这一术语的定义时曾收到了十几种定义。1982 年，*Agroforestry Systems* 在创刊号中列举了 12 种不同的定义。ICRAF 第一任主席 King（1978）的定义是：农林复合系统是一种采用适于当地栽培实践的一些经营方法，在同一土地单元内将农作物与林木和（或）家畜生产同时或交错结合起来，使土地生产力得以全面提高的持续土地经营系统。1982 年，ICRAF 将农林复合系统概括为：一种土地利用系统和工程应用技术的复合名称，是有目的地将多年生木本植物与农业或牧业用于同一土地经营单位，并采取时空排列法或短期相间的经营方式，是农业、林业和牧业在不同的组合之间存在着生态学与经济学一体化的相互作用（Lundgren，1982；Nair，1985；谢京湘，1988；娄安如，1994）。

随着资源不合理开发并导致多种环境问题，全球注重可持续发展的理论和实践在农林复合经营方面不断渗透。1990 年，Lundgren 从可持续发展的角度对复合农林业作了更详细的解释：农林复合（Agroforestry）是一种新型的土地利用方式，在综合考虑社会、经济、生态因素的前提下，将乔木和灌木有机地结合于农牧生产系统中，具有为社会提供粮食、饲料和其他林副产品的功能优势；同时借助于提高土壤肥力、控制土壤侵蚀、改善农田和牧场小气候的潜在势能，来保障自然资源的可持续生产力，并逐步形成农业和林业研究的新领域和新思维（Lundgren，1990；卢琦，1996）。1996 年，ICRAF 的 Leakey 对农林复合经营解释为：动态的、以生态学为基础的自然资源管理系统，通过在农地及牧地上种植树林达到生产多样性和持续发展，从而使不同层次的土地利用者获得更高的社会、经济和环境方面的效益（Leakey，1997；熊国炎，1997）。

目前，较全面且为大多数学者所接受和公认的是 ICRAF 的定义。农林复合系统是通过空间布局或时间安排，将多年生木本植物（乔木、灌木、棕榈和竹类等）精心地用于农作物和（或）家禽所利用的土地经营单元内，使其形成各组分间在生态上和经济上具有相互作用的土地利用系统和技术系统的集合。其内涵可以概括为：复合农林经营是以生态学、经济学和系统工程为理论基础，并根据生物学特性进行物种的时空合理搭配，形成多物种、多层次、多时序、多产业的人工复合经营系统。

由此可见，农林复合生态系统是指在同一土地经营单元上，根据生态学及生态经济学原理，将各种农作物或家畜与多年生木本植物在空间或时间上进行各种各样的组合，形成平面镶嵌或立体组合的结构，成为一个多种经营，全面发展，达到良性循环的土地利用及生产体系。也就是在同一土地上既可以生产木材，又可以生产粮食、乳、肉、蛋或鱼等产品，同时使生态环境得到有效保护，达到充分合理地利用资源、农林牧各业生产和农村经济可持续发展。因此，Anowymous（1982）提出农林复合系统是由土地、环境、农业（作物或畜牧）、林业和经营管理等五部分组成，并具备两个特点：①在同一土地经营单元上有目的地按空间混交或时间序列种植多年生木本植物和农作物（或有动物参与）；②系统中木本与非木本组分之间存在明显的生态经济上的相互作用。

1.1.2　农林复合系统的基本结构

生态系统的结构是其构成要素在空间和时间上的配置，农林复合生态系统的生物环境包括多种生物种类，间时间关系、空间关系、营养关系都直接影响复合经营体系的稳定性和持续性，理清农林复合经营系统的基本结构，对于正确认识农林复合经营的概念至关重要。从农林复合经营的定义不难看出，农林复合经营的基本结构大致可分为：物种结构、空间结构、时间结构和营养结构。系统的结构决定系统的功能，所以，这 4 种结构的合理性和协调性，是优化农林复合模式、提高系统生态、经济和社会效益的关键。

（1）物种结构

指农林复合经营系统中生物物种的组成、数量及其彼此之间的关系。理想的物种结构能对资源与环境最大限度地利用与适应，可以借助系统内部物种的共生互利，生产出更多的物质和多样的产品。进行物种的选择与搭配，必须弄清物种间的生态学关系，充分利用物种间互惠互利的关系，避免产生不良的它感作用，最大地发挥整个生态系统的功能。

（2）空间结构

指系统内各物种之间或同一物种不同个体在空间上的分布。可以分为垂直结构和水平结构。垂直结构是系统的立体层次结构，一般可分为单层结构、复层结构和多层结构。一般情况下，垂直高度越大、层次越复杂，资源利用效率越高，但会受到生物因子、环境因子和社会因子的制约；水平结构是系统中各物种的平面布局。在种植型系统中由株行距表达，在养殖型系统中由放养动物或微生物的数量决定。空间结构的配置与调整是根据不同物种的生长发育习性、自然和社会条件以及复合经营的目的等因子确定的。

（3）时间结构

指系统中各种物种的生长发育和生物量的积累与资源环境协调吻合的状况。根据系统中物种所共处的时间长短可以分为：农林轮作型、短期间作型、长期间作型、替代间作型和间套复合型。

（4）营养结构

指生物间通过营养关系连接起来的多种链状或网状结构。营养结构是生态系统物质循环与能量流动的基础，复合农林经营系统通过建立良好的食物链或食物网，营造科学合理的营养结构，协调物种间关系，减少营养损耗，提高物质和能量的转化率，从而提高系统的生产力、稳定性、经济性和持续性。

1.1.3　农林复合系统的基本特征

农林复合系统与其他土地利用系统相比，具有以下几个方面的基本特征：

（1）复杂性

农林复合系统改变了常规农业经营对象单一的特点，它至少包括两个以上的成分：这里的"农"不仅包括第一性生物产品，如粮食、经济作物、蔬菜、药用植物、栽培食用菌等，也包括第二性产品如饲养家畜、家禽、水生生物和其他养殖业；所谓的"林"包括各种乔木、灌木和竹类组成的用材林、薪炭林、防护林、经济林和果树。农林复合系统把这些成分从空间和时间上结合起来，使系统的结构更加向多组分、多层次、多时序发展。农林复合系统利用不同生物间共生互补和相辅相成的作用提高系统的稳定性和持续性，并取得较高的生物产量和转化效率。同时，农林复合系统在管理上要打破部门间和学科间的界限，要求跨部门、跨学科的研究和合作。

（2）系统性

农林复合系统是一种人工生态系统，有其整体的结构和功能，在其组成成分之间有物质与能量的交换和流动及经济效益上的联系。人们经营的目标不仅要注意某组成成分的变化，更要注意成分之间的动态联系。农林复合系统不同于单一对象的农业生产，而是把取得系统整体效益作为系统管理的重要目的。

（3）集约性

农林复合系统是一种复杂的人工系统，在管理上要求采取与单一组分的人工系统不同的技术。同时为了取得较多的品种和较高的产量，在投入上也有较高的要求。

（4）等级性

农林复合系统可以具有不同的等级和层次。它可以从以庭院为一个结构单元，到田间生态系统、小流域或地区为单元，直到覆盖广大面积的农田防护林体系。

（5）经济特征

随着人类耕作业的产生，这种农林复合的形式也随之产生了，到了今天，只是形式和规模大小不同而已。也就是说，找不到任何一片不需要树木保护的农田。当然这种森林对农业的屏障作用，只是表面直观现象。比如，在气温、物流、能量转换、生物链的作用等方面，无论农作物，还是森林中的动植物都是生命（生物）系统，它们都是不可分割的。之所以分为林业和农业，是人类从经济的角度，采取不同的经营方式而已。实践证明，这种根据不同经济目的而采取的不同经营方式，是对生态系统的破坏，这种破坏在某种程度上是不可避免的，问题是如何以不形成灾害为限度。这个限度，至今还没有完全得到解决。比如，大片的农田，就是违背了生物多样性的原则，生物链受到破坏；更有甚者，连年播种同一种作物。这既不是农林复合，更不符合生态原则，农业可持续发展受到制约。

农林复合系统概念中的同一土地经营单元小可以到庭院，大到一个小流域或地区，甚至一个广大地区的农田防护林体系。其实这里存在一个广义和狭义概念的问题：狭义的农林复合系统是指一个地块上或坡面上"农"与"林"的复合时空结构配置所形成的生态系统；而广义的农林复合系统是指一个小流域或地区的具有合理时空结构配置的防护林体系，甚至广大地区的农田防护林体系。然而，对于广义的农林复合系统而言，总是在一定的生产力和生产资料所有制形式下建立和经营的，这就表明农林复合系统不可能成为一个脱离社会经济系统的纯自然生态系统，而必然成为一个社会—经济—自然复合系统，构成农林复合生态经济系统。虽然由农林复合系统构成的生态系统和与其相适应的社会经济系统是具有不同性质的系统，但其各自的生存和发展都受另一系统结构和功能的制约，必须将这两个系统当成一个复合系统进行研究。因此，广义的农林复合系统实际上是一种区域性的农林复合生态经济系统。

1.1.4　农林复合系统与社会林业的联系与区别

社会林业与群众林业可视为同义语，其核心内容为：①当地群众自愿的活动；②群众是活动的受益者，而且这种活动有助于提高种植生产力，提高当地人民的生活水平，并满足人民对林产品的需求；③其影响与效果波及面广，有利于水土保持，有利于保护森林资源；④技术手段多样，含农林复合系统，水土保持技术（梯田等），改进柴灶，小型林产品加工，复合种植技术，防风林营造等。因此，社会林业主要着眼点在人，有当地群众的参与，也非常关心树木所提供的直接或间接的效益。

农林复合系统不同于社会林业的概念，它是在一定面积的土地单元上人工配置林、农或牧等复合经营的生态经济系统。当然，一定面积土地单元是一个极其模糊的概念，究竟在多大的面积土地单元上复合配置才是复合农林业，目前国际上并无明确限定，有待研究。

1.2 农林复合系统研究历史与现状

1.2.1 国外农林复合系统起源与发展

1.2.1.1 国际农林复合经营委员会（ICRAF）成立

在农林复合经营成为一门独立的学科以前，世界各地都有过多种农林复合经营的生产实践。有的方式已历经了上千年的历史，这个可从人类农业发展史得以验证，原始的农业实际上是从林业中分离出来的，先人们从依赖森林和其他植被，到有意识地开发利用植被、利用农作物，农业也逐渐从林业中分离出来。在这个过程中，农林业其实仍然没有完全隔离开来，林木作为人类居住环境的一部分、作为农作物的庇护"神"，一直以不同的方式被复合经营。随着技术进步和人口增多，人类不断开垦土地，林分因子在农田系统中成分逐渐减少，甚至在有的商品粮基地，为了提高农田土地的利用率，把林分因子完全从农田生态系统退出。缺少了林木的保护，纯粹的农田系统经受不了气象灾害的考验。

第一次世界大战后，美国开始大规模移民南部大草原。为追求利润最大化，在开垦地土壤地力耗尽后马上撂荒，转而开垦新的土地。但是，草地的严重扰动诱发了大规模的沙尘暴：1932 年爆发 14 次；1933 年高达 38 次；1934 年春季的沙尘暴，扫荡了中西部大平原，使全国小麦减产 1/3；1934 年 5 月，起源于堪萨斯、俄克拉荷马、科罗拉多三州的黑风暴，裹挟着大量耕地表层黑土，形成了东西长 2 400km、南北宽 1 440km、高约 3km 的"黑龙"，3 天中横扫 2/3 个美国，3×10^8 t 肥沃表土被吹进大西洋，当年小麦损失 51×10^8 kg，16 万农民受灾。后来，据美国土壤保持局统计，1935—1975 年的 40 年间，大平原地区被沙尘暴破坏的面积高达 $40 \times 10^4 \sim 60 \times 10^4$ hm²/a。为控制土地荒漠化和沙尘暴，美国在 1935 年以后进行了一场旷日持久的生态保卫战——罗斯福工程。1937年，罗斯福给各州长写信要求开展水土保持工作："毁坏自己土壤的国家，最终必然要毁掉自己。"其主要的做法是，推行"农场法案"，鼓励弃耕，政府采取补偿制度，建立自然保护区，恢复天然草原，休牧返林还草。在不到 5 年的时间内，返林返草面积达 15×10^6 hm²，约占全国耕地总数的 10%，在此基础上建立自然保护区 144 个。实施罗斯福工程：退耕还林（草）；保持水土的科学耕作，1 美元/亩* 补贴；通过"水土保持法"；减少过剩粮食补贴。由此看来，美国主要是利用了人退的办法成功遏制了困惑其几十年的"黑风暴"问题。

苏联自 1954 年起在哈萨克、西伯利亚、乌拉尔、伏尔加河沿岸和高加索部分地区大量开垦草地，至 1963 年累计垦荒 6×10^7 hm²。由于缺乏防护措施，加之气候干旱，造成新垦荒地风蚀严重，春季疏松的表土被大风刮起，形成沙尘暴。1960 年 3 月和 4 月的沙

---

   * 1 亩 ≈ 0.067hm²。

尘暴席卷了前苏联南部广大平原，使春季作物受灾面积达 $4 \times 10^6 hm^2$ 以上。1963 年沙尘暴受灾面积高达 $2 \times 10^7 hm^2$，新垦区农耕系统几乎瘫痪。沙尘暴同时殃及罗马尼亚、匈牙利和前南斯拉夫等国。比黑风暴危害更大、持续更长的是，同时发生并绵延至今的白风暴：前苏联在土库曼斯坦卡拉库姆沙漠中修建卡拉库姆运河，每年可从亚洲第三大湖咸海的主要水源——阿姆河调水灌溉 $10 \times 10^4 hm^2$ 的农田和草场。这种"创造性地再造自然"带来的生态灾难是异常沉重的：阿姆河被截断使下游咸海水位急剧下降，30 年间湖岸线后退了 $10 \sim 20km$，咸海湖底盐碱裸露，"白风暴"（含盐尘的风暴）接踵而至，毁灭了 60% 的新垦区，并使其成为生命禁区。

亚洲是农林复合经营的主要发源地之一，著名的汤雅（Taungya）耕作制度就起源于缅甸。Taungya 缅甸语原意是"山坡农业系统"，此系统是将作物与幼龄林木间作。20 世纪 50 年代，马来西亚、泰国、印度尼西亚引进了 Taungya 耕作制，建立了柚木与水稻、烟草的间作系统。目前在这些国家柚木与水稻间作模式比较普遍。20 世纪 70 年代，世界各地对农林复合经营系统开展了广泛的实践。例如，在亚洲，印度尼西亚的树木园田及"同佳"系统。树木园田是个体经营方式，在房子周围种粮、菜、水果、香料、薪材、建材及青饲料等产品。在非洲，坦桑尼亚的"查卡"系统是由个体农民经营的面积在 $1hm^2$ 左右的园田式系统，实施农、林、牧复合经营。在美洲，南美洲的农林复合系统在 $10 \sim 20hm^2$ 专营地中，以杨树、桉树、合欢、柳树作周边及间隔防护林，地块上种植梨、樱桃、苹果、杏、橄榄、无花果、葡萄等，果树行间种植粮食、豆类。

人们对农林复合经营的认识和总结并建立起科学的体系始于 20 世纪中期。1950 年，Smith 所著的《树木作物：永久的农业》（Tree Crops：A permanent Agriculture）一书，被认为是第一部关于农林复合经营系统的专著，但当时并没有受到重视。1968 年，King 从复合农林经营的角度对农林复合经营系统进行研究，提出农林复合经营概念的原始含义，使用了术语"Agri-silviculture"。1973 年，针对发展中国家食品、环境和能源问题的日益严重，McNamara 对世界银行的农业和林业发展策略及其实现途径进行了重新评价。1974 年，联合国粮农组织重新审定了林业发展战略，从而使后来的林业援助项目向农区林业的发展倾斜。

1976 年，在加拿大国际发展研究中心（IDRC）的委派下，Bene 等完成了一份关于贫困的热带国家农业和林业状况的报告，这份题为《树木、粮食与人》（Trees，Food and People）的报告，使用了 20 世纪 60 年代后期出现的农林复合经营（Agroforestry）这一术语，提出应优先促进复合型农业生产体系的发展。同年，在国际发展研究中心（IDRC）促进下，国际农林复合经营委员会（ICRAF）正式成立，并创刊 Agroforestry，从此，农林复合经营被正式确定为一个特殊的分支学科领域。1978 年，国际农林复合经营委员会（ICRAF）总部设立在肯尼亚首都内罗毕。

1.2.1.2 农林复合经营研究兴起与进展

1979 年，国际农林复合经营委员会（ICRAF）举办了农林复合经营土壤研究和农林复合经营国际合作两个国际会议，吸引了全世界有关的专家，使农林复合经营研究开始在世界范围内兴起热潮。研究初期，人们对其内涵进行了多方讨论。1982 年，在总结各种有关概念的基础上，Lundgren 提出了一个被大家普遍接受的农林复合经营定义，并发表在《农林系统》(*Agroforestry Systems*)的创刊号上。20 世纪 80 年代，许多学者对农林复合经营的优点及其潜力进行了广泛的探讨，理论研究和生产实践有了相当进展。主要包括农林复合经营系统的理论基础、系统分类、系统诊断、系统设计以及建立农林复合系统数据库等。

1982 年，ICRAF 开始在发展中国家进行农林复合经营实践的普查，在世界范围内系统地收集了大量关于农林复合经营类型、分布、结构、功能等方面的信息。Vergara (1982)首先根据系统组成成分的配置方法把农林复合系统划分为轮作系统和间作系统；其次，以时间顺序和空间排列进行进一步划分；然后，再以系统组成成分所占比例分出第三级。Torres(1983)根据系统中各生物种群的混种方式、树木的作用、系统各组成成分间的关系及其配置结构进行分类，将农林复合系统划分为农林结合系统、林牧结合系统和农林牧结合系统，在每个系统中又分为几个亚系统。

1985 年，Nair 根据农林复合经营系统的组成成分和经营方式，将农林复合经营实践划分为三大类 18 个小类。为了增进对农林复合系统的了解，ICRAF 于 1982—1987 年在发展中国家对已存在的农林复合系统类型和模式进行了广泛的调查，Nair 在此资料基础上，提出了农林复合系统的分类体系。Nair(1985，1989，1991)认为农林复合系统可分为多年生木本植物、一年生农作物(或经济作物)和禽畜这 3 个组分，并以系统组分的产业组合、系统组分的时空结构、功能(作用和/或输出)、社会—经济经营规模以及生态适宜区这五个方面的分类指标建立农林复合系统的分类体系。

1987 年(ICRAF 成立 10 周年)，Steppler 和 Nair 共同编著了《农林复合经营：发展的十年》(*Agroforestry：A Decade of Development*)，对十年间的研究作了系统总结。

20 世纪 90 年代，大量多用途树种已经被筛选出来，林分与农作物不同组分间界面(Interface)的研究更加深入，树木的作用机制逐渐被证实，研究还发现有的树木和作物的地下竞争要比地上竞争更加激烈，从而使人们对以往关于树木和作物间主要竞争因子的认识有所改变，林木与作物地下生态位、根系及其两者关系的研究更加深入，特别是干旱半干旱地区林农争水争肥问题得到系统研究。1991 年，"农林复合经营理论与实践"专题讨论，标志着农林复合经营科学研究体系的基本形成。同时，世界各地推广已经研究的成果，培训推广人员，农林复合经营已不仅仅在发展中国家推广，一些发达国家也陆续开展这方面研究和实践，并从中取得效益。

目前，亚洲农林复合系统的研究已成网络，1991 年成立的亚太地区农林复合系统网络(APAN)，为亚洲和太平洋地区农林复合系统研究水平的提高起到了促进作用。非洲是 ICRAF 开展农林复合系统研究与推广的重点试验区，Machskos 设有定位试验站，开展多种农林复合系统试验研究，非洲已有农用林业系统研究网络(SFRENA)、热带非洲农林间作网络(AFNETA)等国际合作研究机构，对非洲农林复合经营起到积极的示范与推广作用。欧洲农林复合经营的类型规模虽然不及亚洲和非洲，但是英国是农林复合系统研究水平较高的国家之一，现有 7 个国家级农林复合系统研究站，1986 年成立了农林复合经营研讨会(AFRUKDF)，出版了 *Agroforestry Forum* 刊物，英国目前在农林复合系统模拟模型研究领域居世界前列水平。在大洋洲，澳大利亚和新西兰的畜牧业比较发达，这些国家林木复合系统的实践和研究水平比较深入，澳大利亚研究内容主要涉及林牧复合经营模拟模型程序、系统生物生产力、林木产品的潜在经济价值等，新西兰目前对辐射松—牛(羊)复合系统研究比较深入，主要包括生理生态和生产力、并开发模拟程序包，用于指导林牧复合经营实践。在美国，一些大学如佛罗里达州大学、密苏里州立大学、康奈尔大学等均开设农林复合系统课程，世界上多数农林复合博士论文都来自美国部分大学，从 1989 年开始，美国每两年举办一次农林复合系统学术研讨会，1994 年成功地举办了"Agroforestry and Land Use Change"的国际学术研讨会，并于 1993 年、1995 年成立了温带农林复合系统联合会、国家农林复合系统研究中心，对美国乃至全世界农林复合系统研究水平提高起到推动作用。

21 世纪，可持续发展已成为举世关注的主题，农林复合经营也把注意力转移向探索农业可持续发展的新模式。农林复合经营作为一次"绿色革命"，缓解了农村木材、燃料的压力，提高了农作物的产量和品质，又能保护土壤资源，预防和减弱沙尘暴、干热风等自然灾害，起到"有灾防灾，无灾增产，改善环境"的作用，所以，农林复合经营已经成为农林业持续发展的必要模式。很多国际性机构如联合国粮农组织、国际农业研究顾问组、国际热带农业中心、国际半干旱地区作物研究所、国际林业研究机构都将农林复合经营作为一个重点要研究领域。许多刊物如 *Agroforestry Systems*，*Plant and Soil*，*Forest Ecology and Management*，*Agroforestry Today*，*Agroforestry Abstract* 等登载有关农林复合经营的研究报道。

1.2.2　国内农林复合经营的发展

中国是农业古国、农业大国，有近万年的农业发展史，旧石器时代的中后期，原始农业起源于森林，就是农林结合的农业发展史。中国先民在农业生产过程中创造了丰富多彩的农林复合经营类型，它们以深邃的生态学思想和朴素的可持续发展的思想为中国的农业发展增添了光辉的一页。正如美国综合生物资源中心(BIEC)所认为："中国是一个历史悠久的农业大国，有长达几千年永续经营农、林资源的传统，包括举世闻名的农林牧结合经营系统，如多种作物间作、轮作等技术可以有效地减少或控制病虫害，具有良好的生态、经济和社会效益，在现代化进程中，可以发扬光大，也可以为其他国家借鉴。"

纵观农业发展史，1991 年，熊文愈将中国农林复合经营的发展大致分为 3 个阶段：原始农业时期农林复合经营萌芽阶段、以传统经验为基础的农林复合经营阶段和以科学设计为标志的现代农林复合经营阶段。

1.2.2.1　原始农业时期农林复合经营萌芽阶段

大约在 1 万年至 2300 年前，我国先民在渔猎和采集实践中产生和发展了最初的"刀耕火种"生产技术，所谓"刀耕"就是斧砍伐林木，"火种"就是用火把砍倒的林木烧掉，把种子种在灰烬中，耕种一年撂荒几年，待林木恢复再行砍种。即在原始先民心中，森林是农业的根本，农林紧密相依，农业是在林地利用的基础上发展起来的。先民一方面在砍种的时候，留下可供食用的果树；另一方面由于劳动工具的限制，往往采用"去枝留干"的做法，在"留干"的耕地上播种粮食作物，就组建形成了居住环境周围被"果树"围绕、农田被林木怀抱的原始农业时期的一种农林复合经营生产实践。

从渔猎采集到农业耕种的转变是一个漫长的过程，直到新石器时代，渔猎和采集仍然是农业经济的补充。这种原始农业的耕种方式可以从我国边远地区今天仍保留原始耕作特点的一些少数民族的生产实践中得到证明，如我国西南怒族称"火山地"的耕地就是砍种一年后撂荒的轮歇地；佤族的"懒火地"又称"砍烧地"是把树木杂草砍倒焚烧后不经翻土即播种的地。

可以说原始农林复合萌芽阶段，是原始农业对森林的依赖，尚未人工种植林木而开展农林复合经营。

1.2.2.2 传统经验的农林复合经营阶段

4000多年前的夏朝出现了以家庭为单元的私有制农业，为农林复合经营的产生和发展准备了社会经济条件，奴隶主用农奴的血汗建筑自己的家庭，经营蚕桑、林果和畜牧业，庭院经济应运而生。种养结合的庭院经济在春秋战国时期已经有详细的记载，《孟子·尽心上》(公元前3世纪)云："五亩之宅，树墙下以桑，匹妇蚕之，则老者足以衣帛矣。五母鸡，二母彘，无失其时，老者足以无失失肉也。"可见，庭院经济已经成为当时一种一家衣食的主要来源。晋朝，我国南方庭院经济十分盛行，庭院中种养兼营，十分讲究，有陶渊明《归园田居》(公元406年)为据："方宅十余亩，草屋八九间。榆柳荫后檐，桃李罗堂前。暖暖远人村，依依墟里烟。狗吠深巷中，鸡鸣桑树颠。户庭无尘杂，虚室有余闲。久在樊笼里，复得返自然。"

春秋战国时期，间种套种和混作已经萌芽，公元前1世纪就有桑粮混种的记载，当年可收获粮食，同时培育了桑苗，第二年平茬苗苗壮生长，即可采叶喂蚕。用这种方法培育的桑树称为"地桑"，它比桑树叶大、枝鲜嫩，且采收省时省力。东汉以后我国人口南迁及其南方开发人口剧增，促进了南方水网农业的发展，人们利用塘基综合开发形成了"桑基鱼塘""圩(wei)田耕作法"的生产模式。圩田内种稻、圩上栽桑、圩外养鱼，形成林粮鱼复合经营系统。

南北朝林粮混种的树种除桑树外，还有槐、榆树等，《齐民要术》(6世纪30年代)记载了槐麻混种的方法，对桑树与粮、豆、蔬菜等间种的经验进行了总结，对许多树种生物学特性已有初步认识，注意到树种间、树种与农作物间关系，指出榆树是不适合林农间作的树种，"榆性扇地，其荫下五谷不植"等。到明朝已有果园防护林，据《农政全书》(1639年)记载："凡作园，于西北两边种竹以御风。则果木畏寒者，不至冻损。"太湖流域的基塘系统更加完善，已形成"桑—蚕—羊(猪)—鱼"复合经营系统。《农政全书》(1639年)介绍了做羊圈于鱼池岸上，扫基草粪入池，既肥鱼也省饵料和劳力。清朝，农林复合经营更为普遍，不但注意组合，而且经营上更加精细。《桑蚕辑要》(1831年)和《桑蚕适宜》提出："桑未盛时可间种蔬菜、棉花诸物，兼种则土松而桑易茂繁，此两利之道也，但不可有碍根条，如种瓜豆，不可使藤上树。"光绪年间，农林牧副渔复合经营立体结构出现新格局，《常昭志稿》介绍了谭晓兄弟巧妙的立体布局："凿(zao)其最洼者为池，余则围以高塍(cheng)，辟而耕之，岁入视平壤三倍；池以百计，皆蓄鱼，池之上架以梁为茇(ba)舍，蓄鸡豚其中，鱼食粪易肥，塍(cheng)之上种梅、桃诸果属；其余泽则种苎、菱、芡，可畦(qi)者，以艺四时诸蔬菜，皆以千计……"这种凿池养鱼，池上加厩养禽畜，地面兼搞多种经营，充分利用地面、水面、空间，是物质合理循环，畜粪养鱼、以鱼促农、农林牧渔相结合的模式，是农林复合经营史上有重要意义的创举。

1.2.2.3 现代农林复合经营阶段

20世纪30年代，随着大型机械的出现，化学工业及农业新技术的迅速发展，矿物能源大量消耗，无机化肥和农药投入，加剧了能源危机、地力衰竭、环境污染和生态失衡。人们不得不重新考虑将林分因素纳入农田生态系统，寻求可持续发展的农业新途径，混农林业应运而生。民国期间农林复合经营发展缓慢，1949年以后得到迅速发展。华北人民政府冀西沙荒造林局在1949年组织当地农民营造农田防护林带与林网，从此拉开了大规模开展农林复合经营的序幕。1971年的全国林业工作会议和1973年的全国造林工作会议研究了平原绿化问题，掀起了平原绿化高潮，有的县把平原绿化纳入农田基本建设，统筹兼顾，全面规划，实现山、田、路、水、林综合治理，建设农田防护林体系。

20世纪70年代，林业部根据实际情况提出并实施中国五大生态工程建设，即"三北防护林体系、长江中上游防护林体系、沿海防护林体系、平原绿化工程和治沙工程"，1990年统计显示，全国平原农区营造林网的耕地面积达 $3\,000 \times 10^4 hm^2$。世纪之交，中国政府坚持以人为本的方针，确立并实施以生态建设为主的林业发展战略，建立以森林植被为主体的国土生态安全体系和山川秀美的生态文明社会，开始实施六大林业重点工程，即：①天然林资源保护工程——主要解决天然林休养生息和恢复发展问题。这项工程自1998年开始试点，2000年在全国17个省、自治区、直辖市全面启动。②退耕还林工程——主要解决重点地区的水土流失和土地沙化问题。1999年按照"退耕还林，封山绿化，以粮代赈，个体承包"的政策，在陕西、四川和甘肃3省率先试点，2002年在全国25个省、自治区、直辖市和新疆生产建设兵团全面启动。③京津风沙源治理工程——是构筑京津生态屏障的骨干工程，也是中国履行联合国防治荒漠化公约、改善世界生态环境状况的重要举措。工程于2000年6月开始实施。④三北及长江流域等防护林体系建设工程——主要解决三北和其他地区各不相同的生态问题。具体包括三北防护林工程，长江、沿海、珠江防护林工程和太行山、平原绿化工程。三北防护林工程（1979—）东西长4 480km，南北宽560～1 460km，被誉为"绿色长城"，包括13个省、自治区、直辖市的590个县，建设总面积 $406.9 \times 10^6 hm^2$，占国土总面积42.4%。到2000年底已完成前三期建设任务。工程1978年开始，2050年结束，历时73年、分3个阶段（1978—2000年三期、2001—2020年两期工程、2021—2050年三期工程）、八期工程。⑤野生动植物保护及自然保护区建设工程——主要解决物种保护、自然保护和湿地保护等问题。⑥重点地区速生丰产用材林基地建设工程——主要解决木材供应问题，同时减轻木材需求对天然林资源的压力，为其他五项生态工程建设提供重要保障。工程布局于400mm等雨量线以东，地势比较平缓，立地条件较好，自然条件优越，不会对生态环境产生影响的 18 个省、自治区、直辖市。这标志着中国林业建设结束了长期以来以木材生产为主的时代，进入了以生态建设为主的新时代。"以大工程带动大发展"是中国林业实现跨越式发展的基本战略途径，2020 年使全国森林覆盖率达到 23% 以上，2050 年达到并稳定在 26% 以上，基本实现山川秀美，生态环境步入良性循环，林产品供需得到缓解，建成比较完备的森林生态体系和比较发达的林业产业体系。这些工程所在的地理位置和解决的主要问题以及所采取的具体措施各有特色，并对农、林、牧、水等方面进行综合考虑，把林业生产和农业增产、环境保护、减轻自然灾害等方面效益结合起来，因此，也是农林复合经营系统在宏观水平上应用的典范。

伴随林业生态工程的实施，农林复合经营方面的科学研究成果层出不穷。1983 年，曹新孙编写了《农田防护林学》，系统地总结新中国成立以来农田防护林建设的生产经验和科研成果；此后，1987 年，马世骏和李松华主编了《中国的农业生态工程》一书，对我国农林复合经营模式，从农业生态角度进行了介绍，从理论上为我国农林复合经营发展奠定了基础；1989 年，向开馥主编《东北西部内蒙古东部农田防护林研究》；1992 年，朱廷曜主编《防护林体系生态效益及边界层物理特性研究》；1994 年，李文华和赖世登主编《中国农林复合经营》；2003 年，朱清科编著《黄土区退耕还林可持续经营技术》；2003 年，孟平、张劲松和樊巍主编《中国复合农林业研究》，这些论著从理论和方法方面把防护林体系的研究推向一个新阶段。目前我国农林复合经营已从定性研究向定量研究，从单一模式研究向系统的定量化研究、从宏观研究向微观研究深入发展。为了加强学术交流，中国分别于 1986 年和 1992 年召开了"全国农林复合经营学术讨论会""国际林农复合经营学讨论会"等。国内农林复合国际性组织有复合农林业研究中心（南京）、亚太地区农用林业联络网（北京）、国际农用林业培训中心（北京），其中，复合农林业研究中心出版了期刊《当代复合农林业》。

可见，我国大规模地开展农林复合经营的实践与研究始于 20 世纪 50 年代，即刚刚进入现代农林复合蓬勃发展时期。以防护林为主体的复合农林经营大致经历三个发展阶段。

第一阶段：局部试点、重点突破时期

20 世纪 50 年代初至 50 年代末期，该时期以防风治沙为目的、旨在保障农业生产，由国家统一规划，在我国东北西部、内蒙古东部、河北坝上、豫东、冀西、新疆农垦区等风沙严重地区营造防护林，总长度共达 4 000km。由于受前苏联防护林建设的影响，防护林概念基本上局限于与农田、牧场结合形成的带、网，结构配置以宽林带、大网格为主。

第二阶段：规模扩大、普及推广时期

20 世纪 60 年代至 70 年代后期，以改善农田小气候环境、防御自然灾害为目的，防护林工程建设由我国的北部风沙低产区，普及到华北、中原的高产区。进入 70 年代，已逐渐扩大到江南农业水网区，并随着农业方田化、机械化、水利化的发展，将营造防护林纳入农田基本建设，成为"山、水、田、林、路"综合治理的内容之一，形成了综合防护体系的思想。

第三阶段：体系建设、全面推进时期

1978 年，改革开放以来，党中央、国务院高度重视林业建设，开展了多种林业生态工程，特别是"十大林业生态工程"的相继启动，对我国农林复合的研究起到了巨大的推动作用。

中国复合农林经营的实践和研究，充分体现了土地利用方式及利用强度、人类追求目标的变化，整体来看主要表现有几大特点：①在经营技术方面，由原始的、粗放的传统耕作方式向现代的、集约的、先进的经营方式转变，并注重土地用养结合；②在经营目标方面，由短期经济效益向长中短期相结合，生态、经济、社会效益相结合的综合效益转变；③在农林结合程度方面，由单项或单一的树种和作物结合向多树种、多林种与作物、牧草、渔业等有机结合的复合经营转变；④在层次结构上，从平面单层次向立体多层次利用转变。随着对农林复合经营系统的不断深入研究，我国的农林复合已开始从定性研究向定量化研究，从单一模式的定量研究向系统的定量化研究深入发展。具体归纳如下：①采用统计分析或与之有关的分析方法进行定量化研究；②农林复合系统的动态模拟定量化研究；③经营管理及优化调控的定量研究；④农林复合系统的总体性定量研究。

1.3 农林复合系统研究内容

随着农林复合经营生产实践和科学研究的不断深入，农林复合经营的研究内容不断丰富，就目前的研究水平来看，主要包括以下几个方面：

1.3.1 农林复合经营系统的理论基础

持续发展是在总结了发展与环境两者之间正反两方面的经验和教训的基础上提出来的，持续发展理论对指导农林复合经营的发展具有重要的指导意义。持续发展理论成为农林复合经营的主导思想。

农林复合经营体系，实质是农林复合生态系统，这个生态系统的运作必须遵循生态系统的基本规律，生态系统及其平衡原理、生物多样性原理、生态位原理、景观生态学原理、物种相互作用原理是经营过程必须遵循的理论基础。

农林复合经营不仅是生态系统，其发生发展要遵守生态学规律和原理，也是人类经营的对象，并且联系到生产、分配、交换和消费构成的社会经济生产与再生产过程，对这一系统进行管理还必须遵循社会经济学规律。

各地区由于自然资源条件和社会经济条件的差异，在选择农林复合经营方式、内容和产品结构都应该有差别，不能强求千篇一律，而且农林复合经营是一个生产过程，必须遵循土地资源优化配置的原理和地域分工的原理。

1.3.2 农林复合经营类型及其系统分类

农林复合经营系统是一个多组分、多功能、多目标的综合性农业经营体系，在不同的自然、社会、经济、文化背景下，可能形成不同的类型和模式，不建立统一的分类系统，人们很难在纷繁的类型中进行分析研究、对比、借鉴和推广。科学的分类是生产、科研发展到一定阶段的必然产物。反过来，科学的分类又会促进生产和学科的发展与进步。主要包括农林复合系统分类原则、农林复合系统分类的指标体系建立，不同区域农林复合经营类型系统分类体系的建立等。

1.3.3 农林复合系统分区及其经营模式

受自然资源和环境的影响，不同的自然地域长期的生产实践过程中形成了一定农林复合经营类型和模式，在农林复合经营系统分类研究的基础上，对不同地理区域的自然、社会经济特点和常见的农林复合经营类型和分类规律进行概括和介绍，对于指导区域农林复合经营、弘扬优良的经营模式或类型具有重要的实践意义。

1.3.4 农林复合配置与栽培技术

合理的农林复合类型是靠科学合理的配置和栽培得以实现，主要内容有：①组分结构设计涵盖了物种选择、系统组分间的配比关系的确定、复合系统组成成分的选择原则及要求；②空间结构设计以垂直结构设计为主；③时间结构设计；④营养结构设计，食物链中存在的主要问题和解决办法，如食物链加环、减耗食物链和增益食物链等；⑤不同乔灌木林分的栽培及其与农作物组合搭配关系，组成科学的经营模式。

1.3.5 农林复合经营管理技术

保持农林复合经营的生物学和生态学稳定，就必须有一流的系统管理。农林复合系统的调控问题包括：①多用途树种的选择指标；②复合系统组成成分的选择原则；③多用途树种的适应性，包括多用途树种对光、特殊土壤环境的适应性；④系统组分间的配比关系。农林复合系统的调控原理包括：农林复合系统对 CO_2 的调控、农林复合系统对 N 的调控、农林复合生态系统的防尘效应、农林复合系统对水、肥、光的调控（水资源合理调配、喷灌、滴灌、渗灌、雨水收集利用、水肥综合调控技术）、农林复合系统光温调控技术（能量流动、光能利用效率、立体种植与立体种养技术、有机物质多层次利用技术、物质能量的多层次利用技术、再生能源开发技术）、农林复合系统的调洪抗旱作用、复合系统中林木抚育管理技术（幼林抚育管理、成林管理）、复合系统中林草病虫害防控技术等。

1.3.6 农林复合经营系统规划设计

主要有农林复合经营系统规划设计目的和原则（经营目的原则、最优组合原则、高效稳态原则、循环利用原则、投资可行原则、最小风险原则）、设计内容与步骤、规划设计成果编制、结构优化理论与技术方法、新理论与新技术的应用（农林复合系统灰色系统理论的应用、农林复合系统"3S"技术的应用）。

1.3.7　农林复合经营系统监测与效益评价

农林复合系统功能及效益的研究是农林复合系统领域研究文献最多的一个方面，国内外对农林复合系统的效益都有较深入系统的研究，特别是在农林复合系统的经济效益和改善生态环境小气候方面。

农林复合系统监测的目的与特点、农林复合系统监测的指标体系、农林复合系统监测的方法(现场观测与调查法、遥感应用技术监测法)、监测数据的处理与结果表达、农林复合系统监测的管理、农林复合系统经营的生态效益评价(环境效应、土壤改良效应、水文效应、植物生理生态效应、防灾减灾效应、生物物种资源保护效应)、农林复合系统经营的经济效益评价(投入产出率、投资回收期、成本利润率、劳动生产率、土地生产率等)、农林复合系统经营的社会效益评价(产品商品率、劳动利用率、人均纯收入、人均粮食、恩格尔系数等)、农林复合系统经营的综合效益评价等。

随着农林复合经营实践与理论研究不断深化、研究方法不断更新，研究尺度和空间不断开拓，为适应国际农业和林业发展新形势，实现研究、教育、推广、生产一体化，农林复合经营尚需要进一步加强和完善以下内容：

- 区域高效农林复合景观配置与结构优化技术研究；
- 生态最弱区农林复合模式配置与优化技术研究；
- 农林复合经营系统结构调控及可持续发展经营管理技术的研究；
- 生物技术在农林复合经营物种选择中应用研究；
- 农林复合系统水热传输及其耦合过程的试验研究；
- 农林复合系统养分循环的试验研究；
- 农林复合系统冠层结构的动态模拟；
- 农林复合系统生态过程分形特征研究；
- 农林复合系统种间水分关系的研究；
- 农林复合系统空气质量效应及其影响机制研究；
- 农林复合系统生物多样性效应研究；
- 农林复合系统信息管理系统的构建与研究等。

1.4　农林复合系统在国民经济中的作用与地位

农林复合经营是一项以生物措施为手段的资源管理系统，它充分利用树木生理、生态功能，调节小气候、改良土壤，为资源利用率的提高创造有利的外在条件，并利用种群生物学、生态学特性，实现种群在不同生态位上的"共生互补、相互依存、协调发展"，增加了系统抵御自然灾害的能力，产生多种物质，满足人们不断提高的生活水平的要求，不仅改善了环境，提升了人们的精神文明水准，推动了农林牧业可持续发展。其在国民经济中的作用可概括为保护自然资源与环境，促进农林牧副渔持续发展，促进农村经济繁荣，保障粮食、生活能源、木材等的供应。

1.4.1 保护自然资源与环境

农林复合经营是从生产实践中产生和发展的，是在一定区域土地资源、气候资源、水资源和生物资源综合利用的结果，合理的农林复合经营，可以有效地利用土地资源、调控气象因素，在遇到灾害性天气条件时，可以减轻自然灾害的性质或强度，如减少水土流失、减弱沙尘暴危害、防止或减小土粒和沙粒的迁移、防止滑坡和泥石流，以及减弱干热风、干旱、强风对农作物、牲畜和人的危害。保护各类自然资源和环境条件，为人类创造和谐的环境。

1.4.2 促进农林牧副渔持续发展

可持续农业是一种不断生产出满足社会需求的产品，资源得到合理利用和保护，生态环境得到改善，使生产—资源利用—生态环境良性循环，具有不断提高综合生产能力的行业，它是生产的持续性、经济增长持续性与生态持续性的统一。其可持续发展战略目标是：①粮食安全目标，即积极发展农作物生产，提高单位面积产量，增加总产量，提高质量，以确保农产品有效供给，解决温饱问题，消灭饥荒现象；②脱贫致富目标，即促进农村经济综合全面发展，增加农民收入，消除农村贫困状况；③保障资源永续利用和环境永续良性循环目标，即合理开发利用和保护农业资源，积极改善农业生态环境，解决当代人及子孙后代的生存与发展问题，实现资源的永续利用和人口、资源、环境的协调发展。

农林牧副渔复合经营是对自然资源与环境条件综合利用的结果，把林分因素重新纳入农田生态系统，协调了农林之间的关系，农田防护林分的作用，防止了自然灾害，改善了气候、土壤、水文条件，创造了一个有利于农作物和牲畜生长和发育的环境条件，以保证农作物稳产、高产、高质，并对人民生活提供各种生活用品，促进农业持续稳定发展。

随着人口增长、森林面积减少、质量降低，出现了一系列环境问题和森林环境问题，如水土流失、沙漠化、酸雨、大气和土壤污染问题，气候变迁问题（水灾、干旱、冻雨等）。在人口居住稠密的地区，完全恢复森林状况是不可能的、也是没有必要的。农林复合经营作为增加林分覆盖率的有效方法，无论在平原还是在黄土高原、黄土丘陵沟壑区、青藏高原等地，农林复合经营都是可行的。我国实施的几大林业生态工程均包括了农田防护林、庭院绿化、荒坡治理等内容，在不同的时间和空间范畴实施了农林复合经营模式，促进了林业持续发展。

俗话说，"林茂粮丰、六畜兴旺"，农林牧业间的关系是家喻户晓的，森林树种资源丰富，不少树木的幼植嫩叶和果实是牲畜的好饲料，多数树种的蛋白质含量高、适口性好，是很有开发前景的饲料资源，有些广袤的牧草农林复合经营模式，甚至形成立体牧场，不仅为牲畜提供栖息地，还为牲畜提供优质饲料。林木不仅改善草地生态环境，有利于草地其生长发育，有利于能量积累。例如，在新疆和青藏高原，夏季常见羊群聚于树下荫处，充分展现了林牧结合的好景象。

农林复合经营体系是一项多种群、多功能、低投入高产出、持续稳定的系统，在解决农林争地矛盾、挖掘生物资源潜力、协调资源合理利用、改善与保护生态环境、促进粮食增产及经济的持续发展等方面具有重要的理论和实践意义，充分体现了复合农林在农业发展中的重要地位。随着农业结构进一步调整和优化、农林复合经营将对推动农业持续发展具有重要的战略意义。

1.4.3　促进农村经济繁荣

农林复合经营模式，科学合理应用自然资源，改善环境条件，促进树木、农作物、牲畜生长发育，确保"有害防灾、无害增产"的作用，活跃了农村物质文化，提供农民更多的生活用品，在满足自给后，农林复合生产的产品进入市场流通，变成商品，特别是在专业化生产、商品化生产和"产供销"一条龙的经营理念下，农林复合经营成为农民发家致富的一种主要选择，繁荣的农村物质文化和经济文化，使农村经济社会发展更加协调。

1.4.4　保障粮食、生活能源、木材等的供应

首先，农田防护林是一种重要的农林复合经营类型，其经营的主要目的是改善农作物生长环境条件，促进良好的发育，起到增产高质的目的，增加我国粮食供给保障；其次，农林复合经营过程中，通过林分抚育，可以得到一定数量的薪材，补给日常生活能源，减少对森林的乱砍滥伐，在林分自然成熟或防护成熟后，通过科学合理的皆伐和更新，可以得到不同径级的木材，满足人们对木材的需求。

本章小结

本章从农林复合系统的基本概念出发，系统介绍了其基本结构和特征；回顾了国外农林复合系统研究的起源和发展历程以及我国农林复合经营的重要发展阶段；简要介绍了目前农林复合系统研究的主要内容以及复合农林经营在国民经济中的作用和地位。

要求理解农林复合系统的概念，以及农林复合系统的物种结构、空间结构、时间结构、营养结构等相关概念，掌握农林复合系统的复杂性、系统性、集约性、等级性以及经济特征；了解农林复合系统研究的主要内容。

思考题

1. 农林复合系统由几个部分组成？其基本特征是什么？
2. 农林复合系统发展经历了哪几个重要阶段？
3. 发展复合农林经营对国民经济有何重要意义？
4. 复合农林学的主要研究内容有哪些？

本章推荐阅读书目

1. 中国复合农林业研究. 孟平，张劲松，樊巍. 中国林业出版社，2003.
2. 中国农林复合经营. 李文华，赖世登. 科学出版社，1994.

第 2 章

农林复合理论基础

农林复合经营系统是一种人工生态系统，一方面，它具有生态系统的结构与功能，其自身的发展变化要遵循生态学的基本规律和系统工程学原理；另一方面，从经营目标看，它又属于一种社会经济系统，其运动发展要遵循社会经济学规律和生态建设与经济发展相协调的理论——生态经济学理论。此外，在进行农林复合经营系统规划设计中，还应遵循土地资源优化配置原理，该系统的综合评估应遵循可持续发展理论。

2.1 生态学理论

2.1.1 生态系统理论

2.1.1.1 生态系统的涵义

生态系统理论是英国生态学家坦斯利（A. G. Tansley）在 1935 年提出，后经美国林德曼（R. L. Lindeman）和奥德姆（E. P. Odum）继承和发展而形成。生态系统是指在一定的空间内，生物有机体与其生存的环境通过物质循环、能量流动和信息传递而形成的相互作用、相互依存的生态功能单元。生态系统由生产者、消费者、还原者和非生物环境组成，具有特定的空间结构、物种结构和营养结构，并通过营养结构形成相互连链的食物链和食物网。

生态系统是现代生态学的重要研究对象，20 世纪 60 年代以来，许多生态学的国际研究计划均把焦点放在生态系统上，例如，国际生物学研究计划（IBP），中心研究内容是全球主要生态系统的结构、功能和生物生产力；人与生物圈计划（MAB），重点研究人类活动与生物圈的关系；国际组织"生态系统保持协作组（ECG）"，中心任务是研究生态平衡及自然环境保护以及维持改进生态系统的生物生产力。

2.1.1.2 生态系统的功能

生产功能生态系统最显著的特征之一是生物生产力，通过生态系统的物质循环、能量流动和信息传递来实现。生产者为地球上一切异养生物提供营养物质，它们是全球生物资源的生产者。而异养生物对初级生产的物质进行取食加工和再生产而形成次级生产。初级生产和次级生产为人类提供几乎全部的食品及工农业生产所需原料。

服务功能生态系统的服务功能或社会公益效能也是生态学家关注的对象。生态系统的服务功能可以概括为以下几个方面：①生物多样性的维护；②保护和改善环境质量；

③土壤形成及其改良；④减缓干旱和洪涝灾害；⑤生物防治；⑥净化空气和调节气候。

2.1.1.3 生态平衡及调节

（1）生态平衡的概念

生态平衡是指对于一个特定的生态系统，在外部条件相对稳定的情况下，其内部的相对稳定状态。在这种状态下，其结构和功能相对稳定，物质与能量输入输出接近平衡，在外来干扰下，通过自然调节（或人为调控）能恢复原初的稳定状态。

生态平衡的概念包括 3 个方面的含义：第一，生态平衡反映了生态系统内生物与生物、生物与环境之间的相互作用所表现出来的稳态特征，即该生态系统结构与功能的稳定状态；第二，生态平衡是生态系统长期进化所形成的一种动态平衡，反映了生态系统较强的自我调节机制；第三，生态系统处于进化状态。

生态平衡最明显的外部表现是系统中物种数量和种群规模的相对稳定。生态平衡是一种动态平衡，它的生产量、生物种类和数量等都不是固定在某一水平，而是在某个范围内变化，这同时也表明生态系统具有自我调节和维持平衡的能力。当生态系统某个要素出现功能异常时，其产生的影响会被系统做出的调节所抵消。生态系统的物质循环和能量流动以多种途径进行着，如果某一途径受阻，其他途径就会发挥补偿作用。生态系统的结构越复杂，物质循环和能量流动的途径越多，其平衡调节能力或抵抗外界影响的能力就越强。反之，结构越简单，生态系统维持平衡的能力就越弱。

（2）生态平衡的失调和破坏

当外来干扰超越生态系统的自我调节能力，而不能恢复到原初状态的现象称为生态失调，或生态平衡的破坏。一个生态系统的调节能力是有限度的，外力的影响超出这个限度，生态平衡就会遭到破坏，生态系统就会在短时间内发生结构上的变化。例如，一些物种的种群规模发生剧烈变化，另一些物种则可能消失，也可能产生新的物种。但变化总的结果往往是不利的，它削弱了生态系统的调节能力。这种超限度的影响对生态系统造成的破坏是长远性的，生态系统重新回到与原来相当的状态往往需要很长时间，甚至造成不可逆转的改变。不使生态系统丧失调节能力或未超过其恢复力的干扰及破坏作用的强度称作生态平衡阈值。其大小与生态系统类型、外界干扰因素的性质、方式及作用持续时间等有关。生态平衡阈值是自然生态系统资源开发利用的重要参量，也是农林复合生态系统规划和管理的依据。

2.1.2 生物多样性

生物多样性是指在一定空间范围内，植物、动物和微生物及其从属的生态过程的多度和频度，它通常分为 3 个不同的水平，即遗传基因水平、物种水平和生态系统水平。

2.1.2.1 生物多样性特征

一般而言，生物多样性特征包含以下四方面的内容：

（1）物种种类的多样性

又可称为物种丰富度，主要指一个群落中或一定面积上物种的数量。

（2）物种的均匀性

具有大量个体（或大生物量、生产力等）的少数普通种或优势种与具有少数个体（具较小重要价值）的稀有种类的结合是一切群落的特征，各个种的数量丰度有很大的差别，不同物种之间所含个体数量的分布情况称为均匀性。

（3）结构多样性

指生态系统的分层性和空间异质性，物种多样性在很大程度上受营养层次间功能关系的影响，例如，放牧和捕食的强度大大影响食草动物和捕获物的种群多样性。在演替过程中，如果分层现象的效果超过了由于大小和竞争增加产生的反效应，物种多样性随着结构多样性的增加而增加。

（4）生化多样性

生态系统在其演替过程中，具有生化多样性增加的倾向。这不仅表现在生物量中有机化合物多样性的增加，而且在群落代谢过程中，向环境中分泌或排出的产物增多；生物间不仅有捕食、寄生、共生等关系，而且还可以通过自身合成的一些化学物质（如次生物质）而相互影响。次生物质对产生者本身的生命过程不具重要性，某些特定次生物质的形成与消失对产生者的影响较小，但它们对其他生物可能具有重要的生态学功能。次生物质可以成为蚂蚁、蜜蜂等社交行为中的化学信息，也可以成为生物建立伙伴关系时的媒介。在生态系统演替发展过程中，次生物质对调节和稳定生态系统的生长及物种组合等起重要作用。

生物多样性是一种资源，自然界高度的生物多样性为人类带来了巨大的财富，但由于人类活动对环境的破坏，全球生物多样性正以惊人的速度减少，结果将阻碍人类文明的维持和发展。

2.1.2.2　生物多样性的一般原理

生物多样性是资源生态系统特有的可测定的生物学特征，它具有可更新生物资源所特有的全部特征。一般规律如下：

（1）生物多样性和生态因子稳定性的关系

这种稳定性越大，生态系统的多样性越大。处于稳定环境或者只经历有规律的和可预测波动的生物群落，显示出最大的物种多样性，热带雨林就是这类生物群落的例子。

（2）时间对物种多样性的影响

这种影响可以通过演替来证实，一个生态系统多样性的增加，在初始阶段最小，发展到顶极群落时达到最大。这一原理的应用可从人类停止对某一生态系统的干扰后观察到：如果人类停止对一片草场的过度放牧，或者在森林的火烧迹地上重新造林，可以看到生态系统会向物种多样性不断增加的方向发展，逐渐趋向于顶极群落所拥有的最大物种多样性。

（3）一个生态系统的生物量/生产力之比与其多样性的比例关系

多样性是对生态系统结构复杂程度或负熵程度的量测，因此，它与贮存生物量中的能量 B 和单位时间流经生态系统的能量 P（生产力）相关联。多样性 $\bar{H}$ 与 B/P 比率的关系用下式表示：

$$\overline{H} = K \frac{B}{P} \qquad\qquad (2\text{-}1)$$

式中，K 为常数；B 的单位是 kcal*/hm²；P 的单位是 kcal/(hm²·a)，因此，比率 B/P 表示时间的量纲。显然，能量到达生态系统所需的时间，随多样性的增加而增加。生物多样性与 B/P 比率呈正相关。

由此可见，一块农田或人工草地的生物多样性较小，B/P 比率也较低；而生物多样性较高的热带森林 B/P 比率则较大。因此，在生态系统演替过程中，从演替的初始阶段到顶极阶段，伴随着生物多样性的增加，B/P 比率随之增大。

（4）多样性大的生态系统较稳定

一般而言，生物群落的自我平衡能力随着多样性的增加而增长。多样性的增加，使食物网上有更多的环节和更多的具有丰富功能的有机体，其自我调节能力较大。成熟的、高度多样化的生态系统具有高效率的能量利用，很少形成资源废物，因此，没有大量的剩余物使生物种群产生大的波动。但多样性低的生态系统，含有生物种类少，利用 r 型能量策略，当环境条件变化时会经历大的种群波动。由于具有平衡功能的物种缺少或稀有，使得整个群落自我平衡调节机制成为不确定或不可能。因此，在建设人工生态系统时，注意采取间作、混作、轮作和立体农业等措施，增加物种多样性，引进天敌，开展综合生物防治，是维持生态系统稳定性的重要措施。

（5）多样性大的生态系统利用多样性小的生态系统

通常可以观察到，成熟生态系统从其周围不成熟的或多样性小的生态系统中转移物质、能量和多样性。例如，在热带森林——稀树草原交接带，森林动物主要到邻近的草本植物占优势的开阔地寻找食物。在这种活动中，它们阻止了稀树草原向多样性更高阶段的发展，使稀树草原保持在不成熟阶段。在蓝色热带水流和冷水流的不成熟生态系统交汇带的水生环境中也可以观察到类似的例子，热带区域的捕食者到具有高生产力的冷水流中寻找食物，使后者的生态系统处在较为低级的演替阶段。

农林复合系统的生物多样性高于单作系统，该复合系统在稳定性、生产力上也高于单作系统。同时，由于农林复合经营系统改善了周边生态环境，有助于与其相邻的生态系统提高生物多样性。我国的农林复合经营系统中常配置名贵稀少的植物组分，如林参复合经营系统，野生人参濒临绝迹，通过林参复合经营系统进行人参的人工栽培，既可取得经济效益，又可为保护生物多样性做出贡献。

2.1.3　种间关系

农林复合经营系统打破了单一的种植结构，形成了农、林、牧、渔紧密结合的新格局，在物种内和物种间产生了不同的相互作用。这种作用表现为互补和竞争。

2.1.3.1　物种间的互补

互补包含三方面的内容：即时间的互补、空间的互补和资源利用的互补。

---

* 1kcal = 4.1868kJ。

（1）时间的互补

表现在不同作物和树木由于在生长周期上的差别，从而造成在光照、水分和养分利用上的时间差，这种时间上的互补性是促成农林复合经营系统增产的重要因素。一些限制因素（如生长季节的限制）通过不同作物或树木在时间上的互补得以解决。在农林复合系统中，由于有多年生的木本植物的存在，使得这种时间上的互补得以发挥最大的效益。

（2）空间的互补

表现在不同高度植物的空间搭配和立体布局，这种空间互补性既包括地上部分，也包括地下部分。这种互补作用，对于水分缺乏的干旱和半干旱地区甚为重要。

（3）资源利用的互补

不同的生物对于光照、热量、水分和养分等生活因子的要求不同，因此，在同一地块上，农林复合经营比单一种植能够获得更大的生物量。

作物混作的互补作用在农业生产中非常普遍，对农林复合经营来说，这种互补关系远比作物混作复杂。表现在：农林复合系统的产品种类一般较多；这些产品的生产周期变化较大；农林复合系统的不同组分在经营管理上差别较大。特别是对于多年生的木本植物，这些树木可能是常绿的，也可能是落叶的，在管理中会出现不同的模式。

2.1.3.2 物种间的竞争

竞争是指两个物种在所需的环境资源不足的情况下，或在某种必需的环境条件受限制时所发生的相互关系。这种关系对生物进化和自然选择可能起到积极的作用；但从近期看，对竞争种的个体生长和种群的数量增长通常会产生抑制作用。种间的竞争能力取决于种的生态习性、生态幅度等因素，而其生长速率、个体大小、抗逆性、叶片及根系的数量和分布等也会影响竞争能力。一般而言，具有相似生态习性的植物种群间竞争激烈，生活型相同的植物间也常发生激烈的竞争。当一个种处于其最适宜生态幅度时，表现出最大的竞争能力。

为了增加生物产量，需要设法减少竞争性而增加互补性。在农林复合生态系统中，减少竞争的一个重要方法是分化生态位，使参与混作的物种在水平布局、垂直层次分布和生长季节上产生互补，从而达到不同物种在同一土地单元内共存，并保持稳定持久生产力的目的。

2.1.3.3 互补和竞争的综合作用

在竞争与互补的共同作用下，物种间的相互关系表现不同，主要有以下4种类型：

（1）双方受益型（+，+）

指复合系统中物种双方适应性增强的互作关系，结果表现为双方共益或群体增益。例如，农林复合系统中真菌与林木根系的共生，固氮菌和豆科植物共生等。

（2）双方受损型（-，-）

指复合系统中物种双方适应性减弱的互作关系，结果表现为系统组分两败俱伤。例如，菟丝子与农作物的寄生关系。

（3）单方受益型（+，0）

指复合系统中某一物种从混作中受益的互作关系。例如，在农林复合系统中，林木的存在改善了农田小气候和土壤条件，使农作物增产。

（4）损益互存型（＋，－）

指复合系统中某一物种从混作中受益而另一物种受损的互作关系，在复合系统中表现为群体增益间的平衡关系。例如，食草动物与植物之间的消费关系，动物之间的捕食关系。在这种关系中，捕食者或消费者以其他物种的损失或消亡为代价换取其生物量的增加。

农林复合经营系统的总体效益可用 Mead 和 Willey（1990）提出的土地等效率（land equivalent ratio）或称土地利用当量法来衡量。即通过统计方法计算每一种作物或树木在单作情况下，获得间作栽培条件下单位面积等值产量所需要的土地面积。一个农林复合经营系统的土地等效率是其各个组分的土地等效率之和。其计算公式如下：

$$LER = \frac{\text{品种 A 的单位面积间作产量}}{\text{品种 A 的单位面积单作产量}} + \frac{\text{品种 B 的单位面积间作产量}}{\text{品种 B 的单位面积单作产量}} \quad (2\text{-}2)$$

当 $LER > 1.0$ 表示农林复合系统具有较高的效率；当 $LER < 1.0$ 时表示该复合系统效率较低；当 $LER = 1.0$ 时表示该复合系统效率与单作相当。

这种方法对农林复合生态系统生产效率的定量计算进行了有益的探索，但是计算中还存在一些技术问题有待解决。例如，林产品是在不同的时间提供的；在计算系统的总体效率时，其生态效益和社会效益也应予以考虑。

2.1.4　生态位理论

在现代生态学中，生态位（niche）理论是生态学最重要的基础理论之一，很多重要的生态学理论问题，例如，群落的结构和功能，物种的多样性和物种在群落中的重要值分析，群落的物种集聚原理，小环境的最适利用，时间、物质和能量收支，生物之间的竞争及其相互关系等的研究，都是以生态位理论为基础的。

2.1.4.1　生态位的概念

著名生态学家奥德姆把生态位定义为："一个生物在群落和生态系统中的位置和状况，这种位置和状况决定了该生物的形态适应、生理反应和特有的行为。"他曾强调指出："一个生物的生态位不仅决定于它生活在什么地方，而且决定于它干些什么。"甚至把生物的生态位比作生物的"职业"。

对现代生态位研究最有影响的人是哈钦森。他利用数学上的点集理论，把生态位看成是一个生物单位（个体、种群或物种）生存条件的总集合体。此外，他还把生态位区分为基础生态位和现实生态位。哈钦森给生态位的定义是："一个生物的生态位就是一个 n 维的超体积，这个超体积所包含的是该生物生存和生殖所需的全部条件，因此，与该生物生存和生殖有关的所有变量都必须包括在内，而且它们还必须是彼此相互独立的。"他还将某特定生物生存和生殖的全部最适生存条件命为该种生物的基础生态位，并用环境空间中的一个点集来代表，因此，基础生态位就是一个假设的理想生态位。在这个生态位中，生物的所有物化环境条件都是最适宜的，而且不会遇到竞争者和捕食者等天敌。但是，生物生存实际所遇到的全部条件总不会像基础生态位那么理想，所以被称为现实生态位。现实生态位包括了所有限制生物的各种作用力,如竞争、捕食和不利的气候等。

2.1.4.2 生态位的重叠与竞争

当两个生物(或生物单位)利用同一资源或共同占有其他环境变量时,就会出现生态位重叠现象。在这种情况下,就会有一部分空间为两个生态值 n 维超体积所共占。假如两个生物具有完全一样的生态位,就会发生百分之百的重叠,但通常生态位之间只发生部分重叠,即一部分资源是被共同利用的,其他部分则分别被各自所独占。

哈钦森认为可能出现的 4 种生态位关系:①两个基础生态位有可能完全一样,即生态位完全重叠,虽然这种情况极不可能发生,但如果出现这种情况时,竞争优势种就会把另一物种完全排除掉。②一个基础生态位有可能被完全包围在另一个基础生态位之内,在这种情况下,竞争结果将取决于两个物种的竞争能力。如果生态位被包在里面的物种处于竞争劣势,它最终就会消失,优势种将会占有整个生态位空间;如果里面的物种占有竞争优势.它就会把外包物种从发生竞争的生态位空间中排挤出去,从而实现两个物种的共存,但共存的形式仍然是一个物种的生态位被包在另一物种的生态位之中。③两个基础生态位可能只发生部分重叠,即仅有一部分生态位空间是被两个物种共同占有的,其余则为各自分别占有。在这种情况下,每物种都占有一部分无竞争的生态位空间,因此可以实现共存,但具有竞争优势的物种将会占有那部分重叠的生态位空间。④基础生态位也可能彼此邻接,两者虽不发生直接竞争,但这样一种生态位关系很可能是回避竞争的结果。如果两个基础生态位是完全分开的(不重叠),那么就不会有竞争,两个物种都能占有自己的全部基础生态位。

事实上,在自然界,生态位经常发生重叠但并不表现有竞争排除现象。生态位重叠本身并不一定伴随着竞争,例如,如果资源很丰富,两种生物就可以共同利用同一资源而不给对方带来损害。生态位的大范围重叠常常表明只存在微弱竞争,而邻接生态位反而意味着有潜在的激烈竞争,只是由于回避竞争才导致了生态位的邻接。可见,资源量与供求比以及资源满足生物需要的程度与生态位重叠与竞争的关系非常密切。

2.1.4.3 生态位分离

在现实生态位的形成中,与种内种间竞争完全相反的作用力也发挥着重要作用。生活在同一群落中的各种生物所起的作用是明显不同的,而每一个物种的生态位都同其他物种的生态位明显分开,这种现象称为生态位分离(niche separation)。在很多生物占有同一特定环境的情况下,资源常常被这些生物以下述方式所瓜分:即生态资源将被充分利用并将容纳尽可能多的物种,同时还能使种间竞争减少到最低限度。

2.1.4.4 生态位宽度

生态位宽度是一个生物所利用的各种资源之总和。一个物种的生态位越宽,该物种的特化程度就越小,即它更倾向于一个泛化物种;相反,一个物种的生态位越窄,该物种的特化程度越强,即它更倾向于一个特化物种。一方面,泛化物种具有很宽的生态位，以牺牲对狭窄范围内资源的利用效率来换取对广大范围内资源的利用能力，如果资源不能确保供应，那么作为一个竞争者，泛化物种将会优于特化物种；另一方面，特化物种占有很窄的生态位，具有利用某些特定资源的特殊适应能力，当资源能确保供应并可再生时，特化物种的竞争能力将超过泛化物种。一种可确保供应的资源常被许多特化物种明确瓜分，从而减少它们之间的生态位重叠。

2.1.4.5　生态位压缩、生态释放和生态位移动

（1）生态位压缩

生态位宽度表明了一个物种利用资源的情况。如果构成一个群落的物种都具有较宽的生态位，那么这个群落一旦遭到外来竞争物种的侵入，本地物种就会被迫限制和压缩它们对空间的利用。这种竞争所导致的是生境压缩，而不会引起食物类型和所利用资源的改变，这种情况称为生态位压缩（niche compression）。

（2）生态释放

与生态位压缩相反，若种间竞争减弱时，一个物种就可以利用那些以前不能被它所利用的空间，从而扩大了该物种的生态位。由于种间竞争减弱而引起生态位扩展称为生态释放（ecological release）。例如，当一个物种侵入一个岛屿后，由于岛上没有竞争物种存在，它就可以进入以前它在大陆上从未占有过的生境，这种生态位的扩展就是生态释放。如果把一个竞争物种从一个群落中移去，留下的物种也会进入以前它们无法占有的小生境，这种生态位扩展也是生态释放。

（3）生态位移动

与生态位压缩和生态释放有关的另一种反应是生态位移动（niche shift）。生态位移动是两个或更多个物种由于减弱了种间竞争而发生的行为变化，这些行为上或形态特征上的变化可以是对环境条件做出的短期生态反应，也可以是长期的进化反应。

2.1.5　景观生态学理论

景观生态学是生态学分支理论，景观是指以类似方式出现的若干相互作用的生态系统的聚合。景观生态学主要研究大区域范围（中尺度）内异质生态系统，如林地、草地、灌丛、廊道、村庄等的组合及其结构、功能和变化，以及景观的规划管理。主要包括：景观要素、景观总体结构、景观形成因素、景观功能、景观动态、景观管理等。景观生态学是生态学和地理学相互结合、交叉渗透而形成。景观不仅包括自然景观，还包括人文景观，从大区域内生物种的保护与管理、环境资源的经营与管理和人类对景观及其组分的影响，涉及城市景观、农业景观、森林景观等。它是生物生态学与人类生态学的桥梁，是全球生态学的重要组分。

2.1.5.1　景观生态学的基本原理

（1）景观结构与功能原理

在景观尺度上，每一独立的生态系统（或景观单元）可看作一个斑块、廊道或背景基质。生态对象如植物、动物、生物量、热量、水和矿物质营养等在景观单元间是异质分

布的。景观单元在大小、形状、数目、结构及类型等方面是不断变化的，景观的空间分布形成了景观结构。生态对象在景观单元间连续运动或流动，景观功能决定了景观单元间的相互作用及其能流、物流和物种流的运动。

（2）景观异质性与生物多样性

一方面，景观异质性程度高，使景观中大斑块减少，因而大斑块内部的物种相对减少；但另一方面，这样的景观使边缘生境的数目增加，边缘物种相应增加；与此同时，还有利于那些需要一个生态系统以上的生境、便于在附近繁殖、觅食和休息的动物的生存。由于不同生态系统均有自己的生物种和物种库组成，因而对于异质性较高的景观，其总体物种多样性较高，生物多样性水平也较高。总之，景观异质性减少了稀有内部种的丰度，增加了边缘种及要求两个以上景观单元的动物的丰富度，因而提高了潜在总物种的共存性。

（3）物种流原理

不同生境之间的异质性，是引起物种移动及其他流动的基本原因。在景观单元中物种的扩张和收缩，既对景观异质性有影响，又受景观异质性的制约。

（4）养分再分配原理

矿质养分可以在一个景观中流入和流出，或者被风、水及动物从景观中的一个生态系统带到另一个生态系统重新分配。

（5）能量流动原理

随着空间异质性的增加，会有更多能量流过一个景观中各景观单元的边界。热能和生物量越过景观的斑块、廊道和基质的边界之间的流动速率是随景观异质性增加而增加。

（6）景观变化原理

景观水平结构把物种同斑块、廊道和基质的范围、形状、数目、类型联系起来。干扰后，植物的移植、生长、土壤变化及动物的迁移等过程带来了均质化的效应。但由于新的干扰的介入及每一个景观单元变化速率的不同，永远也得不到一个同质性景观。在景观中，适度的干扰常常可以建立起更多的斑块或廊道。

（7）景观稳定性原理

景观的稳定性源于景观对干扰的抵抗性和抗干扰后的复原能力，每个景观单元有其自身的稳定性。因而景观总体的稳定性，反映了每一景观单元的稳定性及其在景观中所占的比例。

2.1.5.2 景观生态属性

（1）景观异质性

景观异质性是指构成景观的不同的生态系统，它是景观的重要属性。景观异质性的来源，除与本身基质的地球化学性质相关外，主要来自自然界的干扰、人类的干扰、植被的内源演替及其在特定景观里的发展历史等，它在时间上的动态表现即为演替。

景观异质性主要包括：①空间组成，即该区域内生态系统的类型、种类、数量及其面积的比例；②空间构型，即各生态系统的空间分布、斑块形状、斑块大小以及景观对比度和连接度；③空间相关，各生态系统的空间关联度、整体或参数的关联程度、空间梯度和趋势以及空间尺度。

（2）景观格局

景观格局是指大小或形状不同的斑块，在景观空间上的排列。它是景观异质性的具体表现，同时又是包括干扰在内的各种生态过程在不同尺度上作用的结果。研究景观格局的目的是在近似无序的景观斑块中，发现其潜在的规律性，确定产生和控制空间格局的因子和机制，比较不同景观的空间格局及其效应。

景观格局主要有以下 5 种类型：①点格局，是指在研究对象相对它们之间距离要小得多的情况下，可以把研究对象看成点，如在交通图中的城市，相对于城市之间的距离要小得多，这种分布格局叫点格局；②线格局，是指研究线路的变化和移动，如河道的历史变迁对景观的影响；③网格局，是点格局和线格局的复合，研究点和线的连接，点与点间的连线代表了点间的空间关联程度；④平面格局，主要研究景观的大小、形状、边界以及分布的规律性；⑤立体格局，研究生态系统在景观三维空间的分布。

（3）干扰

研究干扰在景观生态学中具有重要的意义。许多学者试图给干扰以严格定义，Turner 将它定义为："破坏生态系统、群落或种群结构，并改变资源、基质的可利用性，或物理环境在时间上相对不连续的任何事件。"干扰对景观的影响可能是有害的、也可能是有益的。

一般而言，干扰是造成景观异质性和改变景观格局的重要因素。虽然景观随时间而改变，但并非整个景观过程都是同步的，由于景观中的各个生态系统在不同的时间内遭受不同强度或不同类型的干扰，而且不同的生态系统对同样干扰的反应也不尽相同，这些因素都是形成景观异质性的原因。

通常认为，在较为同质的景观上干扰容易扩散，但近年来的不少研究表明，异质性景观既能阻滞干扰的扩散程度和速率，也能加速扩散的速度或增加扩散的程度。

（4）尺度

尺度是景观生态学中的一个重要概念，它包括空间尺度和时间尺度。在景观生态学的研究中，必须充分考虑这两种尺度的影响。景观的结构、功能和变化都受尺度所制约，空间格局和异质性的测量取决于测量的尺度，一个景观可能在一个尺度上是异质的，但在另一个尺度上又可能是十分均质的；一个动态的景观可能在一种空间尺度上显示为稳定的镶嵌，而在另一个尺度上则为不稳定；在一种尺度上是重要的过程和参数，在另一种尺度上可能不是如此重要和可预测。因此，决不可未经研究而把在一种尺度上得到的概括性结论推广到另一种尺度上，离开尺度去讨论景观的异质性、格局、干扰等属性都是没有意义的。

2.1.6　生态系统恢复与重建理论

由于人类活动范围与能力的日趋扩大，使自然形成的物质循环和能量交换受到不同程度的干扰和破坏，这不仅影响到生物圈和生态系统的正常物质循环代谢，而且也危害着生态系统的正常功能。

2.1.6.1 干扰与受害生态系统

干扰被认为是引起群落或生态系统的特性(如种类多样性、养分积累、生物量、水平结构和垂直结构等)发生变化的因素,而且这种变化超过了生态系统正常波动的范围。干扰是使生态系统发生变化的主要原因,它不仅在群落种类多样性的发生和维持中起重要作用,而且在生物的进化过程中也是重要的选择压力。生态系统的干扰可以分为自然干扰和人为干扰,人为干扰常常附加于自然干扰之上。人为干扰包括有毒化学物的施放、森林砍伐、库坝修筑、草原开垦、过度放牧、露天开采等活动。大部分人为干扰与自然干扰的结果是明显不同的,自然干扰对环境的影响是局部的和偶然发生的,而人为干扰的影响可以涉及从种群乃至整个生物圈。例如,全球性 CO_2 浓度的增加,氮、硫、磷循环中的不平衡现象。这些都构成了对人类生存的严重挑战,迄今我们还不能预测这种环境变化的生态后果。

生态系统最重要的特点之一,就是不断地发展和变化,如物种的组成、各种速率过程、复杂程度和随时间推移而变化的组分。正常的生态系统是生物群落与自然环境取得平衡的自我维持系统,各种组分的发展变化是按照一定的规律并在某一平衡位置作一定范围的波动,进而达到一种动态平衡的状态。但是,生态系统的结构和功能也可能在自然干扰和人为干扰的作用下发生位移,位移的结果打破了原有生态系统的平衡状态,使系统的结构和功能发生变化和障碍,形成了破坏性波动或恶性循环,这样的生态系统被称之为受害生态系统(damaged ecosystem)。对于受害生态系统的定义迄今尚未明确,因为衡量一个生态系统是否真正受害,还是暂时发生位移常常是较为困难的;同时,由于干扰的类型、强度、频度和时间的不同,对提出一个适合于各类生态系统的定义也是困难的,上述的定义仅适合于受害严重或较为严重的生态系统。对于受害生态系统的确定,应该从自然景观、系统的结构和功能的协调、能流和物流的循环、水分平衡以及生物种的生理生态学特性方面加以综合分析。

2.1.6.2 干扰作用与生态演替

受害生态系统恢复过程的关键是被干扰后演替的最终结果和它与正常演替的关系。自然干扰作用总是使生态系统返回到生态演替的早期状态,一些周期性的自然干扰使生态系统呈周期性演替现象,成为生态演替不可缺少的动因。生态演替过程中一系列变化所产生的正负反馈作用,使演替趋于一种稳定状态。同时,生物种群总是不断地使自然环境发生变化,从而使环境条件变得有利于其他种群,这样就导致了物种的不断取代,直到在生物与非生物因素之间达到动态平衡为止。

人为干扰和自然干扰的结果是明显不同的,生态演替在人为干预下可能加速、延缓、改变方向以至向着相反方向进行。例如,草原过度放牧超出草场生态系统的调节能力,就引起植被的"逆行演替"。在逆行演替中,首先是偏中生植物和不耐践踏的丛生禾草在草群中消失,种类减少,而一些耐旱、耐践踏的植物比例不断增加;接着是高度、盖度、生物量有规律的减低;最后只能保持稀疏植被,形成低产而脆弱的生态系统。对于一些自然条件恶劣的地区,人为干扰将引起环境的不可逆变化,如水土流失、土地沙漠化和盐碱化等。在干旱和半干旱地区，情况更为严重，以至于恢复到原来的顶极状态是不可能的。例如，鄂尔多斯南部的毛乌素沙地，过去曾是一片丰茂的草原，自明朝开始大面积农垦、放牧和樵采，草原植被破坏，沙化扩张。

另外，人为干扰对生态系统的作用常常产生生态冲击（ecological backlashes）或生态报复（ecological boomerang）现象，即环境改变后产生未预料到的有害结果，这种环境变化抵消了原计划想得到的效益，甚至造成更多需要解决的问题，严重地威胁着人类生存的环境。

生态系统发展的对策是获得最大保护（即达到维持生物结构的最大复杂性），而人类的目的则是"最大生产量"（即获得尽可能高的产量）。自然保护的目的是力求维护一个高质量的环境，它包含美学、娱乐以及生产的需求，建立在收获与更新平衡循环的基础上，保证有用动物、植物和矿物的持续产量。长期以来，人类有意识地利用火烧来控制生物群落，使演替返回到某个早期。这样的结果，一方面保持了产量和单一性；另一方面也起到保护环境和维持多样性的作用。因此，这种干扰是利用生态演替作用的调和性对策。同样，适度地放牧也可以使初级生产量和物种多样性发生稳定和更新的交换。

2.1.6.3 受害生态系统的恢复与重建

由于生态演替作用，生态系统可以从自然干扰和人为干扰所产生的位移状态中得到恢复，生态系统的结构和功能得以逐步协调。在人类的参与下，一些生态系统不仅可以加速恢复，还可得以改建和重建。

人为干扰所破坏的生态系统，在自然恢复过程中，可以重新获得一些生态学性状。自然干扰所破坏的生态系统，若这些干扰能被人类所合理控制、生态系统将发生明显的变化。受害生态系统因管理对策的不同，可能有以下 4 种结果：①恢复（restoration），即恢复到未干扰时的状态；②改建（rehabilitation），即重新获得某些原有性状，同时获得对人类有益的新性状；③重建（enhancement），获得一种改进的和原来性状不同的新的生态系统，更加符合人类的期望，并远离初始系统；④恶化（degradation），不合理的人为控制或自然灾害等导致生态系统进一步受到损害。因此，恢复是将受害生态系统推移回到初始状态；恶化与恢复的方向相反，使生态系统受到更大破坏；重建是将生态系统的现有状态进行改善，符合人类所期望的特点，使生态系统进一步远离它的初始状态；改建是将恢复和重建措施有机结合起来，将非恶化状态得到改造。

受害生态系统的恢复可以遵循两种模式：一种是当生态系统受害不超过负荷并在可逆的情况下，压力和干扰被移去后，恢复在自然过程中发生。例如，对退化草场进行围栏保护，几年之后草场即可得到恢复。另一种是生态系统的受害超负荷并发生不可逆变化，只依靠自然过程不能使生态系统恢复到初始状态，必须依靠人的帮助，有时还需用非常特殊的方法，至少要使受害状态得到控制。

人的合理参与可以加速受害生态系统的恢复。例如，在干旱草原地区，草原开垦成农田，经过几年农业种植之后，在撂荒恢复阶段，特别是在田间杂草阶段，提前播种羊草；在根茎禾草阶段，补播羊草；在根茎禾草阶段末期，耙地一次，使之成为根茎禾草占优势的割草场，可以大大加快恢复演替。在土层瘠薄或风蚀严重的草原上，不合理的大面积开荒，常引起土地沙化和碱化，严重的将变成大片流沙。在此种情况下，依靠自然演替恢复为原来的草原植被十分困难，甚至是不可能的。大规模的受害生态系统，不管受到多么巨大的干扰和障碍，在生态学的意义上，均可能重新获得优于以往条件的状态，但在实践中往往是非常困难的。人类对受害生态系统所采取的恢复措施，必须符合生态学规律，否则，会引起其他严重后果。

自然过程的作用是缓慢的，而良好的设计和管理规划能加速受害生态系统的恢复。在恢复和重建受害生态系统的过程中，必须促进政策、社会舆论、法律以及生态学各方面的合作与协调。

因此，在恢复和重建受害生态系统的过程中，必须重视各种干扰对生态系统的作用及生态演替规律的研究，在此基础上对科学研究成果、技术对策及社会经济问题等进行综合评判，进而对受害生态系统做出合乎自然规律、有益于人类生活的治理措施，使受害生态系统在自然及人类的共同作用下，真正得到恢复、改建和重建。

2.2 系统工程学理论

2.2.1 系统的基本概念

2.2.1.1 系统的定义与属性

（1）系统的定义

"系统"是整个系统科学中最基本的概念。"系统"一词最早出现于古希腊语中，"synhistanai"一词原意是指事物中共性部分和每一事物应占据的位置，也就是部分组成的整体。近代一些科学家和哲学家常用"系统"一词来表示复杂的具有一定结构的研究对象，如天体系统、人体系统等。从中文字面上看，"系"指关系、联系，"统"指有机统一，"系统"则指有机联系和统一。美籍奥地利生物学家贝塔朗菲（Ludwing Von Bertalanffy）于1937年第一次将系统作为一个重要的科学概念予以研究，他认为："系统的定义可以确定为处于一定相互关系中并与环境发生关系的各组成部分的总体。"

系统的定义依照学科的不同、待解决问题的不同及使用方法的不同而有所区别，如：

R. 吉布松的系统定义是："互相作用的诸元素的整体化总和，其使命在于以协作方式来完成预定的功能。"

B. H. 萨多夫斯基认为系统是："互相联系着并形成某种整体性统一体的诸元素按一定方式有秩序地排列在一起的集合。"

N. B. 布拉乌别尔格、B. H. 萨多夫斯基和尤金指出："从系统的整体性出发，可以从性质方面通过下列特征给系统概念下定义：①系统是由相互联系的诸元素组成的整体性复合体；②它与环境组成特殊的统一体；③任何被研究的系统通常都是更高一级系统的元素；④任何被研究的系统的元素通常又都作为更低一级系统。"

《韦氏大辞典》里的系统为："有组织的或被组织化的整体，结合构成整体所形成的各种概念和原理的综合，以有规则的相互作用和相互依存的形式结合起来的诸要素的集合等。"

日本工业标准 JIS 定义系统为："许多组成要素保持有机的秩序，向同一目标行动的事物。"

综上所述，系统概念同任何其他认识范畴一样，描述的是一种理想的客体，而这一客体在形式上表现为诸要素的集合。

我国系统科学界对系统一词较通用的定义是：系统是由相互作用和相互依赖的若干组成部分(要素)结合而成的、具有特定功能的有机整体。依据此定义可以看出，系统必须具备 3 个条件：第一，系统必须由两个或两个以上的要素(或部分、元素、子系统)所组成，要素是构成系统的最基本单位，因而也是系统存在的基础和实际载体，系统离开了要素就不称其为系统；第二，要素与要素之间存在着一定的有机联系，从而在系统的内部和外部形成一定的结构或秩序，任何一个系统又是它所从属的一个更大系统的组成部分(要素)，这样，系统整体与要素、要素与要素、整体与环境之间，存在着相互作用和相互联系的机制；第三，任何系统都有特定的功能，这是整体具有不同于各个组成要素的新功能，这种新功能是由系统内部的有机联系和结构所决定的。

（2）系统的属性

系统具有集合性、相关性、整体性、层次性、目的性、环境适应性、动态性和涌现性等属性。这些属性区别了系统与非系统。

集合性表明系统是由许多(不少于两个)可以相互区别的要素组成，例如，一个工业企业是一个系统，它的要素集合包括人员、物质、能量、资金和信息等。

系统与其各要素、系统与环境、要素与要素间存在着普遍联系、相互依存、相互作用与制约的特性是客观存在的。以人体系统为例，每一个器官或小系统都不能离开人体这个整体而存在，各个器官和组织的功能与行为影响着人体整体的功能和行为，而且它们的影响都不是单独的，而是在其他要素的相互关联中影响整体的。这种系统的相关性正是系统具有结构性的表现。如果不存在相关性，众多要素就如同一盘散沙，只是一个集合，而不是一个系统。

系统可以分解为若干子系统，子系统又可再分成更小的子系统直至要素，而每一个系统又往往隶属于一个更大的系统。这就是说，一个大的系统包含许多层次，上下层次之间是包含与被包含的关系，或者是领导与被领导的关系。例如，有机生命系统是按照严格的等级组织起来的，包括生物细胞、大细胞、器官、生理子系统、个体、群体及生态系统；我国的行政系统包括国务院、省(自治区、直辖市)、市、县、乡镇；军队系统包括军区、军、师、旅、团、营、连、排、班；一所高校系统包含大学、学院、系、学科；一个企业集团包含总公司、分公司、工厂、车间、班组。

系统的整体性是指组成系统的具有独立功能的要素，它们之间的相关性和阶层性等在系统整体上进行逻辑统一和协调，这个整体将具有不同于各组成要素的新功能。系统的整体性是系统的核心，亦是从协调侧面来说明相关性和目的性的特征。系统的整体功能不等于各个要素功能之和，而是强于它们的和，例如，人体的功能不等于各个组织器官的功能之和。正如古希腊哲学家亚里士多德所说的"整体大于部分之和"。

系统的整体性又称为系统的总体性、全局性，系统的局部问题必须放在系统的全局之中才能有效地解决，系统的全局问题必须放在系统环境之中才能有效地解决。任何一个具有良好功能的最优系统，其组成的各个要素往往不一定是最优的。我们研究系统整体性是为了在实现系统目标的前提下，使系统各要素间的相关性、层次性等的总体结合效果最佳。系统工程所研究的对象系统都具有特定的目的。目的性是系统具有特定功能的表示，它提供了设计、建造或改造系统的目标与依据，反映了系统功能与行为具有的方向性。研究一个系统，首先必须明确它作为一个整体所体现的目的与功能。正是为了实现一定的目的，才组建或改造某一系统。系统整体及其要素的功能行为不仅取决于现有状态，而且也依赖于系统未来的终极状态并受其制约。例如，战争中交战双方的行为与决策不仅要考虑现有状态，而且更须服从"取胜"这个终极状态，"不争一城一地的得失，消灭敌人有生力量"的战略思想便是从目的性出发的范例。

了解系统的目的性，是开发系统工程项目的首要工作，系统的目的性常常通过系统的目标或系统指标来描述，一般系统大都是多目标的或多指标的，它们分为若干层次，构成一个目标体系或指标体系。

任何系统都存在于一定的环境中，环境与系统间存在着各种物质、能量和信息的交换，这种交换称为系统的输入与输出。环境的变化必定对系统及其要素产生影响，从而引起系统及其要素的变化。系统要获得生存与发展，必须适应外部环境的变化，这就是系统对于环境的适应性。系统这种自动调节自身的结构、活动以适应环境变化的特性，又称为系统的自组织性。

系统必须适应环境，如同要素必须适应系统一样。

$$系统 + 环境 = 更大的系统$$

这就提示我们研究系统时必须注重系统的环境或背景，只有在一定的环境或背景上考察系统，才能明晰系统的全貌；只有立足于一定的环境中去研究系统，才能有效地解决系统中的问题。

动态性是指系统发展过程与时间进程有关的性质。例如，工程建设系统，它包括工程投资的前期研究、可行性分析、规划、设计、施工、使用、维护和更新等阶段，系统的不同阶段呈现不同的形态与特征，暴露出不同的矛盾与问题，需要不同的处理方法与手段，故研究系统要从系统的整个生命周期的动态特性出发，分别按所处的不同阶段来考察与分析。

系统的涌现性包括系统整体的涌现性和系统层次间的涌现性。系统的各个部分组成一个整体之后，就会产生出整体具有而各个部分原来没有的某些东西（性质、功能、要素），系统的这种属性称为系统整体的涌现性。系统的层次之间也具有涌现性，即当低层次上的几个部分组成高一层次时，一些新的性质、功能、要素就会涌现出来。

2.2.1.2　系统的分类

（1）按照系统属性分类

■按自然属性分为自然系统与社会系统

自然系统是自然形成的、单纯由自然物（如天体、矿藏、生物、海洋等）组成的系统，例如，太阳系、地质构造、原始森林。它们不具有人为的目的性与组织性，所以不是系统工程直接研究的对象。但是，如何组织科学技术队伍去研究天体现象（如日食、月食）或勘探、开发利用地下矿藏和地面资源，则是系统工程的任务。实际上，这时自然系统已转化成了社会系统。

社会系统是指由人介入自然系统并且发挥主导作用而形成的各种系统。它们具有人为的目的性与组织性。社会系统又称为人工系统、人造系统。

社会系统，按照其研究对象，可以分为经济系统、教育系统、行政系统、医疗卫生系统、交通运输系统、科技系统、军事系统等。其中经济系统又可以进一步细分为工业系统、农业系统；工业系统又可以进一步细分为重工业系统、轻工业系统、化工系统等。社会系统通常都具有经济活动，所以社会系统又常常称为社会经济系统。

自然系统及其规律是社会系统的基础。值得指出的是，社会系统（尤其是工业企业）常常导致自然系统的破坏，造成各种公害，正确处理两者之间的关系（控制污染、保护环境）是系统工程的重要课题。今天，保护环境、保护生态、实现可持续发展，已经成为全人类的共识。

■按物质属性分为实体系统与概念系统

实体系统是由物质实体所组成。物质实体包括矿物、生物、能量、机械等各种自然物和人造物。人是有主观能动性的物质实体。概念系统则是由概念、原理、法则、制度、规定、习俗、传统等非物质实体所组成，是人脑和习惯的产物，是实体系统在人类头脑中的反映。

机械系统是实体系统，但是它的运行需要利用技术（如方法、程序等），而后者是概念系统。在实际系统中，实体系统与概念系统是紧密结合在一起的。实体系统是概念系统的基础，概念系统为实体系统提供指导和服务。

实体系统又称"硬系统"，它主要由硬件组成；概念系统又称"软系统"，它主要由软件组成。

■按运动属性分为静态系统与动态系统

所谓静态系统是其状态参数不随时间显著改变的系统，没有输入与输出，例如，未开动的洗衣机，停工待料的工厂等。如果系统内部的结构参数随时间而改变，具有输入、输出及其转化过程，则称之为动态系统，例如，生产系统、交通系统、服务系统、人体系统等均是动态系统。系统的静态与动态是相对划分的，严格的静态系统是难以找到的。只是有些系统在考察的时间尺度之内，其内部结构与状态参数变化不大的情况下，为研究问题方便，而忽略这些结构与参数的改变，将其近似视为静态系统而已。寒暑假期间的学校，教学活动停止了，大部分学生回家了，行政部门也半休或全休，此时的学校可以说是处于静止状态。

■按系统与环境间的关系分为开放系统与封闭系统

与外界环境之间存在着物质的、能量的、信息的流动与交换的系统，称之为开放系统。如果系统与环境之间不发生这些流动与交换，则称之为封闭系统。实际上，严格的封闭系统也是难以找到的。为了研究问题的方便，有时忽略一些较少的流动与交换现象，将这种系统近似看成为"封闭系统"。流动现象有两类：一类是由环境向系统的流动，称其为系统的输入或干扰；另一类是由系统向环境的流动，称其为系统的输出。用圆圈表示系统，用指向系统的箭头线表示输入，用指离系统的箭头线表示输出，则一般的开放系统可用图 2-1 来表示。

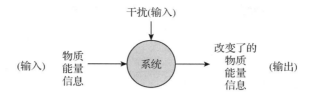

图 2-1 开放系统的一般表示

开放系统是动态的、"活的"系统，封闭系统是僵化的、"死的"系统。系统由封闭走向开放，就可以增强活力，焕发青春。

■**按反馈属性分为开环系统与闭环系统**

在开放系统中，系统的输出反过来影响系统输入的现象，称为反馈。增强原输入作用的反馈称为正反馈；削弱原输入作用的反馈称为负反馈。负反馈使得系统行为收敛，正反馈使得系统行为发散。通常讲的"良性循环"与"恶性循环"，实际上都是正负反馈作用的表现。

没有反馈的系统为开环系统，具有反馈的系统为闭环系统。系统的反馈主要是信息反馈，一般来说，反馈是指负反馈。

开环系统可用图 2-2 表示，闭环系统可用图 2-3 表示。

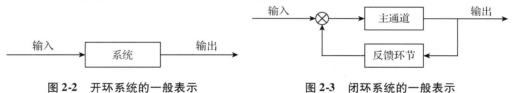

图 2-2 开环系统的一般表示　　　　　**图 2-3 闭环系统的一般表示**

■**按人在系统中工作的属性分为作业系统与管理系统**

人类的全部活动可以分为两大类：作业活动与管理活动。作业活动是人类在生活、生产中最基本的活动，即直接作用于外界或自身（如吃饭、穿衣、走路、睡觉等）的活动，称之为第一类活动；管理活动作用于作业活动，是对各种作业进行编排和组织的活动，称之为第二类活动。第二类活动以第一类活动为活动对象，使得第一类活动能够有条不紊地进行，实现预定的目标。在任何一项工程中，作业系统与管理系统是紧密结合、难以截然分离的，即便在个人的日常生活中也是这样。

在实用词语上常常有交叉，例如，管理作业是对管理活动的细分，这里的"作业"二字已不是第一类活动了。

自然界和人类社会的许多系统是十分复杂的，以上的分类并不是绝对的。一个复杂的系统往往是多种系统形态的组合与交叉。系统工程所研究的系统，是动态的、开放的、具有反馈的社会系统，是包含实体系统和概念系统在内的复合系统；系统工程就是组织管理系统的技术。

（2）按照系统的综合复杂程度分类

从系统的综合复杂程度方面考虑，可以把系统分为三类九等，如图 2-4 所示。

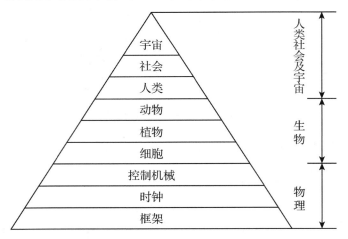

图 2-4　系统的分类

由图 2-4 可以看出，系统的复杂性由下向上不断加大。

①框架　这是最简单的系统，如桥梁、房子，其目的是交通和居住，其部件是桥墩、桥梁、墙、窗户等，这些部件有机地结合起来提供服务。它们是静态系统，虽然从微观上说它们也在动。

②时钟　它按预定的规律变化，什么时候到达什么位置是完全确定的，虽动犹静。

③控制机械　它能自动调整，如把温度控制在某个上下限内或者控制物体沿着某种轨道运行。当因为偶然的干扰使运动偏离预定要求时，系统能自动调节回去。

④细胞　它能新陈代谢和自繁殖，它有生命，是比物理系统更高级的系统。

⑤植物　这是细胞群体组成的系统，它显示了单个细胞所没有的作用，它是比细胞复杂的系统，但其复杂性比不上动物。

⑥动物　动物的特征是可动性。它有寻找食物、寻找目标的能力，它对外界是敏感的。它也有学习的能力。

⑦人类　人有较大的存储信息的能力，说明目标和使用语言的能力均超过动物，人还能懂得知识和善于学习。人类系统还指人作为群体的系统。

⑧社会　这是人类政治、经济活动等上层建筑的系统。社会系统就是组织。

⑨宇宙　这不仅包括地球以外的天体，而且包括一切我们现在还不知道的东西。

这里底层三个是物理系统，中间三个是生物系统，最高层三个是最复杂的系统。

（3）钱学森院士的分类

钱学森院士提出如下分类：①按照系统规模可以分为小系统、大系统、巨系统；②按照系统结构的复杂程度可以分为简单系统和复杂系统。

把两个标准结合起来进行分类，形成一种新的分类方法，如图 2-5 所示。

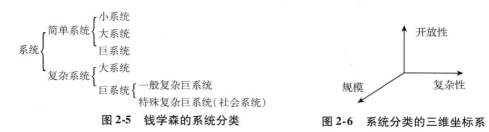

图 2-5　钱学森的系统分类　　　　图 2-6　系统分类的三维坐标系

钱学森院士还很重视系统的开放性，倡导研究开放的复杂巨系统。全国规模的社会经济系统就是一种开放的复杂巨系统，因特网也是开放的复杂巨系统。实际上，钱学森院士提供了研究系统分类的一个三维坐标系，如图 2-6 所示。复杂系统有巨系统，也有小一些的系统，但是，系统工程研究的重点是大系统、巨系统，尤其是开放的复杂巨系统。

系统的分类还可以有其他许多方法。例如，按照系统的变化是否连续，可分为连续系统与离散系统；按照变量之间的关系，可分为线性系统与非线性系统等。

2.2.1.3　系统的结构与功能

（1）系统的结构

构成系统的各个层次和要素之间并非互不相干，而是相互联系、相互作用，这种相互联系、相互作用的总体表现方式就是系统结构。

一切系统均有结构，结构是系统的普遍属性。没有无结构的系统，也没有离开系统的结构。无论是宏观世界还是微观世界，一切物质系统都无一例外地以一定结构形式存在、运动和变化着。

结构具有不同的形式，其基本形式有：数量结构、时序结构、空间结构和逻辑结构。另外，还可以把结构划分为平衡结构与非平衡结构、有序结构与非有序结构等形式。各构成要素之间的联系排列方式保持相对不变的系统结构称为平衡结构，如晶体结构。这类系统结构中的各个要素有固定位置，它的结构稳定性非常明显。系统的各组成要素对环境经常保持着一定的活动性，系统处于必须与环境不断进行物质、能量、信息交换才能保持有序性的系统结构，称为非平衡结构。这种结构本质上是一种动态结构。有序结构与非有序结构的划分主要是以系统内有无固定的秩序为标志。

（2）系统的功能

任何系统都有一定的功能，系统的功能反映系统与外部环境的关系，表达出系统的性质和行为。系统功能体现了一个系统与外部环境之间的物质、能量和信息的输入与输出的转换关系，如图 2-7 所示。

系统整体与环境相互作用所反映的能力称为系统的功能。其中，系统整体对外在环

图 2-7　系统功能示意

境的作用或影响称为系统的外部功能，简称外功能；系统整体对内在环境的作用或影响称为系统的内部功能，简称内功能。一个系统的内外功能是相互作用的，一般地，内部功能是外部功能的基础，内部功能的状况决定着外部功能的状况；外部功能的发挥会刺激内部功能的提高和进一步完善。

①系统功能具有易变性　系统功能与系统结构相比是更为活跃的因素。一个系统对外部环境发挥功能总要遵循一定的规律，随着环境条件的不同，将相应地引起系统功能的变化。一个系统的结构在一定范围内总是稳定的，但功能则不同，只要环境的物质、能量、信息交换有所变动，此时系统与环境的相互作用过程、状态、效果都会发生变化。

系统在发挥功能的过程中，会随着环境条件的变换而相应地调整它的程序、内容和方式，不断地促进系统结构的变革，以使系统不断地获得新的功能。

②系统功能具有相对性　功能关系和结构关系在一定条件下可以互相转化。在一个大系统内部，其要素之间的相互作用本来属于系统结构关系，但如果把每个要素或子系统作为一个系统整体来考察，则子系统之间的相互作用又转化为独立子系统之间的功能关系。

③系统功能的发挥需进行有效的控制　在功能管理的活动中，要有进行监督和控制的管理机构。管理机构的主要任务是对管理对象进行调查（或测定），求出该对象所表示的状态和输出的管理特征值，并与管理目标相互比较。通过比较找出差距并进行判断，必要时可采取适当的行动。有效的控制要求包括预见性、全面性和及时性。

系统的功能或总体效果最优，并不是要求系统的所有组成要素都孤立地达到最优（那样会使系统的成本太高）。系统的所有组成要素都孤立地达到了最优也并不意味一定能有系统功能或总体效果的最优。为了实现系统总体效果最优，有时还要遏制甚至牺牲某些局部的效果（利益）。这里面有一个协调的问题，"抓总"的工作、统筹兼顾的安排，即整个系统的合理组织与管理，各种资源的合理配置与使用。

2.2.2　系统工程的基本概念

2.2.2.1　系统工程的定义

系统工程是一门正处于发展阶段的新兴学科，应用领域十分广泛。由于它与其他学科的相互渗透、相互影响，使得不同专业领域的学者对它的理解不尽相同，给出的定义也不尽相同。

1967 年，美国著名学者 Chestnut 在其所著的《系统工程学的方法》中指出："系统工程学是为了研究由多数子系统构成的整体系统所具有的多种不同目标的相互协调，以期系统功能的最优化，最大限度地发挥系统组成部分的能力而发展起来的一门科学。"

1976 年，美国科学技术辞典的定义是："系统工程是研究怎样设计彼此密切联系的许多要素所构成的复杂系统的科学。在设计这种复杂系统时，应有明确的预定功能及目标，而在组成它的各要素之间及各要素与系统整体之间又必须能够有机地联系，配合协调，致使系统总体达到最优目标。在设计时还要考虑到参与系统的人及其作用。"

1971 年，东京工业大学寺野寿郎教授在其所著的《系统工程学》一书中定义系统工程为："系统工程学是为了合理地开发、设计和运用系统而采用的思想、程序、组织和手法等的总称。"

日本工业标准(JIS)规定："系统工程是为了更好地达到系统目标，而对系统的构成要素、组织结构、信息流动和控制机构进行分析和设计的技术。"

1979 年，我国著名学者钱学森等在《组织管理的技术——系统工程》一文中指出："把极其复杂的研制对象称为系统。即由相互作用和相互依赖的若干组成部分结合成具有特定功能的有机整体，而且这个系统本身又是它所从属的一个更大系统的组成部分。……系统工程学则是组织管理这种系统的规划、研究、设计、制造、试验和使用的科学方法，是一种对所有系统都具有普遍意义的科学方法。"

《中国大百科全书·自动控制与系统工程卷》定义："系统工程是从整体出发合理开发、设计、实施和运用系统的工程技术。它是系统科学中直接改造世界的工程技术。"

还有学者认为，系统工程主要研究具有系统意义的问题。在现实生活和理论探讨中，凡着眼于处理部分与整体、差异与统一、结构与功能、自我与环境、有序与无序、行为与目的、阶段与全过程等相互关系的问题，都是具有系统意义的问题。

我国著名管理学家汪应洛院士在其所著《系统工程理论、方法与应用》中指出："系统工程是以研究大规模复杂系统为对象的一门交叉学科。它是把自然科学和社会科学的某些思想、理论、方法、策略和手段等根据总体协调的需要，有机地联系起来，把人们的生产、科研或经济活动有效地组织起来，应用定量分析和定性分析相结合的方法和计算机等技术工具，对系统的构成要素、组织结构、信息交换和反馈控制等功能进行分析、设计、制造和服务，从而达到最优设计、最优控制和最优管理的目的，以便最充分地发挥人力、物力的潜力，通过各种组织管理技术，使局部和整体之间的关系协调配合，以实现系统的综合最优化。"

综上所述，系统工程具有以下一些特征：

①系统工程的研究对象是具有普遍意义的系统，特别是大系统；

②系统工程是一种方法论，是一种组织管理技术；

③系统工程是涉及许多学科的边缘学科与交叉学科；

④系统工程是研究系统所需的一系列思想、理论、程序、技术、方法的总称；

⑤系统工程在很大程度上依赖于电子计算机；

⑥系统工程强调定量分析与定性分析的有机结合；

⑦系统工程研究具有系统意义的问题；

⑧系统工程着重研究系统的构成要素、组织结构、信息交换与反馈机制；

⑨系统工程所追求的是系统的总体最优以及实现目标的具体方法和途径的最优。

2.2.2.2 系统工程的主要特点

(1)突出系统，两个优化

突出系统是指系统工程突出地把系统作为研究对象，要求系统地、综合地考虑问题；两个优化是指研究系统的目标是实现系统总体效果优化，同时，实现对这一目标的方法或途径达到优化。从理想上来讲，人们往往期望实现系统总体效果最优、实现目标的方法与途径也达到最优，但在实际的系统工程研究应用中，最优是达不到的，只能尽量优化，即所谓"没有最好，只有更好"。

（2）以软为主，软硬结合

传统的工程技术，如电子工程、土建工程、机械工程等，以"硬件"对象为主，可以将它们划归为广义的物理学（对物进行处理的学问）的范畴，是以硬技术为主的工程技术，单元学科性较强。而系统工程是一大类新兴的工程技术的总称，以对事进行合理筹划为主，可以将它们划归为广义的事理学（对事进行处理的学问）的范畴，是以软技术为主的工程技术，其学科综合性较强。

（3）学科跨度大，综合性研究强

所谓学科跨度大，可从两个方面来理解：一是用到的知识是分属于多个学科的，如通常用到系统科学、自然科学、数学科学、社会科学等多方面的知识；二是参与系统工程项目研究的专家学者是来自多个学科的，并分别从各个学科的专业角度对系统进行综合研究。所谓综合性研究强，是指不同的学科、各个部门的专家要互相配合，协同作战，而不是各自为战，各行其是，或者攻其一点，不及其余。

（4）定性分析与定量分析的综合集成

任何系统都具有定性特性与定量特性两方面，定性特性决定定量特性，定量特性表述定性特性。对系统只有定性描述，则难以深入准确地把握系统的行为特性，但定性描述又是定量描述的基础与先导，如果定性认识不深入、不确切，甚至出现认识上的错误，无论定量描述多么精确、详尽，都是无用的，甚至会把人们的认识引入歧途。定量描述是为定性描述服务的，借助正确的定量描述能使定性描述深刻化、精确化。

许多成功应用定量描述与定性描述综合集成的研究告诉人们，系统工程首先要对系统的定性特性有个基本认识，然后才能正确地确定怎样用定量特性将它们表示出来。因此，对系统的定性分析与定量分析的综合集成是系统工程方法论的基本原则之一。

（5）突出宏观研究，兼顾微观研究

运用系统工程研究分析系统问题时，往往着重突出宏观研究，同时兼顾微观研究。一般地说，宏观与微观在不同的学科有不同的定义。在物理学中，研究宇宙问题，包括太阳系、银河系、银河外星系等，称为宏观研究；研究物质结构，包括分子结构、原子结构、基本粒子等，称为微观研究。在经济学中，研究全国的国民经济问题，称为宏观经济研究；研究企业的生产、经营、销售问题，称为微观经济研究，由此而产生了宏观经济学和微观经济学。

系统工程理论认为，系统不论大小，皆有其宏观与微观问题：凡属系统的全局的、总体的和长远的战略发展问题，均为宏观问题；凡属系统内部低层次上的问题，则为微观问题。系统工程一般以宏观研究为主，兼顾微观研究。系统的决策者或政府主管部门对系统进行宏观调控、微观搞活是系统管理的一条基本原理，不论系统大小，都是普遍适用的。但在研究微观问题时，必须重视系统的宏观背景分析，不能就事论事，只顾部分、不顾全局，必须至少上升一个层次考虑问题。

（6）注重科学实践，发挥咨询作用，破除神秘感

系统工程的应用研究是针对实际问题的，因而强调注重科学实践，对分析研究提出

的解决问题的方案必须接受实践检验,不能脱离实际、纸上谈兵或闭门造车,即系统工程的实践性。

系统工程研究人员主要是给领导、决策者或用户当参谋,其研究分析成果是为他们提供多种备选方案,支持他们进行决策,但系统工程研究人员一般不参与决策,也不对决策后果负责,因此,他们仅仅起到咨询作用,系统工程研究机构属于咨询性的学术机构。

系统工程强调从定性到定量的综合集成研究,并不是单一地依靠数学模型与计算,并不偏废定性研究。系统思想、系统工程方法论以及许多系统工程理论与方法,是所有人都可以学习和掌握的。当然,如果一点数学都不要,纯粹是定性的描述性研究,也搞不了系统工程。开展一项较大的系统工程项目,不仅需要擅长定量研究的专家,也需要擅长定性研究的专家,还得将两方面的专家结合起来,共同组成一个项目组来开展研究。

2.2.2.3 系统工程理论

作为一门综合性很强的交叉学科和横断学科,系统工程的产生与发展离不开一般系统论、信息论、控制论、运筹学、耗散结构理论、协同论、突变理论以及混沌理论等相关学科的发展与渗透,系统工程从这些学科中汲取思想的营养,提炼科学的方法,形成科学的理论。

（1）一般系统论

一般系统论是系统工程的重要理论基础。一般系统论的创始人是美籍奥地利理论生物学家Bertalanffy,1925年,他首次提出了系统论的思想,并于1937年提出了一般系统论原理,为系统论奠定了理论基础。1945年,他发表一篇文章,提出了"机体系统论"的概念。他认为,作为生命有机体具有以下一般特征:①开放性,生物体是一种开放系统,不仅生物体各组成部分之间存在相互作用,而且更重要的是与环境发生相互作用;②整体性,生命体是一个有机的整体,各部分离开整体是不能存在的;③动态性,生物体结构是一种动态结构,每时每刻都在进行新陈代谢,并经历生长、衰老、死亡等阶段;④能动性,生物体是一个能动系统,具有应激性,如心跳、呼吸等生理机能不是对外界刺激的反应,而是维持生存的内在要求的实现;⑤等级性,生物组织具有群体、个体、器官、多细胞组织、细胞、基因、物理化学层次。Bertalanffy的思想构筑了一般系统论的基本内核,后来为了解释更一般的现象,他把"机体"这个术语改为"有组织的实体",并逐步形成了系统论的纲领。

（2）信息论

最早指出有关信息问题的学者是Nyquist等人,他们于1924年指出,信息的传输速率与信道的频带宽度有比例关系。1928年,Hartley进一步推广了前人的工作,他在《信息的传输》一文中首次提出了信息量的概念。1948年,美国应用数学家Shannon发表了《通信的数学理论》一文,标志着信息理论逐渐形成了一门较为完整的理论。

信息论是用数学方法研究信息的计量、传递、变换和储存的一门学科。作为信息论的基础,香农信息论主要是从随机变量出发来研究信息特性和信息传递的一般规律的,着重研究信源、信道、信宿以及编码问题。如信源包含多少信息？怎样定量地描述它？信宿能否有效地获得发信端发出的信息？信道容量有多大？即信道最多能传送多少信息？怎样编码才能使信源的信息充分表达、信道容量才能充分利用？这些编码、译码的方法是否存在等。

（3）控制论

控制理论是 20 世纪 40 年代产生的对人类社会影响最广、最深远的科学新分支，被视为人类社会的最大成就之一。第二次世界大战期间，由于自动化技术、导弹和电子计算机的发展，要求自然科学在理论上作出科学的总结和研究。在这种背景下，以美国数学家 Norbert Wiener 为首的一批科学家，通过总结前人的经验，针对充满矛盾性、不定性和关联性的不完备的客观世界，在深刻揭示了信息、反馈、通信、控制、系统、平衡、因果、稳定、有序、组织等一系列科学概念的本质联系和普遍性的基础上，创立了控制论。

控制论是研究生命系统和非生命系统，以及与两者均有关的社会经济系统内部通信、控制、调节、组织、平衡、稳定、计算及其周围环境相互作用或反馈的各种自然科学和社会科学的统一的科学方法论。作为一门具有普遍性的边缘性学科，控制论使人们第一次有可能把物质世界和非物质世界、有生命和无生命过程的动态并联作为整体加以研究。控制论自从产生以后，即以其强大的生命力活跃于自然科学和社会科学的各个领域，在工程技术、生物、经济、社会等需要和可能进行控制的领域得到了广泛应用。

（4）运筹学

运筹学是第二次世界大战期间在英国首先出现的。为了帮助参谋人员研究新的反空袭雷达控制系统，1940 年 8 月在诺贝尔物理学奖获得者 P. M. S. Blackett 教授的带领下，成立了由物理学家、数学家、生理学家、天文学家、军官等人组成的研究小组。他们成功地研究了飞机出击的时间和队形、商船护舰的规模、水雷的布置、对深水潜艇的袭击以及战略轰炸等大量实战问题，并取得了异常显著的效果。美国也成立了类似的小组，这些小组在战争期间解决了许多战略战术问题。第二次世界大战以后，从事这项活动的许多专家转到了非军事部门，使这项活动有了新的发展，运筹学就是在这样的背景下逐步形成和发展起来的。

运筹学一般通过模型化的方法，将一个已确定研究范围的现实问题，按提出的预期目标，将现实问题中的主要因素及各种限制条件之间的因果关系、逻辑关系建立数学模型，通过模型求解来寻求最优方案，为决策提供依据。运筹学为系统工程解决复杂问题提供了一系列优化技术与实现手段，迄今为止，运筹学中的许多内容仍然是系统工程工作者所关注的重要方面。运筹学的主要分支有：线性规划、非线性规划、整数规划、动态规划、排队论、储存论、网络与图论、对策论（博弈）等。

（5）耗散结构理论

耗散结构理论由比利时布鲁塞尔学派 Prigogine 教授于 1969 年提出。他认为，一个远离平衡态的开放系统，通过不断地与外界环境交换物质和能量，在外界条件的变化达到一定的阈值时，由于非线性的复杂因素而出现涨落（系统的非稳定状态），系统会突然出现以新的方式组织起来的现象，产生新的质变，从原来混沌无序的混乱状态，转变为在时空上或功能上的有序状态。Prigogine 把这种关于在远离平衡态情况下所形成的新的、稳定的有序结构的理论命名为"耗散结构理论"。Prigogine 还进一步证明了耗散结构形成的条件，他认为，要形成耗散结构，首先，系统必须是远离平衡态的开放系统，不断与外界大量交换能量与物质，来维持系统形成新的有序结构；其次，系统必须进入远离平衡态的非线性区域；最后，还要有涨落的触发。涨落是微小的波动或干扰。在线性区，涨落被消耗掉，几乎没有什么作用，而在远离平衡的非线性区临界点附近，微小的随机小扰动会得到"放大"，成为一个"巨涨落"，触发系统跃迁到一个新的、稳定的有序状态，从而形成耗散结构。

耗散结构理论不仅发展了经典热力学与统计物理学，而且还推进了理论生物学，为系统有序结构的稳定性提供了严密的理论根据。

（6）协同学理论

与耗散结构理论一样，协同学也是研究一个系统如何自发地形成有序结构的。德国物理学家哈肯（Hermann Haken）在 20 世纪 60 年代研究激光理论的基础上，于 1969 年提出了协同学的微观理论，1977 年发表了专著《协同学导论》，1983 年发表了《高等协同学》，作为系统理论新的分支。协同学（synergetics）是关于"协同工作"的学问。它研究系统的各个部分如何通过非线性的相互作用产生协同现象和相干效应，形成系统在空间上、时间上或功能上的有序结构。例如，在外界能量达到一定的阈值时，激光器就会发出相位和方向都整齐一致的单色光（激光），激光的产生就是一种典型的协同行为。

协同学认为协同导致有序，在影响系统行为的若干个变量中，大多数变量在系统受到干扰而波动时，总是力图使系统回到原先的稳定状态，它们起一种阻尼作用，且衰减很快，对系统发生结构性转变的过程没有大的影响，称这类变量为快弛豫变量或快变量。而另外一些为数极少（往往只有一个或几个）的变量，则在系统受干扰而波动时，使系统偏离稳态，走向非稳态，或进入新的稳态，它们始终左右着演化的进程，决定着演化结果的结构与功能，称其为慢弛豫变量或慢变量。Haken 定义慢变量为表示系统有序程度的序参量。如果系统处于完全无序的混沌状态，其序参量为零；在接近临界区时，序参量迅速增大；进入临界区，序参量达最大值。它主导着系统出现新的有序结构。

Haken 认为，快变量服从慢变量，序参量支配着子系统的行为。这个观点也称为"伺服原理"或"支配原理"。当系统处于阈值时，系统的有序结构形成的速度很快，外界对系统的影响很小可予以忽略。多个序参量之间的关系是既合作又竞争。在不同的外部条件下，竞争与协作的结果是，形成一种有序结构。

涨落是系统形成有序结构的内部决定性因素。与耗散系统一样，通常系统的随机涨落对系统的演化基本上不起作用，但在临界区涨落得到放大，触发系统形成新的有序结构，进入新的稳定平衡状态。

（7）混沌系统理论

混沌（chaos）是一种确定性系统内在的随机性。混沌现象广泛存在于自然界和社会经济系统中，人们很早就注意到混沌现象，如在激光系统中，当输入功率增大到使脉冲光失稳后，会出现混沌运动的紊光。在贝纳德流系统中，当上下温差增大到使滚筒式运动体制失稳后，就会出现混沌运动体制。尽管许多领域的专家学者从不同的角度研究过混沌现象，但直到 20 世纪 70 年代中期，混沌理论才初步建立。在科学史上，决定论与非决定论进行着长期的争论，混沌则把决定性系统内在随机性表象联系在一起，使人们在那些以前令人迷惑的甚至望而生畏的混沌现象中，发现了许多令人出乎意料的规律性，为系统科学特别是系统演化提供了新的思想和方法，有着重要的理论意义和实用价值。

混沌是从确定性的发展过程中产生出来的一种随机运动。它不是简单的无序状态。在"杂乱无章"运动中又包含普适常数，包含自相似性。在应用科学领域，最早从确定性方程发现混沌现象的是美国麻省理工学院的气象学家 Lorenz。他在 1963 年偶然发现：在一特定的方程组中，极小的误差可能导致灾难性的后果，其原因在于"蝴蝶效应"，即有些系统极端依赖于初始条件的敏感性。通过对混沌现象的研究，深化了人们对系统及其演化方式的认识，有序与无序不是绝对的，是可以互补的，混沌也是一种"正常"状态。Haken 认为，任何系统，当外界的控制不断改变时，大多会经历从无序到有序，从低级有序到高级有序，再从有序到混沌的过程，即出现无序（混沌）到有序再到无序的循环。

（8）突变理论

突变理论既是系统学的一个分支也是数学的一个分支，它以不连续现象为研究对象。突变现象广泛地存在于自然、社会、经济和生活中，如物理学中的相变、地震的爆发与火山的喷发、楼房的突然倒塌、经济危机、政治危机、恐怖事件、生物体的病变、疫情爆发等都是突然发生的现象。由于这些突变，都是事先难以预料和把握的，它们的发生对于原先系统及环境的影响是巨大的，可能带来灾难性的后果，也可能带来积极性的后果。

法国数学家 R. Thom 于 1965 年创立了突变论。突变论开拓了人们认识系统突变现象的眼界，使人们科学地预测和恰当地处理突变现象的可能性大大增加。

突变论认为突变现象的本质是系统从一种稳定状态到另一种稳定状态的跃迁。因此，系统的结构稳定性是突变理论的研究重点。

2.3　生态经济学理论

2.3.1　生态经济学的基本原理

生态经济学是研究社会物质资料生产和再生产过程中，生态系统与经济系统之间物质循环、能量流动、信息传递、价值转移和增殖以及这四者内在联系的一般规律及其应用的科学。它是一门从最广泛的领域阐述生态系统与经济系统之间关系的学科，重点在于探讨人类社会的经济行为与其所引起的资源和环境变化之间的关系。生态经济学是人类对经济增长与生态环境关系的反思，其研究对象是生态经济系统，研究人类经济活动与生态环境的相互关系及其作用规律。具体研究内容包括：生态经济系统的组成、结构和功能，生态平衡与经济平衡的关系，生态效益与经济效益的关系，生态供给与经济需求的矛盾，生态经济系统的调控等，目的是谋求社会经济系统和自然生态系统协调、稳定、持续的发展方式，达到经济持续发展、生态环境不断改善和社会不断进步的良性循环。

　　追求生态效益和经济效益相统一的生态经济效益是生态经济学的最基本、最核心的理论准则。自古以来，人类为了生存与发展进行着各种各样的生产经济活动。然而，人们在进行长期的生产经济活动时，往往单纯追求经济效益而忽视生态环境问题，甚至不惜牺牲生态效益。实际上，生态效益与经济效益是一对相互联系、相互制约的统一体，两者共同作用构成了生态经济效益，而生态经济效益是生态经济学研究的最基本的理论问题。生态经济系统的结构是否合理，生态经济平衡水平高低都取决于生态经济效益发挥的程度。主张经济与生态协调发展，既不是提倡经济的"零增长率"，更不是借维护自然生态平衡而反对经济发展。相反，它是要研究在经济发展中如何自觉遵守自然生态规律，并把经济规律与生态规律结合起来指导经济建设，从而既能使社会经济得到合理的、高速的发展，又能在经济发展的过程中注意保护生态环境质量和自然资源，达到保持生命系统和环境系统的协调发展，使社会经济得以持续健康发展。亦即提高经济效益的同时，提高生态效益，达到生态进化与经济发展的"双赢"。

　　生态系统与经济系统协调发展的原理是生态经济学的理论核心。其主要内涵是，社会经济系统与自然生态环境系统都是客观存在的，二者相互制约、相互促进是演化的历史必然；在社会经济系统中，人有意识、有目的地通过自身的社会经济活动同自然生态环境进行物质交换，在追求社会经济发展的同时，又必须以生态环境为基础；为了社会经济的发展，既要不断提高社会生产力，又要保持自然资源的持续可供给性和环境的有效承载力，互相促进、协调发展。即经济的扩大再生产，要建立在自然资源再生产的提高和环境优化的基础之上；在社会经济健康发展中，既要考虑经济系统的均衡，又要保持生态系统的平衡，以及二者之间的协同；要促进经济效益、生态效益和社会效益的协调发展，树立生态经济的系统观念和生态环境的价值观念；在组织社会经济发展活动时，既要考虑经济效益和近期效益，也要考虑生态效益和远期效益，坚持生态经济效益最佳原则，坚持经济与生态、社会和环境、人类与自然的协调发展。

2.3.2　生态经济系统的组成、结构和功能

　　生态经济系统是由生态系统与经济系统相互交织而成的一个复合系统。它具有独立的特征与结构，有其自身的运动规律性，与系统外部有着千丝万缕的联系，是一个能够经过调控、优化利用各种资源，产生生态经济功能和效益的开放系统。这个系统包含着人口、环境、自然资源、物资、资金、科学技术等基本要素，各要素在空间和时间上，以社会需求为动力，通过投入产生渠道相互联系、相互作用构成有序、立体、网络的生态经济系统结构，发挥物质循环、能量流动、信息传递、价值转移和增殖的功能。

2.3.2.1　生态经济系统的组成

　　人口、环境、自然资源、物资、资金、科学技术是组成生态经济系统的基本要素。人口是构成生产力要素和体现经济关系和社会关系的生命实体，是生态经济系统的核心要素，人不但可以能动地调控人口本身，而且可以能动地与环境、自然资源、物资、资金、科技等要素相连接，构成丰富多彩的生态经济关系。环境是与主体相互作用、相互联系的外在条件，在生态经济系统中具有基础的地位和作用。人类的一切活动均处于一

定的环境之中并与环境并存，环境的好坏及环境容量的大小直接影响人类的生产活动和经济的发展。自然资源是指自然界中能被人类用于生产和生活的物质和能量的总称。自然资源种类多样，有可再生资源，也有不可再生资源。自然资源依存于不同的生态系统，其分布和组合具有明显的区域性和差异性。对自然资源的开发应与当地的经济条件相结合，因地制宜地进行，避免不合理开发造成的资源浪费及环境损害，充分发挥资源优势。物资是生产和生活所需要的物质资料，是自然资源加工转化而来的社会物质财富。物资是生态经济系统形成和发展的重要条件，日益丰富的物资才能满足人类社会进步的不断需要。资金是用货币形式表现的再生产过程中物质资源的价值。在生态经济系统中要充分体现物质的价值和自然资源的价值，以维护生态经济系统的正常运转。科学技术则通过人化和物化的运动，在生态系统与经济系统的结合中，在人与自然间进行的物质、能量和信息变换中起重要的中介作用。

2.3.2.2　生态经济系统的结构

生态经济结构按其组成要素的连接方式可以有平面结构、立体结构、平面网络结构和立体网络结构等。随着生产力的不断发展，各要素在时空上形成了多层次、多序列的多维组合，使生态系统和经济系统之间的连接形式更为复杂，生态经济系统结构将更大程度地体现人与自然的和谐，形成协调型的生态经济系统结构。该结构具有自然资源互补、不危及生态环境、资源重复利用等特征。

2.3.2.3　生态经济系统的功能

生态经济系统的生产和再生产过程是物流、能流、信息流和价值流的交换和整合过程，因此，生态经济系统具有物质循环、能量流动、信息传递、价值转移和增殖的功能。物质循环是自然生态系统的物质循环和社会经济系统的物质循环的有机结合和统一，其实质是人类通过社会生产与自然界进行物质交换，并在交换中达到人口、自然与经济再生产的彼此协调，促进物流畅通。能量流动是自然能量流动和经济能量流动的有机结合、不断传递的流动过程，它与物质循环紧紧相伴，并呈单向递减状态存在。能量的大量投入会创造出更多的物质财富，但也会使有害物质大量增加，污染生态环境。伴随着物流、能流的转化，信息流与价值流也在不断形成、转移，价值不断地增殖。因此，在生态经济这一复合系统中，物流和能流是物质基础，物流是系统的骨架，能流是系统的动力，信息流是系统的"神经机能"，价值流是系统的"造血机能"，四者相互作用，使生态经济系统不断地运动、变化、并向前发展。

2.3.3　生态经济系统经营原则

生态经济系统是由生态系统和经济系统通过技术中介及人类劳动过程耦合形成。生态系统是生态经济系统赖以存在和发展的基础，生态经济系统生产和再生产所需要的物质和能量源于生态系统。经济系统在生态经济系统中具有主体结构的地位，它通过人类对经济系统的各种形式的调控，使经济系统的再生产过程成为具有一定目的的社会活动，并通过技术系统来改造生态系统，强化或者改变生态系统的结构和功能，使之为经济系统服务。但是，经济系统这种主体结构是有条件的、相对的，而且作为基础结构的生态系统并非完全被动地接受经济系统所施加的影响，它会在内部机制的作用下对这种影响做出反应，并通过一定的形式反馈于经济系统。经济系统必须根据生态系统反馈的信息，调整对生态系统施加影响的方式，否则就有可能破坏生态系统。生态系统这一基础结构一旦遭到破坏，经济系统的主导地位就随之丧失。从人类活动对生态系统的影响结果看，分为两种基本类型：一种是适度利用改造型，就是人类对自然的影响一直保持在维持生态平衡的限度内，无论人类是生存利用、享受需求、还是创新发展，都不损害生态平衡，如生态农业就属这种类型；另一种是破坏性改造型，主要是人类对自然界的作用超出了生态系统的耐受限度或生态阈值而发生系统失衡或瓦解的情况，如森林过度采伐或乱垦山林，可引起整个生态系统失调；废弃物大量排入环境，可引起生态系统污染性破坏。生态经济系统的良性循环受生态系统的反馈机制与经济系统的反馈机制调控，因此，在农林复合系统经营管理中，要合理地调控两个系统的反馈机制，形成良好的耦合机制，实现复合系统的"高产、高效、优质、低耗、无污染"的经营目标。

生态经济学把生态经济系统作为研究对象，旨在给人类社会经济发展提供一种新的思考方向，使人们深刻认识到社会经济系统对自然生态系统的依赖与冲击，以及自然生态系统对来自社会经济方面作用力的反应敏感性，从而自觉地遵循自然规律。从生态经济学的理论出发，农林复合系统的经营，应遵循以下原则。

（1）生态效益与经济效益相结合

生态效益与经济效益是相互联系、相互制约又相互促进的矛盾统一体，只有处理得当，两者才能协调发展，相得益彰，实现生态经济整体效益。良好的生态效益是经济效益持续发展的物质基础，良好的经济效益则是取得良好生态效益的资金保证。完全不顾经济效益的生态建设工程既不会有良好的生态效益，也是没有生命力的；而完全不顾生态环境甚至以损害生态效益为代价的经济建设，其经济效益也是不会持久的。

（2）长期效益与短期效益相结合

长期效益与短期效益是指农林复合经营系统中各物种生产周期的长、短及在生产周期中所获得效益的时间差异。农作物的生产周期较短，一般为一年，可以取得短期效益。当然，蔬菜、食用菌等的生产周期更短。林木的生产周期较长，但不同林种的效益周期差别也较大。用材林的效益周期较长；而经济林的效益周期相对较短，造林后几年就有经济收益；防护林的效益体现在防护对象的效益之中，随防护周期增加而增大。因此，在确定农林复合经营系统的规模、结构和布局时，注意短期效益作物和林木与长期效益作物和林木的合理搭配，做到以短养长，长短结合，促进农村经济的持续发展。

（3）充分利用自然资源和劳力资源

农林各业及各个物种，在各自的生产过程中，对自然资源的要求是有差别的，利用这种差别，在农林复合系统中，根据各种农作物和树木的生物、生态学特性以及不同物种对自然资源在时间和空间上的利用差异来配置它们的组合关系，既满足了各物种对自然资源的要求，又使各物种起到相互促进的作用。使各个物种在同一地块上呈立体的、错落有致的分布，这是合理利用光能、土壤水分、土壤养分等自然资源的有效措施如河南豫东地区的桐农间作就是最好的例证。

农业生产是自然再生产和经济再生产相互交织的过程，许多农作物的生长都受季节的限制，形成传统农业劳动的季节性，对劳力的需求有了高峰和低谷。但是，在多数的农林复合经营系统中，由于系统不同组分需要管理的时间不同，使劳动力在不同时间得到合理地调配，一定程度上避免了劳动力需求的高峰和低谷，充分利用了劳动力资源。在农闲时，一部分劳动力可以从事多年生植物的管理，如果实的采摘、树木修枝、薪柴收集、饲料收获等，同时，农产品和林产品的多样性给加工业发展提供了条件；另一部分劳动力可以从事农副产品加工业，使其再度增值，增加经济收入。这样，也为农村剩余劳动力创造了就业机会。

（4）增产与增值相结合

要想使农林复合经营系统持续稳定发展，就必须使其中的经济和生态子系统协调发展，从而使生态系统的增产与经济系统的增值相统一。农林复合系统把林木与农田经营结合起来，利用森林生态系统较强的调节和防护功能，使农田生态系统结构单一、基础脆弱的状况得以改善，使系统获得了持续发展的生物学基础。在此基础上，通过技术系统的投入，使生态子系统的能流、物流转变成经济子系统的产品物流，最后形成价值流。一个功能良好的农林复合系统就是利用了生态经济学的规律，在系统的物质和能量循环转化过程中，使更多的能量进入产品物流，形成商品价值流。例如，在桑基鱼塘中，桑叶作蚕饲料产出蚕丝，蚕砂作鱼饲料，鱼粪及塘泥作肥料施予桑树，这样，使食物链的每一环节都有产品的产出，提高了能量向产品的转化率，提高了系统的生态经济效益。

农林复合生态系统在结构设计时既利用了系统组分的相生相克原理，增加了系统的自我调节能力；还考虑了长链利用原理，使循环转化环节增多，产品产出种类增多，有利于物质的多次利用，提高系统的生产力。高效、持久、稳定的生态子系统不断增加物质、能量的输出，以满足经济子系统的需要；经济子系统通过经济的、技术的调节控制手段作用于生态子系统，并优化其结构，强化其功能，促进系统的良性循环，提高了系统的生产力。生态子系统与经济子系统的协调发展，使得整个系统结构稳定、功能持久、循环转化率提高，增产与增值功能获得有机的结合。

（5）供求平衡

农林复合经营系统是一个多样性系统，不仅具有生物多样性特征，还具有经济多样性的特点。因此，这一系统的产出也是多种多样的。这种多样性的产出系统为满足人们消费的多样性提供了条件。但是，供求平衡原则不仅要求满足人们消费产品种类的多样性，而且要求在产出的量比关系、时空关系及品种上有一个合理的结构，避免供求失衡，更好地实现经济效益。因此，农林复合系统的设计和经营，在提高系统物种多样性的同时，还要顺应市场供求关系的价格向导，进行不同作物品种的早、中、晚，林木的短、中、长以及上、中、下的时空配置，力争向市场提供适合消费者需要的、丰富多样的产品。

2.4 可持续发展理论

2.4.1 可持续发展的内涵和特征

可持续发展是 20 世纪 80 年代提出的一个新概念。1987 年，"世界环境与发展委员会"（WCED）在《我们共同的未来》报告中第一次阐述了可持续发展的概念。该委员会在报告中把"可持续发展"定义为：能满足当代的需要，同时不损及未来世代满足其需要之发展。可持续发展在代际和代内公平方面是一个综合的概念，它不仅涉及当代或一国的人口、资源、环境与发展的协调，还涉及与后代和其他国家或地区之间人口、资源、环境与发展之间的矛盾冲突。可持续发展也是一个涉及经济、社会、文化、技术及自然环境的综合概念，其内容主要包括自然资源和生态环境的可持续发展、经济的可持续发展和社会的可持续发展。它以自然资源的可持续利用和良好的生态环境为基础，以经济可持续发展为前提，以社会全面进步为目标。

2.4.1.1 可持续发展的内涵

（1）可持续发展的公平性内涵

"人类需求和欲望的满足是发展的主要目标。"可持续发展的公平性涵义是：第一，本代人的公平，可持续发展要满足全体人民的基本需求和给全体人民机会以满足他们要求较好生活的愿望；第二，代际间的公平；第三，公平分配有限资源。

（2）可持续发展的持续性内涵

"可持续发展不应损害支持地球生命的自然系统：大气、水、土壤、生物等。"持续性原则的核心是人类的经济和社会发展不能超越资源与环境的承载能力。

（3）可持续发展的共同性内涵

可持续发展作为全球发展的总目标，所体现的公平性和持续性原则是共同的。实现这一总目标，必须采取全球共同的联合行动。

2.4.1.2 可持续发展的特征

①可持续发展鼓励经济增长，因为它体现国家实力和社会财富。可持续发展不仅重视增长数量，更追求改善质量、提高效益、节约能源、减少废物，改变传统的生产和消费模式，实施清洁生产和文明消费。

②可持续发展以保护自然为基础，并与资源和环境的承载能力相适应。发展的同时必须保护环境，包括控制环境污染，改善环境质量，保护生命支持系统，保护生物多样性，保持地球生态的完整性，保证以持续的方式使用可再生资源，使人类的发展保持在地球承载能力之内。

③可持续发展以改善和提高生活质量为目的，与社会进步相适应。可持续包括生态持续、经济持续和社会持续 3 个方面，它们之间互相关联而互不侵害。生态持续是基础，经济持续是条件，社会持续是目的。人类共同追求的目标是自然—经济—社会复合

系统的持续、稳定、健康发展。

2.4.2　可持续发展的原则和要求

2.4.2.1　可持续发展的原则

（1）公平性原则

所谓的公平性是指机会选择的平等性。这里的公平具有两方面的含义：一方面是指代际公平性，即世代之间的纵向公平性；另一方面是指同代人之间的横向公平性。可持续发展不仅要实现当代人之间的公平，而且也要实现当代人与未来各代人之间的公平。这是可持续发展与传统发展模式的根本区别之一。从伦理上讲，未来各代人应与当代人有同样的权力来提出他们对资源与环境的需求。可持续发展要求当代人在考虑自己的需求与消费的同时，也要对未来各代人的需求与消费负起历史的责任，因为同后代人相比，当代人在资源开发和利用方面处于一种无竞争的主宰地位。各代人之间的公平要求任何一代都不能处于支配的地位，即各代人都应有同样选择的机会空间。

（2）和谐性原则

可持续发展不仅强调公平性，同时也要求具有和谐性，正如《我们共同的未来》报告中所指出的："可持续发展的战略就是要促进人类之间及人类与自然之间的和谐。"如果每个人在考虑和安排自己的行动时，都能考虑到这一行动对其他人及生态环境的影响，并能真诚地按"和谐性"原则行事，那么人类与自然之间就能保持一种互惠共生的关系。

（3）需求性原则

传统发展模式追求的目标是经济的增长，它忽视了资源的有限性，立足于市场而发展生产。这种发展模式不仅使世界资源环境承受着前所未有的压力而不断恶化，而且人类所需要的一些基本物质仍然不能得到满足。而可持续发展则坚持公平性和长期的可持续性，立足于人的需求而发展，强调人的需求而不是市场商品。可持续发展是要满足所有人的基本需求，向所有的人提供实现美好生活愿望的机会。人类需求是一种系统，是人类的各种需求相互联系、相互作用而形成的一个统一整体。人类需求也是一个动态变化过程，在不同的时期和不同的文化阶段，旧的需求系统将不断地被新的需求系统所代替。

（4）可持续性原则

这里的可持续性是指生态系统受到某种干扰时能保持其生产率的能力。资源环境是人类生存与发展的基础和条件，离开了资源环境就无从谈起人类的生存与发展。资源的持续利用和生态系统的可持续性的保持是人类社会可持续发展的首要条件。可持续发展要求人们根据可持续性的条件调整自己的生活方式，在生态可能的范围内确定自己的消耗标准。

（5）高效性原则

可持续发展的公平性原则、可持续性原则、和谐性原则和需求性原则实际上已经隐含了高效性原则。事实上，前四项原则已经构成了可持续发展高效性的基础。不同于传统经济学，这里的高效性不仅是根据其经济生产率来衡量，而是根据人们的基本需求得到满足的程度来衡量，是人类整体发展的综合和总体的高效。

（6）阶跃性原则

可持续发展是以满足当代人和未来各代人的需求为目标，而随着时间的推移和社会的不断发展，人类的需求内容和层次将不断增加和提高，所以可持续发展本身隐含着不断地从较低层次向较高层次的阶跃性过程。

2.4.2.2　中国可持续发展目标

《中国 21 世纪议程——中国 21 世纪人口、环境与发展白皮书》是中国可持续发展的国家战略，是中国走向 21 世纪的政策指南，是制定国民经济和社会发展中长期计划的指导性文件。它将经济、社会、资源、环境视为密不可分的复合系统，构筑起一个综合的、长期的、渐进的可持续发展战略框架。

（1）经济的可持续发展及其目标

为满足全体人民的基本需求和日益增长的物质文化需要，必须保持较快的经济增长速度，并逐步改善发展的质量，这是满足目前和将来中国人民需要和增强综合国力的一个主要途径。只有当经济增长率达到和保持一定的水平，才有可能不断消除贫困，人民的生活水平才会逐步提高，并且提供必要的能力和条件，支持可持续发展。在经济快速发展的同时，必须做到自然资源的合理开发利用与保护和环境保护相协调，即逐步进入到可持续发展的轨道上来。

（2）社会的可持续发展及其目标

中国的可持续发展战略注重谋求社会的可持续发展，努力实行计划生育，控制人口数量，提高人口素质和改善人口结构，坚持优生优育；建立以按劳分配为主体，效率优先、兼顾公平的收入分配制度，同时引导适度消费；发展社会科学，继承和发扬中华民族优良的思想文化传统，致力于文化的革新；发扬社会主义制度优越性，不断改善政治和社会环境，保持全社会的安定团结；大力发展教育和文化事业，开展职业培训、职业道德和社会公德教育，提高全民族的思想道德和科学文化水平；发展城镇住宅建设，同时改善城乡居民居住环境和提高社会综合服务及医疗卫生水平；通过广泛的宣传、教育，提高全民族的、特别是各级领导人员的可持续发展意识和实施能力，促进广大民众积极参与可持续发展的建设。

（3）资源环境的可持续利用及其目标

中国可持续发展建立在资源的可持续利用和良好的生态环境基础上。国家保护整个生命支持系统和生态系统的完整性，保护生物多样性；解决水土流失和荒漠化等重大生态环境问题；保护自然资源，保持资源的可持续供给能力，避免侵害脆弱的生态系统；发展森林和改善城乡生态环境；预防和控制环境破坏和污染，积极治理和恢复已遭破坏和污染的环境；积极参与保护全球环境、生态方面的国际合作。力争使环境污染和生态破坏加剧的趋势得到基本控制，部分城市和地区的环境质量有所改善，逐步使资源、环境与经济、社会的发展相互协调。

2.4.2.3　中国可持续发展对策

①以经济建设为中心，深化改革开放，加快社会主义市场经济体制的建立。

②加强可持续发展能力建设，特别是规范社会、经济可持续发展行为的政策体系、法律法规体系、战略目标指标体系的建设，以及资源环境、生态综合动态监测和管理系统、社会经济发展计划统计系统、信息支撑系统，以及发展教育事业，提高全社会可持续发展意识和实施能力在内的能力建设。

③提高人口素质，控制人口数量，改善人口结构。

④因地制宜，有步骤地推广可持续农业技术。

⑤重点开发清洁煤技术，大力发展可再生和清洁能源。

⑥调整产业结构与布局，推动资源的合理利用，减少产业发展对交通运输的压力。

⑦大力推广清洁生产工艺技术，努力实现废物产出最小化和再资源化，节约资源、能源，提高效率。

⑧加速小康住宅建设，改善城乡居民居住环境条件。

⑨组织开发、推广重大环境污染控制技术与装备。加强对水资源的保护和污水处理，保护、扩大植被资源，以生物资源合理利用支持物种保护和区域生态环境质量改善，努力提高土地生产力，减少自然灾害。

2.4.2.4　中国 21 世纪可持续发展战略实施要点

在 21 世纪中国可持续发展战略实施中，要跨越三个"零增长"台阶。第一台阶：实现人口数量和规模的"零增长"，同时在对应方向中实现人口质量的极大提高。在未来 30 年内，把中国人口数量的自然增长率降低为零，从而在实现人口数量"零增长"的前提下，迈入可持续发展的第一级门槛。第二台阶：实现物质和能量消耗速率的"零增长"，同时在对应方向上实现社会财富的极大提高，实现人口自然增长率"零增长"之后，再用 10 年的时间，即到 2040 年，在中国实现资源消费和能源消费速率的零增长。第三台阶：实现生态和环境恶化速率的"零增长"，同时在对应方向上实现生态质量和生态安全的极大提高。实现人口自然增长率和资源能源消耗两个"零增长"后，再用 10 年的时间，即至 2050 年实现中国生态环境退化速率的"零增长"。

三个零增长的充分实现，标志着中国的可持续发展能力基本达到中等发达国家的水平。中国在实施可持续发展战略的进程中，依照"压力—状态—响应"的概念，生态环境质量作为整体系统中对于人口压力和资源压力的响应而表现出来，人口数量和资源、能源消耗速率未达到零增长之前，单一地去提高生态质量和环境质量，是不可能的。因此，在中国可持续发展战略的宏观目标中，生态环境退化速率达到"零增长"，必然是三大战略台阶中最后跨越的一个台阶，也是最难跨越的。

2.4.2.5　可持续发展水平的衡量标准

（1）资源的承载能力

通常又称为"基础支持系统"。这是一个国家或地区依据人均的资源数量和质量，对该空间内人口的基本生存和发展的支撑能力。若可以满足，则具备了持续发展条件；若不能满足，应依靠科技进步挖掘替代资源，务求"基础支持系统"保持在区域人口需求的范围之内。

（2）区域的生产能力

通常又称为"动力支持系统"或"福利支持系统"。这是一个国家或地区在资力、技术和资本的总体水平上，可以转化为产品和服务的能力。可持续发展要求此种能力在不危及其他子系统的前提下，应当与人的需求同步增长。

（3）环境的缓冲能力

通常又称为"容量支持系统"。人对区域的开发、资源的利用、生产的发展、废弃物的处理等，均应维持在环境的容许容量之内；否则，可持续发展将不可能继续。

（4）进程的稳定能力

通常又称为"过程支持系统"。在整个发展的轨迹上，不希望出现由于自然波动和社会经济波动所带来的灾难性后果。

（5）管理的调节能力

通常又称为"智力支持系统"。它要求人的认识能力、人的行动能力、人的决策能力和人的调整能力，应适应总体发展水平。即人的智力开发和对于"自然—社会—经济"的驾驭能力，要适应可持续发展水平的需求。

2.4.3 环境承载力

2.4.3.1 环境承载力的涵义

环境承载力是指在一定时期、一定条件和区域范围内，在维持区域环境系统结构不发生质的变化、环境功能不遭受破坏的前提下，区域环境系统所能承受的人类各种社会经济活动的能力，或者说区域环境对人类社会发展的支持能力。它包括两个组成部分，即基本环境承载力（或称差值承载力）和环境动态承载力（或称同化承载力）。前者可通过拟订的环境质量标准扣除环境本底值求得，后者指环境单元的自净能力。环境承载力是环境质量的质化表现或定性概括。

环境承载力也是各个环境要素在一定时期、一定的状态下对社会经济发展的适宜程度，具体包括气候要素（气候生产指数、气候干旱指数等）、资源要素（资源丰富度、资源开发强度等）、地形要素（地形起伏度等），等等。

2.4.3.2 环境承载力的类型

环境承载力可分为环境基本承载力、污染物承载力、抗逆承载力、动态承载力4个类型，反映的是大气、水、土地环境、社会经济环境的动态和静态变化的水平。

（1）环境基本承载力

环境基本承载力是环境承载力的最基本性质，可通过拟订的环境质量标准扣除环境本底值求得，或分别由大气、水、土地、社会经济环境指数来表示。

（2）环境污染物承载力

环境污染物承载力主要从污染物角度考察污染物在一定的区域环境下对环境的侵占度及破坏度，从而反映区域环境系统对社会发展，特别是工业发展的承载力与支持度。即区域环境通过对污染物的负荷而体现对社会发展的支撑力度和承载力度。一般选取大气污染指数、水污染指数、污染物排放密度指数和污染物排放强度指数作为环境污染物承载力指数因子。

（3）环境抗逆承载力

环境抗逆承载力主要是指环境本身自我调节和恢复能力，一般以气候变异指数、生态脆弱指数和生态调控指数来表示。生态调控指数反映区域生态环境的主动性和适应性，该指数包括污染物调控指数和环境调控指数。前者是人为改善生态环境的能力，体现了人在区域环境承载力中的作用；后者是自然环境本身对环境破坏的缓解与承载能力，体现了环境自然秉性对环境的承载能力。

（4）环境动态承载力

环境动态承载力主要是取决于环境基本承载力、环境污染物承载力、环境抗逆承载力的变化程度。在农林复合经营中，可通过提高环境基本承载力和环境抗逆承载力，保持和提高综合环境承载力。

2.4.3.3 土地资源优化配置

（1）土地资源优化配置的意义

现代西方经济学家把土地资源保护看作如何实现土地资源在时间上的最佳配置问题。1978 年，美国经济学家雷利·巴洛维在其发表的著作《土地资源经济学》中，把土地资源分为 4 种类型：①流量资源，认为其"妥善的保护工作，要求在现有条件下最经济有效地利用这些资源"；②存量资源，认为其"长期明智利用是指降低资源消失或消费的速度，增加长期未利用的剩余资源量"；③生物资源，"生物资源的保护和明智利用，要求采取使经营者长期净收益最大化，而同时又维持或提高资源未来生产力的管理措施"；④土地资源，"只要管理得当，大多数土地资源可以长期利用，并得以保持其生产力，因此，这类资源的保护问题，是一个最有效利用资源而同时保护长期生产力的问题"。

20 世纪 80 年代，美国学者阿兰·兰德乐出版的著作《资源经济学》指出，"为了在时间上最优的配置土地资源，私人市场是不可信赖的"，而"保护就是使自然资源在时间上的配置对社会最优"。

近年来，随着中国土地科学的发展，有关土地资源优化配置的理论研究和社会实践得到了相应的发展。吴次芳等在《中国土地使用制度改革十年》一书中提出"土地使用制度改革的目的是合理配置土地资源"，理由有两个："一是土地资源的稀缺性决定了合理配置土地资源的重要性。土地数量的有限性、位置的固定性，往往会使某一地区、某种用途的土地供不应求，造成供求矛盾。这种矛盾在中国经济体制改革过程中日益尖锐化。二是深化土地使用制度改革是合理配置土地资源的客观要求。在中国经济体制改革的第一阶段，中国传统的土地使用制度在农村开始松动，改善了广大农民与土地和其他生产要素的结合方式，使他们具有依据具体情况合理组织生产活动的自主权，从而激发出巨大的生产积极性和创造性，但是土地使用制度改革在农村也不完善，表现在：①土地经营权不能出卖，土地不能合理流动；②农业比较利益低，土地粗放式经营和摞荒现象多，土地利用效率下降；③土地面积细小，零碎分散，影响了各种资源优化配置。从1982 年起，在深圳、抚顺、广州、合肥等城市陆续进行了土地有偿使用的试点，但当时在总体上，还是处于传统的无偿、无限期使用阶段。解决包括耕地在内的土地问题，关键在于根据国家经济社会发展和比例，合理、科学地配置土地资源，全面提高土地使用效率，提高土地使用效率是有效保护耕地的前提，而提高土地使用效率的关键又在于改革。土地是稀缺的不可再生的资源，因此对土地资源的配置不能采取同其他生产资料一样的方法，既要发挥市场机制对土地资源配置的基础性作用，又要加强国家的规划和计划控制，即通过国家调控下的市场机制实现国家对土地资源的有效配置。"

土地资源优化配置的最终目的是在保持土地生态平衡的前提下，以最小的投资获取最大的土地经济效益。

（2）土地资源优化配置的原则

①统筹兼顾原则　土地具有多种功能和用途，人们对土地也有多方面的需求，因而一个地区在土地利用上必须遵循统筹兼顾的原则，以便协调各部门、各方面对土地的需求，避免顾此失彼。以保证国家建设和人民生活不致偏废，保证国家经济有计划、按比例的协调发展。土地利用的统筹兼顾要求根据各省、市、县的自然、经济条件，合理安排，在农业用地和建设用地内部也要进行合理规划。同一种土地资源在土地利用上具有多宜性，要进行统一考虑，充分发挥使用效益。

②农业用地优先原则　在统筹兼顾的前提下，各地区、各部门在不同的时期、不同条件下，客观上在土地利用上有自身的不同要求和重点。由于我国人多地少，土地后备资源不多，决定了我国的土地利用，务必保证农业用地优先，例如，在既定的土地生产条件下，要确保一定面积的农用地，而且布局合理；扩展非农用地，应尽可能占用荒地；要为农业利用土地创造机会，如已征而未用的土地允许农民耕种。

③节约用地、集约经营原则　我国人多地少、后备土地资源不足的国情，决定了我国随着人口的不断增加，土地利用必然要尽早地实行集约经营，并早日向高度集约型发展，这是土地利用上的重大战略问题。

④地尽其力、提高效益原则　在保持生态平衡、满足社会需要的前提下，应做到地尽其力，提高效益。要根据比较利益原则，合理布局，提高土地利用的空间效益，即确定每块土地的最佳利用方向和利用方式，发挥其绝对优势和相对优势；要发挥土地利用的结构效益，即发挥各类用地之间互补互济的综合经济效益。

⑤永续利用、提高地力原则　在发挥土地应有功能的同时，要对其进行保护和改造，提高土地生产潜力，并注意土地生态系统平衡水平的维持和提高。

（3）土地资源优化配置的基本依据

土地资源具有多种用途，如生产用途、生态用途、空间用途、风景用途等，因而表现出多种特征。对某一特征来说，具有该特征的土地单元有多个可供选择，即"一物多征，一征多物"。但是，尽管土地资源有多种用途可供选择，但具体到每一次土地资源的实际利用，其使用用途往往是唯一的；同时土地资源利用用途的更改十分困难且成本较高。因此，土地资源的优化配置不仅可能，而且必要，可以从两个方面着手：第一，对于某一土地单元的适宜用途的选择，可对该土地资源的主要特征进行全面分析和综合评价，从而确定该土地单元的适宜用途或主导用途；第二，对于适宜某一用途的土地单元的选择，可根据该用途必须具备的特征、对具有该特征或与该特征相近的其他土地单元进行综合分析和力学识别，以确定最佳的土地单元。

（4）土地资源优化配置的内容

土地资源优化配置从宏观上表现为其内部结构的调整，即土地资源不同类别之间的转换。由于土地资源的总量是一定的，随着社会经济的发展，土地资源的内部结构会随之变化，以适应社会经济发展的需要，逐步实现土地资源的稳定高效和永续利用。因此，土地资源优化配置的主要内容为土地特征及用途的变换，包括以下几个方面的内容：

①增加有效耕地面积　通过建立以土地利用总体规划、五年用地计划、年度用地计划为主要内容的宏观调控机制和以划定基本农田保护区为核心的耕地保护制度，合理确定城镇及其他各类建设用地的布局和规模，严格控制非农业建设占用耕地，以保证一定数量的土地资源长期用于耕地，并持久地拥有粮、棉、油等主要农产品的生产能力，确保国家粮食安全，满足我国今后各阶段经济发展与人民生活不断增长的需要。同时，通过开源节流的方法，拓展有效耕地面积。耕地净增的来源主要有：农田整理、村庄土地整理、工矿废弃地及灾毁地复垦等途径。

②改造未利用土地资源　在现有土地资源中，有相当一部分土地存在着土地有效利用的各种限制性因素，我国这样的土地约占土地总面积的四分之一，特别是荒山、荒坡、荒滩和荒沙"四荒地"等是最具开发价值的后备土地资源。通过改造未利用土地资源，特别是各类荒地、建设用地等未利用土地，是增加可利用土地资源数量、缓解土地供需矛盾的重要途径，也是土地资源优化配置的根本任务。

③调整已利用土地资源的结构　对已利用土地资源的结构调整，是土地资源优化配置的核心和主体。一般从数量结构、空间结构和时间结构三方面进行。在数量结构上，包括农业用地内部结构调整，建设用地内部结构调整以及建设用地与农业用地之间结构的调整转化；在空间结构上，包括各类土地资源在地域空间上的分布；在时间结构上，包括土地资源比例结构和空间分布结构在时间上的演变过程。目前，土地利用结构调整主要集中在以下几方面：城市建设用地结构调整，即在土地利用总体规划的基础上，结合城市规划进行城市用地结构调整，对城市的规模和用地面积进行重新核定；乡镇企业用地清理，即在制定乡镇企业发展规划的基础上，通过产业结构调整，清理现有乡镇企业用地，清退不合理占地，使乡镇企业相对集中、集约用地且有序发展；农业生产的区域化和专业化，农产品生产的区域化集中、专业化经营是提高土地利用效益，形成良好用地结构的重要策略。

④治理生态环境恶化区土地资源　土地资源受水土流失、荒漠化、盐渍化等不良因素的影响，数量减少，质量下降，制约了土地资源的合理利用。为此，通过开展大江大河及小流域的综合治理工作，启动各项防护林工程和绿化工程，尽可能消除洪水、风暴及人为破坏造成的各种水土流失对土地资源的破坏；切断和治理土地污染和农业用水污染的源头，杜绝城乡工业"三废"的超标准排放，取缔污染严重又难以改造的"四小"企业，防治土地资源污染。通过实施各项生态环境保护与建设工程，使生态环境得到有效的改善，土地资源得以治理和恢复利用，从而增加土地资源的利用面积及其可持续利用性能。

⑤提高土地资源的生产力　土地是一种数量有限、稀缺程度高的自然资源，靠增加

数量来提高其利用程度的潜力非常有限。应主要通过土地质量的不断改善，提高土地生产力，使得土地资源在数量有限的条件下保证其永续利用和高产高效。另外，通过土地整理，对田埂、沟渠、田块进行合理规划布局，实现"田成方、渠相连、林成行、路相通"，不仅提高了农田基本建设的质量标准，而且提高了土地质量及其利用率，从而提高了土地资源的生产力。

⑥建设用地利用率的提高及用地结构的优化　在保证耕地生产能力不降低的条件下，通过各项措施，挖掘土地资源潜力，保障必需的建设用地供应，通过合理的措施，优化建设用地结构，提高建设用地利用率。一般而言，农业用地和建设用地对土地质量和区位都有不同要求。相对于城镇用地而言，农村居民点和乡镇企业用地呈现出较粗放的土地利用水平。为此，可通过土地整理等措施，将一些闲置、废弃、分散的农村居民点重新规划布局；将新建农村居民点、乡镇企业进行统一规划布局，降低占地面积，提高建设用地利用率；降低农村居民点和独立工矿用地在建设用地内部所占的比例；将原有分散的建设用地整理后新增的耕地面积集中置换到工业园区建设，这样，对建设用地来说，工业园区的区位条件、基础设施的配套条件均优于原地块，对农业用地而言，置换后避免了土地被建设用地分割、地块破碎的局面，乡镇企业的搬迁还大大减少了土地污染的风险。因此，无论对农业用地还是建设用地，均体现了地尽其力的土地资源优化配置要求，使土地资源永续利用。

本章小结

本章系统总结了农林复合系统研究和经营的理论基础，包括生态学理论、系统工程学理论、生态经济学理论以及可持续发展理论等。作为人工生态系统的农林复合经营系统，要遵循生态系统、生态位、景观生态学以及生态恢复与重建的基本规律；而作为社会经济系统的农林复合经营系统，要遵循系统工程学、生态经济学和可持续发展等社会经济学规律。要求学生在相关课程学习的基础上，掌握与农林复合系统密切相关的基本理论，理解理论对农林复合系统经营的指导意义。

思考题

1. 农林复合系统中的种间关系有哪些？
2. 简述不同物种间可能存在的生态位关系。
3. 景观生态属性包含的内容有哪些？
4. 如何理解受害生态系统的恢复、改建、重建和恶化？
5. 生态经济系统的组成、结构和功能是什么？
6. 生态经济系统的经营原则有哪些？
7. 可持续发展的内涵、特征、原则及其水平的衡量标准是什么？
8. 中国可持续发展的对策和实施要点是什么？
9. 简述环境承载力的涵义及其内容。
10. 简述土地资源优化配置的意义、原则和内容。

本章推荐阅读书目

1. 生态学(第 2 版). Manuel C，Molles Jr. 高等教育出版社，2002.
2. 可持续发展管理. 中国 21 世纪议程管理中心. 科学出版社，2006.
3. 生态经济理论与方法. 迟维韵. 中国环境科学出版社，1990.
4. 系统工程概论. 周德群，方志耕，潘东旭，李洪伟. 科学出版社，2005.
5. 林业生态工程学(第 3 版). 王百田. 中国林业出版社，2010.

第 3 章

农林复合系统分类与分区

农林复合系统是一个多组分、多层次、多生物种群、多功能、多目标的综合性开放式人工生态经济巨系统。世界各地的人民群众根据当地自然、社会、经济、文化等具体情况建立和发展农林复合系统，创造出各种各样的配置类型，形成了不同的类型和模式及各种生物种群的时空结构配置。没有一个科学的、系统的、有序的分类体系，就很难进行科学的比较分析和评价。同时，复合农林系统受到自然、社会、经济、文化等多种因素的影响，表现出明显的地域性，复合农林系统分区就是根据各地农林复合系统的类型和特点，划分不同的类型区，目的是为了充分开发当地的自然和经济资源，因地制宜，扬长避短，促进农林复合系统分区规划、分类指导、合理布局以及分级实施。

3.1 农林复合系统分类

纵观农业发展历史，从完全依赖自然森林时期到人类从自然中培育农作物和驯化家畜的原始农业时期、传统农业时期，而后，随着人口增长和科学技术的不断发展，农业发展逐渐过渡到与森林或林分要素分离的现代农业时期，现代农业以电力、石油、机械、化肥、农药、集约管理等形式投入大量的物质和能量，确实使农业生产的发展有了长足的进步，暂时满足了人口增长和粮食需求的增加。但在增产的同时，由于超越自然规律带来了各种各样的灾难：森林破坏、草原退化、沙漠扩张、沙尘暴（黑风暴）频繁、土地盐碱化、耕地锐减、环境污染、酸雨出现和气候恶化等。由此可见，现代农业过分强调生产专业化，靠高投入来维持高产出；运用化肥、农药、机械等的结果使原来的自然系统遭受破坏，生物关系简化，系统的自控力和适应力降低。人们重新认识到农业生产必须走可持续发展道路，关键是将林分因素重新引入农业生产系统。农业的每一次进步，都意味着对森林认识的加深，现在是进入更高一级农林结合的时代。当今农业发展必须建立起人、生物、环境三者相统一的可持续农业生态系统。

农林复合系统是一个多组分、多层次、多生物种群、多功能、多目标的综合性开放式人工生态经济巨系统。世界各地的人民群众根据当地自然、社会、经济、文化等具体情况建立和发展农林复合系统，创造出各种各样的配置类型，形成了不同的类型和模式及各种生物种群的时空结构配置。特别是近年来随着科学技术的发展和生产力水平的不断提高，以及农林复合系统更加广泛的应用，新的类型及模式不断涌现，层出不穷。在这种情况下，生产上需要各个部门相互配合，研究上需要多学科互相交叉渗透，需要对如此纷繁的类型及模式进行分析、研究、总结及借鉴推广，没有一个科学的、系统的、有序的分类体系，就很难进行科学的比较分析和评价，在推广中也会出现混乱。

目前，由于世界各地自然条件、社会经济条件和农业生产传统文化差异很大，再加上从不同的角度（组分、功能等）审视农林复合系统，可以产生不同的分类体系，所以，目前还没有国际通用的农林复合分类系统。然而，科学的分类体系是生产和科研发展到一定阶段的必然产物，反过来，科学的分类体系又会促进生产和科研的发展与进步。

3.1.1 农林复合系统分类原则与依据

3.1.1.1 农林复合系统分类原则

根据生态学的基本原理，农林复合系统具备一定的结构，而系统的结构决定着系统的功能，只有结构合理，才能使系统高效持续。一个好的分类体系，首先应反映区分系统本身的结构和功能特征。

农林复合系统是一个多组分、多层次、多生物种群、多目标、多功能、并具有一定的时空配置及结构的综合性、开放式、巨型生态经济系统。对这样的生态经济系统的分类，首先，应反映出它的环境特点和生物群落的特征，这样才能从总体上加以区分；其次，应反映系统内部各组分间的生物学、生态学和社会经济学的关系，反映受社会经济及传统文化特征制约的经营管理特征；最后，应便于理解、应用和推广。

农林复合系统和一切其他生态系统一样，有不同尺度的变化，其大小受人类认识的影响，从宏观尺度可以大到区域，中观尺度可以是一个流域，微观尺度可以是一块田地。因此，农林复合系统分类应遵循如下原则：

（1）坚持有序性和系统性

农林复合系统是由多级子系统组成的多等级巨系统，分类时既要按照一定的等级顺序，确定系统的分类等级及各等级的分类单元，从高级到低级建立多等级的分类体系，又要保持上下等级单元间的有机联系，构成有序的框架。

（2）注意产业组合及景观格局

农林复合系统是一种土地利用系统和技术系统的集合，分类时既要考虑产业组合情况，也要反映各产业在区域景观时空格局中的优势地位。

（3）反映系统本质和内在联系

农林复合系统是一个人工生态经济系统，分类时既要考虑自然环境特征、生物群落特点及其二者之间的生态学、经济学关系，也要考虑系统经营管理和其他社会经济因素。

（4）体现系统结构和功能

农林复合系统是一个多目标、多功能、时空上具有多层次结构的生态经济系统，分类须反映该系统的时空复合配置结构及功能特征。

（5）具有可操作性

分类是为指导生产与经营服务，分类最终确定的农林复合模式在生产和经营中要具有可操作性。为此，只有通过模式优化配置技术研究后提出的优化结构模式及其优化配套技术才有推广与应用价值。通过应用和推广，在区内最终完善组成、结构和功能优化的新的农林复合经营系统，实现整个区域农林复合系统的可持续发展。

（6）应参考群众的习惯分类与命名方法

农林复合系统是一种人为生态系统，有些是农民在生产实践中发明或总结出来的，所以农林复合系统分类与命名最好与群众习惯的用法相一致，这样有助于在农村地区推广应用。

（7）分类级数应适中

分类的目的是为了利用和比较分析，便于推广应用。所以，分类体系拟设定 3 ~ 5 级比较合适。全国范围的分类系统可选择 5 级制；区域或区域以下范围可选择 3 ~ 4 级。

3.1.1.2 农林复合系统分类的依据

随着生产实践和科学进步不断发展，农林复合配置类型、时空组合、物种搭配琳琅满目，所以农林复合系统的分类指标由采用单一因子、单层次、少目标，逐渐向多指标、多层次、多目标发展。特别是在 1982 年以后，国际农林复合经营委员会（ICRF）在世界范围内对农林复合经营系统进行广泛调查，并建立了世界农林复合经营系统数据库（AFSI）。此后，Nair（1985）提出了系统分类的综合指标体系，并以此指标体系为依据划分出 23 个类型组。

采用不同的指标，可以建立不同的分类系统。所以，分类指标体系的建立是分类系统的奠基性工作。

Nair（1985）提出 5 个方面的分类指标：系统组分（农、林、牧、渔）的产业组合、组分的时空结构、组分的功能、对农业生态所适用的环境、系统的社会经济和管理水平。

按照系统组分的产业组合特征可分为农林系统、林牧系统、农林牧系统以及多树种多用途系统，如林蜂系统、林渔系统。

按照系统组分的时间结构可分为轮种、间种、套种以及复合时态结构等类型；按组分的空间排列划分成密集混种型（如庭院经营）、稀疏混种型（如大多数林牧复合经营型）、带条/带块混种型、边界种植型（如田边、坡地水平栽植型）。例如，Vergara（1981）根据系统组分的时控排列将复合系统分为轮作系统和间作系统。

按照组分的功能分为生产功能和保护功能两大类。例如，樊巍（2001）对河南平原区复合农林业系统进行二级分类以结构和功能依据，共分为 30 个亚类，如土壤改良亚系统、防风固沙亚系统等。

根据农林复合系统分类的原则，分类指标体系建立要做到：

①多层次　农林复合系统分类体系必须是有序性的和系统的，所以分类指标体系也必须是综合的，分层次的。

②同级指标平行性　无论是从农林复合系统的结构、功能或自然环境条件选取指标，每级指标必须是平行的，上下级指标不能交叉。

③指标通俗性　选择通俗易懂的指标，特别是群众习惯应用的传统指标。

④包括所有生产类型　指标体系，包括目前生产中所有的农林复合类型或模式。

3.1.2 农林复合系统分类体系

3.1.2.1 国际农林复合系统分类研究

目前世界上对农林复合系统并无公认的分类体系和标准。

Vergara（1982）首先，根据系统组成成分的配置方法把农林复合系统划分为轮作系统和间作系统；其次，以时间顺序和空间排列进行进一步划分，如轮作系统可划分为刀耕火种型、Taungy 型（幼林期间作型）等，间作系统中可划分树篱、行状、带状间作和不规则间作型等；最后，再以系统组成成分所占比例分出第三级。

Torres（1983）根据系统中各生物种群的混种方式、树木的作用、系统各组成成分间的关系及其配置结构进行分类，将农林复合系统划分为农林结合系统、林牧结合系统和农林牧结合系统，在农林结合系统中又分为农林间作、防护林网、改良休闲体系、多层次体系等几个亚系统，在林牧结合系统中又分为林牧间作、绿篱型体系、蛋白质库体系等几个亚系统，在农林牧结合系统中又分为农林转变的林牧体系、农林牧多层次体系等亚系统。

为了增进对农林复合系统的了解，国际农林复合经营委员会（ICRAF）于 1982—1987 年在发展中国家对已存在的农林复合系统类型和模式进行了广泛的调查，Nair PKR 在此资料基础上，提出了农林复合系统的分类体系。1985 年，Nair 在对非洲和南美洲、中美洲的农林业进行调查分析的基础上，建立了农林业系统数据库，提出了系统结构、系统功能、生态环境和社会经济规模 4 种分类标准（1985），并对世界主要热带地区的农林业系统进行分类（表 3-1）。

表 3-1 不同标准进行的农林业系统划分

分类标准	解 释	分类结果
系统结构	系统的组分和组分间相互关系（即组分配量）	农林业、牧草业、农林草业
系统功能	农林业的目的和价值，代表系统的输出和各组分的作用	生产功能：满足基本需要的生产 保护作用：土壤保护、土壤肥力促进
生态环境	系统的环境基础	按生态带：湿润低地热带、干旱、半干旱热带、高地热带 按热量带：热带、亚热带、温带等 按土壤性质：沙地、盐碱地
社会经济规模	系统生态规模、管理水平、经济收入等	商业的、中等的或持久的

注：引自 Nair，1985。

Nair（1985，1989，1991）认为农林复合系统可分为多年生木本植物、一年生农作物（或经济作物）和禽畜这 3 个组分，并以系统组分的产业组合、系统组分的时空结构、功能（作用和/或输出）、社会—经济经营规模以及生态适宜区这五个方面的分类指标建立农林复合系统的分类体系。首先根据系统组分的组合将农林复合系统分为农林系统、林牧系统、农林牧系统和其他特殊系统（如林蜂、林渔、多树种用途园林等），在每个系统中以其他四个方面的指标划分经营类型等。以系统组分的空间配置结构划分为密集混种型(如庭园经营)、稀疏混种型(如大多数林牧复合经营)、带条或带块混种型、边界种植型(如田边、坡地水平栽植等)。以系统组分的时间配置结构可划分为轮种、间种、套种以及复合时间结构等类型。以系统组分的功能可划分为生产功能和保护功能两大类,生产功能包括生产粮食、木材、饲料、燃料、医药及其他产品等,保护功能包括防风、防沙、水土保持、水源涵养、土壤改良作用以及遮阴作用等。社会经济经营管理因素主要包括技术投入的水平(可分为高、中、低三种投入型)、价值/效益比(可分为商品型、效益补贴型和多效益兼备型)等。以系统的生态适宜性划分气候区,在气候区内又按地貌或具有重要意义的主导因子进一步划分。Nair 提出的多因素、多层次分类体系及其综合性指标体系对我国的农林复合系统的分类体系建立具有重要的参考价值,在我国得到广泛应用。

3.1.2.2 中国农林复合系统分类体系

我国许多学者也根据研究区域,总结提出了相应的分类体系。

竺肇华(1986)将我国的农用林业分为林—渔、农—林—渔、特种农用林业栽培系统(混交型、林—药间作、林—食用菌结合、林—蜂结合等)。

熊文愈将农林复合生态系统归纳为林农、林牧、林渔、林农渔、林副等 5 大类。

宋兆民等(1993)将中国农林业划分为农林间作系统类型、林牧业经营系统类型、农林牧经营系统类型、农林渔经营系统类型和多用途森林经营系统类型等 5 种系统类型。

裴福庚等(1996)将我国农林复合经营系统划分为农林复合型、林农复合型、林牧复合型、农林渔复合型、林特复合型和地域性农林复合型等 6 种类型。

邹晓敏等(1990)将我国农林业系统划分为 7 个系统 26 个类型。这种分类方法是首先将中国农林业系统的主要组分划分为农业、林业、草业、渔业和中药材业 5 种,产业的结合构成中国农林业系统的第一级分类单位系统,即农林业、林草业、农林草业、林渔业、农林渔业、林药业、农林药业等 7 个系统,然后依系统内的不同物种组合划分成不同的类型,如小麦/大豆泡桐等。这种分类简单明了,类型的名称与群众习惯的用法相一致。但是从这一分类体系存在的问题看,它所包括的类型较为有限。此外,在分类中强调了树种、作物的种类组合,而对其系统的时空结构未予以考虑(李文华等,1994)。

冯宗炜等(1992)对豫西平原农林业系统提出了四级分类体系:首先,按农林业系统的层次结构分为双层结构和多层结构两大类;其次,以农林业系统的目的和木本植物与农作物的配置方式进行划分,将双层结构分为农田防护林、林粮间作、果粮间作等,多层结构包括林果农间作;最后,以树木种类和农作物种类依次划分出第三分类单元和第四分类单元。这种分类方法的突出优点是反映了农林复合系统的结构特征,较好地说明了农林复合系统中各组分间的生物学、生态学和经济学上的相互关系,基本上反映了农林复合系统的本质,并与我国传统的农林业习惯的称谓相吻合,有利于人们的理解和应用。但这种分类方法对于平原地区能较好地说明问题,对于山区则不能很好地反映其农林复合系统特点(李文华等,1994)。

费世民(1993)以生态系统分类法对四川盆地浅丘区农林业系统进行分类。首先,以农林业系统生境特征划分出第一分类单元,即丘顶农林业系统、丘坡农林业系统和平坝农林业系统；其次，以生物群落本身的外部特征作二级分类，如农林复合、林牧复合等；再次，第三级分类标准是以群落本身内部结构特征来划分，如间作型、片林—农水平复合型、带林—农水平复合型等；最后，第四级分类是以系统各组分组合来划分，以各组分的优势种群来命名。曾觉民（1993）也对我国西南山区推广的农用林业进行分类评价，将该区域农用林业划分为 11 种农用林业系统，21 个类型，近 40 个亚类型。

以下介绍几个我国主要的农林复合系统分类体系。

（1）全国农林复合系统的分类体系

考虑到中国广大地域的自然因素、社会经济条件；注重农林复合系统在空间上属于不同的等级，在时间上具有不同的耦合；更好地反映农林复合生态系统在组成、结构和功能方面的基本特征。李文华（1994）将全国农林复合系统划分为 4 个等级，逐级排列，形成有序的框架（表 3-2）。

表 3-2　中国农林复合经营系统分类

系　统	类型组	类　型	结构型
庭院经营系统	1. 单一林果栽培型 2. 立体种植型 3. 种养结合型 4. 种养加工结合型 5. 种养加工与能源开发型		
田间生态系统	1. 农林复合经营类型组 2. 林果复合经营类型组 3. 林草复合经营类型组 4. 林药复合经营类型组 5. 林畜复合经营类型组 6. 林（果）渔复合经营类型组 7. 果农复合经营类型组 8. 果草复合经营类型组 9. 果药复合经营类型组 10. 林果农复合经营类型组 11. 林果草复合经营类型组 12. 林（果）农畜（渔）复合经营类型组 13. 林（果）草畜（渔）复合经营类型组 14. 林农药复合经营类型组 15. 林畜渔复合经营类型组 16. 其他复合经营类型组	桐粮间作类型 杨粮间作类型 杉粮间作类型 松粮间作类型 … … （215 个类型）	垂直结构（3）： 单层结构、双层结构、多层结构 水平结构（7）： 带状间种、团状混交、均匀混交、景观布局、水陆交互、等高带式、镶嵌式 时间结构（7）： 轮作、替代、连作、短期间作、间断间作、套种和复合搭配式
区域景观系统	1. 农田林网 2. 小流域复合经营 3. 生态县		

注：引自李文华主编的《中国农林复合经营》，1994。

■第一级为农林复合经营系统

系统是分类的最高级单位，是按照复合系统的地理空间范围等级进行划分的。和其他生态系统一样，农林复合生态系统的边界和规模是由经营目的确定的，它可以从一个农民的院落为范围的小小庭园，到田间经营的人工生态系统，甚至包括由多个异质的生态系统构成的景观地域，如以区域为单位的农田防护林体系，以小流域综合布局的农林复合系统等。系统在空间分布上的巨大的等级差异，对系统的结构与功能、经营方向和措施都会带来显著的影响，因此，在进行分类时，首先按其空间范围的差异，划分成为宏观区域农林复合系统，中尺度田间生态系统和庭园系统三个大的类群，作为农林复合生态系统的第一级分类单位。

■第二级为农林复合经营类型组

农林复合经营打破传统的单一经营对象的部门分割，表现为多对象、多目标、多产品的复合经营系统。在这一系统中包括农业、林业、果树、牧（草业）、渔业、花卉和药用植物等多种经营的结合。由于结合的部门不同而形成不同的经营组：如农林复合经营类型、林果复合经营类型、林草复合经营类型、林草畜复合经营类型等 16 种不同的组合。

■第三级为农林复合经营类型

农林复合经营类型是分类系统的三级分类单位，在经营组内按物种组成的结合进行划分的。例如，泡桐粮间作类型、柏粮间作类型等 215 种经营类型，农林复合经营型是系统分类中应用最广的基本单位。

■第四级为农林复合经营结构型

农林复合经营系统结构也就是该系统内物种在空间和时间上的组合形式，这种结构是天然生态系统结构的一种模仿和创造，它比单一农业或单一林业的人工生态系统结构更为复杂，对土地的利用也就更加充分和合理。

农业复合系统的结构包括空间和时间两个方面的内容，其中空间结构包括垂直结构和水平结构。

①空间结构　空间结构是各物种在农林复合经营模式内的空间分布，即物种的互相搭配、密度和所处的空间位置，空间结构又分为垂直结构和水平结构。

a. 垂直结构。又称立体层次结构，它包括地上空间、地下土壤和水域的水体层次。一般说来，垂直高度越大，空间容量越大，层次越多，资源利用率就越高。但垂直空间的利用并非是无限度的，它受到生物因子、环境因子和社会因子等的共同制约。我国农林复合经营系统的垂直结构可分为 3 种类型：单层结构、双层结构和多层结构。

——单层结构。农林复合经营系统物种空间结构的一种最古老的形式。这种结构目前存在不多，仅在一些边远的少数民族聚居地区保留着这种农作形式，如林粮轮作。即在同一块土地上农业和林业交替经营，先是将一片森林采伐，利用肥沃的森林土壤栽培作物，几年后地力衰退而弃耕，在弃耕地上造林（一般是速生树种），10 年左右之后，林木达到成熟再次伐木农作，以此循环不止。近年来，西南和东北地区的林药轮作也属此类。他们在采伐迹地上栽培人参（长白山等地）或黄连（四川山区），待药材收获后再造林。这样的农林复合系统，在一定的时间来看，群体的结构是单层的。但不同的时期构成的物种不同，而这些不同物种又结合成一个相互联系的复合系统。

——双层结构。农林复合经营系统中最常见的一种垂直结构。例如，华北地区的桐粮间作，即在农田中均匀地种植泡桐，几年后树冠相接，形成上层林冠，林冠下播种农作物，从纵切面看，成为两个十分整齐的层片。大多数的枣粮间作、胶茶间作亦此类。

——多层结构。该结构存在两种类型，一是平原地区多物种的复合经营系统，如水陆交互系统和多物种组成的庭院经营等；二是丘陵和山地依地形和海拔高度进行带状多层次布局，这在以小流域为单元的农林复合系统的立体布局中最为典型。

　　b. 水平结构。指农林复合经营模式的生物平面布局，可分为带状间种、团状混交、均匀混交（密集式和稀疏式）、景观布局式、水陆交互式、等高带混交和镶嵌式混交等多种种植方式。

　　——带状间作。如林农间作、果农间作多采用这种带状间作结构形式。

　　——团状混交。或称为丛状混交，海南岛的胶茶间作常采用团状混交形式。

　　——均匀混交。华北地区的桐粮间作把树木均匀种植在田间。泡桐的种植密度有两种类型，以粮为主时，泡桐的密度为稀疏型，以桐材为主则采用密集型。

　　——水陆交互式。一类是珠江三角洲的桑基鱼塘，一类是太湖流域的沟垛相连的林—农—水生作物—鱼复合经营系统。

　　——景观布局式。小流域、生态村和生态县的农林牧复合经营系统的水平配置多呈景观式结构。

　　——等高带混交。在丘陵山地农作，为防止水土流失，常常依等高线带状种植，它有 3 种形式：坡地林农（草）带状混交种植；坡地梯田田埂种植柿树、桑树等经济林木，田面种植农作物；丘陵山体立体带状种植，山体上部造林，中部种草和果树，山坡下部为农田。

　　——镶嵌式混交。或称斑块混交，如千烟洲试验区，林果草农田和鱼塘各成斑块状而组成农林牧渔复合生态系统。

　　②时间结构　在农林复合经营系统中，林草作物种植安排在时间序列上有 7 种形式，即轮作、替代、连作、短期间作、间断间作、套种和复合搭配式。

　　——轮作。在采伐迹地上栽植粮食作物或药材，几年后再造林，当 10~20 年后森林采伐后，又在采伐迹地种植农作物，如此循环种植。

　　——连续间作。如胶茶间作。在橡胶林行间种植茶树，两者多年长期共存。

　　——短期间作。林下短期间作农作物，等林木郁闭后停止间作农作物。

　　——替代式间作。在杉木栽培区还有一种间作类型，先农作 2~3 年再营造杉木林，在杉木行间栽植油桐，前 2~3 年经营作物，而后以经营油桐为主，7~8 年后杉木郁闭成林后，油桐产量下降而被淘汰，则成为杉木纯林。

　　——间断间作。我国东北地区，作物一年一熟，农林复合经营时间结构多为间断式的，如辽西的玉米 5 月下旬播种，9 月中旬成熟并收获，其他时间农田是空闲的。

　　——套种。二年三熟地区采用小麦、玉米套种可一年两收。

　　——复合搭配式。在一年两熟区，为了提高作物复种指数，在顶凌播种春小麦时留出西瓜种植行，4 月下旬套种西瓜，6 月上旬小麦收获后种秋玉米，西瓜成熟后种白菜，这样一年可四熟。

　　（2）黄土高原农林复合系统分类体系

　　根据分类原则和目的，结合黄土区农林复合系统的具体情况，朱清科等（2003）将黄土区农林复合系统划分为复合系统、结构类型、复合模式和栽培经营方式 4 个分类等级单元（表 3-3）。

表 3-3 黄土区农林复合系统分类体系

分类级别	一级	二级	三级	四级
分类依据	系统生境	组分时空配置结构	群落结构及经营目的	一年生植物种群
命名	复合系统	结构类型	复合模式	栽培经营方式
主要农林复合系统类型	塬面农林复合系统	散生间作类型 带状间作类型 Taunya 类型 块状镶嵌类型 田坎防护类型 道路防护类型等	桐粮（或经作）散生间作复合模式 果粮（或经作）带状间作复合模式 果粮（或经作）Taunya 复合模式 果粮（或经作）块状镶嵌复合模式 果粮（或经作）田坎防护复合模式 杨粮（或经作）道路防护复合模式 等（以树种来分类命名）	以农作物、经济作物等一年生植物种类和菌类分类命名，如：泡桐—小麦间作、杨树—油菜间作等经营方式
主要农林复合系统类型	坡面林牧复合系统（陡坡）	带状镶嵌类型 块状镶嵌类型 均匀散生类型等	刺槐牧草带状镶嵌复合模式 柠条牧草块状镶嵌复合模式 等（以树种来分类命名）	以农作物、经济作物等一年生植物种类和菌类分类命名，如：泡桐—小麦间作、杨树—油菜间作等经营方式
	坡面农林复合系统或坡面农林牧复合系统（缓坡）	隔坡水平沟类型 隔坡水平梯田 水平梯田防护类型 带状镶嵌类型 块状镶嵌类型 均匀散生类型等	梨粮隔坡水平沟复合模式 杏粮隔坡水平梯田复合模式 田坎花椒防护复合模式 刺槐药材带状镶嵌复合模式 刺槐菌类块状镶嵌复合模式 等（以树种来分类命名）	
	川滩农林复合系统	间作类型（Taunya） 道路防护类型等	果经或粮间作复合模式 杨粮护路复合模式等	
	侵蚀沟林牧复合系统	块状镶嵌类型 带状镶嵌类型 均匀散生类型等	杨草块状镶嵌复合模式 柳草带状镶嵌复合模式 等（以树种来分类命名）	

注：引自朱清科等，2003。

①**复合系统** 复合系统是分类的最高级单位，主要根据农林复合系统所在的生境划分。农林复合系统实质上是一种人工生态经济系统，生态系统是其基础和核心，它是通过人工以生境为基础建设生物群落而形成的。生境为生物群落提供生存条件，生境也是建设农林复合系统的主要限制因子，在决定农林复合系统的类别上具有重要作用，尤其是在水土流失严重、干旱等自然灾害异常频繁、生态环境极为脆弱的黄土区更是如此。在我国黄土区，影响农林复合系统的主要限制生态因子是水分条件，而对于某一地区来说，虽然年内降水分布不均且年降水量在各年有较大差异，但多年平均年降水量是一定的。地形地貌类型对降水具有再分配的作用，它是决定土壤水分资源条件的主要限制因素。我国黄土区主要包括黄土高原丘陵区和黄土高原沟壑区，构成黄土区的地形地貌类型主要有塬面、梁峁坡、川滩阶地和侵蚀沟系 4 大类。这 4 类地形地貌类型中各有其独特的生态环境及社会经济条件，尤其是在各个地形地貌类型中，作为影响本区域农林复合系统主要生态因子的水分条件显著不同，作为发展农林复合系统的土地资源条件显著不同，其他光、热等自然资源也存在较大差异。因此，在黄土区，地形地貌类型基本决定了构成农林复合系统的组分。这里的组分是指构成黄土区农林复合系统的产业，其中主要包括农业（主要是一年生草本植物种植业，如农作物及经济作物、药材等其他草本

植物)、林果业(包括所有木本植物)、牧业(包括禽畜等养殖业)和渔业(包括所有水产养殖业)4 大产业。不同的地形地貌类型条件下的农林复合系统具有不同组分,如侵蚀沟系一般为林牧复合系统,塬面主要为农林复合系统,川滩阶地主要为农林或农林渔等复合系统,而坡面主要为林农或林农牧等复合系统。因此,复合系统的名称是根据地形地貌及构成农林复合系统的主导产业来命名的。

②结构类型 结构类型是分类的第二级,主要根据构成农林复合系统各组分的时空配置结构划分。农林复合系统是多时空层次结构的复合系统。在空间结构中包括垂直结构和水平结构,其中垂直结构可分为双层、多层等结构类型,水平结构可分为带状间作、埂坎防护、道路防护、块状混交、块状镶嵌、带状镶嵌、均匀散生、隔坡水平梯田、隔坡水平沟等结构类型。时间序列结构主要包括轮作、替代式、连续间作、短期间作(如 Taunya 复合型)、间断间作、套种等。

③复合模式 复合模式是分类的第三级,主要根据构成农林复合系统各生物种群的复合结构及经营目的划分。考虑到一年生植物(如农作物、经济作物等)在复合过程中每年都有可能变化,分类不稳定,因此,将其粗分为粮食作物、经济作物、药材、草等。该类型主要依据多年生木本植物种群进行分类命名,如桐粮、杨粮、(苹)果粮、(苹)果经、杏粮、(刺)槐药、(刺)槐菌等复合模式。

④栽培经营方式 栽培经营方式是分类的最低级,主要依据农林复合系统中一年生植物种群与木本植物的复合结构来划分。例如,泡桐—小麦、苹果—小麦等栽培经营方式。

【例 3.1】黄土丘陵沟壑区农林复合生态系统分类体系——以定西地区为例。

莫保儒等(2004)在总结和参考国内外农林复合经营系统分类体系研究成果的基础上,根据定西地区黄土丘陵沟壑区气候类型、立地条件、社会经济、农林复合经营现状,以及农村经济和区域生态环境建设综合发展的需要,遵循功能—结构—组分的顺序,从定西地区黄土丘陵沟壑区地形地貌及立地类型特征出发,综合分析现有农林复合生态系统类型的结构和功能,采用系统分类的一般性方法——从分散性到系统性,以立地类型条件划分—系统类型调查—结构功能分析进行分类研究。提出了定西地区黄土丘陵沟壑区农林复合生态系统分类体系。将定西黄土丘陵沟壑区农林复合经营系统分类指标划分为系统类型、系统、复合结构模式类型组和动植物种植、养殖方式及种类 4 个分类等级单元。在此基础上,根据定西黄土丘陵沟壑区山体完整的地貌类型:长梁、大峁、梁坡、梯田、沟谷、沟道、掌地、沟滩等,以及农林复合生态系统类型分布特征,提出完整分类体系框架(表 3-4)。

①系统类型 系统类型是分类的最高单元,根据农林复合生态经营生产功能和保护功能进行划分。对于任何一个人工生态系统的建立及形成,系统生境和系统外部的社会、经济环境起决定性作用。经济效益、生态效益、社会效益已成为现阶段人们对土地经营过程的评价标准。在一定的景观区域内其特定的景观格局与生态过程(系统与系统功能)在经济效益、生态效益、社会效益方面的作用重要性所持偏重不同。另外,生态养殖经营作为一种系统类型来划分,主要是考虑到定西地区黄土丘陵沟壑区养殖业的畜种、养殖方式及养殖业与农业、林业、副业等同时发生的复杂关系,为了便于理解、分析和研究进行划分的。

表 3-4 黄土丘陵沟壑区农林复合系统分类体系

一级单元	二级单元	三级单元	四级单元
农田生态系统类型	梯田农(药)田林复合系统	杏—农(药)田田坎防护复合模式类型	按照农作物种类及其耕作制度和养殖畜种来划分
		柠条—农田田坎防护复合模式类型	
		紫穗槐—农(药)田田坎防护复合模式类型	
		甘蒙柽柳—农田田坎防护复合模式类型	
	坡面农(药)林复合系统	果—农块状镶嵌复合模式类型	
		杨树—农(药)块状镶嵌复合模式类型	
生态防护经营系统类型	坡面林草复合系统	杏—沙棘—牧草隔坡水平沟—生物埂复合模式类型	
		云杉—沙棘—牧草隔坡水平梯田复合模式类型	
		侧柏—牧草带状镶嵌复合模式类型	
生态防护经营系统类型	侵蚀沟林草复合系统	臭椿—紫穗槐—牧草复合模式类型	按照农作物种类及其耕作制度和养殖畜种来划分
		油松—沙棘块状镶嵌复合模式类型	
		甘蒙柽柳—牧草沟道带状镶嵌复合模式类型	
	梁峁防护林系统	柠条水土保持林模式类型	
		云杉—沙棘护路复合模式类型	
		杨树—草护路复合模式类型	
生态养殖经营系统类型	家庭养殖系统	农(作物秸秆、饲料作物)—家禽养殖模式类型	
		林草—牧(羊、奶牛、特种动物)圈养复合模式类型	
	生态放牧系统	林草—牧(禽、兔等)栅栏放牧复合模式类型	
庭院经营系统类型	庭院果园生态系统	梨树—牧草复合模式类型	
		花椒—牧草复合模式类型	
		林果—瓜蔬复合模式类型	
	庭院立体栽培生态系统	林果—食用菌复合模式类型	
		林果—药材复合模式类型	

注：引自莫保儒等，2004。

②系统 系统是分类第二级单元，主要是据系统所处的生境、系统组分、经营方式不同来划分的。例如，定西黄土丘陵沟壑区地貌类型主要有梯田、梁峁坡、沟谷、沟道、掌地、沟滩等部分，由于该区主要限制因子——水、热、光、土、肥等自然资源在不同地貌类型存在的差异，决定了农林复合生态系统的组分。这里的组分是指构成系统的产业，主要包括：梯田农(药)林复合生态系统、坡面农(药)林复合生态系统、坡面林草复合生态系统、侵蚀沟林草复合生态系统、梁峁防护林生态系统、庭院果园生态系统、庭院立体栽培生态系统。生态养殖经营以经营方式不同来划分为：家庭养殖系统、生态放牧系统。

③复合结构模式类型组 复合结构模式类型组是分类第三级单元，主要是以农林复合生态系统组分中多年生物种及空间结构和功能来划分的。类型的分类命名主要是依据多年生林木种类进行的。养殖为主的复合生态系统主要以组分结构和养殖方式来划分。

④作物栽培、动物养殖方式及种类 作物栽培、动物养殖方式及种类是分类的最低级，主要根据一年生农作物种类、耕作制度和养殖方式、动物畜种来划分。

（3）喀斯特地区农林复合系统分类体系

农林复合系统是一个人工生态系统，并不是自然界固有的，而是根据生物、生态学理论模仿自然生活模式，利用系统理论、控制理论的指导，人为组建创造的。因此，研究林农复合系统的目的不在于如何去分析其结构、功能特征，而是怎样去构建一个具有完整结构的系统，完成必要的功能，故在分类研究上应遵循功能—结构—组分的顺序分类，即先确定功能，然后组建结构。周家维等（2002）将贵州喀斯特地区农林复合系统划分为功能、结构、复合模式（组分）和经营方式 4 个等级（表 3-5）。

表 3-5　贵州喀斯特地区农林复合系统的分类

分类级别	一级分类单元	二级分类单元	三级分类单元	四级分类单元
分类依据	生态环境的需要	时空配置结构	种群复合结构	一年生植物种群
命名	功能	结构	复合模式	经营方式
主要农林复合系统	生产型复合系统	块状镶嵌型 带状间作型 立体结构型 立体养殖型 庭院经营型 Taungya 型等	竹金（银花）块状镶嵌 果菜复合 杜仲（果）药立体复合 果草畜渔复合 果菜（经）禽复合 果（经）粮 Taungya	以农作物或经济作物等一年生植物种类和菌类命名 如：竹子—金银花，杜仲—白术等经营方式等
	保护型复合系统	埂坎防护型 道路防护型 水土保持型 散生间作型 块状镶嵌型 立体结构型	林粮复合模式 林草复合模式 林草复合模式 林粮散生间作模式 林粮块状镶嵌模式 林灌草立体复合模式	
	复合型复合系统	田坎防护型 水土保持型 散生间作型等	漆（树）粮复合模式 林（经）牧草畜复合 果（经）粮散生间作	

注：引自周家维等，2002。

①功能　功能是分类的第一级单位，主要是依据农林复合系统所在的生态环境的需要划分的。农林复合系统是一种人工生态系统，生态环境是其基础和核心，并决定了系统的功能类型。尤其是生态环境极其脆弱的喀斯特地区，不同的地形地貌条件，就要求有相应的经营管理措施。根据生态环境的要求，可将农林复合系统分为保护型、生产型、复合型 3 类。保护型主要是在生态脆弱或特殊地段以发挥生态保护功能为主；生产型主要是指合理利用土地，集约经营，以追求最大经济效益为主；复合型是介于二者之间的农林复合系统。实际上，任何一种复合系统，一经建立，则同时具有保护和生产功能，只是在不同的生态环境条件下有所偏重而已。

②结构类型　结构类型是系统的第二级单元，主要根据组分的时空配置方式来划分。划分为 3 种类型：空间搭配型、水平镶嵌型、时间连续型。空间搭配型即为垂直结构，分为双层结构、多层结构和以食物链相衔接的立体经营结构，水平镶嵌型可分为带状间作、埂坎防护、道路防护、块状混交、均匀散生等。时间连续型主要包括轮作、连续间作等。

③复合模式　复合模式是第三级单元。主要以构成农林复合系统各生物种群的复合

结构划分。以各组分间互利、非颉颃、环境适应以及最大收益(指系统主要功能作用的收益)等原则进行物种的选择与搭配。包括林粮、林药、果粮、果药、药药等复合模式。

④经营方式　经营方式是最低级分类单元。主要依据系统中一年生植物与多年生木本植物的复合结构来划分。例如,杜仲—白术,漆树—玉米,桃—菜等。

(4)江淮丘陵农林复合系统分类体系

汪德玉(2005)将江淮丘陵农林复合系统可划分为3个系统、8个类型组、26个类型、28个结构型(表3-6)。

①农林复合经营系统　经营系统是经营区域内按照不同界面范围和经营目的等进行划分的。经营系统之间的空间范围存在着巨大的等级差异,拟分为大尺度的防护林复合经营系统、中尺度的田间耕作复合经营系统、小尺度的庭院复合经营系统。

表 3-6　江淮丘陵农林复合经营系统分类

系统	类型组	类型	结构型
田间耕作系统	林农复合经营	杨树—粮间作	行状杨树—小麦—黄豆双层轮作
		刺槐—粮间作	行状刺槐—小麦—黄豆双层轮作
	果农复合经营	桃—粮间作	行状桃—带状油菜—黄豆双层轮作
			行状桃—带状麦—黄豆双层轮作
		柿—粮间作	行状柿—带状麦—黄豆双层轮作
		枣—粮间作	行状枣—带状麦—黄豆双层轮作
		银杏—粮间作	行状银杏—带状麦—黄豆双层轮作
		李—粮间作	行状李—带状油菜—黄豆双层轮作
		核桃—油菜间作	星状薄壳山核桃—油菜—黄豆双层轮作
		梨粮(油)间作	行状梨—带状麦—黄豆双层轮作
			行状梨—带状油菜—黄豆双层轮作
	林蔬(粮)复合经营	杨树—菜粮间作	带状杨—蒜—黄豆双层轮作结构型
			带状杨—洋葱—黄豆双层轮作结构
		枣—菜—粮间作	行状枣—白菜—洋葱复层结构型
			行状枣—带状蒜—绿豆双层轮作
			行状枣—带状土豆—黄豆双层轮作
		香椿—菜间作	行状香椿—南瓜—大蒜双层结构型
			星状香椿—黄花菜双层结构型
		樱桃—菜间作	行状樱桃—带状黄花菜双层结构型
			星状樱桃—大白菜—蚕豆结构型
			行状樱桃—带状韭菜双层结构型
		李—菜间作	行状李—土豆—南瓜双层轮作结构型
			行状李—萝卜—黄豆双层轮作结构型
	果—茶复合经营	板栗—茶叶间作	行状板栗—带状茶叶双层结构型
		枣—茶叶间	作行状枣—带状茶叶双层结构型
			星状枣—带状茶叶双层结构型
		李—茶叶间	行状李—带状茶叶双层结构型
			星状李—带状茶叶双层结构型

（续）

系统	类型组	类 型	结构型
防护林系统	农田防护林经营	杨树林网	单行杨树林网—麦大豆轮作农田结构型
			双行杨树林网—麦大豆轮作农田结构型
			单行杨树林网—麦山芋轮作农田结构型
			双行杨树林网—麦山芋轮作农田结构型
		池杉林网	带状池杉林网—麦山芋轮作农田结构型
			带状池杉林网—菜结构型
	河塘路坡防护林经营	水杉—牧草护坡	水杉—禾草河塘坡地结构型
			水杉—苜蓿路坡结构型
		杨树—牧草护坡	杨树—紫穗槐河塘坡地结构型
			杨树—禾草路坡结构型
庭院经营系统	立体栽培经营	果—药	李—白芷双层结构型
			葡萄—白术结构型
		果—蔬	李—生姜结构型
			樱桃—马铃薯结构型
	种养结合经营	林（果）鱼	香椿—葡萄—鱼结构型
			梨—李—葡萄—甲鱼结构型
		林（果、草）禽畜	香椿—紫穗槐—鸡—羊结构型
			葡萄—苜蓿—鸡—兔—鱼结构型
		林（果、草）禽畜鱼	葡萄—苜蓿—羊—兔—鱼结构型
			葡萄—紫穗槐—羊—猪—鱼结构型

注：引自汪德玉，2005。

②农林复合经营类型组 类型组是根据系统的组分及其产业归属、组分在系统中的位置来划分的。例如，林农复合经营类型组、林果蔬复合经营类型组等。

③农林复合经营类型 经营类型是在经营类型组内依据生物物种的组成来划分的。由于木本植物物种的空间位置和时间位置特殊，在进行类型的划分时，木本物种划分到种类，其他物种则仅按大类归纳。例如，枣粮间作类型。

④农林复合经营结构型 结构型是分类体系的最低单位，依据物种在时间和空间上的组合结构和形式进行划分，如行状和星状是指物种在空间上的种植排列。该单位是农林复合经营系统最根本的单位，也是其具体体现。

3.2 农林复合系统分区

3.2.1 国际农林复合系统分区

联合国粮农组织（FAO）《粮食和农业状况》报告（FAO *The State of Food and Agriculture Report*，*SOFA*，1978）的复合农林系统分区方法，将复合农林系统分为温带区、地中海气候区、干旱和半干旱区、热带亚湿润区、湿润热带区和高平原区。本节将温带区和地中海气候区合并作为温带区，其余分区合并为热带、亚热带区进行介绍。

3.2.1.1 温带区复合农林系统

基于各种经营目的，温带的农林复合经营系统涵盖了众多不同组分在时间和空间上的不同组合形式，概括和具有代表性的模式见表3-7。

表3-7 温带区复合农林主要特征

国家或地区	系统描述	主要树种
北美	防护林	各种当地树种
	林牧复合	橡树、美国黄松、白松、纸桦、沼泽松、长叶松
	农林间作	黑核桃、山核桃、板栗、白蜡、杨树、苏格兰松、橡树、泡桐、刺槐、柿树、悬铃木
	缓冲带	杨树
新西兰	林牧复合	辐射松
	防护林带	
	林地放牧	
澳大利亚	林牧复合	桉树、辐射松
	林带	桉树
	片林	桉树、辐射松
中国	农桐间作	泡桐
	防护林带	
	四旁植树	
	林牧复合	柠条、沙棘
	水果/坚果	
欧洲	德埃萨	橡树
	果农复合	各种果树
	农林复合	杨树

（1）北美的农林复合经营

北美洲许多的农业生产模式属于农林复合的范畴，实际上，当把多种组分作为一个系统进行集约化的综合经营，就是典型的复合农林经营系统。北美地区的复合农林经营主要有防护林、林牧复合、林农间作、水岸管理系统及林地经营等几种模式，其中以防护林、林牧复合、林农间作较为典型。

①防护林 自欧洲人定居美洲大陆以来，防护林一直是北美农林复合经营的一种重要模式，当美国和加拿大人西进至开阔的草原地带，他们被迫适应新的环境并且认识到了防护林对于抵御严酷气候的作用，许多人逐河溪边的防护林而居，其他人在被迫营造人工防护林。美国政府第一次鼓励牧场植树是1870年的《木材培育法案》（The Timber Culture Act），其目的是优化耕地利用。北美早先植树的目的主要是保护农场，第一次为了其他目的（如防治土壤侵蚀和保护农作物）而大力鼓励建设防护林起始于20世纪30年代的"尘暴干旱区"（Dust Bowl）。1935—1942年，美国的"草原林业工程"（Prairie States Forestry Project）在6个大平原州的私有土地上营建了约29 758km的防护林带。加拿大同期也营造了2 300km的防护林带。自1937年以来，加拿大草原地区超过4.3×10^4 km的

防护林带保护了大约 $70 \times 10^4 \ hm^2$ 的土地。截至 1987 年，美国 50 个州中的 40 个州的防护林成为农林复合的一个组成部分(表 3-8)。

表 3-8　美国防护林情况

防护林类型	数量	面积(hm^2)	长度(km)
农场防护林	504 485	306 532	95 264
农田防护林	349 672	239 646	185 650
合计	858 157	546 178	280 914

注：引自 P. A. Williams 等，1997。

在防护林的设计方面，北美的观测研究表明，防护林背风面降低风速的范围可达到 30 倍带高范围，风速降低最大范围在 2~15 倍带高范围(Heisler 和 DeWalle，1988；McNaughton，1988)。农场、饲养场和居住区一般采用 60%~80% 的密度，农田防护林夏季密度 40%~60% 能够保证最大面积地降低风速。在北美北部地区，为不致积雪，冬季旷野防护林的密度不应超过 40%(Brandle 和 Finch，1988)*。为最大返回防护效益，林带与盛行风或灾害风垂直，农场和畜舍防护林一般为 3~6 行(北部地区可稍多)，至少 2 行针叶树，并且位于防护区域的两侧，为最好发挥防风效果，最高的一行通常位于防护区域的 2~5 倍带高处。对于风雪防护林迎风侧应位于防护区域 30~60m 远(Wight，1988)。如果空间许可，在主林带迎风侧 15~30m 处栽植一行灌木，可将大部分积雪阻滞在林带迎风侧或带内。

农田防护林不仅能够降低风速，而且能够改善农田小气候，促进粮食增产，提高作物品质(表 3-9)。目前北美地区的农防林一般由 1~2 行针叶树或阔叶树组成，疏透度一般为 40%~60%，如果采用单行设计，则应注意林带的连续性。

表 3-9　防护范围各种作物增产情况

作物	平均产量增加百分数(%)	作物	平均产量增加百分数(%)
春小麦	8	谷	44
冬小麦	23	玉米	12
大麦	25	苜蓿	99
燕麦	6	干草	20
黑麦	19		

注：引自 Kort，1988。

在防护林的负面效应方面，北美的防护林同样存在占地和胁地的问题，一般在 1 倍带高范围内，作物的产量会降低，但防护范围内增加的产量远远超过损失(Baldwin，1988)。根据种植作物的不同，防护林占地在 4%~10% 的范围内，仍然呈现较好的经济效益(Brandle 等，1992)。

在防护林树种的选择方面，北美在提倡本地乡土树种的同时，也选用那些在特定区域有较强适应性和优良表现的外来树种。在安大略南部地区，外来树种挪威云杉在适应性和抗病虫害方面就比当地的白松和红松要好。由于北美的草原地区乡土树种非常少，

---

* 密度也可以用孔隙度表示，即透风或透光度，我国常用疏透度表示，如林带密度为 60%，则孔隙度为 40%。

多数外来树种也被当做当地的外来种。

②林牧复合 美国大陆约有 $4 \times 10^8 hm^2$ 的牧场，占美国土地总面积的 55%，这些牧场主要分布在西部的 17 个州，并且这些牧场大部分都种植了林木，比如加利福尼亚的橡树林，西北太平洋地区的美国黄松（*Pinus ponderosa*）灌木林地和草地，大盆地和西南地区的杨树和矮松林、南部大平原地区的橡树丛、东南低地的树林、阿拉斯加的白松和纸桦，这还不包括那些作为牧场经营的一些重要林区。另外，整个洛矶山地区、美国西部的其他地区、加拿大，以及美国东南部的部分地区的许多公有和私有林地也放牧牛羊。东北的落叶林地区也是重要的牧区。

在北美的林木复合模式中，北美南部海岸平原区被称为松—牧系统或松—牛系统的沼泽松（*Pinus elliottii*）和美国长叶松（*Pinus palustris*）林下放牧系统非常有名。北美其他的林牧复合系统还包括美国西北内陆地区和加拿大英属哥伦比亚地区的花旗松和毛果冷杉组成的复合系统，也被证明在树木生长和饲草产量方面有良好的表现（McLean，1983；Gold 和 Hanover，1987）。

在林下草种的选择上，北美地区筛选出了百喜草（*Pasalum notatum*）、胡枝子（*Lespadeza striata*）和白三叶草（*Trifolium repens*）等几种具有较高生产力的林下草种（表 3-10）。自 20 世纪 50 年代开始，美国经过 20 年的研究认为，大株行距（6.1m×6.1m）与小株行距（3.7m×3.7m）相比，林木胸径和木材蓄积量均较大。与标准的密度相比［1 121 株/hm^2（2.4m×3.6m）］，如果同时考虑饲草产量和木材生产，最好的模式是两行一带，（1.2m×2.4m）×12.2m 的栽植规格在木材和饲草产量上有较好的表现（Lewis 和 Pearson，1987；Lewis 等，1989）。

表 3-10 不同栽植规格林木生长及饲草产量

栽植规格（m×m）	成活率（%）	树高（m）	直径（cm）	基部面积（m²/hm²）	饲草产量（kg/hm²）
2.4×3.7	61	10.5	14.5	11.6	1 223
1.2×7.3	68	10.6	13.2	11.2	605
0.6×14.6	68	11.1	13.0	12.0	1 195
(1.8×2.4)×7.3	67	9.8	12.7	9.1*	1 577
(1.2×2.4)×12.2	67	11.0	14.0	13.6	1 416
(0.6×2.4)×26.8	74	10.2	10.9	7.6*	2 882*
平均	68	10.5	13.2	10.8	1 483

注：引自 P. K. R. Nair，1991。

* 在 0.05 水平上与对照（2.4m×3.7m）相比差异显著。

③林农间作 欧洲的果园间作可以追溯到罗马时期，欧洲殖民者将这种方法引入北美，目前这样复合经营的方法在北美的果园中已非常普遍，传统的间作树种主要是美洲山核桃，但目前许多当地树种也被用于间作。黑核桃历史上就是北美地区最有经济价值的树种，单株黑核桃价值几千美元的情况非常普遍，因为其很高的经济价值、良好的景观价值、较强的坚果生产能力、易管理、较高的饲料价值和理想的根系特征，作为一种农林复合树种备受推崇。北美其他间作树种还有橡树、柿树、美国皂荚、板栗、榛子、苏格兰松（*Pinus sylvestris*）、美国悬铃木（*Platanus occidentalis*）、刺槐等（表 3-11）。

表 3-11   林农间作树种选择参考

树种	对作物的影响						备注
	遮阴			根系竞争			
	低	中	高	低	中	高	
黑核桃	+			+			经济效益高，对一些作物有化感抑制作用
山核桃		+			+		木材和果实具较高经济效益
栗子树			+		+		部分品系易受枯萎病危害
白蜡		+				+	易受蛀干害虫和黄叶病危害
橡树			+		+		白栎经济价值很高，但生长较慢
松树			+		+	+	有几个种较为合适
杨树		+				+	速生但经济价值较低
果灌木	+			+			有几种较为适宜，最好与其他树种组合
泡桐			+		+		亚洲市场较受欢迎，已受病虫冻害威胁

注：引自美国农业部林务局、美国农业部自然资源保护局，1999。

北美在林农间作的配置技术上，大量的研究主要以黑核桃为主。成年黑核桃的树冠覆盖范围达 12.5m × 12.5m，单纯就黑核桃的生长来说，12.5m 的行距适宜其生长，但复合系统的经营必须同时考虑其他因素。在密苏里州开展的研究表明，立地条件较好的地段，10 年生的黑核桃带间遮阴范围达到 12.5m，如果带间种植喜光作物，超过 10 年，则应适当增加带间距；相反，如果设计的目的是为了早期有一定耐阴植物的产出，如人参，则带间距可适当窄些（Garrett 等，1991）。美国东部和加拿大的许多土地所有者采用了 3m × 12.5m 的规格（270 株/hm²），这种规格的好处是便于后期疏伐选择树体较好的植株，对于坚果和木材的生产而言，在 25～30 年中，保留 75 株/hm² 比较合适。

从经济效益分析来看，采用多目的经营黑核桃间作系统的内部收益率和净现值均是最大的（表 3-12）。

表 3-12   美国密苏里州黑核桃间作系统不同经营目的净现值和内部收益率（轮伐期 60 年）

经营目的	立地指数 65		立地指数 80	
	净现值的 7.5%（$/hm²）	内部收益率（%）	净现值的 7.5%（$/hm²）	内部收益率（%）
1. 木材	−2 937	4.3	−1 409	6.7
2. 木材及坚果	−1 370	5.9	−328	7.7
3. 木材、坚果、小麦	160	7.8	2 014	9.4
4. 木材、坚果、小麦、大豆、干草、放牧	640	8.7	3 160	10.9

注：引自 Nair，1991。立地指数（site index）是对于特定树种的一个立地质量指数，用该树种 50 年树龄的树高表示。

以黑核桃为树种典型的林农间作模式是初期黑核桃 + 大豆逐渐转变成黑核桃 + 耐阴牧草的模式，采用的规格一般为 4.5m × 21.0m。

④滨水缓冲带系统   过去在北美东部，为了方便牛群通行，许多地区的河岸林遭到砍伐，导致了土壤侵蚀、河流温度升高、有机质流失、河流富营养化等一系列问题。近些年来，随着对环境友好型农业和改善河流水质认识的提高，退化河岸的恢复问题受到了全社会的重视，滨水缓冲带系统受到重视。从 20 世纪 80 年代开始，几个长期项目开

始对滨水缓冲带系统进行研究，艾奥瓦州5年的研究结果表明，河流缓冲带在减少除草剂和硝态氮在河流中的富集方面具有明显的作用（Isenhart 等，1996；Rodrigues 等，1996；Schultz 等，1996）。

滨水缓冲带（Riparian Buffer）是在濒临河溪、湖泊、湿地等水体的土地单元，为改善和保护水资源免受农业生产活动的影响，保护农地，为野生动物提供栖息地，并兼有景观和经济产出目的，而进行植被综合经营的一种复合农林模式。其主要的经营目的或效益如图3-1所示。

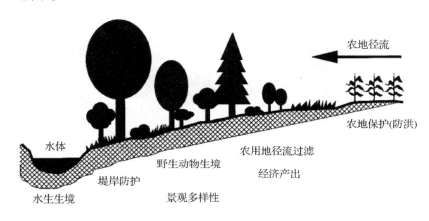

图3-1　滨水缓冲带模式的主要功能和效益

（引自美国农业部林务局洛矶山试验站、美国农业部自然资源保护局，1997）

滨水缓冲带是一种复合农林形式。一般布设在农田、牧场、草原、畜栏边缘临近水域的土地单元内，其主要目的是改善水质，防治面源污染造成水体富营养化和水质下降，过滤化肥、农药及其他污染物，防止进入水体，防洪，保护堤岸并兼具景观功能、经济产出、为野生动物提供栖息地等功能（表3-13）。

表3-13　滨水缓冲带不同植被的效果

作用及效果	植被类型		
	草本	灌木	乔木
防治堤岸侵蚀	+	+	+ + +
过滤泥沙	+ + +	+	+
过滤养分、农药、微生物			
阻滞泥沙	+ + +	+	+
可溶物	+ +	+	+ +
水生生境	+	+ +	+ + +
野生动物生境			
牧场和草原动物	+ + +	+ +	+
森林动物	+	+ +	+ + +
经济产出	+ +	+	+ +
景观多样性	+	+ +	+ + +
防洪	+	+ +	+ + +

注：引用美国农业部林务局洛矶山试验站、美国农业部自然资源保护局，1997。
　　＋表示效果较低；＋＋表示效果中等；＋＋＋表示效果较好。

一般而言，美国的多目标滨水缓冲带由 15m(50 英尺) 宽的草带 + 灌木带 + 乔木带组成(图 3-2、图 3-3)。乔木一般采用两行一带的模式，株距 1.8～3.0m，行距约为 3m，灌木带一般也由两行组成，株距 1.8～3.0m，行距 1.5m 左右，草带一般为 6m 或一直延伸到农田边缘。这种设计一般每 1 英里 * 堤岸约需土地 6 英亩 *，如果河溪两侧均设置缓冲带，则每英里需土地 12 英亩。

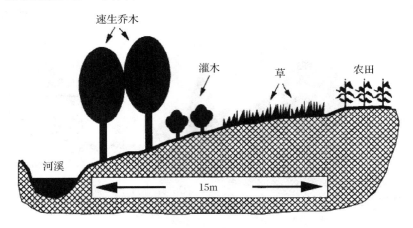

图 3-2　满足多目标的农田边缘缓冲带的一般性设计
(引自美国农业部林务局洛矶山试验站、美国农业部自然资源保护局，1997)

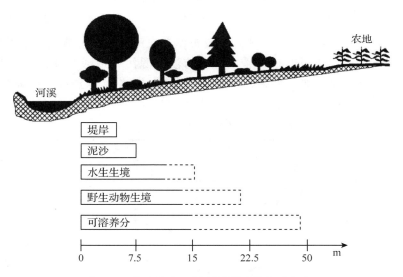

图 3-3　满足特定目的所需缓冲带大致宽度
(引自美国农业部林务局洛矶山试验站、美国农业部自然资源保护局，1997)

---

* 1 英里 = 1 609.34m；1 英亩 = 4 046.86m^2。

（2）大洋洲农林复合经营

农林复合经营最早引起新西兰重视是在 1969 年，最初推动农林复合的动因是林产工业对辐射松木材的需要，典型的林地经营是采用疏伐等措施最终辐射松的密度达到 $200\sim350$ 株/hm²，为了对林地进行早期利用，林下放牧被认为是一种林地早期利用的有效途径，尤其是在牧场上的林地。

目前新西兰的林地超过 160×10^4 hm²（占全部陆地面积的 7%），其中 90% 的树种是辐射松。辐射松在整个新西兰的各种立地条件下生长情况都非常好，在平均立地指数（树龄为 20 年时的树高）上树高可达 28m，按 $25\sim35$ 年的轮伐期算，年均蓄积量每公顷增加 $18\sim20$m³，速生性、良好的国际市场、较高的经济效益等，使得辐射松成为新西兰最为重要的树种。

因为辐射松的利润、日益减少的林地和较低的畜牧业回报，以及农林复合在环境方面的效益，辐射松开始在新西兰的农地上大量种植，仅 1996 年，约有 8×10^4 hm² 的农地栽植了辐射松，并且这种大规模的土地利用方式的调整仍然在继续。

新西兰的农林复合主要有 3 种类型：牧场造林及基于其的木材生产经营管理、林地放牧、防护林带的营造和管理。

因为新西兰农林复合经营的主要目的是生产木材，考虑到木材的产量和质量、经营成本、生产周期等问题，一般造林的初植密度为 $500\sim800$ 株/hm²，此后逐渐修剪其中的 $250\sim300$ 株目标植株，保证其在栽植 8 年后树高达到 $6\sim8.5$m，其余没有修剪价值的植株则全部疏伐。造林前，一般在造林前的冬季后期在造林上进行强度放牧，并使用除草剂减少牧草对苗木的竞争。新西兰牧场造林选用的苗木一般高 $20\sim30$cm，第一个生长季后可达 $50\sim150$cm，第一年和第二年最容易受到牲畜的危害，因此，造林初期的放牧管理是确保成活的关键，虽然新西兰试验过网围栏、驱避剂等方法，但由于成本和效果的问题，一般在造林的头两年不在造林地进行放牧。

新西兰低地牧场防护林已经有 100 多年的历史，许多用材树种均可作为防护树种，但目前最常见的仍然是辐射松。多数防护林带的栽植模式比较简单随意，并且不进行抚育管理。对牧场防护林效益的研究到 20 世纪 80 年代中期才引起重视，80 年代中期和 90 年代以后，才开始在坎特伯雷等地开始进行一些相关的研究。目前对防护林研究逐渐成为一个热点问题，防护林的设计、造林、效益评估、树种选择等问题已经成为防护林研究重点考虑的问题。

澳大利亚农林复合的发展与防治土地退化、保护水资源和提高农业产量密切相关。200 年前，澳大利亚东部和南部温带地区覆盖着大面积的森林和林地，至 20 世纪 90 年代，1×10^8 hm² 的林地被砍伐用作农田。以澳大利亚西部的西南地区为例，1991 年报道约 $1\ 600\times10^4$ hm² 的自由保有土地中 90% 森林被砍伐，20 世纪 70 年代中期的调查表明，澳大利亚 51% 的农地和牧地已经退化到急需治理的程度，维多利亚州有一半的农田和草地受到灾害威胁。

对农林复合的研究始于 20 世纪 70 年代初期，80 年代中期一些民间组织、农场主开始着手解决土地退化问题，到 90 年代初期，政府开始在国家层面上推动可持续的土地经营。澳大利亚所采用的农林复合模式主要是牧场零星植树、农田周围的林带和片林两种形式。

澳大利亚的牧场植树包括零星栽植和宽行植树两种形式，是澳大利亚第一种农林复合模式，最先始于澳大利亚西部地区和南部的维多利亚州。澳大利亚西部的研究表明，在密度为 150 株/hm² 的松牧复合系统中，头 12 年中，绵羊的载畜量与开阔牧场相比约为 83%；12 年后，随着树冠的扩大，遮阴范围不断增大，载畜量逐渐下降；到第 20 年，载畜量下降至 50%；到第 30 年，载畜量下降到 13%。但这种复合系统的总产出比单一系统高 30%（Anderson 等，1988）。

澳大利亚的林牧复合系统除了辐射松外，20 世纪 80 年代试验的柳桉（*Eucalyptus saligna*）、蓝桉（*E. globulus*）、斑皮桉（*E. maculata*）、红桉（*E. diversicolor*）在牧场上稀植也非常成功。

澳大利亚的防护林一般采用 1~10 行（林带宽 4~30m），林带间距根据不同地区和不同的目的而定，西南部海岸地区的农场主为了防治风蚀和为牧场及牲畜提供庇护，采用 2~3 行一带、带间距 200m 的辐射松防护林带。澳大利亚西部出于木材生产和牧场分隔的目的，比较喜欢采用 2~4 行、带间距 25m 的桉树防护林，较大的牧场带间距可达 100~200m。

澳大利亚的片林一般栽植于山坡下部、石质山地、小块零星土地及交通不便的地段，其主要目的是生产木材、保护水源，在生产木材、发挥防护效益的同时，采用疏伐经营的林地还可以进行 4~16 年的放牧。片林选用的树种主要有辐射松、海岸松、蓝桉、柳桉、斑皮桉、葡萄桉（*E. botryoides*）、黑木等。

（3）欧洲农林复合经营

欧洲的农林研究较少，有限的一些研究多集中在地中海地区的农林复合模式，在此主要介绍欧洲较为重要的两种农林复合模式。

①德埃萨系统（Dehesa* System）　欧洲伊比利亚半岛的德埃萨系统是覆盖面积最广、最重要的人工农林复合系统，是伊比利亚半岛西南部主要的陆地景观，该系统是由稀疏分布的栎类与间作的谷物或饲料植物组成的多目标复层结构，外部景观类似于稀树大草原。这种特殊的农林复合系统在其分布的南部地区可以追溯到公元前 4500 年。对德埃萨系统面积的估计出入较大，Joffre 等（1988）估计，西班牙西南部有 200 × 10⁴hm²，葡萄牙南部有 20 × 10⁴hm²；Campos Palacin（1992）认为，在西班牙西部和西南部有 580 × 10⁴ hm²；Joffre 等（1999）认为葡萄牙超过 50 × 10⁴hm²。

德埃萨系统的主要树种是地中海长绿树种——冬青栎（*Quercus ilex*）及西班牙栓皮栎（*Quercus suber*），另有少量的落叶栎类。其栽植为随机的零星分布，比较典型的密度一般为 20~50 株/hm²。传统的德埃萨系统中的家畜类型非常多样，包括绵羊、山羊、猪和牛，伊比利亚猪是这个系统中经济效益最高的组分，头年 10 月到翌年 2 月的 75d 中，采食橡实的猪可增重约 60kg，每 9kg 橡实可产出 1kg 的猪肉（R. Joffre 等，1999；Ruperez，1957）。

德埃萨系统的草本层既包括栽培作物（燕麦、大麦、小麦），也包括当地较为常见的

---

*　西班牙语，葡萄牙语为"montado"。

用于放牧的一年生植物。

在系统的管理上，常见入侵的有刺灌木，过去一般用两种办法去除：中心区采用人工拔除，外围区采用砍除和用犁翻耕的办法；现在则全部由机械代替。因为橡树是系统的重要组成部分，因此，种植后需定期的抚育和修剪。冬青栎的主要目的是生产甜橡，初期是整形修剪，形成有三个主枝的树冠，有利于果枝的水平延伸，此后每7~9年的抚育修剪主要是使树冠开阔，保证持续的结实能力。修剪的枝叶可作为饲料和燃料，旱季也可减少面积。栓皮栎主要用于生产软木。

②果农复合系统　欧洲的果农复合系统可以追溯到罗马帝国时期，目前果农复合的模式在地中海地区较为常见。主要用于间作的树种有核桃、杏、桃、橄榄树等，较为常见的间作植物有蔬菜、谷类、葡萄等。角豆树(*Cerotonia siliqua*)在西班牙、希腊和塞浦路斯与谷类间作。苹果和梨园经常种草用于放牧。在法国和英格兰的苹果酒产区，果园种草是为了防止机械摇果装置采收时造成果品破损。

间作作物包括玉米、高粱、小麦、大麦、大豆、油菜、向日葵、烟草、苜蓿、熏衣草、醋栗等，有时还包括如苹果、梨、葡萄等果树。在法国多芬省，20%的核桃园采用间作、十年或十年以下的果园80%采用间作。

欧洲果农复合系统设计的一些技术研究很少，农场主凭经验设计并在实践中不断完善。

3.2.1.2　热带和亚热带主要农林复合系统

决定热带地区生态条件的主要自然因素是降雨(降水量及其分布)和气温。海拔高度不仅影响温度，也影响地貌特征，因此也是一个非常重要因素。按照FAO的分区，热带和亚热带区包括干旱和半干旱热带区、低海拔湿润和亚湿润热带区及高海拔热带区几种类型。

(1)干旱和半干旱热带区

干旱和半干旱热带区的主要特点是有1~2个雨季并有至少有一个相对较长的旱季，干旱是该区干旱地带的主要威胁。该区主要分布在非洲的稀树草原(savanna)和苏丹—萨赫勒(Sudano-Sahelian)地区、南美的Cerrado地区以及印度次大陆的大部分等广大地区。缺少燃料是该区主要的问题。另外，缺少饲料和土地荒漠化是该区大部分地区的主要生态问题。

该区主要的复合农林系统类型取决于人口压力，庭院经济和复层树园是人口稠密且相对湿润地区较为常见的农林复合模式，该区占主导地位的模式包括下面几种：

①各种形式的林牧复合系统；

②防护林系统；

③多目标农林间作系统。

其中多目标农林间作系统中以非洲的金合欢(*Acacia albida*)和印度次大陆的蜜牧豆(*Prosopis* spp.)为主要间作树种的复合系统最为著名。

(2)低海拔湿润和亚湿润热带地区

该区的特点是几乎全年的炎热、潮湿气候，长绿或半长绿的植被。热带湿润地区就养活的人口、面积、农林复合模式的多样性而言，是最重要的生态类型区。优越的气候条件保证了各种植物迅速生长的条件，各种形式的农林复合经营在人口稠密地区随处可见，各类庭院经济、复合种植、复层树木种植园非常普遍。在人口稀少的地区如拉丁美洲的塞尔瓦斯地区，牧场和草原植树、轮作区改进的休耕系统、多目标片林等，是农林复合的主要形式。

低海拔湿润地区也包括天然雨林覆盖的地区。这些地区雨林的砍伐速度远大于自然或人工恢复的速度，导致了轮作区休耕期缩短、土壤肥力流失、土壤侵蚀加速等问题，需要在将来采用合适的农林复合形式来解决上述问题。

（3）高海拔热带地区

约有 20% 的热带陆地海拔在 900~1 800m，包括中南美安第斯高原的一半、委内瑞拉和巴西的部分、加勒比山区、东非和中非的大部、喀麦隆、印度德干高原、东南亚大陆的一部分。在安第斯、埃塞俄比亚、肯尼亚高原、缅甸北部、巴布亚新几内亚的部分地区等热带区域，3% 的地区海拔超过 1 800m。亚热带地区最重要的高海拔地带位于喜马拉雅地区。这些高海拔的热带和亚热带地区具有进行农林复合经营的巨大潜力，而干旱地区则潜力有限。

高海拔地区的土地利用问题与低海拔湿润区的土地利用问题相似。另外，高海拔热带地区的坡地土壤流失是必须要考虑的重要问题，而且由于海拔的原因，温度也较低，低海拔地带植物的生长受到影响。高海拔热带地区的主要农林复合形式有如下几种：

①木本作物复合，如咖啡、茶叶及小型的家庭种植系统；

②以土壤保护为目的的多年生树木种植；

③改良的休耕系统；

④林牧复合。

（4）热带和亚热带农林复合模式

由于优越的自然条件，热带亚热带地区是农林复合经营推广应用最有潜力的地区，但由于农林复合的模式不仅受到生态条件的制约，其系统的复杂性和经营程度也受社会经济因素的影响。虽然一些农林复合形式在各种生态类型区都存在，但组成系统的组分根据各地的情况千差万别。另外，一些模式则是当地自然和社会条件下独有的经营方式。

为了对现有的农林复合经营模式进行全面了解，国际农林复合研究委员会（The International Council for Research in Agroforestry，ICRAF）＊于 1982—1987 年对发展中国家的复合农林模式进行了全面的调查，将热带和亚热带纷繁复杂的各种复合农林模式分为三大类：

①农林复合（作物＋林木）；

②林牧复合（牧草/畜禽＋林木）；

③农林牧复合（作物＋牧草/畜禽＋林木）。

＊ ICRAF 成立于 1978 年，1980 年更名为国际农林复合研究中心（The International Centre for Research in Agroforestry，ICRAF），2002 年更名为世界复合农林中心（World Agroforestry Centre），依然沿用 ICRAF 的英文缩写，但国际农林复合研究中心仍为其合法名称。

在此基础上，Nair(1991)对各种模式的特征进行了详细的总结，具体见表3-14。

表3-14 热带、亚热带地区主要的农林复合描述

农林复合模式	简要描述	主要组分	适宜区
农林复合：作物（包括灌木、藤本、木本作物）+ 林木			
休耕地改良	农田休耕期种植木本植物	木本：速生豆科树种 草本：当地农作物	轮作区
Taungya 系统	初期林地种植农作物	木本：当地树种 草本：当地农作物	所有类型区，根据不同地区特点可适当改进
带状/篱状间作	树木行状配置，林木栽植带间种植农作物	木本：速生、豆科、生长茂盛的低矮乔灌木 草本：当地农作物	人口稠密、土地易退化的湿润、亚湿润地区
复层种植园	多树种、多层、稠密的植物随意组合	木本：根据形状和生长习性可选择不同的树种 草本：通常无此组分，有时有部分耐阴草种	土壤肥沃、劳动力充足、人口稠密的地区
多用途散生林	林木随机分布或沿堤岸、田坎或农田边缘栽植（如中国的梯田生物埂）	木本：多目的树种或果树 草本：当地农作物	所有地区、尤其农业区，一些山区用于土地保护和恢复
木本作物种植园系统	1. 多层、茂密的木本作物复合经营； 2. 零星栽植为木本作物遮阴的树种； 3. 与农作物间作	木本：木本作物如咖啡、可可树、椰树等果树 草本：通常在模式1中出现，有的在模式3；一些耐阴植物	低海拔湿润地区或湿润的高海拔热带和亚热带地区；通常以小规模的家庭经营为单位
庭院经济系统	以家庭为单位的多层、多组分林木和作物复合经营系统	木本：以果树为主，也有其他树种、藤本等 草本：耐阴作物	所有类型区，尤其人口稠密地区
防护林及绿篱	沿农地栽植的林木	木本：当地的防风树种 草本：当地农作物	多风地区
薪炭林	在农田或沿农田边缘栽植的燃料林	木本：薪炭树种 草本：当地农作物	所有热带亚热带地区
林牧复合系统：林木 + 牧草和畜禽			
草牧场林	草牧场随机或按一定模式栽植林木	木本：具有饲料价值的树种 草本：牧草 禽畜：当地品种	牧区
饲料林	栽植富含蛋白质饲料的林木	木本：豆科树种 草本：当地牧草 禽畜：当地品种	人地矛盾突出地区
种植园林牧系统	如东南亚和南太平洋地区的椰子园养牛	木本：种植园树种 草本：当地草本 禽畜：当地品种	人地矛盾不太紧张地区
农林牧复合系统：林木 + 作物 + 牧草/畜禽			
庭院农林牧复合系统	家庭规模的由林木、作物及动物组成的复合系统	木本：主要为果树，也有其他树种 畜禽：当地品种	人口密集的所有类型区

（续）

农林复合模式	简要描述	主要组分		适宜区
多用途植物篱	用于饲料、覆盖、绿肥及土壤保持的植物篱	木本：	速生、低矮的乔灌木	湿润亚湿润山区
		草本：	类似与带状间作作物	
		禽畜：	当地品种	
林地养蜂	用于蜜蜂生产的林地	木本：	蜜源植物	产蜜区
		草本：	天人或人工草本	
		禽畜：	蜜蜂	
基塘系统	鱼塘周边植树，树叶喂鱼	木本：	可做鱼饲料的乔灌木	低海拔湿润地区
片林	生产木材、提供饲料、保护土壤、土地恢复等多目的的片林	木本：	多目标树种，特殊地点选择相应树种	各种类型区

上表阐述的几种模式几乎涵盖了热带亚热带地区所有的农林复合经营方式，这些模式大部分应用于农地或农地与林地的过渡地类，但并不意味着林地不能采用这些模式。其中：休耕地改良、Taungya 系统、复层种植园等方式是非常有前景的农林复合经营方式。

①休耕地改良 在世界上许多地方，轮作是一种重要的土地利用方式，考虑到轮作区的社会文化和生态环境条件，最有发展前景的一项农业技术就是选择合适的树种，作为一种休耕期改善土壤的手段。一般来说，休耕有两方面的作用，一是积累和保护植物中的营养元素不流失；二是增加表土的有机质，并因此增加阳离子交换量，改善土壤中各种营养元素的可获得性。

不同的植物由于其养分吸收机制和根系分布不同，其吸收养分的能力也不同。Nair（1989）认为几种豆科植物是较为理想的休耕期栽植树种。通常在低海拔湿润热带地区，南洋楹（*Albizia falcataria*）、石栗（*Aleurites molucana*）、*Anthonotha macrophylla*、*Calliandra callothyrsus*、*Erythrina* spp.、石梓（*Gliricidia sepium*）、印度石梓（*Gmelina arborea*）、印加豆（*Inga* spp.）、田菁（*Sesbania grandiflora*）和各种果树，是较为常见的树种。除了上述植物种外，一些短期的树种也可做休耕期植物，这些种有：木豆（*Cajanus cajan*）、柱花草（*Stylosanthes guianensis*）、蝴蝶豆（*Centrosema* spp.）、田菁（*Sesbania* spp.）、山蚂蟥（*Desmodium ovalifolium*）、野葛（*Pueraria phaseoloides*）等，这些植物均可作为 1~2 年的休耕植物种。

②Taungya 系统 塔温雅（Taungya）系统最初是亚洲的一种土地综合经营的方式，即在林木栽植后的 2~3 年，在林地上种植农作物，现在这种土地利用方式已经推广到整个热带地区。目前有几种方法可以使这种系统种植农作物的时间延长，主要措施包括疏伐、修剪及其他管理，降低上层林木遮阴的强度。施肥和其他的土壤管理措施也可避免传统塔温雅系统的肥力枯竭。

③复层种植园 印度尼西亚的复层种植园系统和尼日利亚以树木为主的复合经营农场，是这种模式的典型代表。这种经营方式通常在庭院以外、林地或其他用地以里的范围内存在。果树如榴莲，香料树种如丁香（*Syzygium aromaticum*）、肉桂（*Cinnamomum* zeylanicum)、肉豆蔻（*Myristica fragrans*），用材树种如翅子树（*Pterospermum javanicum*）和香椿（*Toona sinenesis*）是印尼复层种植园系统常见的树种。西非则以当地的叶类蔬菜树种紫檀（*Pterocarpus* spp.）、食用果树（*Dacroydes edulis*）、香料树种五山柳苏木（*Pentaclethra macrophylla*）等为主，湿润的热带地区伴生的作物种主要有咖啡树、可可树、椰子树、橡胶树、黑胡椒树等，多香果（*Pimenta dioica*）、莽吉柿（*Garcinia mangostana*）、肉豆蔻等果树和香料树种在一些复层种植园中也可见到。

除上述 3 种模式外，一些发展中国家或欠发达国家有大量的多用途树种，它们不仅适应当地的自然条件，而且在经济价值方面对当地有重要的影响。这其中果树非常重要，仅在巴西的一个地区可用于复合经营的果树就超过 30 种。另外，一些多种用途树种也具有巨大的潜力，其中棕榈科植物是最为重要的一种，世界上不同地区都有以棕榈科植物为主的复合模式，较为著名的有印度、斯里兰卡、其他东南亚地区、太平洋地区、巴西东北部的椰子，印度和东南亚的槟榔，巴西的棕榈（*Orbignya martiana*），巴西东北部的蜡棕，中北美洲的桃棕等 50 余种。

此外，还有一些多用途树种如巴西的 *Bartholletia excelsa*、瓜拉那（*Paullinia cupana*）、鸡蛋果（*Passiflora edulis*）、榴莲等尚未引起重视。热带干旱地区的牧豆属植物也可以作为农林复合尤其是林牧复合的树种。

3.2.2　中国农林复合系统分区

李文华等人在 1994 年出版的《中国农林复合经营》一书中，以中国自然地理区划的自然区为单位，并根据其农林复合经营系统类型组合进行适当调整，将中国分为 6 个农林复合类型区，即东北区、华北区、华中区（包括西南区）、华南区、西北区（包括内蒙古区）和青藏区。该划分方法主要体现了我国自然环境的主要地域差异，也反映了自然资源利用和环境问题的明显区别。考虑到行政区划和地理区位的一致性，将原分区系统中包含于华北区的辽宁并入东北区介绍，宁夏、陕西、内蒙古中西部并入西北区介绍。

3.2.2.1　东北区

东北区包括大小兴安岭、长白山、三江平原、松嫩平原、松辽平原，南辽河下游及辽宁沿海地区，行政区划包括黑龙江、吉林、辽宁、内蒙古东部。属于北温带、中温带湿润半湿润气候类型，冬季漫长寒冷，夏季短促温暖多雨，植被为温带湿润森林和半湿润草原，农作物一年一熟以旱作为主。东北地区是我国主要商品粮基地和林区，低温冷害、旱涝风沙是主要的农业灾害；另外，随着我国天然林全面禁采，保护森林资源，发展当地经济是一项重要任务。农林复合在改善当地农业生态环境，保证农田安全，保护森林资源，发展地方经济具有重要的作用。

东北区的主要农林复合模式包括防护林、林粮、林草复合、林药复合、林农牧复合等。表 3-15 为东北区农林复合经营特点总结。

表 3-15 东北区农林复合经营特点

农林复合模式	简要描述	主要组分	主要适用地
防护林	农田防护林网	杨树、落叶松、樟子松、云杉、旱柳、白榆等	东北西部、松辽平原、松嫩平原、南辽河下游及沿海地区
林农复合	林粮带状间作	杨树、樟子松、沙棘、灌木柳、柳树，间种豆类、玉米、花生、蔬菜、西瓜等	林带、林地、浅山地区、沙地
果农复合	果园种植粮食、经济作物	果树品种有苹果、李、梨、海棠、葡萄、仁用杏等，作物有豆类、花生、谷子、蓖麻、蔬菜等	果园
林草复合	林地及丘间低地林草间作	樟子松、红皮云杉、杨树、油松、果树等，牧草有羊草、苜蓿、草木犀	林地、沙地、草地
林药复合	水肥条件好的林地或丘间低地林药间作，以林参复合为典型	樟子松、红皮云杉、长白松、斑克松、杨树、榆树、果树、红松、椴类、水曲柳、桦等，药材有人参、刺五加、五味子、细辛、延胡索、西洋参、党参、天麻、麻黄、甘草、防风、黄芪、桔梗、枸杞等	林地、丘间地、林带、片林
林菌复合	片林、林带、果园中人工栽植施用菌类	杨树、樟子松、落叶松、果树等，菌类有木耳、猴头、灵芝、榆黄蘑、平菇、香菇等	林场、林带、果园
庭院经济	以家庭为单位的种植、养殖、加工结合的复合经营系统	果树类、名贵绿化树种、中药材类，鸡、猪等	农村或城郊庭院
林农渔牧系统	坡地或堤埂植树，林下种草、水地种稻、养殖鱼、禽等	栎类、落叶松、杨树、水稻、人参、鹿、猪、羊、鸡、鸭、稚鸡、鱼类、貉、蜜蜂等	沼泽湿地、以户为单位的家庭农场

注：引自李文华等，1994。

3.2.2.2 华北区

华北区位于黄河下游，西起太行山和豫西山地，东至黄海、渤海和山东丘陵，北起燕山山脉，西南到桐柏山和大别山，东南至苏皖北部与长江中下游平原相接，主要由黄河、淮河、海河、滦河冲积而成，也称黄淮海地区。华北区地貌空间格局为环带状，北有燕山，西倚太行山、伏牛山，南为大别山，形成北西南三面环绕的山地屏障；东部有山东丘陵；广阔的黄淮海平原则由山麓至滨海形成三大平原地带。

行政区域包括北京、天津、山东、山西、河北、河南、安徽等地。地理位置优越，是连接东北、西北、东南和中南的中央枢纽，又是环渤海经济圈的主体部分。本区地处中国第二大平原——华北平原，又是首都北京所在地，历史悠久，经济发达，是中国北方经济重心。

本区属暖温带大陆性气候，气候温和，四季变化明显，南部淮河流域处于温带向亚热带过渡区域。光热资源充足，降水集中夏季，雨热同季。≥10℃积温 4 000～4 800℃，由北向南、由高地向低地逐渐增加，大部分地区两年三熟和一年两熟。年平均降水量

600~900mm，由东南向西北减少。降水季节分配不均匀，夏季降水占全年降水的55%~75%，春季降水仅占全年降水的10%~20%，春旱夏涝发生频繁。本区冬半年深受冷气流的影响，是北方冷气流和寒潮南下的通道，冬季寒冷干燥，南北温差较大。1月平均气温0~8℃之间，较同纬度低10℃左右。广大的平原地貌与雨热同季的气候，为本区提供了优越的农业自然资源条件；但地表排水不畅、盐土广布以及春旱夏涝，又是本区形成旱/涝灾害、土地次生盐渍化和农业生产不稳的主要原因（赵济等，1999）。历史上华北区是中国农业发达但农业自然灾害严重的地区，加之本区西部黄土区水土流失十分严重，在华北区发展林粮、林草、林牧等农林复合经营是极其必要的。

华北区人口稠密、自然条件相对优越，是我国重要的粮、棉、油、果生产基地，林粮、果粮是最具代表性的农林复合类型。表3-16为华北区农林复合经营特点总结。

表3-16 华北区农林复合经营特点

农林复合模式	简要描述	主要组分	主要适用地
林农复合	树木与农作物复合经营	泡桐、枣、杨树、柿树、椿树与棉花间作；枣与玉米（高粱）、谷子等间作；香椿与小麦、大豆、黄瓜、豆角等间作；与泡桐间作的农作物还有各种蔬菜；梨树与西红柿、白菜、小麦、红薯、大蒜等间作	河南、山东面积较广；河北幼梨树与农作物间作分布较多
矮林间作	矮林与农作物间作	白蜡、紫穗槐、杞柳、柽柳、桑与农作物间作，农作物有小麦、豆类、红薯	豫东地区
果粮间作	果树与粮食作物	果树有苹果、桃、梨、山楂、杏；农作物为小麦、玉米、黄豆、豌豆、胡麻、蔬菜	黄土高原地区、山东半岛
经济林粮间作	经济林与农作物间作	经济林种有核桃、果树；农作物有花椒等	黄土高原地区
生物埂	梯田埂上栽种木本植物，田里种农作物	木本植物种有柿树、枣树、酸枣、花椒、桑树、山楂、金银花等	在黄土台塬阶地和鲁中南丘陵山地
林草复合	坡地上以灌木、薪炭林和落叶松等木本植物与草间作	木本植物为华北落叶松、刺槐、紫穗槐；草本为沙打旺、草木犀、紫花苜蓿、红豆草等	黄土高原地区
林牧复合	有圈养和林地放养两种形式	刺槐灌丛、紫穗槐、沙棘、山毛桃、柠条等灌木和牧草	黄土高原地区疏林和中龄林轮牧；摘取灌木鲜嫩叶
防护林	农田防护林网	树种为毛白杨、沙兰杨、泡桐、榆树、柳树等	华北平原的风沙干旱农区、高产区和部分丘陵区的田边、路边、溪边

注：引自李文华等，1994。

3.2.2.3 华中区

华中区主要是长江中下游流域，行政区域包括：两湖、江西、浙江和上海的全部，四川、安徽、江苏、贵州和福建的大部，河南和两广的局部。

属亚热带气候，≥0℃积温在4 500~7 000℃，年平均降水量为800~1 600mm。主要的植被类型为常绿落叶阔叶混交林和常绿阔叶林。作物为一年两熟，是我国的主要粮食产区。由于华中区气候适宜、物产丰富、人口密集，这一地区的农林复合经营类型最为丰富。

华中区的主要农林复合模式包括林农复合、林渔复合、林牧复合、林副复合、林药复合、林茶复合、林牧渔复合、林农渔复合等（表 3-17）。

表 3-17　华中区农林复合经营特点

	农林复合模式	简要描述	主要组分	主要适用地
江苏里下河的农林复合类型	林农复合	杉农复合为典型；产杉区将杉木与主栽农作物进行间作，其间套种油菜等	主栽树种为池杉、水杉、杨树；林下间作的作物有油菜、小麦、蚕豆、豌豆、西瓜、黄豆、生姜、芋头、棉花、甘蔗、薄荷、蔬菜	长江中下游地区的荒滩低湿地和湖泊水网区
	林渔复合	有以林为主型和以渔为主型	树种以池杉、杨树为主；池埂边种植黑麦草等鱼饲草	海拔 0.8m 以上的滩地，在有自控水位的情况下
	林牧复合	早期林内间作，郁闭停止间作后适度放牧	放养牲畜有奶牛、山羊等；家禽有鹅、鸭等	林分年龄增大，林分趋于郁闭
	林—食用菌复合	林木与菌类复合，如林—菇复合	湿地松与平菇、蘑菇、木耳复合	林分郁闭度大于 0.7，林行间作畦
	林农渔复合	林下间作农作物 5~10 年；如粮—桑—猪—禽—蚌、蟹—沼—鱼模式	树种以池杉、杨树为主；池埂边种植黑麦草等鱼饲草；林下间作农作物；鱼类有白鲢、草鱼、鳊鱼、鲫鱼等	海拔 1.2~1.4m 的常年露滩或浅水滩
	林牧渔复合	在林农渔模式上发展的，如池杉—鱼—鸭模式	树种以池杉、杨树为主；养殖白鲢、草鱼、鳊鱼等；放养山羊、奶牛、鹅、鸭等	林农渔夫和系统中间作停止后，林下放牧
	林农牧渔复合	把植树造林、种植水、旱经济作物，饲养鹅、鸭、猪、羊，以及林下间种有机结合起来	作物有小麦、大麦、油菜、黄豆；草本为黑麦草、黄花苜蓿；副产品麦麸、豆饼、菜籽饼养鱼，大麦喂猪，猪粪生产沼气	适于海拔 1.4m 以上的滩地，在结合整治河道，改造滩地，开挖鱼池，形成路网和水网的基础上，组建网、带、片、点的农田林网、鱼池林网和用材林基地林网
	林农牧副渔复合	在林农牧渔模式上发展的	副业有板材、包装箱等；食用菌、草莓、鱼罐头；以紫穗槐为原料编制篮子、花篮等；食用油、豆制品	适于海拔 1.4m 以上的滩地，在结合整治河道，改造滩地，开挖鱼池，形成路网和水网的基础上，组建网、带、片、点的农田林网、鱼池林网和用材林基地林网
	圩堤桑树和意大利杨套作	桑树、意大利杨间作套种	桑树、意大利杨；桑树养蚕	苏北里下河腹部，河道密布，圩堤众多，选择地势平缓的坡地或大田
湖南湖泊区的农林复合类型	林粮复合	林木与农作物复合，如杨—油菜、杨—珠海萝卜、杨—芦；杨—油菜（冬）+ 高粱（夏）；杨—棕—生姜	杨树、棕榈；油菜、萝卜、芦苇；高粱、生姜	未围垦的外洲河滩，海拔 34~35m；荒洲；围垦稳定的高产土地上
	林牧复合	二层式复合	鸡、鸭、鹅、兔、猪	围垦稳定的高产土地上
	林渔复合	在沟港湖汊和低田洼地进行复合，如杨 + 棕榈—农—水产	杨树为主体，林下种西瓜、大豆、油菜、蚕豆、蔬菜；水产类有鱼、龟鳖、泥鳅、黄鳝、牛蛙	围垦稳定的高产土地上
	庭院经济	以种植、养殖为主的庭院经营系统，如 杨—果—菜、杨—菜、杨—菜—动物模式	杨树、果树；蔬菜；动物	庭院周围的空平隙地

（续）

农林复合模式		简要描述	主要组分	主要适用地
丘陵山区的农林复合类型	林粮复合	林木与农作物复合，如蜡农复合；桑粮间作，如桑—魔芋间作等；油桐+杉木—作物、柏木+枳木—粮、乌桕—粮、油桐+油茶—作物、麻栎林粮、枣粮棉间作	林木有麻栎、油桐、枣树、女贞、白蜡、柏木、枳木、乌桕、桑树；作物有花生、油茶、玉米、小麦、大豆、棉花、魔芋、小春洋芋、黄豆（收青豆）、莲花白、桔梗、红苕、牧草、葫豆	林粮间作仅在造林头2年，第3年林分基本合闭，不宜再进行间作。农作物一般为旱粮作物
	林药复合	林木与药材复合，如杉木—杜仲—黄连、杉木—黄连间作	林木有杉木、杜仲、黄柏、厚朴；药材有黄连、丹皮、白芍、木瓜	满足药材喜湿、半阴性的发育要求，在现有林中间种、幼林中栽植、造林的当年或翌年种药材
	林茶复合	林木与茶间作，如泡桐—茶、油桐—茶、乌桕—茶、湿地松—茶、茶园间种葡萄、梨—茶、杉—茶、板栗—茶、梅—茶、胶—茶间作	林木有泡桐、油桐、乌桕、湿地松、梨树、杉木、板栗、梅树、胶树等	华中丘陵山区且能满足茶树生态要求的间作模式
	林果复合	林木与果树复合，如林—草莓、湿地松—菠萝间作	林木有池杉、水杉、湿地松；果树有草莓、菠萝、常山胡柚、板栗、笋、橘、梨	华中丘陵山区
	果草复合	初期的果粮间作，当果林郁闭后发展果草间作	果树有橘树等；草本有藿香蓟、商陆、野艾蒿、青葙子、马唐等	华中丘陵山区，当果林郁闭后进入盛果期，生草栽培考虑动物和昆虫结构变化

注：引自李文华等，1994。

3.2.2.4 华南区

华南区位于我国最南部，大致为北回归线附近以南，行政区划包括福建、广东、广西的南部，及台湾、海南的全部。

华南区属湿热的热带性气候，年平均气温在20℃以上，是我国年平均气温最高的区域。≥0℃积温为7 000～10 000℃以上。多数地区年平均降水量为1 400～2 000mm，是我国雨量最丰沛的地区。作物一年三熟。天然植被类型可分为湿润雨林、半常绿和落叶季雨林、季风常绿阔叶林、常绿阔叶林、山地铁杉与常绿落叶阔叶混交林5个类型。这里的森林群落层次较多，林内植物丰富，且终年常绿和整年开花结果，成为本区最有特色的森林景观。但随着人口增加，工业发展，原始森林已由次生林所代替。

本区是我国受热带气候影响最多的区域，夏季台风登陆并形成暴雨，既对农业和热带作物造成危害，又是丘陵山地水土流失的重要原因。因此，防风抗灾，保持水土是本区农林复合经营系统的目标之一。

我国热带、南亚热带的农林复合经营系统发展很不平衡，发展潜力很大。在本区的农林复合经营系统中，经济林木与经济作物混交间作类型无论是在系统的数量上还是系统的规模上都占优势。橡胶、茶叶、各种热带水果、南药、鱼类等是这一地区常见的和主要的农林复合经营系统的物种组成成分。海南、雷州半岛、滇南、桂南和闽南的胶—茶间作最为著名。胶茶人工群落是在科学指导下在比较短的时间里发展起来的一种天然森林群落的人工模拟。而珠江三角洲的基塘复合经营系统，则是劳动人民在长期改造利用低洼(湿)地的生产实践中逐渐形成和发展起来的一种水陆两种生态系统交互作用的综合性生产体系。

丘陵山地在毁林开荒后水土流失颇为严重。在农耕坡地上(一般坡度＜15°)种植多用途、多年生灌木型豆科植物，以恢复土壤肥力，或在坡度较大的坡耕地实行退耕还林、种植经济林木并间种经济作物或粮食作物，开展短期效益和长期效益相结合的林经间作、林粮间作、林药间作、林牧结合的农林复合经营，当地的生态效益得到了明显的改善，也明显地促进了地方经济的发展。

华南区林农复合模式主要有林胶茶复合、桑基鱼塘、果粮间作、乔灌草混交、防护林，见诸报道的还有旱地果草牧菌沼、山地果园等模式。表 3-18 为华南区农林复合经营特点总结。

表 3-18　华南区农林复合经营特点

农林复合模式	简要描述	报道的主要组分	主要适用地
胶园间作	在琼、滇、粤、桂和闽等省区的配置有防护林网的橡胶园中发展起来的，如 林—胶—茶、林—胶—茶—绿肥、林—胶—胡椒等	桉树、橡胶；云南大叶茶、胡椒、菠萝、咖啡等	热带地区
桑基鱼塘	低洼地挖塘培基，塘养鱼，基种桑的水陆相互作用的农林渔复合	桑树、各种鱼类	珠江三角洲洼地广阔的地区
果粮间作	果树与农作物间作，如杧果—咖啡、柑橘—黄花菜、核桃—魔芋	杧果、柑橘、梨、核桃；咖啡、黄花菜、魔芋	热带、亚热带地区
林果农牧复合	首先栽果树实现果粮间作，然后逐步营造防护林带，在林间空地发展畜牧业，最终形成林果农牧复合	桉树、苦楝、大叶相思、刺合欢等；香蕉、柑橘、三华李、杨桃、荔枝、菠萝、杧果等；花生、大豆等；鸡、鱼等	北回归线以南的低纬度地区的低山丘陵台地
林草复合	发展乔灌草混交的模式，丘陵顶部林—草混种，山坡苦布针、阔、草混种、山坡下以果树、竹类为主	乔木有湿地松、台湾相思、木荷、竹类；灌木有胡之子、绢毛相思、木豆、猪屎豆、黄檀、岗松等；栽培的草类有芒萁、密糖草、吉龙草等	北回归线以南的低纬度地区的低山丘陵台地，原始植被破坏严重
防护林	农田防护林	木麻黄、新银合欢、水松、落羽杉、池杉、苦楝、台湾相思等	农场、新围垦区周围
果草牧菌沼	模拟生态系统中的食物链结构，建立物质的良性循环和多级利用体系	龙眼、荔枝、柑橘、柚子；优质牧草；奶牛；蘑菇；沼气	热带海洋性湿润型气候的南亚热带丘陵山地
山地果园	在防治山地果园水土流失基础上发展的，如果—草—牧—菌—沼	竹；茶；牧草；奶牛	以果园为主的丘陵山地

注：引自李文华等，1994。

3.2.2.5 西北区

西北区大体位于大兴安岭以西、长城和昆仑山—阿尔金山以北。通常主要指甘肃、宁夏、青海、新疆、陕西等地。如果将内蒙古西部与该区衔接部分考虑进来，整个西北的面积就有超过 $4 \times 10^8 \mathrm{hm}^2$。

该区按自然地理区划，大致可分为秦巴山区、黄土高原、青藏高原、甘新荒漠四个部分。地形主要分东西两部分，东部内蒙古高原，地表比较平坦，风蚀作用比较显著；西部新疆境内，山脉和盆地相间分布，地面起伏强烈，高大的山脉顶部多终年积雪，盆地内多沙漠、戈壁。土壤大部分含有盐碱和石灰，有机质含量低，质地较粗。从地貌看，多为高大山系分割的盆地、高原，局部地区还有狭谷和盆地。本区河流稀少，绝大部分为内陆河。主要的外流河有黄河、额尔齐斯河；主要内流河有塔里木河等。

该区地跨亚热带、暖温带、温带和寒温带，其中还有高原气候区、湿润、半湿润、半干旱、干旱气候俱全。以温带大陆性气候为主，气温的年、日较差都较大，年降水量较少，且自东向西递减。草原退化，沙化严重，管理不善，产草量低。西北区光热资源丰富，这种自然地理条件决定了西部地区在粮食生产方面不具比较优势，但却有利于发展附加价值较高的畜牧业、林业和特种经济作物。

西北区林农复合模式主要有农林复合、林果复合、林草复合、林药复合、林畜复合、林(果)渔复合、果农复合、果草复合、果药复合、林果农复合、林果草复合、林(果)农畜(渔)复合、林(果)草畜(渔)复合、林农药复合和防护林(表3-19)。

表3-19 西北区农林复合经营特点

农林复合模式	简要描述	主要组分	主要适用地
农林复合	选取适宜干旱区生长的树种与农作物复合	杨树、云杉、柠条、柽柳、紫穗槐、桑树、花椒；小麦、土豆、糜子、油菜、胡麻、扁豆、豌豆、黄豆	内蒙古、甘肃、陕西、青海均适用
林果复合		沙棘	宁夏
林草复合	一般进行林草带状复合，也可进行水平阶造林，阶间坡面种草，为畜牧业的发展提供条件	小美旱杨、加杨、群众杨、青海云杉、柠条、沙枣；草本以紫花苜蓿、多年生香豌豆等豆科植物为主，牧草主要为沙打旺和草木犀；封沙育草还可选择柳树、梭梭、沙拐枣、花棒、柽柳、小叶锦鸡儿、胡杨，草本为沙蒿、沙蓬	内蒙古、青海、新疆，或在封沙育草地上造林
林药复合	林带与药材间作或窄带水平阶造林后药材种植或栽植在阶间坡面上，退耕还林实施的头几年，通过林药间作可以获得一定的收入，缓冲由于粮田突然减少对农民所造成的冲击	杨树、青海云杉、白桦、柠条；药材有黄芪、甘草、桔梗、枸杞、金银花	内蒙古、青海等地
果农复合	果树与作物复合，如在退耕地修筑窄面水平阶，阶面栽山杏，坡面种作物	山杏、葡萄、石榴、苹果、枣；小麦、油菜、棉花	青海、新疆和田地区

（续）

农林复合模式	简要描述	主要组分	主要适用地
果草复合	果树与草带状间作或者进行庭院经营	树种为小美旱杨、加杨、群众杨、梨；牧草主要为沙打旺和草木犀	青海大通县，甘肃定西县、通渭县
果药复合	修建窄带水平阶造林，药材种植或栽植在阶间坡面上	果树有山杏、李、樱桃、葡萄、板栗；药材选用以花、果等地上部分为药用部分的植物，如枸杞、金银花等，或者以地下部入药的浅根性药材，如白芍	青海大通县，甘肃陇南山区、新疆巴州
林果草复合	林木与果树和草本复合，在大于 25° 的坡地，修水平沟，坡地种草，沟内植仁用杏，地埂外沿栽植林木	沙棘、杏、紫花苜蓿	
林（果）农畜（渔）复合	如梨—蔬菜—家禽、桑—粮—蚕、茶叶—萝卜＋豌豆—猪	梨树、桑树；茶、蔬菜等	甘肃、陕西、新疆和田地区
林（果）草畜（渔）复合	花椒树以株行距种植，林下种草，林地旁边设鸡舍	花椒、紫花苜蓿、家禽	甘肃
防护林	农田防护林，注重乔、灌、草相结合，并在林带里引入经济林木	在农田防护林中可引入的经济林木有桑、杏、扁桃、沙枣、沙棘、核桃	该区的农田防护林是"三北"防护林体系的一部分，适用于本区的农田周围
农牧林复合	还可以进行农林间作和林草间作	杨树如通辽杨、哲林 3 号、哲林 4 号、黑林 1 号；灌木有山杏、锦鸡儿、沙棘；草本有狐尾草、蒿草、冰草、羊草	半干旱和半湿润过渡地带的农牧交错带的科尔沁沙区

注：引自李文华等，1994。

3.2.2.6 青藏区

青藏区包括青藏高原和喜马拉雅山脉地区，它是我国面积最大的一个自然区，也是世界海拔最高的大高原和高山区。行政区域包括西藏全部、青海的大部、甘肃的西南、四川的西部、云南的北部和新疆的南部等，因以青海、西藏为主，故称为青藏区。

本区降水区域差异明显，年降水量由东南向西北逐渐减少。辐射强、日照充足；气温低、日较差大；热量条件较差，但有效性较高。立体气候是本区的特点。雅鲁藏布江下游河谷水热充足，亚热带植物繁茂，是西藏的林果生产基地，是林果、林粮、林牧复合经营的主要分布区；雅鲁藏布江中游及其支流拉萨河和年楚河，即"一江两河"地区，是西藏的主要农区，农田防护林广为分布，雅鲁藏布江等江河上游为高原牧区。

西藏自古就盛行林牧复合经营，20 世纪 60 年代以来不断营造以防护林为主的人工林，存在多种农林牧复合经营模式。

青藏区林农复合类型主要有林牧复合、林草复合、林果草复合、林农复合。表 3-20 为青藏区农林复合经营特点总结。

表 3-20　青藏区农林复合经营特点

农林复合模式	简要描述	主要组分	主要适用地
林牧复合	天然林与牧场复合和护牧林两种类型	牧草以豆科牧草为主，有紫花苜蓿、草木犀、红豆草和沙打旺，禾本科牧草为披碱草	原始林区受人为干扰形成的农田和牧场；林线以上的夏季牧场；人工草场周围
林草复合	林草带状间作或林草轮作	北京杨、藏川杨、竹柳、沙棘、西藏沙棘；牧草以豆科牧草为主，有紫花苜蓿、黄花草木犀、白花草木犀、红豆草和碱草	西藏"一江两河"中部流域
林果草复合	初期多为果草、果粮、果经间作	林木如杨树、边行配柳树或沙棘；果树如核桃、毛桃；草本如豆科牧草或草本绿肥	果园分布区
林农复合	主要是农田林网	树种有藏川杨、左旋柳、红柳、长蕊柳	农田四周或河边渠旁

注：引自李文华等，1994。

本章小结

　　本章主要介绍农林复合系统的分类和分区方法。从农林复合系统分类的原则与依据、国内外农林复合系统分类的研究进展，到我国不同尺度和类型区域的农林复合系统分类体系，系统介绍了农林复合系统的分类方法和应用实践。要求学生掌握农林复合系统分类的原则以及国内外重要的农林复合系统分类体系。

　　本章详细介绍了联合国粮农组织的复合农林系统分区方法以及李文华等划分的中国六个农林复合类型区，要求学生了解温带、热带、亚热带区农林复合系统的主要特点和中国主要农林复合类型区的经营特点。

思考题

1. 农林复合系统分类应遵循哪些原则？
2. 中国农林复合系统分类有何特点？不同区域为何会形成不同的分类体系？
3. Vergara、Nair 和 Torres 的农林复合系统分类有何差异？
4. 国内外农林复合系统的分类有何区别？
5. 农林复合系统与农林复合经营类型这两个概念有何联系与区别？
6. 不同气候带农林复合系统有何差异？
7. 我国农林复合系统分区的依据是什么？各系统之间主要差异是什么？

本章推荐阅读书目

中国农林复合经营. 李文华，赖世登. 科学出版社，1994.

第4章

农林复合模式

农林复合经营系统在充分利用生态空间、挖掘生物资源潜力等方面表现出强大的生命力,在世界各国尤其是发展中国家得到了广泛的应用,涌现出众多农林复合经营模式。本章将介绍我国主要的农林复合模式。

4.1 农林复合模式

4.1.1 农田林网

农田林网是在一个比较广阔的地域内,有计划地把多条主副林带按照一定的结构和网络系统配置在容易遭受自然灾害的耕地上的土地利用系统。使林分因素起到"有灾防灾,无灾增产"的作用。我国在农田林网建设过程中已经取得了举世瞩目的成就。

4.1.1.1 基本概念

主林带一般是指与主害风垂直的林带,副林带是指与主害风平行的林带。不同的树种、株行距、带宽可以形成不同的林带结构,不同的主林带间距和副林带间距可以形成不同的林网形状,而不同的林带结构、林网形状具有不同的防护效益。

衡量林带结构常用疏透度和透风系数两个概念:疏透度指的是在林带纵断面上孔隙面积占林带总断面积百分数;透风系数指林带高度范围内,背风面1m处风速与迎风面相应高度风速之比。人工形成的林带结构多种多样,典型的林带结构分为3类,即紧密结构、疏透结构和通风结构。在科学研究中往往采取6种结构类型(表4-1)。

表4-1 林带结构类型的特征

林带结构	林带纵断面形态特征	分层平均疏透度(%)	
		林冠层	林干层
紧密结构	整个林墙密不通风或通风很弱	小于10	小于10
稀疏结构	整个林墙上均匀分布很多小空隙	20~60	20~60
疏密结构	林墙上部有很多小空隙,下部密不通风或通风很弱	30~60	小于10
密稀结构	林带上部紧密,下部有均匀小空隙	小于10	30~60
通风结构	林带上部紧密很少小空隙,下部有很大的空隙,气流可以大量通过	小于10	大于60
疏透结构	上部有均匀小空隙,下部有大空隙	30~60	大于60

衡量林带或林网防风效益的指标有防风效益和有效防护距离两个指标：防风效益指某处或一定范围内林带降低风速的百分数；有效防护距离是针对防护对象而言，当灾害天气来临时，保护对象没有或很少受到危害时的最大距离。有效防护距离随灾害类型、程度变化而变化，为了便于比较，我们常常用降低主要害风风速20%为评判标准，即从林带到降低风速20%处的水平距离。

无论从林带的有效防护距离，还是从林带的防风效能来看，疏透结构的林带防风效益较好。不同结构林带的防风效能见表4-2。

表4-2 不同结构林带的防风效能

林带结构	紧密结构	疏透结构	通风结构
透风系数	0.3	0.3~0.6	0.6
疏透度	0.0	0.3~0.4	0.4
弱风区(H)	1~3	3~5	5~7
有效防护距离(H)	15	26	20
30H风速降低(%)	50	40	30~35
有效防护距离内降风作用(%)	30.6	36.6	24.7

大量的研究和生产实践表明：林网系统具有对风速递减的作用，但决不会递减到零；窄林带、小网格、长方形林网防护效果较好；主害风与林带垂直时防风效益最好，当风向交角由90°逐渐减小时，防风效益降低；而主害风与林带走向夹角大于60°，走向对防风效益影响不大；透风孔隙均匀，系数为0.52时动能减弱最大，林带防风效果最好。

4.1.1.2 主要重点问题

在规划和经营林网时应重点考虑以下几个问题：

(1)林带的结构

不同结构的林带防风特征不同，在有效防护距离内，紧密结构的林带防风效益最好，所以，防护果园、种植园、重要建筑物及其防治流沙侵袭的林带以紧密结构为好；通风结构的林带虽然不如疏透结构林带的防风效益高，但其林带配置比较简单、经营比较容易，在一般风害的地区可选择通风结构的林带(表4-3)。

表4-3 林带多年阻积沙效益

林带结构	疏透度(%)	树种	林龄(a)	带高(m)	带宽(m)	每年每米林带积沙量[m³/(a·m)]
紧密	10	沙拐枣	24	3.5	4.6	2.62
稀疏	25	沙枣	26	5.7	10	1.54
通风	40	榆树	24	14	14	1.02

(2)林带的方向

当确定了主害风方向后，一般情况下林网的主林带与主害风方向垂直，副林带与主林带垂直形成方形林网。但是，在农林业生产过程中，为了减少林地所占面积(特别是在商品粮生产基地），林带的设计往往考虑现有田、路、渠的走向，所以，主林带走向与主害风方向间夹角应小于 30°，以确保林带的防风效益。

当主害风风向频率很大时，即害风风向比较集中，其他方向的害风频率很少，主林带与害风方向可以保持几乎垂直配置。由于次害风频率很少，危害不大，副林带作用很小，副带间距可以大一些或者不设置副林带。

当主害风风向频率较大，但不太集中时，主林带方向可以取垂直于 2 个频率较大的主害风的平均方向，副带间距可以大一些或者不设置副林带。

当主害风与次害风风向频率均较大时，主林带和副林带起的作用相当，林网可以设计成正方形。

当主害风与次害风风向频率均较小时，主林带和副林带起的作用相等，主林带走向可以在相当范围内进行调整。考虑到当地农业技术和耕作习惯，道路、渠道的原有布局方向，林带走向的确定不能单纯局限在与主害风垂直这一点，允许有 30° 的偏角。

（3）主副林带的间距

实验表明，长方形林网的防护效益优于正方形林网的防护效益；大网格防护效益较差，在林网设计时，遵循窄林带、小网格、长方形。主林带间距小于副林带间距。

一般情况下主林带间距小于 400m 或 800m，副林带间距小于 800m。具体间距要视具体情况而定。以干热风为主的危害地区，由于干热风风速不大，疏透结构的林带有效防护距离可以达到 20～25 倍林带高度范围，所以考虑到两条主林带的作用，主林带间的距离可以选取 20 + 5（第二条主林带迎风面的防护距离）倍林带高度范围。尘风暴危害地区，紧密结构林带的有效防护距离 15 倍林带高度范围，所以主林带间距可以设计成10～15 倍林带高度的范围。

副林带间距一般按照主林带间距的 2～4 倍设计为宜。如海风来自不同的方向，仍可按照主林带间距设计，构成正方形。

（4）林带宽度

林带宽度与林带结构有密切关系，但并不是林带越宽越好，林带宽度选择原则是：形成所选择的林带结构必需的林带疏透度。因此，林带具体宽度应视植物种及其种类组成的不同而不同。

（5）林带横断面类型

同样结构的林带，由于横断面形状不同，防护效益不同；从防风效益来看，每种林带结构都有最佳的林带横断面形状：疏透结构 + 矩形，通风结构 + 凹形，紧密结构 + 不等边三角形。

（6）树种选择

农田防护林网在我国大江南北均可采用，从寒温带到热带、从干旱地区到湿润地区、从黑土到红壤，不同的地区在树种选择上遵循"适地适树"原则和造林技术规范。应选择那些乡土树种和经过引种试验是适生的树种；应选择根深叶茂，在生物学上与生长上稳定长寿的树种；选择抗逆性强、中间互生的辅佐或伴生植物种。根据各个地区多年的生产经验，首选的农田林网树种见表4-4。

表 4-4　中国各农田防护林区的主要造林树种一览表

防护林类型区	主要造林树种	
	乔　木	灌　木
东北西部和内蒙古东部区	小叶杨、小青杨、北京杨、白榆、旱柳、文冠果、兴安落叶松、樟子松、油松	小叶锦鸡儿、胡枝子、沙棘、柳树
华北北部区	小黑杨、青杨、群众杨、新疆杨、旱柳、樟子松、华北落叶松、沙枣、山杏、白榆	小叶锦鸡儿、柽柳、沙棘、沙柳、花棒、胡枝子
内蒙古西部和西北区	新疆杨、胡杨、银白杨、旱柳、沙枣、白榆、小叶白蜡、桑树、小叶杨	梭梭、小叶锦鸡儿、柽柳、沙棘、沙柳、花棒、
华北中部区	北京杨、沙兰杨、毛白杨、群众杨、大官杨、小黑杨、合作杨、银杏、白榆、泡桐、旱柳、合欢、枫杨、栾树、核桃、油松、白皮松	紫穗槐、胡枝子、杞柳
长江中下游区	枫杨、楸树、苦楝、水杉、喜树、香椿、樟树、垂柳、银杏、柳杉、加杨、旱柳、木麻黄、杜仲、毛竹	杞柳、紫穗槐
东南沿海区	苦楝、水杉、樟树、旱柳、桑树、大叶桉、蓝桉、马尾松、湿地松、杉木	相思树、紫穗槐、木麻黄
青藏高原干热河谷区	银白杨、藏青杨、旱柳、白榆、垂柳、小叶杨、青海云杉	沙棘、沙柳

（7）修枝和更新

护田林带的修枝目的是维护林带的适宜疏透度，改善林带结构，应与用材林修枝有区别。华北中原地区有大量的窄林带由于修枝过渡成为高度通风的林带，防护效益很差。树木的寿命是有限的，当达到自然成熟时，生长速度减缓而且会出现枯梢、枯枝，最后全株自然死亡。随着林带的逐渐衰老、死亡，林带原有的生物稳定性降低，林带结构逐渐变得稀疏，随之而来的是生态学稳定性降低，林带的防护功能减低或丧失。要保护林带防护效益的持续性、永续性，就必须建立新一代林带。为了减少在林带更新过程中，林带防护功能的降低，应该避免一次性将林带全部皆伐，而应按照一定的顺序，在时间和空间上合理安排，逐步更新。就一条林带而言，可以由全带更新、半带更新、带内更新、带外更新 4 种方式。更新方法有植苗更新、埋干更新和萌芽更新 3 种方法。

4.1.1.3　典型案例

农田林网化是由多条主林带与副林带成直角纵横配置在农田上的众多林网（网格）组成的网状木本植物群体，实质就是农林复合经营系统在宏观范围上的具体应用。在农田周边营造林网（带），构成农田林网（带），以农为主，以林为辅，属于农区农田基本建设内容之一，这种农林复合类型随着三北防护林工程实施日益完善。因为农田林网多为各种树种组成的混交人工林，各树种间存在着相克性和相辅性。为使林网发挥最大的防护效能和生长稳定性，主副林带中的主要树种、辅佐树种与灌木树种的配置应充分考虑每种树种的生物学特性和它们之间的关系，诸如深根与浅根、喜光与耐阴、树冠形状与大小等。

（1）黑龙江农田防护林

黑龙江省西部平原缓丘农区与黑龙江省三北防护林体系建设区域相等同，位于黑龙江省西南部的松嫩平原，在平原农区营造的大面积人工林成为农林复合经营的重要组成部分，主要树种有杨树、落叶松、灌木柳、樟子松等；主要草类有羊草、蒙古草、星星草、虎尾草等；主要药用植物有麻黄、甘草、防风、野决明、知母、桔梗、百里香、地榆、柴胡等。该地区水土流失日益严重，土地沙化加剧，农林牧各业争地矛盾突出。黑龙江省西部平原缓丘农区林网（带）树种主要为杨树（小黑杨、银中杨，3～5 行），樟子松（1～2 行），落叶松（2～3 行），林网一般为（400～500）m×（500～600）m。这种类型存在的主要问题是林带胁地，特别是杨树林带，可以通过采用针叶树如樟子松、落叶松、云杉来改造杨树林带，减轻胁地。

　　黑龙江省甘南县音河镇兴十二村试验设计了一种"小网窄带"模式，在原农田林网长度不变的情况下，按照一定标准缩小林带间距，选用落叶松为主栽树种，间距为 30～100m，单行或双行，株距 1m，采用大苗上带。这种模式在农田防护林更新优化早期对持续稳定地发挥防护效能起了很大作用。

　　针对杨树林带的胁地问题，可通过农田林网优化解决，采用针叶树改造杨树林带，研究表明杨树林带胁地幅度为其树高的 1.3 倍，而落叶松（樟子松）的胁地幅度为其树高的 0.35 倍。还可采用切根贴膜技术缓解胁地问题，甘南县山湾村杨树林带采用切根贴膜技术的切根贴膜深度为 50～60cm，膜厚 0.04mm，膜宽 70cm，贴膜位置以沟外壁即靠近农田一侧为佳。贴膜时间以春播后至铲地前这段时间最好，一般为 5 月中下旬。杨树胁地范围内切根贴膜区与对照区相比较，玉米平均增产率为 84.45%，增产量为 3 787.5kg/hm²，百粒重提高 8.10%；大豆平均增产率 72.4%，增产量 912.6kg/hm²，百粒重提高 14.7%。将林粮间作模式镶嵌于农田林网之内，林中有农，农中有林，形成农林交融复合系统，是黑龙江省西部平原农区农业与林业发展的主要趋势。

　　（2）辽宁农田防护林

　　辽宁省西北荒漠化地区立地类型较为复杂，有平缓沙地、固定沙地、半固定沙地、风蚀洼地、盐渍化草甸等。由于农、林、牧业生产水平很低，一些地方沿用传统式耕种方法，以广种薄收增加产量，盲目开荒，使当地生态环境、草原等遭到破坏，森林覆盖度低，土地沙化面积逐年扩大，农田地力衰退，抗灾能力减弱。为了适应本区目前生境，有必要合理配置乔、灌树种，营造农田防护林、防风固沙林、饲用护牧林，使土地荒漠化尽快得到治理，农、牧、副、渔业得到稳产和高产。该地区选择的树种应该具有较强的水分调节能力，较高的水分利用率和光合速率，易繁殖，速生，生长稳定，寿命长，耐风蚀沙埋，萌生力强，灌丛大，生物产量、饲用价值高等特点。合理确定林带间距是营造农田防护林的一个重要环节，林带间距过大，不能使林带间的农田得到全面的防护；间距过小，又会过多地占用农田，产生胁地现象。由试验得出，该区主带距200～500m 为宜，副带距 200m 为宜。乔木树种以樟子松（容器苗）、彰武小钻杨、小美旱杨为主，灌木树种以小桃红、山毛桃、暴马丁香、紫丁香、黄刺玫、五角枫为主。

　　辽宁省西北荒漠化地区以通风型林带结构防护效益最佳，樟子松＋杨树，株行距 2m×2m，共计 4 行，配置类型有 3 种：①两边行为樟子松，中间为杨树；②迎风面第一行为杨树，其余 3 行为樟子松；③迎风面第一行为樟子松，其余 3 行为杨树。林带内镶嵌花灌木，设一条不镶嵌花灌木的林带作对照。利用林木的边缘效应原理，调节林分配置结构，调节水分的侧渗和外渗作用，营造林农复合型、防护效能高、稳定性强的固沙林。树种主要有彰武小钻杨、小美旱杨、樟子松、云杉、沙棘。配置类型主要有：①杨树纯林，株行距 2m×2m×10m，即两行一带，带间距 10m，幼林地同时兼种作物，使林农生产有机结合，从而形成多层次、多功能、多效益的复合生产系统；②樟子松（容器苗）或云杉＋沙棘，株行距 1.5m×2m×6m，即樟子松（容器苗）或云杉两行一带，带间距 6m，在两带中间设置一行株距 1.5m 的沙棘；③樟子松（2 年生苗）纯林，株行距 1m×3m。

利用饲用植物具有防护和生物量积累的双重功能，营造饲用护牧林，改变天然草场的优势种、亚优势种，从而加快草场的演替速度，促进天然草场逐渐向牲畜适口性牧草占优势的方向发展。牲畜吃了饲料植物的叶和护牧地上的草，排出粪便又回到护牧地里，形成良性生态循环。树种主要有锦鸡儿、沙棘、饲料杨、胡枝子。规则的配置类型有"宽带窄隙，带宽 40～50m"，不规则的配置类型有"伞形""马蹄形""群团状"。

（3）河北省农田防护林

河北省饶阳县官亭乡根据路渠把农田划为方田，方田四周栽植防护林网，网格内种植农作物。林带选用树体高大的防护用材树种（毛白杨、I-214 杨、沙兰杨、山海关杨、旱快柳等）、经济高效的伴生树种（枣树、杆子柳等）及林下灌木（紫穗槐等）或中药材、蔬菜类相结合的优化配置形式，在时序经济收益上长短结合、以短养长。网格内选种作物良种，增加复种、套种面积，轮作倒茬以充分利用土地资源。主要通过作物调整、水肥措施、开沟断根等方式提高胁地范围内生产效能，减少林木胁地，在林带附近 1.5m 处开宽 30cm、深 60～80cm 的断根沟阻挡林木根系大量伸向农田。林带附近加强水肥管理，以满足作物生长发育需要。小麦抽穗前期浇水施肥可减少小麦死亡率，增加穗粒重和千粒重，提高小麦产量与品质。1 次浇水量 250m³/hm²，施磷酸二铵 15g/m²，效果最好，可使胁地范围内小麦增产 34.5%，产投比达 1.63。此外，白菊花、草决明等中药材和大葱、油菜等作物抗胁地能力较强且经济效益较高，利用时间差种植生长期短的菠菜、大蒜、菜豆等也可取得良好效果。通过这些综合措施，可使胁地范围内经济效益提高 40%～60%。

（4）沿海地区

沿海地区常遭受台风、风沙、洪涝等自然灾害，强大的防护林体系能有效抗御各种灾害，减轻损失。完善的林网，连续的防风效应，削弱强风对水稻的侵害，减少落粒而达到稳产；林网的增温作用对防御倒春寒，防御早春低温对水稻秧苗的危害，减少烂秧起良好作用；果园也会因有林网而得益，减少落果而达到增产；橡胶树也因有林网保护而减少风害引起倒伏的损失。在沿海地区，"有林才有胶""有林才有果"，防护林带的重要性已有共识。广东省在新会市沿海泥质岸段设置了海岸带农林复合生态系统试验基地，该地区属亚热带季风气候，全年无霜期，平均气温 22.1℃，年平均降水量 1 688.8mm，年蒸发量 1 383.5mm，热带风暴平均每年 1.4 次。土壤为滨海草甸盐渍沼泽土和滨海盐渍水稻土。周界林带 50～80m，形成狭长的片林，在试区内的果园区，则采用窄林带小网格的方式，林带面积占试区总面积 10%左右，使各模式能在较完整的防护林网中发挥更大的效益。

　　因地制宜选择沿海防护林树种一般有如下要求：①生长迅速，树形高大，寿命长，生长稳定，长期具有防护效能；②抗风力强，不易风倒和风折；③深根，树冠窄，根幅不要太大；④不妨碍邻近作物生长，没有和作物共同的病虫害；⑤树木本身具有一定的经济价值。林网搭配采取利于树木生长和林带稳定的混交方式，取长补短，充分发挥树种优良特性。

　　林带的配置方式为：周界林带为试区周围设置的前沿林带，在海岸设立宽 30 ~ 50m 的桉树片林，栽植赤桉或窿缘桉。初植密度分别为 1.7m × 2.0m 和 1.7m × 1.7m，方形配置，每公顷 3 000 ~ 4 500 株，成为试区的第一道屏障。新造桉树片林内第一年可间种农作物（如蔬菜类），以耕代抚，控制杂草，促进幼林生长。第二年由于林分已郁闭，不宜间种。主林带是在河边路旁栽植树木 3 ~ 5 行，由多个树种组成，行数多，路两侧栽 3 ~ 5 行赤桉，近河处栽池杉、竹子、小叶白蜡或水松 1 ~ 2 行，用作固土、护堤及防风。小网格栽植 2 ~ 3 行池杉组成副林带，效果很好。池杉树干挺直，冠窄、透光度好，抗风力强，在路旁栽植不占农地，适合林带林网建设。新规划的副林带宽 3.0m，栽植 3 行，植距 1.5m × 1.5m，品字形配置。在农林复合试验区中，在一些固定沙地上营造桉树片林，覆盖裸露的沙地，增加体系中林业的比重。桉树片林采用较大的初植密度，即 1.66m × 1.66m，3 600 株/hm²，不间种作物。

　　选育壮苗是提高成活率的保证，林带育苗一般采用容器育苗和培育 1 ~ 2 年生移植苗。桉树、木麻黄容器育苗或条播育苗，苗高 30cm 可出圃定植。池杉采用 1 年生移植苗，起苗时注意保护顶梢，保护苗木根系少受伤害，用泥浆蘸根，最好随挖随栽，运苗或暂时栽不完的苗木要遮阴或假植，注意保湿，以提高成活率。苗木出圃要严格选苗，选 1.5 ~ 2m 高的健壮苗木，分级定植，使林带整齐，高低一致。

　　合理的密度和适当的树种配置，对提高林带防护效能有良好作用。确定造林密度应根据树种特性和防护林设计要求，单行林带栽植密度可大些，双行以上的多个树种组成的林带采用正方形、长方形或三角形配置树种，初植密度不宜过大。防护林造林宜在春秋两季进行，池杉、落羽杉宜在新芽萌动前，2 ~ 3 月造林，植苗时挖穴栽植，填土后随即淋水，如遇晴天需连续淋水，确保苗木生根成活。桉树宜在 3 ~ 5 月两季时用容器苗造林，并按苗木及级别分批造林。竹子造林主要选用壮旺竹兜，在春季 2 ~ 3 月进行造林。木麻黄造林应注意选择速生抗病的品系，确保有优良的遗传品质，使幼林优化。木麻黄容器苗造林，可适当深栽 10 ~ 15cm。

　　造林后对林带进行细致抚育管理，及时补苗，保持林带的完整和避免形成缺口。围垦区土地肥沃，杂草繁茂，造林 1 ~ 2 年要抓紧以除草为主的幼林抚育，或在林下株间间种豆类、花生、大头菜等浅根性短期作物，以耕代抚，促进幼林生长。林带郁闭后，按林带设计要求进行疏伐，调整林带立木结构和疏透度，提高防护效能。

4.1.2　农林间作

4.1.2.1　农桐间作

（1）分布区

泡桐在中国分布很广，北起辽宁南部、北京、太原、延安至平凉一线，南至广东、广西、云南南部，东起台湾和沿海各省，西至甘肃岷山、四川大雪山和云南高黎贡山以东。大致位于北纬20°~40°，东经98°~125°之间。泡桐属有9种4变种，具有生长快、分布广、材质轻、繁殖容易等优良特性，是我国著名的速生优质用材树种之一。

20世纪50年代，首先在河南省黄泛平原区进行农桐间作，继而在山东西南、安徽淮北、江苏徐淮地区、河北南部等平原农区推广。目前农桐间作面积较大的省份有河南、山东、河北、安徽、陕西和江苏。

（2）主要模式

农桐间作经营的效果，关键是建立农林群体结构的合理模式，主要解决好三大问题：①选择不同泡桐品种与农作物种类；②确定泡桐适宜的栽植形式和株行距；③采取适宜的管理措施。就泡桐的品种选择来说，在北方（华北平原）以兰考泡桐及其无性系C_{125}和优良新品种豫林1号为主，在南方（湘、鄂、皖等省）宜采用白花泡桐，它们都有速生、干形好的特点。

泡桐是著名的速生树种，群众中有"一年一根杆、三年一把伞、五年可锯板"之说。7~8年就可成材，12~15年可生产大径材。所以农桐间作在广大的农村有广阔的推广价值，总结我国几十年的生产经验，现在被广泛推广的农桐间作模式主要有以下几种：

①以农为主间作型　适宜在风沙危害轻、地下水位在2.5m以下的农田。经营的主要目的是为农田创造高产、稳产的环境条件。只栽少量泡桐，株距5~6m，行距30~50m，每公顷30~45株。

②以桐为主间作型　适宜沿河两岸的沙荒地即人少地多的地区营造泡桐丰产林，建立商品材基地。株行距5m×5m或5m×6m，每公顷390株或330株。林木郁闭前种植农作物，到第5年时隔行间伐即可取得椽材，伐后仍可种植农作物。

③农桐并重间作型　适宜风沙危害较重的农区，或地下水位在3m以下的低产农田，经营的目的是防风固沙、保证作物稳产，同时提供中小径材。株距5~6m，行距10m，每公顷165~195株。

除上述农桐间作主要模式外，现在还有很多泡桐与蔬菜、药材、果树及其经济树种间作或混栽模式（表4-5）。

表4-5　泡桐与蔬菜、药材、果树及其经济树种间作模式一览表

间作类型	泡桐株行距	主要间作植物
泡桐—蔬菜间作	株距2~4m，行距3~8m	大蒜、白菜、芹菜、萝卜、豌豆、生姜、蚕豆、山药、香菇等
泡桐—药材间作	株距4~5m，行距6~10m	芍药、牡丹、山药、菊花、板蓝根、金银花、天南星、薄荷等
泡桐—果树—农作物间作	株距5m，行距16~60m	果树多为苹果、桃、梨、石榴、葡萄、杏、山楂等株距1~5m，行距2~12m；果树行间作农作物或绿肥草，相间排列
泡桐—茶间作	株距10m，行距10m	遮阴度37%，为较耐阴、喜湿、浅根的茶树创造了良好的生态条件
桐—淡竹混交	泡桐株行距5m×10m，南北行向；1/2轮伐期采伐一次，最后形成株行距10m×10m。淡竹600~900株/hm²	

（3）典型案例

豫北平原封丘县东部沙区，属暖温带半湿润季风气候区，光热资源丰富。冬春季多大风，风沙灾害严重，土壤以砂土、风沙土为主。该地区实行的金银花与农桐间作模式主要由金银花、泡桐和农作物（如花生、小麦等）组成。农作物按照常规播种。泡桐株行距为 10m×10m，亩植 6.7 株。金银花设计于泡桐行内，植于泡桐树下，株距 1m，亩植 60 株，泡桐和金银花顺行留出 2m 宽的营养带，泡桐和金银花占地 20%，农作物占地 80%。将金银花引入沙区农田系统，组成这种多元的农林复合系统，克服了原有单作系统的单调性和不稳定性。

从地上部分看，泡桐是高大乔木位于上层，金银花为多年生木质藤本，可修剪为圆头状做灌木栽培，高度在 0.8~1.5m 之间，位于中层，沙区农作物高度一般在 30~80cm，位于下层。泡桐在上层可以充分利用光照，发挥其速生性能。正由于泡桐干高，冠大而稀，透光性好，且发芽迟，落叶早，休眠期长，所以在冬春季节对小麦生长所需的光照几乎没有影响。而在 5 月小麦进入生长后期，由于泡桐的遮阴和吸收，可使麦田的平均照度减少 25% 左右，正好可以避免因光照过强而引起的小麦"光休眠"，加快小麦营养物质积累和提高产量。同时，泡桐的遮阴作用还能为阴性植物金银花提供适宜的光照环境。

从地下部分看，泡桐为深根系，40~100cm 土层中的吸收根占总吸收根的 90%，0~40cm 土层中的吸收根不足 10%。农作物是浅根系，有 95% 的根系分布于不足 30~40cm 的耕作层中。金银花为浅根须根系，所有根几乎全部分布于 40cm 以内的上部浅土层中，且横向分布范围窄，直径不超过 1.3m，仅限于农桐行间，并不向周围扩展。这样，金银花和农作物可以利用土壤耕层（40cm 以上）的水分和养分，而泡桐可以吸收深层地下水，使土壤中的水分和养分得以充分利用。尤其是在春旱季节，泡桐利用其强大根系的贮水能力，可湿润根系周围的土壤，相对地改善耕作层的水分状况，有利于金银花和小麦的生长。

我国亚热带东地区还有泡桐—竹子—农作物模式。一般泡桐的栽植密度为 10m×10m 或 8m×8m，居上层。竹子散植于泡桐之中，居中层。林下间种农作物，有黄豆、花生、小麦等。一般间种 2~3 年，至立竹满园时停种。

此外，还有泡桐—茶叶间作模式。泡桐（尤其是白花泡桐）适应性广、根深、速生、冠大而疏透性好，是茶园较理想的遮阴树种。一般以 10m×10m 或 6m×10m 的株行距在茶园中间种，至 7~8 年生时隔行间伐，在伐桩上培育萌发优株，可实现二次护荫。至 12~13 年生时再伐去大树，再培育萌发优株，可实现永续利用。

云南省根据油桐栽培管理状况，从地处怒江大峡谷的少数民族贫困县福贡县的低产油桐林中选取 333.3hm² 油桐林，通过农桐间作、垦复中耕和疏伐修剪等措施进行油桐丰产栽培实验示范研究。油桐林地地处怒江峡谷区，山高谷深，海拔高度 1 250~1 800cm，坡度 10°~25°，地形破碎，冲刷严重。土壤为砂岩母质发育的棕黄砂壤，土层厚 20~60cm，保水保肥能力差。油桐林树龄为 8~15 年，林间混生球桐、柴桐、高脚米桐和云南丛生桐等品种，层次结构杂乱，密度大，通风透光能力差，林内杂草、灌木、荆棘丛生。植株结实面小，自然产量不高。为了提高桐粮生产水平，选择油桐植株密度 ≤300 株/hm² 的林地，间作大春作物（玉米、马铃薯、花生等）、小春作物（油菜、豆类、蔬菜等）。间作模式为油桐＋大春作物－油桐＋小春作物。间作方式有行带间作、带状间作和不规则间作。行带间作株行距为 $5m \times 7m$，在油桐林行带间间作农作物。带状间作株行距为 $4m \times 8m$，在油桐林间作农作物。不规则间作即利用油桐林内的不规则空地间作大、小春作物。

桐农间作措施效果显著，桐林间作的大、小春作物，其产量虽比纯农作物低，但仍可收获粮食 $2400kg/hm^2$ 以上，还可收获相当数量的饲草秸秆，如马铃薯茎叶量可达 $1.45kg/m^2$，玉米茎叶量可达 $1.75kg/m^2$。秸秆养畜，粪肥入林，对改善油桐林土壤肥力和促进油桐高产稳产有显著的作用。桐农间作投入少，见效快，效益高。桐籽平均产量可达 $1611.6kg/hm^2$，再加上间作的大、小春作物收益，总产值比试验研究前桐籽收入约提高 10 倍。桐农间作桐粮双丰收，还能提供大量的牲畜饲草，促进畜牧业的发展。

实施这种桐农复合经营模式改善了林地小气候，林内相对空气湿度提高，土壤水分蒸发减少，土壤含水量增加，缓解和减轻了河谷热风对作物的影响，有效地起到防风固土和减少水肥流失的作用。并且能抑制林地杂草生长，减少林内病虫害的发生，合理利用林地内光、热、水、肥、土和生长空间。作物收获后，根、茎、叶有机体和桐油饼等有机肥就地返回土壤中，补充土壤肥力，使油桐植株的生长发育和结实能力大幅度提高，形成了以农养林，以林护农的良性生态循环，达到以短养长和持续发展的目的。

重庆市云阳县是秦巴山区的一个贫困落后县，位于三峡库区腹心地带，属亚热带湿润气候区。长江把云阳县分为南北两部，全县土壤肥沃，以紫色土为主，占耕地 88.3%，其余是石灰岩发育而成的山地黄壤或准黄壤，素有"七山一水二分田"之称。从云阳生态环境与桐树生物学特性看，海拔 $1000m$ 以下地区均适合油桐树生长，在 20 世纪 90 年代，全县 823 个村有 781 个村种植桐树，年产桐籽约 $1100 \times 10^4 kg$，在全国产桐油 $100 \times 10^4 kg$ 以上的 25 个县中，云阳产量居全国首位，2004 年被国家林业局命名为"中国油桐之乡"。云阳桐粮间作面积约占 64% 左右，归纳起来主要有以下几种模式：①油桐—冬季种豌豆—夏种甘薯；②油桐—冬季种小麦—夏种甘薯；③油桐—冬季种榨菜—春种玉米；④油桐—冬种马铃薯—夏种黄豆。前三种模式适合 $800m$ 以下地区种植，第四种模式适合 $800m$ 以上地区栽培。

桐粮间作每亩种桐树 $38 \sim 42$ 株，纯桐林每亩种桐树 $64 \sim 70$ 株，纯桐林桐籽单产虽然比桐粮间作高 1 倍以上，但是就其总体经济效益而言，桐粮间作比纯桐林最高效益多 913 元/亩。据在新华村的调查，2007 年云阳遭伏旱，坡耕地净作的甘薯被烈日曝晒，苕苗几乎晒死，亩产仅 $370kg$，而同一时期桐粮间作系统中栽培的甘薯，有桐树遮阴，未受烈日暴晒，生长较正常，亩产达 $842kg$，比净作高出 131%。在这种干旱恶劣的气候条件下，桐树对甘薯的生长起了一定的保护作用。

4.1.2.2 杨农间作

（1）分布区

杨树在中国栽培广泛，在东北、华北、西北、华中、华东地区都有分布，用于营造防护林带和作为行道树，还大量用来营造速生丰产林。杨农间作的历史较短，随着 20 世纪 70 年代大面积营建杨树速生丰产林与小网窄带杨树农田防护林，杨农间作才有了较快的发展。

（2）主要模式

杨树种类多、分布广，是中国北方主要的速生丰产树种之一。一般说来，在前10年长得最快，每年的高生长可达2m多，最快的可达4m。年直径生长3cm以上，最快的可达6cm。杨树不但高生长很快，而且自然整枝良好，枝下杆高，既能很好地发挥防护作用，又能在与农作物间作时保证树下良好的光照，利于农作物的生长与发育。杨树有着发达的根系，根系大多集中分布在土层0.3~1.5m处，选择与其间作的小麦、玉米、豆类等农作物的根系多集中分布在地表30cm之内，因此在杨农间作时，杨树与农作物能较好地利用土壤不同层次中的水分与养分，两者能较好地在同一土地上生长。由于中国地域辽阔，各地区的气候条件相差很大，因此，在杨农间作时选用的杨树和农作物的品种也会存在一定的差别。采用的杨树品种不同，冠幅大小不同，栽培的株行距也就不同。

（3）典型案例

辽宁省朝阳县大、小凌河及其支流沿河两岸的河漫滩土层较厚，水肥条件较好，地下水位1~3m，土壤有机质7~10g/kg，比较适合于杨树与农作物的间作。杨树品种为锦新杨、辽宁杨、荷兰3930杨，林龄为3~6年生，株行距分别为3m×5m、3m×6m、3m×7m、4m×5m、4m×6m。平均树高5~11m，平均胸径3~9cm。间作的农作物有高粱、玉米、向日葵、大豆、蔬菜、谷子、小麦、棉花。杨农间作中，辽宁杨、荷兰3930杨和小麦间作是物种上比较好的组合，杨树和小麦在生理、生态等生长发育方面对光热条件的需求有一定的时间差。间作密度取决于间作目的，以杨为主者，株行距较小，如3m×5m、3m×6m、4m×6m等；若以农为主，杨树的密度在2m×15m、4m×20m时粮食产量较高，杨树的生长也较好。

营造杨树丰产林、纸浆林、防浪林的最初3~4年间，为了加强抚育管理可充分利用行间空隙进行间种增加效益。杨树株行距一般为3m×4m、4m×6m或6m×6m，行间间种玉米或大豆。据黑龙江省甘南县山湾村杨树防浪林与玉米间种模式区内的调查，造林当年玉米产量为4 074kg/hm^2，略低于大田相应作物产量，杨树长势良好，成活率高达95%。在杨树郁闭前可间种3~4年，但每年间种幅度应相应缩小。

吉林省西部地区平坦沙地含水量相对较多，适宜种植农作物、经济作物及经济树种，可进行林粮复合经营。选用树种为"三北1号"杨1年生苗根，农作物为玉米、高粱、黄豆、绿豆、豇豆、小豆等。

华北地区也开展了多年的杨农间作，有些模式也很成功。河北省枣强县选用的杨树品种是沙兰杨，株行距为4m×8m，前两年以间作棉花为主，第三年开始以间作冬小麦、大豆为主，第五年隔行间伐杨树。河北省景县选用的是I-214杨，株行距为4m×24m，间的农作物以小麦最好，棉花、花生次之，玉米较差。山东省泰安县选种的杨树是窄冠白杨，株行距为4m×（15~30）m，间作的农作物有小麦、玉米、花生、大豆和棉花等。山西省临汾地区多选用沙兰杨和小麦间作，株行距一般为6m×6m。

安徽省沿淮地区是以粮食生产为主的农业区，该地区开展了多种杨农间作模式。在霍邱县城西湖乡低洼地区，杨树—杞柳模式的配置方式为：利用杞柳为灌木，耐水淹，再生性强的生物学特性，采用全面垦地后，在杨树林中扦插杞柳，形成块状混交模式。

杨树株行距4m×4m，杞柳扦插密度4cm×25cm。杨树—水稻模式，杨树为林网带状，株行距3m×3m。林带间农田种植水稻，品种为"武育粳"。在霍邱县临淮岗乡的杨树—小麦—黄豆模式，杨树株行距2m×5m，南北向，在杨树行间种植一季小麦和一季黄豆。小麦品种为"郑麦9023"，黄豆品种为"皖豆13"。

河南省东部防护林中段商丘市梁园区为黄淮冲积平原，属暖温带大陆性季风气候，四季分明。适宜多种北方树种，主要有刺槐、毛白杨、意杨、泡桐、旱柳、侧柏等。2002年，建立起豫东防护林后，改善了当地农业生产的环境条件，改变了农区面貌，构成新的农林地理景观，建立了比较合理的农林复合生态系统。这个地区分别有3年生欧美杨树林与冬小麦间作、4年生中林46杨树林与油菜和生姜间作等多种模式。

梁园区采用了杨树林下种植冬小麦的农林复合生态模式，过去，这里由于风沙、旱涝、盐碱等自然灾害，尤其是小麦干热风的严重危害，小麦产量常年低且不稳，20世纪70年代小麦每公顷产量仅750～1 500kg。2003年，栽种3年生欧美杨，树干通直、圆满尖削度小，株行距为3m×4m，平均胸径为12.10cm。间作的小麦10月中旬播种，10月下旬出苗，此时杨树已开始落叶，争光现象不明显。小麦进入越冬期时，由于林下的温度高于裸露地，有利于小麦安全越冬。到翌年春季3、4月小麦进入拔节、孕穗期，对光、水、肥需求量最大，此时杨树刚发芽，两者的生育周期是错开的，而且树木根深小麦根浅，所以争光、争水、争肥的现象不突出。5月小麦进入灌浆乳熟期，此时杨树已进入旺盛期，枝叶茂盛，降低了风速和温度，提高了空气湿度，避免了干热风危害，增加了小麦千粒重，提高了小麦产量。对于小麦生长的整个生命周期而言，林麦间作为其高产、稳产、优质提供了保证，间作的小麦产量水平平均为7 500kg/hm²。通过农林复合经营，改善了单一种植冬小麦所面临的脆弱的生态环境，小麦单产得到了大幅度提高。

调查结果表明，在杨树树龄为1～4年间，小麦产量变化不大，但是4年后，由于杨树郁闭度达90%以上，就会严重影响小麦的正常生长，导致小麦产量明显下降。

梁园区还采用了杨树林下种植油菜的农林复合生态模式。2002年栽种的4年生中林46杨林相整齐，树干通直，株行距为3m×4m，平均胸径为14.98cm，林下种植油菜。调查结果表明，油菜前两年每公顷产量可达4 500kg，第3年产量有所下降，第4、5年每公顷产量仅450～750kg。由此可见，这种杨树—油菜间作的模式仅仅适用于1～3年的幼龄林，4年后杨树和油菜争光、争水、争肥现象突出，已不适宜继续发展这种农林复合模式。

4.1.2.3 桉农间作

（1）分布区

桉树因其具有速生、丰产、抗性好、耐贫瘠、干形好等特性，且用途广泛而成为世界各国广泛推广种植的树种之一。随着天然林资源保护工程的实施，木材供需矛盾日显突出，依赖木材进口困难加大，发展速生、优质和丰产的桉树人工林显得尤其重要。近年来，桉树已成为我国华南热区主要种植的优质用材人工林重要树种，但是持续经营桉树纯林和不科学的施肥、管理等，致使土壤肥力不断下降、桉树人工林地力随着连栽代次的增加而逐代下降，如何解决桉树连栽导致的地力衰退，长期维持桉树人工林的生产力，已成为现今桉树研究的重要课题。大量研究表明，在桉树林下间（轮）作牧草、农作物能有效改良土壤的理化性状，提高光照和土壤等资源的利用率，减少纯林或纯农种植过程中多病虫害等弊端。实行桉树林农复合经营是缓解地力衰退、改善桉树人工林林地环境的有效措施之一。

（2）主要模式和典型案例

海南地区开展了很多关于桉树—甘蔗间作模式的研究，总结出了一些适宜海南桉树和甘蔗生产的带状复合型间作模式及其综合配套栽培管理技术。

桉树—甘蔗间作模式的作物品种选择过去多以隆缘桉为主，近年引进推广雷林一号桉、U6、金光21号、金光1号等品种，这些品种具有抗风、速生、材质优等优点。桉树林地间作的甘蔗应选择宿根性好、不易倒伏、株型紧凑、高度一致、抗病、抗虫、抗旱、适应性强的高产高糖中大径品种，如台糖22号等。

桉树采用大宽行窄株带状农林复合型的种植模式，正东西走向。造林密度采用双行式设计，2行为一带，窄行距为2m，株距为1.00m、1.25m（或更大），宽行距（带距）以14m、16m、18m（或更宽）为宜，窄行带内株行距配置成"品"字形。甘蔗播种时，在距离窄行桉树带两侧各留出2.0~2.5m的空白间隔带，以后随桉树冠幅增大，甘蔗与2行桉树的距离根据树高生长对边行桉树生长的影响程度改变。

桉树适应性强，虽然在瘠薄的土壤也能生长，但只有在适宜的立地条件下才能发挥其速生特性。所以桉树造林地应选择土层深厚、疏松、肥沃、坡度小的地块。桉树丰产林或工业原料林基地在坡度平缓的地方都必须全垦大穴整地，植穴大小在60cm×60cm×60cm以上。整地时，将草木根兜一次性彻底清除。每株施入钙镁磷肥或过磷酸钙0.3~0.5kg、复合肥0.2kg，或施桉树专用肥1kg。整地挖穴后，将挖出的表土回填2/3，放入基肥并与表土充分混合，然后再回填表土至填满。有条件的地方也可施用土杂肥或腐熟农家肥，每株施2~3kg。桉树苗栽植时要注意将营养袋剪破，植后淋足定根水。

桉树苗栽植后需连续抚育3年，管理上主要做好松土、培蔸、施肥、控制杂草、防治病虫害等工作。造林当年，在栽植后15d内进行锄抚，控制杂草滋生。栽植后30天内通常有金龟子、蛴螬危害，在距树蔸5~10cm处按每株20~25g的用量将呋喃丹撒放在树蔸周围，形成闭合圈防治虫害。定植后1~2个月内及时进行追肥，每株施用桉树专用肥400g左右。植后第2年早春季节，结合锄草松土追肥1次，每株穴施桉树专用肥400g左右。植后第3年于3、4月选择阴天或土壤湿润时，开沟条施桉树专用肥，每株施500g左右。

深耕是新植蔗地高产栽培的基础，要求深耕40cm以上，并耙平耙碎，以利于保水保肥和甘蔗根系下扎。对于宿根蔗，可采取蔗叶还田的方法培肥地力，还能对减少土壤水分蒸发、抑制杂草生长、增加土壤有机质以及促进宿根蔗萌发有良好的作用。甘蔗种植期应尽量与桉树种植期错开，以减少光照竞争。甘蔗可采取秋植、冬植或晚春植，秋植于8月下旬开始播种、10月上旬播完，冬植从11月开始播种、翌年1月中旬播完，晚春植于3月中旬开始播种。一般情况下桉树最好在5~7月种植，甘蔗最好在10~12

月播种，这样能最大限度减少桉树对甘蔗光照需求的影响，保证甘蔗生长旺季(4~8月)期间每天9:00~16:00基本实现全光照。

新植蔗选用蔗株梢部的蔗茎作种，采用行距0.9m左右种植，每亩播种3 000段左右的双芽蔗茎。植后注意早查苗、早补苗。新植蔗在甘蔗出苗70%时即进行查苗补苗，宿根蔗在砍收后立即破垄松蔸，对缺株断垄的地方用健壮的宿根蔗蔸补苗，或用预留蔗补苗，保证基本苗数。

依据甘蔗生长发育过程中的需水规律，采取"润—湿—润—干"的灌溉方法。苗期或分蘗期甘蔗需水量少，水分管理以"润"为主。拔节伸长期是甘蔗需水量最大的时期，水分管理以"湿"为主。在甘蔗进入糖分积累阶段后，水分管理以"润"为主。砍收前15~20d，为保证蔗茎高糖入榨，水分管理以"干"为主。

甘蔗封行后，蔗地高温湿润，极易滋生杂草，应及时铲除。一般情况下，人工除草与中耕松土同时进行，既清除杂草，又改善土壤通透性。蔗地雨后中耕能截断土壤毛细管，从而减少土壤水分蒸发，使耕层保持较多的水分，可增糖、增产蔗茎。此外，也可在萌芽前采用化学除草代替人工除草，减少耕作次数和施肥次数，化学除草一般应选择在阴天且土壤湿润的情况下进行。

防治甘蔗病虫害应坚持"预防为主，综合防治"的原则。种植时要防治地下蛴螬、蔗螟、棉蚜，同时要加强对红蜘蛛、黄蜘蛛、黄斑病、褐斑病的防治，在甘蔗生长中后期还要注意防治鼠害。

适时收获是保证甘蔗丰产丰收的最后环节，砍收时间是由蔗茎的工艺成熟度决定的。甘蔗的砍收应遵循"先熟先砍，现砍现榨"的原则，以免蔗糖分积累不够或者发生转化。砍收时要注意保护好蔗蔸，特别是不要损坏蔗桩上的蔗芽，因甘蔗具有宿根特性，培育良好的蔗蔸是保证宿根蔗早生快发的重要措施。新植蔗砍收完后，要对蔗田进行清理，为宿根蔗栽培提供良好的生长环境。宿根蔗与新植蔗相比，具有节约种苗、节省劳力、成熟早、产量高的特点。当宿根种植2~3年后产量有明显下降趋势时，则需翻耕新植或进行轮作。

4.1.2.4 胶园间作

(1)发展过程

胶园间作在劳动力缺乏、土壤贫瘠的地方是一种良好的胶园管理措施。国外胶园间作始于20世纪初，到50年代后发展较快。我国胶园间作至今已有几十年的历史，经过几十年不断地探索和实践，胶园间作面积不断扩大，间作技术日臻完善，胶园间作已成为提高橡胶生产效益的一项重要措施。我国胶园间作的发展过程，可根据胶园间作的规模和目的分为三个阶段。

第一阶段：经济作物间作阶段，从20世纪50年代初至70年代初，是我国胶园间作发展过程的摸索阶段。胶园间作主要以自发、分散的方式在幼龄胶园或一些寒害胶园中间种一些农作物(如番薯、花生、玉米等)或茶叶等经济作物，主要目的是生产农副产品，解决植胶初期职工的生活问题。

第二阶段：从20世纪70年代初至80年代末的抗风抗灾间作，是我国胶园间作快速发展阶段。在这段时间里，由于橡胶园风寒自然灾害频繁，橡胶生产损失很大，为了提高橡胶生产的抗灾能力，发展"二线作物"生产，"以短养长"，胶园间作以一边发展一边研究的方式在我国各植胶区大规模迅速发展起来。

第三阶段：从20世纪80年代末至今的建立生态胶园间作模式，是我国胶园间作发展过程的调整和巩固阶段。在该阶段，胶园间作也曾一度有较快的发展，但随着市场经济的调整，胶园间作生产趋于平稳，虽然间作面积有所减缩，但一些好的胶园间作模式，如橡胶—茶间作模式等得到巩固和发展，并且朝着生态胶园的方向发展。胶园的合理间作，可加快橡胶树树围生长，提高干胶产量。

（2）主要模式

目前，我国橡胶园间作复合系统的主要模式有：橡胶—茶、橡胶—甘蔗、橡胶—菠萝、橡胶—胡椒、橡胶—咖啡、橡胶—肉桂、橡胶—砂仁、橡胶—益智、橡胶—茶—鸡等。种植的间作物主要有：豆科植物（如毛蔓豆、爪哇葛藤、蝴蝶豆、蓝花毛蔓豆、无刺含羞草等）、茶、胡椒、咖啡、椰子、肉桂、甘蔗、菠萝、番薯、花生、旱稻、大豆、香蕉、桑树、巴戟、益智、砂仁、白藤、沙姜等。

橡胶树是一种高大乔木，但属于浅根性树种，绝大部分根量在土壤30cm以内，而茶树是相对耐阴的灌木，其根扎得很深，绝大多数根量在20cm以下，它和橡胶树构成了模仿热带雨林的最简结构，能更充分地利用地上和地下的空间层次。从光的角度讲，胶树对短波的蓝紫光较易吸收，而茶树对红橙光更易吸收。由于橡胶树在定植的6～8年以后才长成并进行割胶，所以定植时期有一部分土地完全可以用来定植其他作物。

中国的自然条件并不是很适合大面积种植橡胶树，低温是发展橡胶的一大限制因素，在植胶带向北扩展的过程中，这一因素变得更为突出。极端的低温造成树苗冻死或成熟胶树减产。在采用胶茶间作经营方式后，胶树行距扩大，单株吸收的辐射能量增多。另外，间作方式减少了地表的反射率，有利于各垂直层次之间的热量交换，使冬季间作地气温比纯林高1～2℃，而在夏季酷暑天气，间作地气温要比纯林内气温低2～3℃，这对茶树是一个很好的保护。风害也是发展胶树的一大障碍，灾害年份橡胶树断杆折枝，产胶量明显下降，但茶叶可以处在相对低的荫庇之下，茶叶的产量有所提高。胶茶间作园中蜘蛛的种类和数量比纯林明显要多些，而蜘蛛正是橡胶树主要害虫小绿叶蝉的天敌。所以，茶胶模式本身就是一个比较好的复合类型。

（3）典型案例

海南省文昌市开展多年胶—茶复合模式，橡胶树品种为无性系PRIM600，茶品种为云南大叶茶。多年的研究结果发现，当胶园由单作向间作发展时，土壤容重逐渐减小，孔隙度和土壤水分含量则不同程度地增加，土壤物理性状改善。间作胶园的土壤有机质、全氮、全钾、速效氮、速效钾含量均高于单作胶园，这是由于胶园间作茶树后，形成多层植被，橡胶树落叶期间，茶树将落叶拦在胶园内，风吹不走，加上林中较高的温度、湿度，加速了残枝、落叶的分解，土壤有机质增加，土壤结构得以改善，进而提高胶、茶产量。

间作胶园中的橡胶树围茎粗，开割率，干胶产量，叶片N、P、K含量均呈增加趋势。胶园间作后，水、肥条件得到改善，橡胶树营养状况优于单作胶园，为橡胶增产创造了有利条件。间作茶园的干茶产量比单作茶园明显提高，除土壤因素外，橡胶的荫蔽作用也是一个主要影响因子。茶树处于胶林下层，一定的荫蔽度对茶树的生长和产量都有利。

曹建华等以海南幼龄和成龄胶园几种间作模式为对象，对其生态效益进行了全面评价。间作胶园橡胶品系为热研7-33-97；间种作物有唐鬼桑、黑籽雀稗和柱花草。其中唐鬼桑为海南特有种，已濒临绝灭，数量极少，桑种经济性状优良，从海南三亚市取回枝条扦插繁殖；黑籽雀稗和柱花草由中国热带农业科学院品种资源研究所提供。在3个龄段(3、6、25龄)的胶园分别设置桑树间作区、黑籽雀稗间作区和柱花草间作区。桑树苗为扦插繁育成的袋装苗，移植时株高约为30cm，按1m×1m的株行距挖穴种植。黑籽雀稗和柱花草用种子挖条形沟撒播。

其研究结果表明，胶农复合生态系统提高了胶园土地利用效率，能提高胶园生态系统的整体效益。在3龄胶园，橡胶—桑树、橡胶—雀稗、橡胶—柱花草三种间作模式，分别使胶园效益增加53.85%、27.10%和11.71%。而在3龄、6龄和25龄胶园间作唐鬼桑，经济效益分别增加53.85%、47.99%和33.37%。同一种间作模式在不同年龄的胶园内，或在同一年龄胶园的不同间作模式，其效益大小存在明显差异，生产上必须要综合考虑间作物种类及被间作物的状况，以便获得最大的经济效益。在3龄胶园，橡胶—桑树、橡胶—雀稗和橡胶—柱花草三种间作模式经济效益大小顺序为橡胶—桑树 > 橡胶—雀稗 > 橡胶—柱花草。而同一间作物唐鬼桑在三种不同年龄胶园中间作，其经济效益大小顺序为3龄胶园 > 6龄胶园 > 25龄胶园。

在广东徐闻县南华农场还有橡胶—砂仁和橡胶—咖啡等胶农间作模式。这里的橡胶树是在20世纪60年代初以3m×6m的株行距种植的。在20世纪80年代初分别在胶园里间种了砂仁和咖啡。

4.1.2.5 杉农间作

(1)分布区

杉木为我国特有用材树种，材质优良，生长迅速，产量颇高，是亚热带地区常用的造林树种。杉木的栽培历史已达一千年以上，在我国广泛栽培。自然分布区北起秦岭南麓、伏牛山、桐柏山和大别山，南到广东中部、广西中南部，东起浙江、福建沿海山地及台湾山区，西到云南东部和四川盆地的西缘，包括甘肃、陕西、河南、安徽、江西、江苏、浙江、湖北、湖南、贵州、广州、广西、云南、四川、福建、台湾等16个省份。杉农间作是产杉区的传统习惯，群众有着丰富的间作经验，已形成了独特的栽培制度。农民通过杉农间作，即可获得粮、油与其他农产品，又促进了杉木生长与早日成材。

杉木的习性是喜温、喜湿、怕风、怕旱。生长最适宜的气候条件是年平均气温16~19℃，年平均降水量1 300~2 000mm，且四季分布较均匀，旱季不超过3个月。年降水量大于或等于年蒸发量，降水量与蒸发量比例变动在1.0~1.4之间。年相对湿度77%以上，全年雨日在150~160d左右。年平均风速2级左右。

杉木分布与红壤、红黄壤、黄壤的分布基本一致。在这些土壤上杉木都可以生长，但在黄壤上生长的最好。各种酸性和中性基岩风化发育形成的土壤，只要土层深厚、质地疏松、富含有机质、酸性反应、排水良好，就是杉木生长适宜的土壤。

地形对杉木的生长有明显影响。山脚、谷地、阴坡等地方一般日照短、温差小、湿度大、风力弱、土壤厚而肥沃湿润，是杉木良好的生长环境。山脊、阳坡等土薄、日照长、风力大的丘陵地上，杉木往往生长不良。

（2）主要模式

杉木虽为浅根性树种，但实生苗主根深，一年生苗的大于 20cm，造林时可进行深栽。插条造林者，2 年生苗主根分布接近 1m 深。3、4 年生时，细根密集范围都在 30～50cm 深处，因此与间作的农作物在地下空间与养分、水分利用上矛盾不大。杉木根系生长有个特点，就是 5 年生前生长缓慢，5 年生后开始加快，5～10 年生时，根量与根幅增加得很快，10～15 年生时又变缓慢。水平根生长远远比垂直根系发达，但此时林冠已经郁闭，间作已经停止。在杉农间作期内，杉木和农作物的根系吸收养分并不会发生矛盾，而且能充分利用土壤各层次中的养分。杉木地上部分的生长在栽培后的前 3 年生长缓慢，年高生长量约为 30～50cm，分枝也慢，冠幅小，这也为间作农作物提供了光照条件。

作物种类与杉木结合的好，既可以减少作物对幼树生长的不良影响，还能提高作物产量。较干旱瘠薄的林地应间种耐干旱瘠薄的作物，如豆类。肥沃湿润的土壤上，可间种需水肥较高的作物，如旱禾、麦子。适于山地栽种的作物很多，主要有以下几种：

按形态分：①高秆作物：玉米、高粱、木薯；②矮秆作物：谷子、大豆、花生、芝麻、薏米、生姜、烟草、旱禾、西瓜。

按用途分：①粮食作物：玉米、谷子、旱禾、荞麦、白薯、芋头、饭豆等；②油料作物：大豆、花生、油菜、芝麻、油菜等；③经济作物：烟叶、生姜、焦芋、棉花、凤梨等；④药用植物：薏米、党参、白术、红花、砂仁、紫草等；⑤木本经济植物：油桐、山苍子等。

杉木造林有实生苗造林和插条造林。实生苗造林可以大量培育苗木，造林成活率高，早期生长快，后期经久不衰，有利于培育速生优质木材，是主要造林方法。栽植一般采用穴植，穴不能小于 40cm 见方、30cm 深。栽苗时苗木梢向山下倾斜，要适当深栽，以抑制根茎萌蘖，扩大生根部位，增强抗旱能力。插条造林可以保持母本优良特性，生长速度也较快，但取条技术较复杂，造林成活率较低，难以适应大面积造林的要求。插条时间宜在初春形成层开始活动时进行，插杉应在阴雨天或雨后阴天进行，插穗入土深度约为穗长的 1/3～1/2，插时切口朝上坡，穗梢朝下坡。

间作农作物的方式为散播、带播或穴播，一般以带种与穴种为主，在幼林行间种植作物。通常在头年，于每个幼树行间种作物 3～4 行，以后随杉木生长，逐渐缩减到 1～2 行。农作物与杉木幼树之间要有一定的距离，距离的大小随幼树的生长、作物的高矮及对光照、空气湿度的要求与根系分布范围等确定。林地间作时间的长短，随林木行距、作物种类与立地条件的不同而不同。

幼林郁闭前的间作有两种传统做法：一是先农后杉，这是以农为主的做法，即挖山后先种一年或两年农作物，而后再栽杉；二是杉农并举，即在冬天炼山挖山后，在翌年春天造林的同时，间作农作物。这两种在间作时的结构有 3 种类型：一是杉木居下层，高秆农作物处于上层，如杉木和玉米、高粱或木薯的间作。适用于造林的当年，高秆作物可为幼小杉木遮阴，利于杉木生长，又可得到较高的粮食产量。杉木密度一般为1 500～2 500 株/hm²。二是杉木居上层，作物在下层。这种类型是先栽杉，一、二年后才间种农作物，如杉木与花生、大豆、绿豆、生姜、白薯等。杉木密度一般为2 500～3 000 株/hm²。三是杉木与农作物处于同一层次，栽种杉木与种植农作物同时进行，如杉木与旱禾、杏子、桐等。杉木密度一般为1 500～1 800 株/hm²。

杉木郁闭时与林冠疏开后间作是在杉木林到了成林阶段，林木自疏使郁闭度降低，此时可在林冠下种植耐阴的中草药，如黄连、砂仁等。杉木—黄连间作时，每公顷栽种2 年生6 杉苗4 500 株以上，在杉木开始郁闭的当年立秋至处暑时节，在林下移栽黄连苗，每公顷移植黄连苗60 万株，株行距为10cm×10cm，5 年后即可收获。黄连耐阴，要求的透光度为30%～60%，耐寒不耐热。杉木林冠可以避免强光、高温对黄连生长的不利影响。

杉农间作还要加强间作造林地的管理：一是全面进行中耕除草，在每年杉木生长高峰期和杂草种子成熟前进行，每年2～3 次；二是适当施肥；三是除蘖防萌，杉木根际有大量不定芽，如果在根颈处萌蘖出很多萌蘖条，就会严重影响杉木生长，应及时清除。

（3）典型案例

福建省建鸥市龙村乡在1982 年采伐后经劈草炼山带状整地，于立春前营造杉木林。在一些地段适当移栽山苍子幼苗，并于1983—1985 年连续间种黄豆及烟叶等。1985 年，调查其间种密度和经济效益，1990 年4 月再次调查时，8 年生杉木林分郁闭度达0.80，而混栽的山苍子处于杉木林下层，由于光线不足有一部分已枯死，作物及其残余物基本上已分解完全。

杉木幼林地采用不同经营措施，形成不同耕作体系，使得幼林地林分结构、植物种类、盖度、耕作强度不同，导致不同模式土壤营养状况的差异，直接影响林木生长发育。复合经营地块每年进行2～3 次翻耕使底层和表层土壤得到一定程度混合，遗留在土壤中的山苍子根系及枯落物、作物根系及残体特别是具有根瘤菌的黄豆根茬对土壤的改善都具有一定的作用。农林复合经营模式的底层土壤速效性养分含量比纯林高，而底层土壤速效性养分含量的增加对分布于该层的杉木根系的生长很有利。

在杉木幼林混栽山苍子后，由于山苍子早期树冠扩展较快，根系密布表层土壤，有效地增加了幼林地的覆盖，每年每公顷还有大约90kg 落叶归还幼林地，起到良好的水源涵养和水土保持作用。每年在山苍子发叶与开花之前进行一定程度的锄草松土，对该模式良好土壤结构的形成较为有利，表层土壤水稳性团粒结构比对照的纯杉林增加6.96%，结构体破坏率和土壤容重分别降低5.8%和0.019%，总孔隙度和非毛管孔隙比对照纯杉林分别增加0.42%和5.37%，有效水含量范围和最大持水量比对照的纯杉林分别增加0.36%和2.08%，土壤有机质和全 N 分别比对照的纯杉林增加0.010 1%和0.027%，土壤速效性养分和土壤盐基含量及阳离子交换量亦有不同程度提高，土壤生物学活性得到改善。

福建松溪县土壤为片麻岩发育而成的山地红壤，土层厚度大于1m。前茬为常绿阔叶林，于1994 年采伐后炼山，翌年1 月种植杉木。杉木—胡枝子—食用菌模式的杉木与胡枝子同时种植，造林密度分别为 0.25 万株/hm² 和 1 万株/hm²。采用穴状整地，杉木和胡枝子每穴大小分别为 40cm × 40cm × 30cm 和 30cm × 30cm × 20cm，胡枝子施 300kg/hm² 钙镁磷或过磷酸钙作基肥。深秋或初冬胡枝子落叶时割采、干燥、粉碎，再将小麦麸皮、石膏、过磷酸钙、糖、尿素等混合作栽培食用菌培养基。栽培食用菌收后培养基加 0.5% 尿素和约 0.1% 钙镁磷再归还林地，以降低 C/N 和 C/P 值。

杉木—百喜草—黄花菜模式是在杉木定植后于当年 2 月底种植百喜草 4 000 株/hm² 和黄花菜 3 万株/hm²。抚育时杉木扩穴连带，形成杉木种植水平带上株间长黄花菜、带间长百喜草的布局。百喜草为多年生匍匐草本，分蘖力强，具发达的辫状匍匐茎缠结地表，抗逆性和适应性较强，生长覆盖快，保持水土和培肥改土效果十分明显。百喜草草质柔嫩、富营养，鲜质量产量高达 50～100t/hm²，牛、羊、猪、兔、鹅、鱼等均喜食。黄花菜营养价值高，味道鲜美，易栽培，可多年收获。

杉木—百喜草—黄花菜生态模式由于百喜草的特性一般造林当年 9～10 月即可覆盖林地约 60%，且翌年恢复生长快，4～5 月即可覆盖林地的 60%～70%，能够很好地降低林地的水土流失量。杉木—百喜草—黄花菜生态模式种植第 1 年土壤流失量为纯杉木林的 32.7%，第 3 年为纯杉木林的 8.6%。种植第 1 年杉木—胡枝子—食用菌生态模式土壤流失量为纯杉木林的 46.3%，第 3 年已降为纯杉木林的 20.3%。

南方山地通常采用炼山清理采伐迹地，而使林地土壤速效养分大大增加，但林地不能及时为植被覆盖，林木根系分布范围小，吸收能力弱，大部分速效养分随水土流失。而农林复合经营生态模式林分可较快覆盖地面，保持土壤速效养分。豆科植物胡枝子具根瘤固氮能力，培养食用菌后以胡枝子为主要成分的培养基回归林地，百喜草每年有大量生物量腐于土壤中，所以这两种农林复合经营生态模式林分土壤理化性状均优于纯杉木林地，土壤容重较小，总孔隙度和非毛管孔隙度较大，且有机质、全氮和速效养分含量均较高。

农林复合经营杉木林地地表植被组分变化及耕作措施与强度不同，可以导致土壤微生物数量和组成发生变化。农林复合经营模式土壤微生物各种群数量明显多于纯杉木林，对加速林地土壤养分转化、维护地力、促进杉木生长有利。

农林复合经营生态系统以耕作代抚育，以短养长，在林地中间作收获期短、经济价值较高且保持水土的植物可取得较高经济效益，以调动人们造林、营林的积极性。胡枝子富含纤维素和氮，可用于栽培香菇、凤尾菇、平菇及木耳等。1kg 胡枝子木屑可产鲜菇 0.8～1.0kg，其枝条 C/N 值约为 67，而一般杂木屑 C/N 值为 300～400，因此胡枝子木屑仅需添加少量含 N 辅料即可，大大降低生产成本。杉木—胡枝子—食用菌模式年产干胡枝子 1.5 × 10⁴kg/hm²，加上食用菌的获利，当年即可收回成本并有盈余。杉木—百喜草—黄花菜模式可产黄花菜 450kg/hm²，第 2 年即可收回投资。

4.1.2.6　枣农间作

（1）分布区

枣树是我国栽培最早的果树，在我国北纬 45° 以南地区均有分布，栽培主要集中于河北、山东、河南、山西、陕西等地，在华北、西北地区栽培都很广泛。在浙江、安徽、江苏、福建、贵州、辽宁等地也有栽培。

枣树果实含有丰富的营养物质，并具有很高的医疗价值，其营养滋补作用被国内外医药界广泛重视。枣树有大量的栽培品种，全国各地都有地方性优良品种，著名的品种有：

①金丝小枣 我国著名的品种，主要用于晒制干枣，由于核小、肉厚、糖多、色鲜质细，可拉成细丝故而称作"金丝小枣"。主产河北沧州、廊坊、唐山地区。20世纪70年代以后，山东的乐陵、庆云、沾化等地发展很快，成为重要生产基地。

②大枣 主产河北平原和太行山区各县。树高冠大，结果能力强，产量高，成熟期比小枣早，大枣鲜食可口，脆而甜，也多晒干制成干枣或用于加工。

③灰枣 主产河南新郑。灰枣冠大，丰产。宜于晒制干枣，色好、肉丰，是我国著名的干枣品种。

④无核枣 为山东乐陵特产。无核、枣冠小、长势较弱，属小枣型品种，产量不如小枣。肉厚味甜，皮薄色浓，宜鲜食或晒成干枣，是名贵的干枣品种。

⑤义乌大枣 主产浙江义乌。树直立，长势强，果黄绿色，肉松汁少，当地用于加工成蜜枣。

（2）主要模式

枣树适应性强，耐热耐寒，耐旱耐涝。干热的气候有利于提高枣果的品质。枣树发芽晚，落叶早，年生长期较短，与间作物的矛盾较小，而对间作物的管理则又显著促进枣树的生长发育。枣树是深根性树种，根幅较窄。因而枣树与间作物在生存空间上矛盾较小，间作有利于充分利用空间、水分和肥料。枣树树冠较矮，枝条稀疏，叶片小，遮光少，透光率较大，在生长期的大部分时间里树冠的透光率大于50%，实行间作、复合种植基本不影响主要农作物对光强和光量的需求。

枣农复合经营系统具有较高的生物量，收获后残留物较多，合理的枣农复合经营既有益于区域生态系统的良性循环，又能充分合理地利用土地资源，是用地与养地相结合的较好方式。枣农复合经营改善了群落结构，降低了干热风的危害。据观测，枣农复合经营地的气温5~9月间较一般大田降低0.10~0.15℃，相对湿度提高2.1%~2.5%。干热风发生次数减少，风速减小，危害减轻，增产区面积大于减产区面积。枣农复合经营变单一农作物的平面配置为乔木与农作物相结合的立体配置，实现了枣粮兼收，枣农复合经营的产值远高于单一作物。

适宜冬小麦主产区的枣农复合经营优化配置模式最早于20世纪80年代中期提出，经过不断的补充完善，现已比较成熟，它是科技工作者在大量调查研究和生产实践基础上获得的宝贵成果。

枣树行向直接影响田间光照分配，进而影响作物产量和品质形成。从行间光照和枣树受光状况评判。枣树南北行向种植，树东西两侧光照分布基本一致，遮阴宽度在清晨和傍晚较宽，遮阴时间较短，遮阴区内光照强度达 2×10^4~40×10^4 lx，透光度为55%~80%，满足夏熟作物对光照的需求。

株距是影响枣树密度和经济效益的主要因子，行距是枣农复合经营优化模式中最重要的因子，同间作地的光照状况、作物种植、枣树密度以及枣和间作物的产量、产值关系十分密切。根据调查，适宜在小麦主产区推广的模式主要有：①以枣为主的模式，株行距为 4m×6m，或带状间作，株距 4m，小行距 4m，大行距 10m，密度指数 57.6%，适于地多人少的地区采用；②以粮为主的模式，行距 15m，株距 4m，或双行带状间作，株距 4m，小行距 4m，大行距 18m，密度指数 35.9%，适于地少人多的地区采用；③枣粮兼收模式，既可保证粮食等作物高产，同时又有显著经济效益的模式，又称为优化模式，主要特点是枣树单行，南北向，宽行密株，株距 3.5m，行距 15m，干高 1.5m，树高控制在 5m 以内。干高在 1.5m 以内，不影响枣树生长发育和结果，又可使冠下距地 1m 的光强达 $1.5×10^4$～$4.8×10^4$ lx，适于间作较耐阴的低矮作物。树干过高或过低，都会影响枣果产量、降低防风能力。如果树干过低，还会使一般作物不能正常生长。

枣农复合经营在光能利用上存在矛盾，由于树冠遮阴，导致近树体作物产量下降。但由于田间小气候的改善，又使距树干一定距离的农作物产量增加，形成明显的增产区和减产区。枣树的树冠，宜为疏散分层形，达到优化的高度时落头开心，同时，基部主枝务必粗壮，保持 60°～65°的基角，以使其在大量坐果时不致下垂。

（3）典型案例

枣农间作试验区遍布于辽宁省朝阳县各山区乡镇，1994—2004 年，11 年间枣粮间种面积已达 6 750hm^2。本地区的气候特点是光热充足，雨量偏少，适合耐旱植物生长，特别是适合枣树生长。试验区地貌属半丘陵半石质山区，其中占 95%以上的枣粮间种区为坡耕地，由于植被盖率较低，土质瘠薄，坡度较大，水土流失颇为严重。

枣农间作试验区选择在山坡地、水平梯田、过渡式水平梯田和台阶式水平梯田，坡度 12°～18°，以阳坡或半阳坡为主，土层厚度 30cm 以上，海拔高度 200～550m，pH 值 6.5～8.5，土壤种类不限。选用两年生根蘗苗，要求地径达 0.8～2.0cm，苗高 60～120cm，根系完整无损伤的健壮苗木，不宜选用嫁接苗或其他类型苗木。

早春土壤解冻后，在梯田埂沿挖 60cm×60cm×60cm 立体方型整地坑，株距 2m，行距根据梯田埂间距来确定，一般 5～8m，埂间距较远的梯田可中间进行插行，密度达到 600～700 株/hm^2 即可。为确保成活，要求采取抗旱栽植方法，造林成活率要求达到 95% 以上。否则，翌年春季进行补植。通过测定，枣农间种区径流含沙量低于纯农作物 15.16%，土埂冲刷损害轻微，秋末不需补修或只需简单补修即可。而纯农作物区土埂损害较明显，低洼处出现沟缝较深，秋末必须进行补修。说明枣农间种区枣树有固土护埂功能，值得推广。

枣农间作区的综合产值为 859 元/亩，而纯农作物产值仅 181 元，枣农间种区经济收益是纯农作物区的 4.7 倍。枣树主根较浅，水平根十分发达，伸延能力强，是固土护坡优良树种。栽植根蘗苗，有很高的经济价值。它的特点是不仅能保持枣树原母体的优良品质，而且繁殖程序简单，不用再重新嫁接，就可以直接进行栽植，当年即可开花结果。

河南内黄县历史上由于受黄河、卫河多次决口的影响，沙地面积较大。成土母质为冲积物，土层深厚，土壤肥沃，质地疏松，pH 值 6.0～7.2，适宜枣农间作。枣农间作以乡土树种扁核酸为主，密度为 3m×11m 或 3m×15m，300 株/hm^2 或 225 株/hm^2。行间种植农作物，以小麦、花生为主。整地把沙荒地推平，施足底肥，深耕细耙，结合种植不同农作物进行打畦，并留出营养带，栽植枣树。挖穴规格 60cm × 60cm × 60cm，穴内施基肥。枣树发芽时栽植成活率最高。栽植后要浇透水，封土成堆，确保成活。

生长期要结合农作物灌溉、施肥。定干采取清干法，即自下而上逐年清除树干的二次枝和过低的、不能用作主枝的发育枝，留出所需要的树干高度。清干不能过急，每年清干的高度应掌握不超过整个树高的 1/3 ~ 2/3，全干分 3 ~ 5 年逐步完成，清干时间应冬夏并重，休眠期剪除应去的分枝以后，4 ~ 7 月还应逐月检查，及早清除清干部位新萌发的枝芽。

按整形结构要求，在主干适当部位选留健壮的发育枝，用撑、拉、别等方法，调整其延伸方向和开张角度，培养为主枝，在主枝的适当部位用同样的方法可选留培养侧枝。选定培养的主侧枝一般不要剪截，使其保持原定方位和开张角，较快地延伸，扩展树冠。随着主侧枝生长发育，用培养骨干枝同样的方法，自下而上，在其两侧和背上选留发育枝，并控制其生长，使其转化为结果枝组。

幼树期枣树病虫害主要有枣锈病、枣疯病、枣尺蠖、枣黏虫、枣瘿蚊、龟蜡介壳虫等，应及时做好防治工作。防治方法以化学防治为主，生物防治和人工防治相结合。

据多年来在后河镇观察，枣农间作群体可以使风速降低 20.3% ~ 61.2%，气温降低 1.2 ~ 5.7℃，空气相对湿度提高 0.8% ~ 10.6%，土壤含水率提高 4.2% ~ 5.5%，蒸发量降低 7.7% ~ 44.5%，农作物产量提高 20% ~ 30%。

在枣农间作条件下，沙地小麦亩产 200 ~ 300kg，花生亩产 150 ~ 250kg，红枣亩产 200 ~ 500kg，每亩年经济收入比单一种植农作物高 1 ~ 2 倍。后河镇 0.47 × 10^4 hm² 耕地，全部实行枣农间作，年产红枣 2 700t，仅此一项年产值 5 400 万元，人均产值 1 262 元，年收农林特产税 1 000 万元，占全镇财政收入的 60% 以上，全镇 80% 以上的农户依靠枣农间作走上了致富路。

4.1.2.7　果园间作

（1）主要模式

果园复合经营是以果为主，利用果树与其他植物互生互利的关系，在果树行间进行适当的间作，主要是针对幼树果园而言，作为果园经营初期的副产品。在果树结果前或盛果前期可以获得相当的经济收入，节约果园的经营成本。盛果期果园，间作成分要相对减少以免影响产果量。

柑橘（特别是脐橙）种植是一个高投入、高产出的种植业，对水肥要求很高，而且需 3 ~ 5 年后才能获效益，对农场和果农来说有前期资金投入大、周转慢的问题。新橘园有大量的空隙地，为此在橘园经营中利用不同种类间的生长空间差、时间差，开展各种形式的复合经营，能够最大限度地利用资源。橘—经济作物模式是赣南橘园一种传统的、普遍采用的立体经营模式，历史悠久。在立地条件尚好的橘园隙地垦出带状地种植各种矮秆经济作物或蔬菜，大多为一年生的花生、大豆、绿豆、蚕豆、豌豆、西瓜、红薯、烟草、油菜等，以短期利用为主。种植时一般是先种耐干耐瘠的豆类、红薯等，土壤初步改良、熟化，肥力提高后，再种植经济价值较高的蔬菜等。也可以采用橘—肥（绿肥）—经济作物模式，在种植经济作物之前或期间轮种 1 ~ 2 茬肥田萝卜、印度豇豆、猪屎豆、苕子、紫云英等抗性强、耐干耐瘠的绿肥，以增加果园地面覆盖，减少冲刷，夏季降低地表温度，冬季保持土温，改善土壤理化性质，提高土壤肥力，实现以园养园。

（2）典型案例

重庆市云阳县主要有以下几种模式：①幼龄果园＋冬季种豌豆＋夏季种甘薯；②幼龄果园＋冬季种小麦＋夏季种甘薯；③六年生果园＋冬季种榨菜＋夏季种甘薯；④六年生果园＋冬季种马铃薯＋夏季种黄豆。旱地果园实行间作，除了有明显的经济效益，还有明显生态效益，表现在：①增加地表覆盖，减少土壤裸露时间，减轻地表径流，能有效防治水土流失；②实行复合经营后，落叶及作物秸秆当做绿肥翻入土中，两季间作的农作物又施了底肥和追肥，增加了土壤有机质含量和 N、P、K 有效养分，促进了养分再循环，土壤肥力得到提高，而纯果林，一般只能施底肥和追肥各一次，土壤肥力明显比间作模式低；③改善农田小气候，截留降雨，减轻地表水分蒸发，有利于农作物生长，防治干旱。

上海市南汇区新场镇果园村进行的桃树—青菜复合经营模式，在桃树结果、桃子上市前后（约 6~8 月）套种"矮抗青"青菜，其中 70% 的桃树下套种一茬青菜，30% 的桃树下套种二茬青菜。桃树下种青菜，比在露天种植的青菜更耐冻，养分充足，商品性好。青菜平均每公顷产量为 2 500kg，按前两年市场平均单价 1 元/kg 计算，可增加亩产值约 2 500~5 000 元。

辽宁朝阳县根据立地条件的不同，分别采取不同的果—农复合经营模式。低阶地、岗台地、缓丘和低山山脚的阳向、半阳向平坡，地势较平坦，间作的物种较多，果树基本是苹果、梨、大枣、桃，农作物为玉米、高粱、向日葵、谷子、大豆、黍子、棉花、花生、芝麻等，偶见小面积苹果与红薯、白菜、葱进行间作。缓丘及低山中下腹的阳向、半阳向缓坡，多数用地修筑成梯田状，土层厚度大部分为 30~60cm，有机质含量为 10g/kg 左右。种植的果树品种有苹果、大枣、梨、李子、大扁杏、核桃、山杏，间作农作物有玉米、高粱、向日葵、谷子、大豆、黍子、芝麻。低阶地、岗台地、缓丘和低山山脚的半阴向平坡，土层厚度大部分为 30~60cm，有机质含量 8~14g/kg。种植的果树品种有苹果、大枣、桃、李子，间作农作物为玉米、高粱、谷子、大豆、黍子，偶见大枣和香瓜、芥菜间作。缓丘和低山山脚的半阴向缓坡，土层厚度大部分为 20~50cm，有机质含量为 8~13g/kg，多数修筑成梯田状，种植的果树品种基本是苹果、大枣、梨、桃、李子，间作农作物为玉米、高粱、向日葵、谷子、大豆、黍子、花生，偶见梨和西瓜、红薯、葱间作。

4.1.3 等高植物篱

（1）发展过程

坡耕地作为山区、半山区重要的农业生产资源，对保障人民群众生活、发展农村经济发挥了重要作用。但是，不合理的开垦利用已造成山地丘陵地区严重的水土流失。对发展中国家来说，坡耕地土壤侵蚀更是目前面临的极其严峻的问题，因此坡耕地治理已成为这些国家和地区的当务之急。等高植物篱种植模式作为一种坡耕地上低投入、高收益的保护性耕作和持续利用技术，在水土保持研究和应用中备受关注，已在亚洲、非洲以及拉丁美洲等一些国家广泛应用。

等高植物篱种植模式是一种空间农林复合实践模式，即在坡地上沿等高线每隔一定距离密集种植生长速度快、萌生力强的灌木或灌化乔木，而在植物篱之间的种植带上种植农作物，通过对植物篱周期性刈割来避免对相邻农作物遮光的一种特殊的农林复合经营模式。它不仅可以有效控制水土流失，而且起到增强土壤肥力、促进养分循环以及抑制杂草生长等作用，已成为山地、丘陵、破碎高原等以坡地为主的地区进行水土保持和生态建设的一种重要实践形式。

等高植物篱技术最早出现于20世纪30年代，印度尼西亚为了解决橡胶林的土壤流失及土壤培肥问题，在林下种植豆科固氮植物。1970年，菲律宾亚洲农业发展中心对该技术进行了大规模的示范和推广，这对减少水土流失、增加农林经济效益和改善坡地土壤生态环境具有重要作用。此外，尼泊尔、印度、肯尼亚、泰国等国家都进行了大量的研究和实践，获得了宝贵的资料和成功的经验。近几十年来，由于土地资源的破坏和生态环境质量的不断下降，国际上对坡地农林业的研究非常活跃。

等高植物篱种植模式在我国的兴起是在20世纪90年代初。1991年，唐亚等在国际山地中心的支持下，在金沙江干旱河谷坡地上开展了植物篱种植模式的研究和示范工作，并结合我国山区的实际情况作了大量的完善和改进，使之适合我国山区和坡耕地的应用。此后，植物篱种植模式在我国的试验研究逐步扩大，目前的研究主要集中在长江中上游干旱河谷区和三峡库区，以及北方黄土高原水土流失严重地区，摸索和建立了适应不同地区山地农业经营模式。

（2）主要模式

整个复合系统由沿等高线种植的绿篱和作物种植带组成。绿篱由种植非常密集、生长快、耐修剪、萌发力强、固氮的树种组成，是复合经营系统的关键，其作用主要是：①地上密集部分对水土流失的机械阻挡，地下根系对土壤的固结；②每年几次修剪大量的枝叶作为绿肥施于作物种植带，增加土壤含氮量及有机质，提高土壤肥力和土地生产潜力。耕作带是另一个重要的组成部分，种植大田作物，也可种植经济作物或树木。

不同地区适宜的树种和农作物不同，可以构成不同的、各具特色的坡地农林经营模式。在国际山地中心支持下，中国科学院成都生物研究所在四川引进了坡地农耕技术。四川凉山州宁南县披惠乡坛罐窑，海拔1 100～1 203m，坡向东北，坡面下部坡度12°，中部坡度15°，上部坡度20°～30°，土壤为燥红土，上层质地为中壤、下层质地为重壤。坡面垦殖历史较长，主要种植玉米、红薯、小麦和花生。由于试验地地处干暖河谷，旱季长，可供选择的树种有限，根据当地多年的实践经验，选择新银合欢和山毛豆作为绿篱。株行距30cm×60cm，使绿篱早日发挥水土保持作用。种植大田作物如玉米、小麦、白薯、花生、大豆，或经济植物甘蔗、桑树、油桐、柑橘等。作物种植带的宽度为4～6m，依坡度大小不同可适当减少或增加。

在山区，生态环境保护和农民增收是两个主要问题，植物篱的研究应从这两方面着手。篱笆树种的选择必须从当地的自然环境和社会经济条件出发，根据山区经济发展和农民的实际需求，筛选适宜当地气候和土壤条件、在防止土壤侵蚀上效益明显、经济效益显著且种苗容易获得的篱笆品种，并选择适合当地实际、能促进产业结构调整的植物篱与作物间作配套模式。篱笆植物的选择，除了考虑环境因素和植物的经济价值外，还应考虑植物自身的生物学特性。应选择萌蘖能力强、萌条发达的灌木与禾草作为篱笆植物，使其短期内在近地面部位郁闭成丛。常用的篱笆植物有香根草、新银合欢、黄荆、马桑、紫穗槐、黄花菜、金银花、山毛豆、花椒、柠条、百喜草、沙棘、金荞麦、胡枝子和茶等，其中以香根草、新银合欢、黄荆、马桑、紫穗槐、黄花菜等应用较多。

目前各地已初步筛选出一些适宜的篱笆品种，如三峡库区应用了黄荆、马桑、新银合欢和木槿等，金沙江干旱河谷地区筛选出的篱笆树种主要有山毛豆、云南合欢以及新银合欢，红壤坡耕地地区选出黄花菜和百喜草等篱笆树种，紫色土地区主要是香根草植物篱，陕北有柠条、槐、沙棘和沙柳，黄土残塬沟壑区选用花椒、矮化梨枣、金银花以及矮化石榴等具有良好经济效益的乡土树种及草种营造植物篱，东北黑土区主要是紫穗槐和胡枝子等。

植物篱笆带的间距和密度与植物篱的水土保持效果、提供生物量的大小、植物的占地、植物篱梯地的宽度以及是否方便耕作等有密切联系。由于影响坡面侵蚀的因素很多，植物篱的带间距不可能作具体规定。一般而言，对于坡度大、土层薄、水土流失严重的高坡度耕地地区，其植物篱建设主要考虑的是如何减少水土流失，其篱笆带间距应比较小，篱笆密度较大，否则难以发挥等高植物篱的水土保持作用。在坡度较低的耕地上，主要是筛选经济价值比较高的植物作为篱笆树种，这类耕地坡度较低，土层厚，土壤流失较少，是高产稳产耕地，适宜多种经济植物的种植，其篱笆带间距相对较大些，篱笆密度相对小些。

等高植物篱种植模式生态效益显著，能够有效地保持水土、控制水土流失，并且随着种植年限的增加，其作用逐渐增强。一般认为，等高植物篱种植模式控制水土流失、减缓坡耕地坡度的原理是植物篱增加了地面覆盖度，改善了土壤质地，以及植物篱茎叶对地表径流的机械阻挡作用降低了地表径流速度，减弱了径流的挟沙能力，延长了降水的入渗时间，增加了地表水分的入渗量。等高植物篱种植模式能使坡耕地逐步梯化。植物篱能拦截沿坡面下移的固体物质，使其在篱笆后堆积，逐渐减少篱笆带间的坡面坡度。坡耕地经过足够长的时间便可以逐渐演替为平坦田面，最终达到坡土变梯土，实现旱坡耕地永续利用。但是植物篱使坡地逐步梯化需要很长一段时间，而且视植物篱品种、种植密度以及坡面坡度等因素而异。中国科学院地理科学与资源研究所的研究表明：在植物篱形成初期(3年以内)，植物篱的机械阻挡作用是引起土壤侵蚀量大幅度下降的主要原因，此时期植物篱笆的茎叶在近地面形成条带，减缓径流速度，降低其泥沙携带能力，减少细沟发育；在植物篱技术的中期，即梯土形成过程中，植物篱减少侵蚀是坡面因植物篱分割而变短和植物篱机械阻挡的综合因素作用的结果；在植物篱技术的后期，即梯地形成后，主要是坡耕地逐步变为了梯地，坡面大幅度变缓，地面形态发生了质的变化，因此侵蚀量明显减少。

随着篱笆种植年限的增加，篱笆带间坡耕地的坡度变缓，墒情好转，土壤的肥力和保水能力逐步提高，从而减少了肥料和灌溉的投入，使农民节省了一部分开支，同时土壤肥力的提高使农作物的生长条件大幅度改善，作物产量也明显增加。如果因地制宜选用实用、高效的生态农业模式来发展和丰富植物篱种植模式，其经济效益将更高。例如，选用高肥效、高产量的"铁杆绿肥"紫穗槐作为篱笆植物，其周期性刈割的鲜茎叶每50kg可增产粮食5kg以上。每吨紫穗槐嫩枝叶含氮6.6kg、磷1.4kg、钾3.9kg，且紫穗槐叶量大，根瘤菌多，可减轻土壤盐化，增加土壤肥力，改良土壤。种植紫穗槐5年或施紫穗槐绿肥2~3年后，地表10cm土层含盐量下降30%以上。紫穗槐刈割的茎叶还可作为饲料喂养牲畜，增加山区农民经济收入。

4.2 林牧复合模式

林牧复合经营是指林业、牧业及其他各业的复合生态系统，特征是以林业为框架，发展草、农、副业，为牧业服务。作为一种传统的复合农林业模式在世界范围内有着广泛的应用。近些年来，随着我国西部开发，生态环境建设和林、牧业发展的需要，林牧复合系统在我国也日益受到重视。国家在实施退耕还林(草)工程中规定，林下不准间种农作物、蔬菜，只能间种牧草、中草药。因此，在广大退耕还林工程区实行林牧复合经营，发展草食性畜禽，延长产业链条，发挥最大的生态效益、经济效益和社会效益将成为一种重要的经营模式。

4.2.1 林草复合

(1)主要模式

林草复合系统是我国干旱与半干旱地区农林复合的主要模式之一，泛指由林木和草地在空间上有机结合形成的复合人工植被或经营方式。近年来，随着林草业的相互渗透及对生态环境综合治理的需要，林草复合经营日益受到国内外的重视。以放牧为主的地区，为了提高牧草产量和质量，常营造稀疏林带，间种人工牧草、中草药、经济林等，改善牧区单一的牧草生态系统，增加物种多样性，提高单位面积生物产出量，提高生态效益和经济效益。

(2)典型案例

为改良天然退化草场，提高草地生态系统的生产力，在牧草防护林大网格内(一般为1 000m×1 000m)，营建以林木为框架、牧草为主体、药果粮为主要经济增长点的草场综合立体开发模式。林木以小网、窄带、疏林、绿伞林形式配置，以牧草、药材、果树、作物相结合相间间作形式，增加草地生态系统的物种多样性。杜蒙牧区试验研究结果表明，林草结合模式中仅牧草和草药防风的产值为1 130.76元/(hm²·a)，是无林草场的5.4倍，木材产值为154元/(hm²·a)，合计林草结合的产值1 284.76元/(hm²·a)，是无林草场的6.17倍。

辽宁省凌源市在斑块状和带状方式间伐的油松水土保持林空带内，在采取细致整地的基础上，采用小垙(垅宽15cm)撒播的方式播种草木樨和紫花苜蓿各2带。此种模式的产投比为3.04，防止水土流失效果显著。

1998年4月，辽宁朝阳县木头城子镇木头城子村选择低山地块进行林草复合经营试验。整地措施为竹节壕，栽植班克松、大果沙棘、侧柏2年生苗，行混，株行距3m×3m，班克松、大果沙棘、侧柏分别与豆科草木樨进行复合试验。1998年9月调查成活率，班克松为 70%，大果沙棘为 85%，侧柏为 83%。1999 年 10 月，调查草木犀生物量鲜重每年 30t/hm^2。经过林草复合经营，土壤养分状况发生了变化，0~14cm 土层的有机质含量由原来的 16.4g/kg 提高到 17.5g/kg，全氮量和速效氮含量分别提高 11.8% 和 29.9%。

吉林西部地区在丘间低地进行林草复合经营，阔叶树种可选择小黑杨等耐干旱杨树品种，用二年生大苗一次定植，株行距 2m×3m 为宜。针叶树可选用三年生樟子松容器苗或适宜沙地条件的云杉，株行距 1m×3m 或 1.5m×3m。行间间种羊草、沙打旺等牧草。

甘肃中部干旱地区定西市安家沟流域土地利用类型较多，有多种林草复合模式。山杏—沙棘—紫花苜蓿模式主要分布于缓坡地带，通常以 8~12m 为一带，在每带的下坡位沿等高线修宽 1.5m、长 6.0m、深 0.2m 的集水坑，在坑内以 3m 的株距单行定植二株山杏，在地埂上单行栽植二年生的普通沙棘苗，株距 2m，使山杏和沙棘形成"品"字形结构，在耕地的上坡位播种紫花苜蓿，发展家庭畜牧业。这种模式具有较高的经济效益，不但为农村家庭养殖业提供优质牧草，而且山杏的果实及杏仁可为当地百姓带来一定的经济收入。同时该模式还具有较高的水土保持效应，农田坡耕地所产生的地表径流可在水平坑中拦截，既减轻了侵蚀强度，又能补充山杏所需水分，提高水分的利用率。

沙棘—山杏—草模式主要分布在降水量较少比较干旱的退耕地，通常是在缓坡耕地的下坡位沿等高线修宽为 1.5m、长 2m、深 0.2m 的集水坑，在坑内以 3m 的株距单行定植两年生山杏苗，在地埂上单行栽植二年生的普通沙棘苗，株距为 2m，使山杏与沙棘形成"品"字形结构，耕地的上坡位种植豌豆、荞麦、莜麦、燕麦等秋季作物，为家庭养殖业提供优质饲料。

侧柏—甘蒙柽柳—紫花苜蓿模式通常以 8~12m 为一带，在每带的下坡位沿等高线修宽为 1.5m、长 6m、深 0.2m 的集水坑，在坑内以 3m 的株距单行定植 2 株侧柏，在地埂上单行栽植二年生的甘蒙柽柳，株距为 1m，在耕地的上坡位播种紫花苜蓿，发展家庭畜牧业。此模式具有较高的水土保持效应，农田坡耕地所产生的地表径流可在水平坑中拦截，既减轻了侵蚀强度，又能补充侧柏所需水分，提高了水分的利用率。

安树青等在江苏海岸带六年生 I-69 杨林分下，通过外来牧草引种和土著牧草开发，结合简化培育技术、时空配置技术、林分密度调控技术和牧草栽培技术等林草复合生态措施，建立了稳定的林下草场。在空间上，形成杨树—杨树萌生枝—牧草的三层垂直格局和多种牧草混播的水平格局。在时间上，形成多花黑麦草 + 紫花苜蓿（11 月至翌年 5 月）+ 苏丹草 + 杨树萌生枝（6~9 月）或狗尾草、茅叶荩草（7~10 月）的高生产量格局，大大提高了生态系统的资源利用率和海岸防护林的可持续发展能力。

4.2.2 林禽复合

（1）分布区

竹林—鸡农林系统模式为高效生态农业模式，社会效益明显。竹林养鸡能够提供禽蛋类产品，促进竹子增产，有利于充分挖掘土地资源潜力，使种植业和养殖业同步发展。有利于农牧各业发展，调整农林业结构，促使农业由单一经营向立体复合经营方向发展，达到一地多用，从而提高土地利用效率。增加养殖业比重，有利于丘陵山地农作制度改革，发展多功能、高质量和高效益的农业。丘陵山区若要发展，必须使山区种植业和养殖业资源得到合理开发，发展竹林—鸡农林系统模式可促使种植业和养殖业比重向适宜方向发展，为丘陵山区农业可持续发展开辟新路。

（2）典型案例

浙江杭州市淳安县千岛湖镇山间林场三面环山，且两面山势较陡，为防止水土流失，不宜进行大面积农业耕作，山谷出口即千岛湖湖区，1条小溪贯穿整个林场，山上的水可直接引入山谷使用，水源较方便，主要林种为雷竹及早园竹，另有少量毛竹。该区域实施的竹林—鸡农林系统模式由竹、鸡、草、昆虫、土壤及土壤生物等组分组成，系统外投入主要为饲料（图4-1）。竹林为鸡提供良好的生活场所，鸡在竹林中进行各种活动，觅食林中昆虫及杂草，鸡粪便直接排入系统，起到松土施肥双重作用。

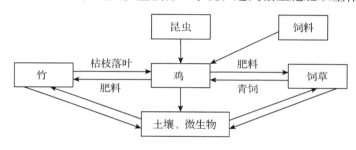

图4-1 竹林—鸡系统模式

系统模式管理包括鸡舍建设、鸡群放养、竹林管理、牧草种植和水土保持管理。在林场内建立4个面积约$200m^2$的鸡舍，要求环境安静、保温且通风良好，便于消毒，可挡避风雨和防止兽害。以简易、经济为原则，采用土墙或竹帘围墙结构，墙高约1.8m，以茅草盖顶，室内要求地面平整，最好铺设竹帘鸡床，养殖容量以15~20只/m^2为宜。鸡群放养一般在夏季25日龄，春秋季40日龄，冬季50日龄开始进行，放养时注意避开寒潮，夏季高温时可适当提早，放养密度以每群300~500只为宜。每日喂料2次，早上放出前喂半饱，晚上放归时补料要足，让鸡吃饱。主要饲料为农副产品、土杂粮、稻谷和玉米等。

竹林按普通笋用竹园管理，于6月、10月各翻耕1次，基本不使用化肥农药。11月选母竹生长较好地片进行铺盖育笋，使竹笋产品提前上市，提高竹林经济产值。成竹间伐，密度保持在1.5~3株/m^2，保证竹林健康生长。牧草种植即在林区播种三叶草、紫花苜蓿或十字花科牧草，进行划片轮放，约1个月轮放1次。并对放养过的林地适时进行补播牧草。除放养场地牧草补饲外，每2 000只鸡最好配备约1亩人工牧草地，种植苦荬菜、胡萝卜和黑麦草等供刈割补饲。

水土保持管理即山坡种植乔灌木，固定山坡土体，沿山势用石头修砌水沟，沟边种植花草，山涧出口处修筑水坝，保证入湖水体清洁，同时贮水用作养殖饮用水。林下土壤尽量不要翻耕，且多雨季节不耕作，以减少表层土壤流失。

在实施竹林—鸡农林系统模式3年后土壤有机质含量、总N、总P、总K及有效养分含量均有所增加，土壤肥力大幅提高，其中土壤有机质、全N、全P、全K分别提高

71%、40%、93%和102%。这是由于鸡排泄物直接进入系统增加有机投入，鸡觅食活动使竹林表层土壤松散，有利于土壤有机物的分解，使土壤养分迅速增加，土壤微生物数量和活性明显增加，与非养鸡竹林相比，养鸡竹林蚯蚓数量增加3倍，竹林表层土壤中含大量蚯蚓粪便，蚯蚓洞穴明显，是土壤养分增加及其物理性状明显好转的重要原因之一。这种模式资金流动较快，增殖明显，特别是鸡养殖子系统其经济贡献率达90%以上，具有较为合理的生态经济结构。

安徽省在经济林增产增效试验中选择元竹林进行了林禽复合经营试验，试验竹林中选取不同的经营方式：集约经营林分采取垦复、施肥及笋前病虫害防治；粗放经营林分中不采取任何措施。养鸡竹林中于春初放养雏鸡，采用免耕、免施化肥和农药的方式，进行对照。通过对林分出笋调查比较，养鸡竹林放养范围内无退笋，周边由于虫口总指数下降，其病虫退笋率也在3%以下，其他粗放经营竹林同年度因竹笋病虫造成的退笋率在20%以上。养鸡竹林病虫害减少的原因是鸡仔在竹林中频繁活动，啄食杂草，断绝了栖息杂草转主寄生的竹笋夜蛾的早起食源，并觅食虫卵，直接或间接地降低了虫口密度。此外，竹林养鸡还节省了除草费用，鸡的排泄物还可直接作为有机肥料肥沃竹林地，减少抚育及施肥成本。养鸡竹林出笋增多、径级增粗，由于成竹率的增高，养鸡竹林中竹产量增加超过集约经营林分水平。同时，竹林养鸡喂食谷类、取食杂草，鸡肉品质高，口味鲜嫩，当地市场售价高于饲料鸡的价格3倍以上。1hm²元竹林可养鸡2 000只以上，生长周期约3个月，仅养鸡一项就可增加产值上万元。

海南文昌市地处热带季风区，该地区采取的胶—茶—鸡农林复合模式是在改变传统粗放的小规模庭院养鸡方式基础上，利用当地橡胶林地较多的资源条件，在半郁闭的橡胶林内间种茶树，并实行集约经营，大规模饲养文昌鸡而形成的生态农业模式。该模式主要特点是"三改两保"：一改母鸡孵化为孵化机孵化；二改母鸡带养小鸡为温棚集中育雏；三改庭院饲养为胶林饲养；一保中鸡野外牧养；二保肉鸡后期笼养育肥。具体而言就是实行早期30d人工保温育雏，接种疫苗，全价饲料喂养，以保证雏鸡成活率，长好骨架。中期(30~130日龄)采取胶林牧养，该期间除喂混合饲料外，鸡群还在胶林中啄食青草、昆虫等食物，以达到提高肉质的作用。后期(130~160日龄)采取笼养育肥。这种结合传统与科学的饲养模式，既克服了传统的周期长、耗料多的缺点，又避免笼养肉质差的不足；既保持原有品种的特征，又保留了地方传统放牧饲养方式，并配以园林饲养新技术，使文昌鸡特有味道不变，同时达到高产、优质、高效的目的。

养鸡的胶园内鸡粪返还土壤能够明显改善土壤的物理性状并提高肥力。同时减少化肥、农药的投放和有毒物质的富集，避免环境污染，改善生态环境。在橡胶林下间种茶树并养鸡，成本低、疾病少、周期短、肉质好。以养鸡为纽带，综合利用鸡粪管理胶、茶树，形成多层次的立体空间结构。橡胶、茶、草类有不同的生长发育节律，一年中发芽、长叶、开花、结果的时间各不相同，因此，该模式能从时间和空间上利用胶林、土壤、光、热、水、气等热带自然资源，使橡胶、茶树、鸡等生物组分有机结合，互相协调、互为补充，使该系统具有较高的生物产量和生态效能。

浙江景宁畲族自治县英川镇为典型的丘陵山区，该地采用的梨—草—鸡农林复合模式中梨树为5年生翠绿，株行距为2m×4m，南北行向，开心形树型，生长健壮，平均树高为 2.3m，南北冠幅 2.25m。幼龄梨园间作黑麦草并放养鸡。通过研究发现，间作梨园的土壤有机质速氮、速钾和速磷含量均高于单作梨园。这是因为梨园间作黑麦草后，形成多层植被，土壤和空气湿度较大，梨、黑麦草的残枝落叶归还土壤，加速了土壤养分积累—分解—再积累的循环过程。梨园养鸡使鸡粪返回土壤，增加了系统的有机肥量，明显提高了土壤肥力。梨—草—鸡间作的果实可溶性固形物、总糖含量较单作系统有所提高，说明梨—草—鸡间作系统中的草与鸡粪还田可以改善果实内在品质。梨—草—鸡间作系统的株高增加 10.44%，且树干直径高于单作梨园 23.81%。

从资金投入来看，对于单作梨园，资金主要用于购买化肥和农药，而对于梨—草—鸡系统，资金主要用于购买鸡苗、饲料和疫苗。从系统产出来看，每亩单作梨园系统每年产出梨 1 000kg，单价按 2 元/kg 计算，产值为 2 000 元，扣除成本后，裸地梨园系统净收入 1 450 元；对于梨—草—鸡复合系统，梨按同等价格计算，产值为 2 300 元，加上鸡的产值 6 750 元，总收入 9 050 元，扣除成本，梨—草—鸡复合间作系统净收入 3 170 元。梨园里一年可养鸡数次，资金周转率迅速提高，可很快收回养鸡投资。同时，鸡能以梨树病虫为食，转化为肉蛋白，既减少了虫口量，还节约了农药用量，降低了生产成本，避免了农药的污染。因此，梨—草—鸡系统产出的梨更加绿色，系统产生的生态环境效益和社会效益更高。

河南省商丘市梁园区刘口乡、李庄乡采用林牧复合生态模式的林地杨树树龄都在 4 年以上，有林鸡和林羊两种复合模式。当林木生长期达到 4 年以上，郁闭度较大时，若不利于大多数植物生长，可种植牧草，发展林牧复合模式。林下养鸡具有饲养空间大、养殖环境好、空气新鲜、光照充分、营养来源全面、养殖设施简易、投入少、成本低、放养鸡运动量大、养殖时间长等特点，故其肉蛋品质好，味道鲜美，被视为污染少、近似绿色无公害的优质天然产品，颇受消费者青睐，市场售价高。此种模式里，鸡平均 60~70d 出栏，重 1.5~3.0kg。林羊模式通过林下放牧羊可以直接提高森林资源经营的经济效益产出，并且具有较高的经济阈值。林下饲料资源丰富，杨树叶适口性强，适度放牧对林区物种多样性良性发展具有一定刺激作用。

枣园家禽复合经营模式遵循生态系统的相关原理，充分利用枣园空间，以枣园作为家禽青（干）饲料生产基地，将畜禽饲养过程中产生的排泄物和其他生物质废弃物以有机肥的形式归还枣园。这种经营模式充分利用枣园资源，通过畜禽饲养环节，在大幅度增加收益的同时，节省了枣园管理的肥料成本，极大地提高了枣园经营的整体效益。同时，通过畜禽排泄物和其他生物质废弃物还（枣）园，大大地改善了农村卫生环境，一举多得。

据浙江省兰溪市赤溪街道王铁店村 1.33hm² 优质鲜食枣示范点调查，经营者通过枣园—肉用番鸭养殖的综合经营，常年出栏番鸭 7 800~9 000 只，仅此一项年增利税 5.0 万~5.8 万元，枣园肥料投入因此而节约 73.3%。枣园土壤肥力随着有机肥的大量投入而得到了显著提高，枣树生长健壮，高接换种第 3 年平均株产鲜食枣 2.7kg，最高株产 10.2kg，第 7 年最高株产达 62kg。

兰溪市枣区近年来根据枣园环境特点开发出新的枣园综合经营模式。在具体经营过程中，选择土鸡、肉用兔等对枣树生长无不良影响的家禽、家畜，阶段性地放养于枣园间，利用枣园人工套种的优质牧草或有意识留养的适口性、营养性较好的天然杂草如马唐等作食料，发展畜禽养殖业。家兔、土鸡生活于枣园，活动空间大，体质健壮，生长速度快，成活率、瘦肉率高，且食料无污染，所产出的肉制品品质优，食用安全性高，效益显著。家禽、家畜的排泄物直接归还于枣园，同时由于家禽的存在，降低了枣园害虫的虫口密度，节省了枣园管理的人工、农药和肥料成本。这种经营模式在交通方便的平地、缓坡地枣园值得大力推广。

据兰溪市永昌蔬菜种子专业合作社鲜食枣园调查测算，如 1hm² 枣园与土鸡复合经营，一个饲养周期平均放养土鸡 3 000 只，从雏鸡到成鸡的整个生长过程成活率 95%，成鸡个体重 2.5kg，若平均销售价格 20 元/kg，年饲养 3 个周期，年平均新增产值 42.75 万元、利税 27 万元。又如，1hm² 枣园与肉用兔复合经营，一个饲养周期平均放养 1 875 只肉用兔，成活率 95%，成兔平均体重 2.75kg，若平均销售价格 11 元/kg，年饲养 5 个周期，平均年增产值 31.8 万元、利税可达 21.75 万元。

长白山林区还有林下养鹅的经营模式，利用林地放养。禽畜啃食林下植被，可以提高地温、控制杂草蔓延，为林木生长创造良好的环境。

4.3 林渔复合模式

4.3.1 桑基鱼塘

（1）分布区

基塘系统是水塘和陆基相互作用的生态系统。在我国北回归线以南的广东珠江三角洲低洼之地，当地群众因势利导，将低洼地挖塘培基，塘养殖、基种桑，逐渐形成一种独特的水陆相互作用的林农渔复合经营类型。这一经营模式在我国亚热带地区尤为普遍。

400 多年前，珠江三角洲农民发现蚕沙可作鱼的饲料（每 8kg 蚕沙可养活 1kg 鲩鱼）后，本来是废物的蚕沙便成为联系淡水养殖和蚕桑业的桥梁。蚕沙越多、鱼越多，因而桑基鱼塘就是这样联系起来的。桑基鱼塘在南海县形成以后，逐渐向珠江三角洲各地推广，邻近南海县的顺德、番禺、三水、鹤山、高明、新会、中山逐渐发展起来。桑基鱼塘系统以桑为基础，桑叶养蚕，蚕沙、蚕蛹喂鱼，塘泥肥基，形成一个良性循环：桑多、蚕多、蚕沙多、鱼多、塘泥肥、基面肥、促进桑多。据中国水产科学研究院淡水渔业研究中心的调查测定，桑—蚕—鱼之间的定量关系是：塘泥是桑基的主要优质有机肥源，每亩桑地能产桑 1 000～1 500kg，每年养蚕 4 次，共产蚕 80～120kg，产生蚕蛹 64～96kg，带残剩桑叶茎脉及蚕蜕皮的蚕沙 300～450kg，每 2kg 蚕蛹或每 8kg 蚕沙能养 1kg 鲜鱼。因此，每亩桑地的副产品能转换成鱼 70～105kg。

我国是世界蚕丝业的发源地，蚕丝业一直是我国传统的优势产业。早在西汉时期，我国丝绸就远销亚洲、欧洲，形成了举世闻名的陆地"丝绸之路"，当时的栽桑、养蚕、缫丝、织绸主要集中在黄河流域的中原地区。随着海上"丝绸之路"的开拓，我国长江流域、珠江流域的蚕丝业得到迅速发展，并且成为我国蚕丝业的主要产区。2009 年，我国南方蚕区 12 个省(自治区、直辖市)蚕茧产量占全国蚕茧总产量的 90%,主要分布在广西、江苏、四川、广东、浙江、云南、安徽、重庆、湖北、江西、湖南、贵州等地。

由于我国南方蚕区范围较广,因此桑基鱼塘系统分布也较为广泛。北从长江流域蚕区(太湖、洞庭湖地区),南到珠江流域蚕区,各地桑基鱼塘系统的基塘比例不尽相同。根据各地的地理位置、劳作习惯、民族风俗、饮食结构、人口数量等不同,以及各地栽植桑树品种、饲养家蚕品种、鱼类习性的差异,基塘比例有"基四塘六""基五塘五""基六塘四""基七塘三"等多种比例。

(2)主要模式

关于桑基鱼塘系统中的桑树栽培品种,应为适宜当地土壤、气候等自然条件和劳作习惯、民族风情等社会条件的主栽品种。太湖地区桑基栽植的桑树品种是以湖桑类型为主,珠江三角洲桑基栽植的桑树品种多属广东桑,洞庭湖地区桑基栽植的桑树品种也以湖桑类型为主,其中还包括 15% 左右的早、中生桑品种。

鱼类在塘水中分布通常具有一定规律,即形成一个鱼类生态系统。桑基鱼塘一般常放养的四大家鱼,在同一鱼塘中分为上、中、下 3 层:上层适合喂养鳙鱼(花鲢、胖头鱼)、鲢鱼;中层喂养鲩鱼(草鱼);底层则主要喂养鲮鱼、鲤鱼。鳙鱼以食浮生动物为主,鲢鱼则以食浮生植物为主。食剩的饲料、蚕沙、浮游生物尸骸等有机物质下沉底层,一部分成为鲮鱼、鲤鱼和底栖动物的饲料,一部分经微生物分解而充当浮游生物的食料和养分。鲩鱼以吃蚕沙和青饲料为主,排放的粪便既可促进浮游生物的繁衍,又可作为杂食性鱼类的饲料。不同鱼类在塘水中合理配比为:草鱼 30%~40%,鲢鱼 20%~30%,鳙鱼 10%,鲤鱼 10%,鲫鱼及其他鱼类 20%~25%。

桑和鱼互相作用是一种自然界独特的生态模式,它是以桑为基础,以鱼塘为关键。鱼塘是"养"基的条件,"养"好基是"桑基鱼塘"能量转化和储存的基础保证。投入鱼塘里的有机物质,大部分转化成鱼体蛋白质,作为最终产品固定并储存在鱼体内。还有部分残渣,包括鱼体排泄物及饵料生物尸体沉积塘底,混合塘泥后施入桑地。塘底的淤泥可用于桑地肥料,使桑园增加土壤有机质并改良土壤团粒结构,对提高桑叶产量和质量具有很大的作用。桑园的生长能改善生态环境,可以绿化环境,净化空气,防风固沙,涵养水源,起到生态环保、循环发展的作用。

(3)典型案例

湖南省蚕桑科学研究所的吴桐银认为,洞庭湖地区发展桑基鱼塘,塘应是长方形,长 60~80m 或 80~100m,宽 30~40m,深 2.5~3m,坡比 1:1.5,挖成蜈蚣形群壕,或并列式渠形鱼塘 6~10 口单塘,总面积 2.6~4.0hm² 或 5.3~6.6hm²,使塘与塘既相通又相隔,基与基相连,并建好进出水总渠及道路。这样的桑基鱼塘利于调节塘水、投放饲料、捕鱼、运输和挖掘塘泥等作业,也利于桑树栽培管理和采桑养蚕。

浙江省湖州市东部水乡地区的"桑基鱼塘"最兴盛的时期,基塘比为 6:4。随着社会经济的不断发展,基塘系统也在不断的演变,即由原来单一的桑基向果基、草基、菜基、花基、杂基等多样化模式发展。到 20 世纪 70 年代末,基塘比多为 5:5 或 4:6。20世纪 80~90 年代,基塘比日益多样化,其中基塘比为 4:6 的基塘系统,可以较好地发挥水陆交互作用与边缘效应,协调种养之间的经济与生态效益。近年来,基塘区域土地利用结构发生显著变化，优质淡水养殖鱼塘面积大幅度增长。由于重视养鱼，部分基塘系统扩大，鱼塘面积增大而缩小基面面积。

目前基塘比以 3:7 或 2:8 居多，基塘空间结构比例严重失调，基少水多，基上作物不能较好地满足水产养殖对饵料和水质的需要，塘的底泥也不能被基上作物较好地吸收利用，物质能量得不到较充分的转化，结果导致泥沙淤塘，塘浅基崩，其直接的后果是鱼产量大大减少。富含有机质的塘泥又使鱼塘水体富营养化，不但产生有毒的物质，而且大量消耗水体中的溶解氧而影响鱼类的正常生长，鱼病增加，使农民经营基塘系统积极性下降。

针对这些问题，人们开始对传统的老鱼塘进行改造，并用清淤泥机清理塘泥。在传统池塘改造中，注重对以"桑基鱼塘"为特色的传统生态循环经济养殖模式的保护。比如，在陈邑村的老鱼塘改造中保留了"桑基鱼塘"，试种了"果桑"，大大提高了土地的综合产出率。

因地制宜地实施老鱼塘改造工程，改善渔业基础设施，在基本稳定常规鱼养殖的基础上，以发展特种水产养殖为主，形成具有稳定地域结构和生态系统的水产养殖园区。加强"桑基鱼塘"基础设施建设，确保基塘系统的可持续发展，加强宣传"桑基鱼塘"的生态和旅游功能，发展以"桑基鱼塘"为主题的休闲观光农业，加快"桑基鱼塘"和旅游业的有机结合。依据城郊经济与社会发展的要求，在村庄总体规划的基础上，改造村庄建筑、广场、道路、鱼塘等空间环境，力求通过"一片鱼池，一片绿"的村庄特色风光，为村民及观光的游客提供融生态景观、科学教育、商业娱乐于一体的生态环境景观。

塘体恢复与重建技术包括不同生态型鱼类的轮放、轮养、混养和轮捕技术，生态型饲料培育技术，水体净化技术，塘泥综合利用技术等。

在生态修复过程中，为丰富基塘植物品种，多种植芦苇、茭白、菱等乡土经济水生植物。挺水植物主要有芦苇、芦荻、芦竹、黄菖蒲等，浮水植物有菱、莲等。可适当引入金鱼藻、水麦冬等沉水植物，以便维持河道、池塘内的底泥稳定。用桑树、桃树、柳树种植塘基，可以根固基底，防止塌陷，在桑埂地角也可适量种植蔬菜。

市场经济开放后，珠江三角洲农业结构、布局、品种发生了很大变化，畜牧业和水产业的比重在大农业中的比例明显提高，新的、高档的、引进的品种不断增加，因此基塘的内容和结构也随之变化，出现了蔗基鱼塘、果基鱼塘、花基鱼塘和杂基鱼塘等（表4-6）。基塘系统基面还发展畜（猪）、禽（鸡、鸭、鹅）业，增加了基塘系统的收入。

表4-6 多样的基塘农林复合系统

基塘类型	生态关系
桑基鱼塘	以桑为基础，桑叶养蚕，蚕沙蚕蛹喂鱼塘泥肥基
蔗基鱼塘	嫩蔗叶可以喂鱼，塘泥肥蔗、催根、抗旱
果基鱼塘	果品种类很多：香蕉、大蕉、柑橘、木瓜、杧果、荔枝等。嫩的蕉叶可喂鱼，焦茎可治疗鲩鱼的肠胃病，蕉树下养鸡、鸭、鹅，则生态循环更好
花基鱼塘	华南主要花卉有茉莉、白兰、菊花、兰花以及各种柑橘，有盆栽和基面栽植两种方式。塘泥培基，塘水浇淋。花基使塘面开朗，阳光充足，利于增加溶氧；花基和花盆之间生长的杂草，又是塘鱼重要的青饲料

东北东部低湿地较多，对于大面积沼泽地的利用，黑龙江省宝清县兴国村的稻—苇—鱼—貂生物循环系统获得较为成功的经验。各林区的山间低湿地可采用与帽儿山实验林场、柴河林业局大青林场等地类似的林—稻—鱼—鹅（雉鸡）—貂的循环系统。在此系统内，建鱼塘时堆起的堤埂上可种植落叶松或杨树的稀疏林带，除提供木材外，还可固堤及遮阴，为鹅提供栖息地；林下植牧草，落叶增加腐殖质；鹅是植食性动物，不吃鱼苗，疫病少，最宜林区养殖，鹅粪可喂鱼，内脏可喂貂，鹅蛋、肉、肝、鹅绒毛均可出售；雉鸡适宜林区生育，供野味餐厅及狩猎场用，鸡粪喂鱼；商品鱼可出售，杂鱼可喂貂，鱼粪肥塘，塘泥育林，塘水灌溉稻田；貂皮出售，貂粪喂鱼；稻米出售，稻糠喂鹅、鸡、鱼，稻草培育木耳。依靠塘水灌溉的稻田可省去大部分化肥，又可因水温升高而延长1~2周生长期，利于提高水稻生产力。

4.3.2　林渔复合

（1）主要模式

以江苏里下河地区为代表的河湖等水网地区创立起来"沟—垛生态系统"，即在湖滩地上开沟作垛，垛面栽树，林下间作农作物，沟内养鱼和种植水生作物，形成特殊的立体开发模式。里下河地区的开发类型有3种：

①小水面规格型　池沟比较窄浅，水位不深。池沟宽2~5m，水深1~2m，垛面宽8~15m。沟内主要用于粗放养鱼、养虾或培育鱼种。

②中等水面规格型　池沟宽5~15m，水深1.5~2.5m，垛面宽10~15m。主要用于放养成鱼或培育鱼种。

③大水面规格型　近似正规鱼池，池沟宽15~20m以上，水深2.5~3m，垛面宽20~40m。作为半精养或精养鱼池。

树种主要有池杉和落叶杉等，尤其是池杉树体窄、叶稀，遮光程度小，可延长林下间作年限，对鱼池内浮游生物及其水生作物影响小，有利于提高水中溶氧量和增加饵料，为鱼类生长发育提供了良好条件。间作农作物主要有芋头、草莓、油菜、小麦、大麦、西瓜、大白菜、金针菜、生姜、蚕豆、豌豆、大蒜、棉花、山芋等。间作蔬菜类和豆科植物对林木生长较为有利，而芝麻、棉花、甘蔗及山芋等作物对林木生长有一定影响。尤其在幼林期，在里下河地区一般不提倡种植。

（2）典型案例

江苏省泥质海岸带的林渔复合经营，以海堤基干林带为界，可分为3种经营类型：一是堤外滩涂或堤内沼泽地上有芦苇等植被生长、含盐量较高的滩地上粗放鱼塘；二是堤内脱盐排水河沟水中养鱼、岸上植树造林的粗养鱼塘；三是堤内大网格农田林网内有水电、排灌系统配套的精养鱼塘。

江苏省如东县沿海地区有着丰富的农、林、牧、蔬、果业及野生植物资源。林业主要树种有刺槐、杨树、柳树、水杉、池杉、落羽杉、柏类、竹类等。牧业牧草有各种草本植物。野生植物有芦苇、白茅、盐蒿、水草类、藻类等。为充分利用海堤河、滩涂、脱盐排水沟、含盐量高的农田形成鱼塘，在鱼塘周围的河岸、沟边、埝堤上种植杨树、水杉、池杉、刺槐等树种，林龄5年生左右，树高5~8m，在鱼塘埝堤上分别种有1、2、

3 和 4 条林带几种类型，形成不同类型林带鱼塘。在林带下间种灌木紫穗槐、竹子和芦苇等，在灌木下间种狼尾草、白三叶、紫花苜蓿、蔬菜等形成乔—灌—草组成的复合种植系统，鱼塘内养鱼，形成林渔复合经营系统。鱼塘一般放养草鱼、鳊鱼等草食性鱼为主，也可放养加州鲈、桂花鱼、螃蟹等高档鱼蟹。

由于林带的庇荫和对光照的大量吸收，不同类型林带顶部的光照度均在 13 000lx 以上，而林带基部的光照度均在 1 000lx 以下。林带对鱼塘内光照度有明显的调节作用，尤其是在炎热的夏季，鱼塘内有树荫的水面是鱼群最好的栖凉处。

林渔复合经营对鱼塘内生物数量有一定的影响。由于鱼塘埂堤上增加了不同类型林带，与之有关的生物种类和数量也随之增加。据调查，林带杨树上有害虫 115 种，刺槐、水杉及紫穗槐上也有害虫数十种。2000 年 5 月，对不同类型复合林带上的生物种类和数量进行调查发现，在几种复合类型林带上有大量的蚜虫、蛾类幼虫、蜘蛛、苍蝇、蜗牛等。在鱼塘内增设黑光灯，连接了农、林、花、果、蔬菜及水域（鱼塘）等环节，大量诱集和诱杀害虫，增饲螃蟹和鱼类，提高产量。减轻大田作物被害程度和减少化学农药的使用，优化生态环境。

江苏省响水县黄圩镇从 2001 年起将 120 亩养殖场分 3 个塘口，面积均为 40 亩，池深 1.8m，每个塘两头各设进出水口一个。池周于 2001 年 2 月栽植两年生 I-72 意杨 120 棵，并栽在防逃设施外。栽植密度做到：塘东侧密、西侧稀，南侧稀、北侧密。确保池内光照充足，溶氧丰富。于 3 月 10～15 日放养 11 万只蟹苗，规格为 100～160 只/kg。放养规格为 10～20 尾/kg 鱼种 425kg，其中白鲢占 45%，花鲢占 15%，草鱼占 25%，鲤鱼占 15%。2004 年亩产，河蟹 72.5kg，规格 125～300g/只，鱼 205kg，规格 0.75～1.25kg/条，创造产值 44 万元，盈利 16 万元。杨树直径达 15cm，一棵树每年可增收 160 元左右，每亩可增收 1 600 元左右。林渔合计亩创产值 6 500 元，盈利 3 800 元。

鱼塘要注意加强管理。鱼塘水位要春浅、夏满、秋勤，开春至小满前池水保持0.5～0.6m 深为宜，随气温、水温逐渐上升，水位逐渐加至 1.5～1.6m，保持鱼蟹最适生长的 25～28℃水温。经过开春到夏季几个月的投饵施肥，水质浓度逐渐增加，到秋季要注意注换新水，保持池水清、新、爽，透明度 35～40cm 为宜。

鱼塘投饵要根据春、夏、秋不同季节，鱼蟹不同个体发育期，投喂不同数量、质量的饲料。开春水温 15～18℃后开始投饵，投喂量为 4%～5%，到夏季河蟹投饵量要达到 8%～10%，立秋以后逐渐下降，到水温 10℃后少投或不投饲料。河蟹对饵料质量要求是：两头精、中间粗。夏季和早秋池塘水草要丰富，占池水面积的 40% 左右，既为河蟹提供鲜嫩的水草，又为河蟹提供良好的栖息、隐蔽场所。晚秋鱼、虾、蟹要催肥提膘，饵料质量适当提高。同时，还要注重鱼塘的防病。要投放无疫病健康种苗，使用规范性鱼（虾、蟹）用药物，在当地技术人员的指导下，定期用药防治，做到以防为主、防重于治。

中国科学院鹤山丘陵综合试验站试验区在退化丘陵地建立了"林—果—草—鱼"复合农林生态系统，由丘陵顶部至谷积地分别为：①马占相思林地，在丘陵的顶部，海拔 80m 左右，种植规格为 3.3m×3.3m，面积约 1.3hm²；②果园，在马占相思林之下的坡面山腰处，种植柑橘、龙眼等，面积约为 0.87hm²；③草地，在果园之下的坡脚处，种植象草和饲养家禽家畜，面积约 0.3hm²；④鱼塘，原为谷积地，筑堤后而成，放养有鳙、鲤、鲢、草等鱼种，面积约 0.29hm²。

鹤山林—果—草—鱼复合生态系统森林面积 1.3hm²，根据对鹤山林—果—草—鱼复合生态系统调查，11 年龄时马占相思林平均胸径 11.4cm，平均树高 12m，15 年龄马占相思林林分平均树高 15m，平均胸径 16.2cm。计算得 11 年森林木材量为 99.94m³，15 年森林木材量为 252.26m³。根据其差值计算得年净木材量的平均值为 38.08m³/hm²。

林—果—草—鱼复合农林业生态系统的农副产品分果系统、草系统和鱼系统。鹤山站的林—果—草—鱼中果系统为柑橘。果园中有柑橘 110 株，栽种间距均为 3m×3m。塘边种植象草，栽种时以丛为单位种植，栽种规格为 30cm×30cm。鱼塘自建成后一直饲养鳙鱼等鱼类。收获鲜鱼输出 2.166t/(hm²·a)。果园柑橘每千克 4.50 元，则柑橘为 78 993 元/(hm²·a)；象草每千克 0.50 元，则象草为 8 400 元/(hm²·a)；鱼塘中鳙鱼等均价每千克 16 元，则鱼塘为 34 656 元/(hm²·a)。则林—果—草—鱼复合农林业生态系统价值为三者之合，计 122 049 元/(hm²·a)。

林—果—草—鱼复合农林业生态系统还产生很多间接的经济价值。马占相思林的年蒸腾耗水量为 1 625.1mm，年降水量为 2 074.4mm，单位林地与光裸地年蓄水量差值为 449.3mm，即 4 493m³/(hm²·a)。水源涵养作用价值的评估采用"替代工程法"，即用其他措施可以产生同样效益的费用作为森林涵养水源的货币值，计算得到仅林地与草地涵养水源价值就为 4 535.20 元/(hm²·a)。

森林和草地具有显著的保肥效能，可以使用影子价格法定量评价复合生态系统保肥功能的价值。根据鹤山复合农林生态系统年均降水量 1 990mm，由每 10mm 林下地表覆盖后减少的侵蚀量与降水量的乘积得出土壤年减少损失量，并由此计算得土壤年减少损失量的经济价值。计算得到鹤山林—果—草—鱼复合生态系统保持土壤肥力的经济价值为 23 901.67 元/(hm²·a)。

另外，在系统中集水区底部筑坝造鱼塘，改变了养分流方式，使系统养分大部分持留于集水区内，从而减少养分损失。塘泥被转移用作果树的肥料，实现养分的循环利用，使系统养分最大限度地保留在系统内，既少施化肥节约了成本，也对资源进行了可持续利用，减少了环境与资源压力。因而，从系统养分利用上看，谷地筑塘养鱼具有重大的意义，它使养分大大减少了直接进入地质大循环的过程，而在中尺度水平的集水区规模上，养分在具有生产价值的系统内得到循环利用。这种养分多重利用的特征在于通过亚系统间封闭式的养分流动，使那些未进入产品的养分不至于流失掉，在多次循环过程中，转化为产品，使养分利用率大大提高。

我国稻田养鱼历史悠久，目前仍有很多地区在采用稻田养鱼的模式，其基本原理是在水稻生长季节把鱼种（尤其是草鱼）放养在稻田里，创造一个共生系统。在这个系统里，稻和鱼的共同存在促使能量向着对两者的生长都有利的方向流动。草、鲤等草食性鱼类吃掉田间杂草，稻田不用除草，减少了田间管理，同时又能因为食物大小不适口而使稻秧完整地保留下来，从而减轻了杂草与水稻之间对光照、空间和养分的竞争。鱼吃掉稻脚叶，可使水稻通风透气；鱼吃掉水田中的浮游生物及水稻害虫，节省了农药；鱼的排泄物和死亡的有机体成为水稻的肥料；鱼的游动与采食活动，使土壤松散透气，有利于有机质分解，促进水稻的根系发育。水稻为鱼提供了可以躲避阳光直接照射的藏身之地，鱼呼吸所产生的二氧化碳丰富了田里水中的碳储备，还能增进水稻的光合作用（图 4-2）。

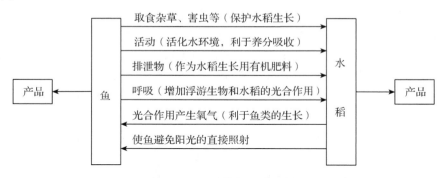

图 4-2 稻田养鱼互生示意

4.3.3 林蛙复合

20 世纪 90 年代以来，福建省大量引种北方杨树，并广泛种植，但由于南方土壤较为黏重，气候湿热，造成病虫害严重，特别是虫害猖獗，除了"四旁"地种植生长良好外，成片种植的杨树基本都生长不良，经济效益低。为了更好地解决这些问题，增加农民收入，根据杨树、虎纹蛙和罗非鱼的生长特性，进行了杨树—虎纹蛙—罗非鱼复合模式的立体种养试验，取得了良好的生态、经济和社会效益。

林—蛙—鱼种养地为面积 256m²（16m×16m），深 0.8m 的池子。池内四周靠池壁处垒有高出水面 20cm、宽 1m 的土畦，用于种植杨树。池子中央（15m×15m）为水面，水深 30cm，用于饲养虎纹蛙和罗非鱼。每个池子安装有进水管和排水管，池子与池子间的过道宽 1.5m。试验用杨树为黑杨派"74 杨"，2004 年 3 月从浙江省引入，平均株高 2.2m，胸径 2.1cm，3 月 25～30 日种植。种植穴为 50cm×50cm×60cm，位于 1m 宽土畦的中央，株距 2.3m，每口池种杨树 28 株。

虎纹蛙俗称田鸡、水鸡、青鸡，两栖纲，无尾目，蛙科，国家二级重点保护动物。自 2003 年国家允许人工饲养虎纹蛙并在市场上销售后，虎纹蛙养殖增温。但由于饲养条件相对苛刻，发展相对较慢。试验所用虎纹蛙为人工驯化养殖的当地野生虎纹蛙种，256m² 的蛙池每次投放虎纹蛙 8 000 只左右。所用的罗非鱼为尼罗罗非鱼。罗非鱼俗称非洲鲫鱼，鲈形目、鲈形亚目、鲴鱼科、罗非鱼属。罗非鱼为中小型鱼类，外形、个体大小类似鲫鱼，鳍条多棘似鳜鱼。罗非鱼属广盐性鱼类，海、淡水中均能生存。

在放养鱼蛙前要结合冬季清整池塘，清除过多淤泥。筑小塘埂，池塘四周设置防逃设施。防逃设施可用质量好的宽 1.2m、60 目聚乙烯网片制成，沿池埂面布设，每间隔 1m 用竹杆或木棍固定，防逃网下部埋入泥中 0.25m 或将规格为 0.6m×1.7m 玻璃纤维瓦对半锯成规格为 0.6m×0.85m 的 2 片，沿池埂面布设，下部埋入泥中 20cm，保持防逃高度 65cm，用木棍固定好，相邻的两片间钻洞用铁丝固定，片间不留缝隙。虎纹蛙苗下塘前，池塘上方 2～2.5m 处要覆盖防鸟网，覆盖面积为池塘的 2/3，防鸟网可用网目为

8cm白色的聚乙烯制成。

虎纹蛙放养过程中的病害防治应以预防为主，防治结合：一要注意好蛙池环境卫生，经常消毒；二要科学喂养，保证饲料新鲜、营养平衡，饲料中适当添加蛙类高维素或水产专用Vc；三是高温时节经常换水，保持水质良好，就可减少病害发生。每年可在4月中下旬，罗非鱼越冬种放养前半个月，每亩蛙池用125kg生石灰兑水全池泼洒进行蛙池消毒。由于虎纹蛙的放养密度大，残饵、排泄物多，水质易于变肥、变坏，所以要经常换水，定期消毒，每隔15～20d用生石灰对水体进行常规消毒，用量一般为30g/m³。注意观察蛙群的生长、摄食、活动及速生林的长势、病害情况，发现问题及时处理。要及时清除死蛙、残饵、蛙池中的污物，经常检查塘埂是否有漏洞、防逃网是否牢固破损，做好蛇、田鼠和白鹭的驱赶工作，下雨和打雷时要加强做好防洪、防逃工作。

由于林—蛙—鱼立体种养模式中各生物种相互弥补、促进，模式取得了相当高的经济效益。种植杨树，使立体种养模式中昆虫数量和种类增加，虎纹蛙喂养饲料减少12.5%。虎纹蛙的粪便及水池中的青草、浮游生物供罗非鱼食用，使模式中的罗非鱼不用投放任何饲料便可生长。每年清池的淤泥、肥土培堆在杨树根兜上，促进了杨树生长。

虎纹蛙养殖的重要条件是夏天炎热气候下需要遮阴，以保持较为凉爽的环境。以往的室内养殖在夏天需要靠喷水降温，成本较高。改为自然环境下养殖后，主要靠悬挂遮阳布降温。而在林—蛙—鱼模式中，杨树树冠为虎纹蛙、罗非鱼的生长创造良好的生境，起到了比遮阳网更好的降温作用，且白天可降温，晚上温度较低时还具有保温作用，从而降低了费用，促进了蛙、鱼的生长。

由于林—蛙—鱼立体种养模式中水肥条件良好，杨树生长迅速。不到三年生的杨树平均胸径达12.9cm，树高达9.1m。根据杨树长势以及各地杨树栽培经验，林—蛙—鱼模式六年生杨树胸径可达25cm以上，树高可达16m以上，可进入主伐。杨树虽然生长迅速，干形良好，在该模式中起着重要的作用，可带来良好的经济效益和生态效益，但如模式大面积推广，可能引起单一树种大面积种植所产生的问题。针对这一问题，研究又将南酸枣、鹅掌楸、毛红椿、凹叶厚朴、拟赤杨、光皮桦、枫香、华东野核桃等速生乡土树种引入模式。模型中树种应是速生树种，栽培当年就能起到良好的遮阳效果，为尽早产生遮阳效果应考虑用二、三年生大苗。

林—蛙—鱼模式每口池子每年5月中旬1次投放重5～7g的虎纹蛙苗8 000只，经50～60d的正常饲养平均个体可达125g，最后成活率75%左右，损失的25%主要是鸟类的捕食以及自然死亡。每口池子一次投放可产虎纹蛙750kg，1年可投放2次蛙苗，产商品蛙1 500kg。而池边不种植杨树，采用遮阳网饲养虎纹蛙、放养罗非鱼的池子，在同样饲养时间内，虎纹蛙个体重量比林—蛙—鱼模式低6%，最后成活率低7%。由此可见，林—蛙—鱼模式有利于虎纹蛙的生长。

林—蛙—鱼模式中饲养罗非鱼主要是为了清除池中虎纹蛙的粪便，保持池子清洁。罗非鱼以虎纹蛙粪便、水草及浮游生物为食，无须人工投食。由于环境较佳，水温适宜，罗非鱼长势良好，每口池子每年投放1次鱼苗，可产罗非鱼60kg。

虎纹蛙人工养殖池早期主要为构筑的水泥池，投资大，且养殖耗工、耗料、耗资金。之后在水田里修筑的挂有遮阳网的池子中养殖，但养殖效果和效益均不太理想。建立的这种"林—蛙—鱼"立体种养模式，由于有较多的昆虫可供虎纹蛙捕食，与原来的养殖方法相比，可减少饲料12.5%。同时饲养的虎纹蛙又降低了杨树的虫口密度，减少了杨树的危害。

林—蛙—鱼模式经过2年多的试验后，试验地环境明显改善，良好的生态环境引来了大批鸟类。据观察统计，2005—2006年，在模式中发现鸟类50余种，其中有中白鹭、夜鹭、苍鹭、池鹭、绿鹭、黄嘴白鹭等。模式中昆虫种类和数量也有所增加。可见，该模式较好地保护了生态环境，维护了生物多样性，取得了良好的生态效益。

黑龙江东部山区和吉林省长白山地区在水源不足的地段开辟小型水渠，建设生态经济沟，繁殖林蛙，开展林蛙复合经营模式。林蛙主要吞食害虫，不但具有很大的经济效益，还具有很好的生态效益。

4.4　林副复合模式

4.4.1　林药复合

（1）东北林药模式

林—参复合经营是经济价值较高的林药复合经营模式，可在皆伐迹地或低价值天然次生林的更新林地上实行林—参间作。在栽培人参的同时，及时在作业步道上栽种针叶树种，3年后起参，再在栽参的床面上栽上阔叶树，以建成速生、高产、优质的针阔混交林。林下可同时种植药用植物，形成立体的高功能结构。建造时高层可引种黄檗、猕猴桃、山葡萄等，中层可繁殖刺五加、五味子等，下层以草本药用植物为主，如天麻、桔梗等。近年来，又进一步在林内做床栽培，也有利用堆栽和穴栽，栽后覆盖落叶以保持土壤温度、湿度，防止土壤板结，减少病虫害。

吉林西部地区在固定沙丘上选择丘间低地进行林药复合经营试验，林木选用樟子松、红皮云杉、长白松、班克松等针叶树种，也可选择耐干旱的杨树、榆树、柳树等。药用植物选用宁夏枸杞、桔梗、甘草、麻黄、黄芪、车前子等。树种造林规格为1.5m×5m、2m×3m。吉林长白山地区是我国药材基地之一，根据地貌和气候不同，可分为以下几带：在海拔2 000m以上为高山冻原—药用植物带，药用植物主要有高山罂粟、高山龙胆、牛皮杜鹃和高山红景天等。海拔1 800~2 000m为岳桦—药用植物带，药用植物主要采用长白乌头、松毛翠、高山芹、东北刺人参、肾叶蓼、高山红景天等。海拔1 000~1 800m是针叶—药用植物带，药用植物主要有越橘、刺五加、园叶鹿蹄草、土筋菇等。海拔450~1000m是针阔混交林—药用植物带，是林药复合经营的主要地区，药用植物种类繁多。海拔250~450m是次生林—药用植物带，自然植被破坏严重，可在林下或林缘引入药用植物，推广林药经营模式。

黑龙江甘南县1997年在兴久村浅山坡建立果—药间种模式，果树品种为李子和K9苹果，株行距4m×4m，行间栽植桔梗。1999年，又在山湾村建立果—杞试验模式，山坡上栽植沙果4m×4m，行间种植宁夏枸杞，株行距1m×1m，穴状，每穴2~3株。

辽西地区凌源市在带状皆伐油松水土保持林的空带内(带宽15m),秋季清除伐根,穴状整地(规格30cm×30cm×30cm),春季按1.5m×2m的株行距栽植枸杞4带,1m×1m的株行距栽植黄花菜4带,以垅作撒播方式播种桔梗3带。此种模式的产投比为5.14。

(2)华中林药模式

豫东防护林中段商丘市梁园区有林芍(芍药)间作、林留(留兰香)间作和林牡(牡丹)间作三种复合模式。在研究地区的林芍间作系统中,2002年栽种的四年生中林46杨株行距为3m×4m,林相整齐,树干通直,平均胸径为14.53cm。芍药原产我国北部和西伯利亚,其肉质块根为重要中药材,白芍更为名贵,有镇痛解热等功效。芍药性耐寒耐旱,喜肥怕涝,喜土壤湿润,夏季喜凉爽气候。林芍间作可以降低环境温度、增加空气和土壤湿度,使芍药免受烈日灼伤。研究地区芍药生长状况良好,株行距为0.25m×0.8m,平均株高为62.87cm。林下间种芍药,种植3年后每公顷可收获6 000~7 500kg。大面积发展林芍间作不仅有很好的经济收益,还会净化空气、美化环境。

留兰香是一种喜温暖、湿润,对环境条件的适应性强,生长快,产油量高的植物,我国大部分地区包括荒山、荒坡都可种植。而且留兰香抗病性强,种植成本较低,管理上比较省工。从留兰香茎叶中提取的留兰香油是用于医药、食品和化工等方面的重要香料,不仅国内市场需要,在国际市场上也很受欢迎。在梁园区的林留间作系统中,2002年栽种的四年生中林46杨生长状况与林芍间作系统相同。林下间作的留兰香1年可收获2次以上,产油量为450~500kg/hm²。此外,提炼过的留兰香残茎营养丰富,还可用来育肥牛羊。研究地区的林牡间作种植面积较少,主要是牡丹对光、水、肥、管理水平和技术水平要求较高,林木郁闭后争光、争水、争肥现象突出,不适宜大面积种植。

安徽霍邱县采用的杨树—药材模式中的杨树为2004年春造林,株行距为2m×3m。2006年10月林下种植药材葫芦巴,株行距为6cm×20cm。葫芦巴又名芦巴子、苦豆、香草等,根系发达,有根瘤菌,固氮能力较强,是一种名贵的中药材和日用化工原料,对杨树生长极为有利。播种前进行深耕,施足基肥。机器条播,苗期加强水肥管理、中耕除草、防治病虫。2007年葫芦巴每亩产量达150kg,按市场价4元/kg计算,每亩收益为600元,去除籽种、肥料、机械等支出,纯收入450元。

(3)华南林药模式

我国南方采用的泡桐—中药材模式大多以片林间作为主,以生产民用建筑材为主,兼生产大宗药材白芍,采取大密度栽植,集约化管理和短轮伐期等经营方式。泡桐选择冠稀、接干性好的兰考泡桐为佳,白芍以优质高产的"线条""蒲棒"品种为最好。一般泡桐5~7年,最快4年就可达到擦条材标准,白芍5年可收获利用。为了以短养长,充分利用幼龄期的空隙地,种植前3年,在白芍行间可套种蒜、苔菜、生姜、蔬菜、油菜、蚕豆等作物。3年后,由于泡桐树冠的遮阴,白芍覆盖扩大,套种农作物一般产量很低,应改为套种白芍小苗,从而缩短了连作白芍的收获周期。五年生泡桐每公顷材积生长量可达10.5~13.3m³,白芍年平均产量可达1 575~2 160kg。泡桐—果树—中药材模式分高、中、低三个层次,果树栽植后的前5年,泡桐树基本长成擦材,可进行间伐,为果树生长发育创造良好的条件。果树行间间种白芍、玄参、大青根、桔梗、黄蔑等中药材。此模式不仅是调整平原地区林种、树种结构的好途径，而且也是解决农林争地、争水、争光，增加农民收入的有效措施。

4.4.2 林菌复合

（1）主要模式

林菌复合经营适合于大面积不适宜间种农作物的林地。它是利用林木（包括林带、片林、经济林下等）遮阴原理，在林下栽植食用、药用真菌。林菌开发是一种新型的立体开发模式，它充分利用了林地资源，同时利用了林木与食用、药用真菌之间的关系，林木为菌类的生长发育提供了充分的遮光、增湿等条件。同时菌类对发酵料的分解，为林木生长提供了充足的养分。因此，林菌开发将野生资源通过人工驯化后，再还原到林下，合理地利用了空间资源，充分发挥了林地资源的应用效益。根据林菌互生互利关系充分利用林下资源进行人工食用菌类的开发已成为食用菌产业发展的重要形式，可以充分利用空间、时间上的空隙创造新的经济增长点。主要形式有杨树片林下栽培平菇、榆黄蘑、挂袋木耳或地栽木耳，樟子松、落叶松林下或林带下栽培香菇、猴头、灵芝，果树下栽培平菇、榆黄蘑等，这种类型易形成规模，具有十分可观的经济效益。

根据出菇期的不同，食用菌可以分为高温型、低温型和中温型 3 种。凡能在夏季出菇的类型属于高温型，如高温平菇（凤尾菇）、草菇、灵芝、棘托主荪等。凡能在冬季出菇的类型属于低温型，如金针菇、低温型平菇（紫孢侧耳）、低温型香菇等。能在春秋两季出菇的类型属于中温型，这类食用菌很多，如平菇、榆黄蘑、鸡腿菇、银耳、木耳、长裙竹荪、灰树花等。一般食用菌菌丝体生长需要 30~60d 左右，就可以转入子实体生长期（出菇），因此这种生产要安排在出菇前 1~2 月进行。

（2）典型案例

黑龙江西部主要经营模式有下列五种：

①杨树片林—平菇、榆黄蘑、香菇复合栽培模式　利用杨树片林下充足的行间空隙栽培平菇、榆黄蘑、香菇。由于菌地经常浇水、湿度大，培养料中常有过剩养分，可促进林木生长。据富拉尔基区银中杨（18 年生）林下栽培平菇、榆黄蘑、香菇模式区调查，银中杨平均径生长量在第 3 年比对照增加 12%，三种菌类产量分别为 $10kg/m^2$、$12.5kg/m^2$、$2.5kg/m^2$，投入产出比为 1:（2~3）。

②樟子松林带—平菇、香菇、榆黄蘑复合栽培模式　利用樟子松林带下空隙栽培平菇、香菇、榆黄蘑。据兴久模式内的调查，樟子松（15 年生）径生长比对照增加 8%，菌类产量与杨树林下相差不多。

③果树—平菇、香菇、榆黄蘑模式　黑龙江省甘南县兴久村在果树林下栽培平菇、香菇、榆黄蘑，使果树产果量比对照提高 7.3%，菌类产量与在杨树林下相差不多。

④落叶松片林—香菇、猴头模式　富拉尔基区在落叶松林下栽培香菇、猴头，产量分别为 $3kg/m^2$、$2.5kg/m^2$，投入产出比为 1:2.5。

⑤玉米—榆黄蘑、平菇复合模式　利用高秆作物玉米的遮阴条件栽培榆黄蘑、平菇，效益相当可观。在农闲时玉米长至 1.5m 左右时在垄沟栽培。在富拉尔基该模式内调查，每亩复合模式区在收割玉米之前，产鲜菇 1 000kg，价值 3 000 多元，净收入 2 000

多元，深受广大农民欢迎。

我国南方也有很多林菌复合经营模式。竹荪是腐生真菌，野生的竹荪生长在苦竹蔸上或苦竹鞭上，其菌丝可以蔓延到竹林地表长出竹荪子实体，利用竹林环境，将人工培养的竹荪菌种，采用竹蔸边栽植和林地空隙地挖穴、开沟等方式栽培。一般郁闭度85%的林地每公顷可栽植4 500m²，每平方米用料15~20kg，用种量2~3kg。栽培料可用枯竹枝、枯竹叶和竹加工品的下脚料及其稻草、玉米芯、甘蔗渣等，栽培季节最适在9~10月，来年4~6月出荪。郁闭度85%以上的毛竹林也可以栽培其他菌类，如平菇、香菇、金针菇、灵芝、猴头等。平菇的栽植袋为23cm宽、40cm长，在竹林空间地上平铺排放，然后再堆4~5层，栽培袋两头出菇。香菇的栽植袋为20cm宽、80cm长，在竹林空间地搭低架，立体排放，脱袋转色后出菇。金针菇的栽植袋为17cm高、35cm长，出菇前排放到竹林下出菇。灵芝的栽培袋为17cm宽、33cm长，在林地作两排4~5层排放，栽培袋一头出菇。为了保湿保温，在排放食用菌栽培袋的上方均应搭拱棚、覆盖薄膜（金针菇栽培要求覆盖黑膜），并以草帘子遮阴保温。

选择郁闭度高的人工针叶林地，清除林下杂灌草，适当平整地面，可以沿用竹林地的栽培模式进行食用菌栽培。松林和杉木林比较适合栽培平菇、灵芝。以平菇为例：在针叶林土层较厚的空地，可以挖土栽培，宽90cm、深15cm，长不限，将已经培养好的栽培袋脱袋，菌筒以长20cm、直径10cm为宜，排放在穴内，表面覆土3~5cm，土表用枯松脂或杉叶薄薄覆盖，出菇前搭矮塑料拱棚保湿，出菇后注意掀膜透气和水分管理。生产周期可以比大田栽培早，每年8月下旬栽培袋覆土，9月初就可出菇，一直延续到第二年6月。生产周期明显比大田延长，栽培料生物转化率95%以上。在人工林内栽培食用菌，对于改善林地肥力是非常有效的措施，菌糠直接可作为有机氮肥，就地使用，安排场地轮作进行有计划增肥作业。

4.4.3 林虫复合

（1）分布区

在农田或利用田边地埂栽桑养蚕在中国有悠久的历史，已经发展成许多适合于山地自然条件的模式。我国的桑蚕分布，从农业气候区划分析，除新疆的南疆桑蚕区外，主要分布在东部季风农业气候区内，尤其在该区的北亚热带和中亚热带较集中。该区的气候特点是季风活跃，湿润多雨，光、热、水资源丰富，极适宜桑树生长，四川、江苏、浙江三省的桑园面积占全国总面积的50%以上，山东、安徽、广东、湖北、广西、陕西、江西、云南、山西等地也有较大规模种植。从地理位置分析，这些桑园分布在平原地带和半丘陵地带的各占30%，分布在山地的约占40%左右。

（2）主要模式及典型案例

江苏东台市梁垛镇梁南村是一个以栽桑养蚕及副产品综合开发利用为主导产业的蚕桑专业村。从2000年以来，积极推广、普及和应用蚕桑新技术，实施蚕业综合开发利用，蚕桑生产实现了质的跨越。全村有5个村民小组，养蚕农户625户，占总农户的96%，桑园面积114.7hm²，占总耕地面积的73.6%。2008年饲养蚕种6 540张，生产蚕茧248t，农民养蚕收入460万元。梁南村既是蚕桑生产专业村，又是套种套养模式的示范基地，为确保蚕农利益最大化，梁南村积极推广"桑—蚕—菇、桑—蚕—菜、桑—蚕—鸡、桑—蚕—兔、桑—蚕—沼气、桑—蚕—鱼"等6种增效模式。

河南省三门峡市地处丘陵山区，昼夜温差大，气候干燥，对桑树生长及蚕的发育十分有利，是优质蚕茧的最佳产区之一。为充分发挥资源优势，增加农民收入，在提高植桑养蚕水平的基础上，积极探索高效循环利用的新路子。经过几年的试验研究示范，初步形成了"桑叶养蚕—桑枝培菌—蚕沙生产沼气—沼肥、菌糠肥田"的循环模式，延长了桑蚕产业链条，提高了综合效益。

近年来，三门峡市新发展的桑园在推广优良桑树品种、合理密植、分期施肥等栽培技术的基础上，重点示范推广矮干桑。这种矮干树型，桑树发芽快、成条多、枝条长，桑园成林投产早，桑叶产量高，一般较普通桑园早养蚕1~2年，亩增产叶量14.6%。桑树栽植后当年或翌年3月底前，留芽2~3个，距地面15cm高处剪去苗干，使每株当年养成2~3个枝条。第二年夏伐时，先选顶端枝条，距地面22cm高处剪伐，其余枝条与其水平剪伐，以此枝条和高度养成桑拳，此后每年在桑拳上发芽长条、夏伐，培育成主干高度15cm，枝干高度7~8cm，每株2~3个桑拳，每拳长条2~3个的矮干桑树型。

当地结合实际，把塑料大棚引入蚕业生产，探索棚内饲养大蚕技术，不仅能够解决蚕室紧张的问题，而且投资少，管理方便，养蚕省力，饲养一张蚕种可节省用工3~4个，节约成本60~80元，同时能做到大蚕稀放饱食，利于提高蚕茧产量。具体做法是，选择地势高燥、平坦、通风良好，远离果园、菜园、农田，距桑园较近，饲养方便的地方建棚。一般养蚕大棚东西走向，坐北朝南，长20m，宽6m，顶高2m，总面积120m²。在桑蚕饲养过程中，要注意调节蚕棚温湿度，保持适宜的温湿度范围。4龄蚕适宜温度24~25℃，干湿差2.5~3℃。5龄蚕适宜温度23~24℃，干湿差3~4℃。

作为桑蚕生产副产品的桑条中含粗蛋白5.44%、纤维素51.88%、木质素18.81%、半纤维23.02%、灰分1.57%，是生产食用菌的上等原料。近年来，三门峡市充分利用桑枝资源，进行了桑条栽培食用菌试验研究和示范，取得明显成效。利用桑枝木屑栽培香菇，桑枝条栽培平菇。

养蚕过程中，生产蚕茧的同时，将产生大量的蚕沙及养蚕后蚕座上的废弃物，如果随意丢弃，不进行再利用，就会成为蚕区有害的污染源。将蚕沙及蚕座上的废弃物作为沼气发酵原料随同人畜粪便一起入池发酵，不仅可以生产沼气和沼肥，为农村生产和生活提供优质有机肥料和燃料，而且可以有效地解决蚕区蚕沙带病污染的问题，治理农村面源污染，保持村容整洁。一般每3 000kg蚕沙可产沼气400~500m³，节约燃料600~700元。

蚕沙经过发酵生产沼气的同时，产生的沼肥还含有农作物生长发育所必需的营养成分。一般沼液中含全氮0.03%~0.08%、全磷0.02%~0.06%、全钾0.05%~1.40%。沼渣中含有机质35%~50%、全氮0.8%~2.0%、全磷0.4%~1.2%、全钾0.6%~1.3%。菌糠是栽培完食用菌的培养料，含有较多的有机质和各种营养元素，一般含有机质14.44%、全氮0.74%、全磷0.21%、全钾1.08%。可见，发酵后的沼肥和菌糠是很好的有机肥料，施入桑园后，可以培肥地力，增加土壤腐殖质的形成，改善土壤理化结构，提高持水保肥能力。

桑—蚕—菌—沼循环模式改变了原来植桑养蚕的单一经济模式，实现了资源的最大利用，大幅度地提高了经济效益、生态效益和社会效益。据调查，经过该生态模式的循环，每亩桑园修剪下来的桑枝，用于栽培香菇等食用菌收入 1 000 元左右，蚕沙等废弃物用于生产沼气，可节约燃料 150~250 元，生产沼肥和菌糠有机肥价值 500 元，加上蚕茧收入 1 300 元，共计收入 3 000 元左右，比单一栽桑养蚕的收入提高 2~3 倍。

吉林省有上百种蜜源植物，林—虫经营模式也有很长的历史，通过蜜蜂传粉，既可以提高森林结实率，增加结实量，为森林更新奠定了充实的种源基础，又可以生产蜂蜜、蜂王浆、花粉等产品，创造经济效益。长白山地区拥有丰富的药用昆虫、食用昆虫和饲料用昆虫，昆虫蛋白资源不仅可以作为人类食品，还是一种很好的蛋白饲料。另外，像蝴蝶等观赏昆虫、娱乐昆虫、粪金龟等环保昆虫以及赤眼蜂等杀虫昆虫等都是林—虫复合经营的对象。

4.5　庭院复合经营

（1）特点和组分

庭院复合经营简称为庭院经营，主要指农民在其住宅院落的周围充分利用自然资源、劳动力技术和资金及其劳动时间从事农林牧副渔和加工各业的复合经营活动，以获得较高的经济收益和满足日常生活需要，达到美化居住环境、陶冶情操的目的。庭院复合经营充分利用庭院特定的土地环境，把种植、养殖、加工及服务各业有机结合，是以家庭为单位组织生产的农林复合经营体系。具有规模小、投资少、成本低、收益快、易经营等特点。由于庭院经营收益成为农民家庭收益的一部分，有的还成为脱贫致富一条新路。庭院经营的产品如蔬菜、瓜果、禽畜、蛋肉以及木材是日常生活必不可少的，在自家庭院生产可以自给自足，多余的可以进入市场。农民可利用农闲时间如早晨和傍晚在庭院劳动，特别是年岁较大的农民不离开庭院就可以从事简单的劳动。所以，农民对从事庭院经营具有很高的积极性、灵活性和很好的经济效益。

庭院经营模式的组分可分为生物和非生物环境两大部分。生物主要包括植物(乔木、灌木、果树、蔬菜、花卉、药材、菌类等)和动物(家禽、家畜、鱼类及其他饲养动物)，非生物环境包括小地形、土壤、小气候、人工建筑物等。由于各地自然条件和传统农作方式的不同，形成了各自经营上的特点，模式也很复杂多样。

但是从庭院生态系统的营养结构看，本身有一些特殊之处，归纳起来主要表现在下面几点：

①人类与生物在小范围内共生。一般平原地区，庭院面积大约 300m^2，山区或沙区庭院面积也不到 1 000m^2。在如此小的面积内，人和植物动物微生物密集共生，生物之间相互作用密切。

②庭院经营系统组成复杂，种类多样，且会产生一些附生动植物或昆虫，如蚊虫、苍蝇、蚯蚓禽畜病菌共存于窄小环境之中，对它们进行调控极为重要。

③人为干扰作用尤为突出。人在安排种植与养殖活动时，应该应用生态农业的原理，形成良好的食物链，做到充分科学合理利用种间关系。

④庭院生态系统是人类精神文明和物质文明并存的体现，是人类文明的产物，是社会系统的一个最小单元，这个小小单位的建设对社会的文明建设起到重要作用。

（2）主要模式及典型案例

纵观全国庭院复合经营的情况，根据其组分的不同，大体可以划分为以下几个主要类型：

①单一树木栽培型   以获取木材、薪材、果品和保护效能为主要目的，是较单一的经营方式，主要利用庭院周围的空隙地及庭院附近的宜林地营建林带或片状树林。常见的有用材型——常采用当地绿化树木如杨树、松树、柳树、榆树等；果木型——以果园形式或株状栽植、育苗；经济林型——因特种需要进行短期的育苗活动或栽植花卉。近几年来，随着平原地区村屯绿化工程实施，庭院经济发展很快，并且由庭院走向街道，发展空间越来越大。黑龙江省甘南县音河镇山湾村试验模式中，街道绿化采用龙冠、大秋、小苹果等品种，单行种植，株距4m。一年四季经历了不同的景观变化，不但达到绿化目的，还有可观的经济收益。

②立体栽培型   树木与作物、瓜果、蔬菜及其食用菌等在立体空间上的组合搭配。主要有林果—瓜菜型、林果—食用菌型、林果—药材型和林果—花卉型。

合理地开发利用庭院资源，对于黑龙江省西部生态环境脆弱地区的经济发展极为重要。该区庭院经济栽培品种主要有葡萄、果树、草莓、李子等，还可栽培一些名贵中药材如红花、枸杞等，或栽培一些名贵绿化苗木如杜松、圆柏、垂榆等。充分利用林下空间可种植食用菌，方式有床栽、箱栽或挂袋栽培等。栽培的食用菌有平菇、木耳和猴头等。富拉尔基地区 200m^2 庭院栽培葡萄年产量可达 1 200~1 400kg，收入在 5 000 元左右，栽培李子收入可达 3 500~4 000 元。

③种养结合型   这种类型中有些是树木与动物之间具有直接的依赖关系，但是更多的类型组合具有相互补益作用。树木主要体现防护的效益，利用庭院发展养殖业，养鸡、养猪的粪便又可作为庭院土壤的有机肥料，既能提高作物产量，又能提高经济效益。涉及的养殖动物从家常的鸡、鸭、鹅、鱼、兔、牛、马、猪、羊，到蜂、鸟、蚯蚓、蝎子等不胜枚举。

甘肃省中部干旱地区定西市安家沟流域所采用的果园—紫花苜蓿—家庭养殖业模式是在院内及村庄四周种植梨树(茄梨、巴梨、朝鲜洋梨)、花椒树等，在果园内套种紫花苜蓿，发展家庭养殖业(牛、羊、猪、鸡)，使其形成比较典型的半干旱黄土丘陵沟壑区的庭院经济模式。在村庄附近及庭院周围修建集流场，建集水窖，收集天然降水，利用集流水发展庭院经济和家庭养殖业，增加农民收入。采用自然集流面与人工集流面相结合的方式，利用村庄道路区对自然降雨进行聚集、蓄存和高效利用，解决以果园、蔬菜为主的庭院经济、作物需水关键期和严重干旱期的有效补充灌溉以及人畜饮水问题，为该模式的发展发挥了重要的作用。一般一户农家可建 800m^2 的集流场，建集水窖 6 眼，单窖容积为 150~200m^3，利用所收集的天然降水，用节水灌溉措施经营果园 1 300m^2，其中 1 000m^2 梨树以每个品种按 2m×5m 的株行距隔 2 行混交，300m^2 花椒树按 2m×5m 的株行距定植，养 2 头耕牛、10 只羊、4 头猪和 10 只鸡。在集流灌溉及科学栽培管理条件下，一株 5~6 年生的梨树可产优质梨 50~60kg，单产可达 49 500~59 400kg/hm^2。

④种养加工结合型 在种植、养殖的基础上进行深加工、精加工，使原料资源经过多次的利用，转化为较高效益的产品。常见的有：

● 粮食等农产品深加工：小麦、水稻、玉米、豆类、薯类等都可作为初、精加工的原料。

● 果品蔬菜储藏保鲜：利用商品等级外果加工果酱、罐头。果品、蔬菜保鲜使淡季果品、蔬菜品种丰富。生产天然水果汁、蔬菜罐头。野菜、食用菌等野生资源丰富的地区可加工成成品，投入市场并可出口创汇。

● 林产品加工：除了生产原木、板材外，利用树木的边角废料、小径材、枝条，生产纤维板、胶合板、刨花板等，加工家具、生产工具、乐器、矿柱、建筑用材、装饰装修用材等。

● 畜禽产品加工：可为城镇居民提供更多的副食品。

● 农副产品及经济作物的加工：可以加工油料、糖、香料等。

⑤种养加工与能源开发型 这种类型突出在庭院中设计一个人工的物质能量转化构件——沼气池。通过办沼气，充分利用人畜粪尿和作物秸秆，另一方面促进庭院和整个农业生产体系的物质循环，提高物质养分利用率，并净化农村环境。这种模式特别适合田少山地多的石漠化地区，是以沼气为纽带，带动畜牧业、种植业等相关产业共同发展的模式。一般是在果园或菜园内建造一幢猪舍养猪（1~2 头/m²），猪舍下建一个沼气池（一般为20m³）。每天猪粪源源不断地注入沼气池，沼气池处理了粪便，净化了环境，产生的沼气，既可用于炊事照明，也可用作果品保鲜。沼液可作为添加剂喂猪，猪的毛色光亮，增重快，可提前出栏，节约饲料。沼渣返地施肥，可使果树多长枝梢，提高水果产量和品质等级，而且能够增强抗寒和抗病能力。建沼气池时要需要注意与畜圈、厕所、日光温室相连，使人畜粪便不断进入沼气池内，保证正常持续产气，有利于粪便管理。池基要选择土质坚实，地下水位较低，土层底部没有地道、地窖、渗井隐患的地方。沼气池要与树木或者池塘保持一定距离，以免树根扎入池内或者池塘涨水时影响池体，造成沼气池漏水漏气。

本章小结

我国农林复合系统经营历史悠久，类型多样。本章以农林复合、林牧复合、林渔复合、林副复合以及庭院复合5种农林复合系统类型为例，详细介绍我国主要农林复合模式。农林复合的模式有农田林网、农林间作和等高植物篱，其中农林间作还包括农作物与多树种的复合模式；林牧复合经营是指林业、牧业及其他各业的复合生态系统，主要包括林草复合和林禽复合两种模式；林渔复合包括桑基鱼塘、林鱼复合和林蛙复合3种模式；林副复合包括林药复合、林菌复合和林虫复合3种模式；庭院经营模式的组分可分为生物和非生物环境两大部分，模式很复杂多样。要求学生掌握我国主要农林复合模式的特点及其适宜条件，了解我国不同区域适宜的主要农林复合模式。

思考题

1. 简述我国主要农林复合模式及其适宜条件。

2. 对比分析林鱼复合和林蛙复合典型模式的差异性。

3. 林牧复合模式的适宜条件是什么？发展林牧复合对我国西部开发有何意义？

4. 庭院复合经营有何特点，如何提高庭院复合经营效益？

5. 适合我国东北地区的主要农林复合模式有哪些？

本章推荐阅读书目

中国复合农林业研究. 孟平，张劲松，樊巍. 中国林业出版社，2003.

第 5 章
农林复合系统规划设计

农林复合系统是一种人工生态系统,为了使这种人工生态系统高效、稳定和多样地发挥其最大的经济、社会与生态效益,就必须进行农林复合系统的科学规划与设计。

农林复合系统规划设计是农林复合系统建设的基础性工作,包括规划和设计两部分。其中规划是指进行比较全面的和长远的发展计划,是对未来整体性、长期性、基本性问题的思考,考量和设计未来整套行动方案;设计则是把一种计划、规划、设想通过视觉的形式传达出来的活动过程。二者既有区别又有密切的联系,规划是设计的前提和依据,设计是规划的深入和具体体现。

农林复合经营系统的规划设计可分为两个层次,即总体规划和各个地块的调查设计。总体规划可按大的地域(全省、地区、县)判定,也可按基层单位(乡、村、农场或林场)判定。它是对农林复合经营工作进行粗线条的安排,以进行全面布局,确定发展方向,包括农(包括牧、渔)、林、加工业的比例,规模、进度,主要技术措施,投资与效益概算等。地块设计是在总体规划的指导原则与宏观控制下,对一个小流域或一定面积的地块进行具体的调查设计,确定各地块建立农林复合经营系统的类型与技术措施,施工与完成施工的时间,对苗种、劳动力和物资的需求量以及投资额度、系统效益进行计算。它是基层单位判定生产计划、申请投资(如贷款)与指导施工的依据。

农林复合经营系统规划设计要求注意系统组分间的相互作用和整体效益的发挥,因而它是一个多层次、多水平的规划设计问题。农林复合系统规划设计中考虑的主要问题包括规划设计的原则、程序和方法,农林复合系统的具体结构设计(物种结构设计、空间结构设计、时间结构设计)以及农林复合系统的新技术应用(包括地理信息系统、遥感技术、全球定位系统和仿真动态模拟技术)等。由于农林复合系统组成与结构的复杂性、循环周期的长期性以及效益的多样性与整体性,使得这一设计比一般的造林设计或农业设计具有更大的难度。迄今为止,农林复合经营系统规划设计的理论与方法尚在探索之中,完整的体系还未形成。现有世界各地的农林复合经营模式多是沿袭传统生产习惯和继承先辈生产经验,虽然经过长期实践检验,有其合理可行性,但受科学发展水平、指导理念、认识尺度和技术手段等的制约,缺乏系统综合的规划,也未采用同时代先进的技术手段,导致整体结构不尽合理、科技含量低,所以农林复合系统作为一种主要的土地利用方式,需要更为科学和智能化的设计。随着科学技术水平的不断进步,各种学科理论的不断完善,计算机软硬件水平的不断提高,各地农林复合系统规划设计长期实践经验的不断积累,可以预料,农林复合系统的综合效益将会得到充分发挥,农林复合系统经营将进入一个崭新的发展时期。

5.1　农林复合系统规划设计原则与方法

5.1.1　农林复合系统规划设计原则

（1）系统性原则

农林复合系统是一种复杂的土地利用系统，由很多相互作用着的子系统组成。农林复合系统通过调整组分间的相互关系，追求整体效益，这就要求这种复杂体系的组分及其管理措施必须适应当地的特殊环境并且能够满足该阶段社会发展的需要。因此，采用系统论的原则和方法来指导农林复合系统的规划设计是必要的，也是必须的。

系统论的核心思想是系统的整体观念。其基本思想方法，就是把所研究和处理的对象，当作一个系统，分析系统的结构和功能，研究系统、要素、环境三者的相互关系和变动规律。具体到农林复合经营系统，首先，作为规划设计者不能只对各种可能发生的问题进行单一的考虑，而必须将其看为统一的系统，从整体出发去寻求这些问题的答案；其次，不应直观地对土地利用系统进行评价，而必须采取解析的方法。解析的方法实际上就是一种诊断策略，通过进行解析我们能够认识系统的状态，识别出关键的子系统，并确定系统优化的潜力以及存在的阻力和问题，可以发现适应系统需要的农林复合经营技术。同时，通过诊断，还可以发现在新的农林复合经营技术产生及应用过程中必须解决的一系列有关研究与发展的问题。

（2）农民群众参与原则

农林复合系统经营作为农林业生产活动，其主体是广大的农民群众，其目的在于改善农民的生产生活条件和居住环境，向社会输出农林产品。这就需要保证群众能够多层次、多角度地参与进来，不仅参与计划的制订，还要参与决策和管理。而要保证群众参与，首先，要保证群众的权力与利益，在考虑长远利益的同时，也要兼顾短期利益，保持农民群众的积极性；其次，要及时向群众普及必要的农林复合系统经营管理知识，提高其文化和生产素质；最后，还要注意协调群众之间因进行农林复合经营而可能引发的矛盾。只有通过这样，群众才会积极地参与其中，才有可能进行长期稳定的合作。

（3）适宜性原则

中国地域辽阔，地形、气候、土壤等差异性显著，树木和农作物的生态学和生物学特性迥异。某一地区究竟应该发展哪种类型的农林复合系统，不仅要考虑该地区的光、热、水、气、土、肥、植被情况和地形地貌类型等自然因素，而且还要综合社会、经济和历史一系列因素，而不能机械地照搬照抄。例如，在自然条件较差，水分不足，水土流失严重的黄土高原陡坡区，可以推广林草间作；而在水湿涝害严重的地区则可建立类似于基塘系统的水陆相互作用的农林复合体系。因为林草间作可以覆盖地表，涵养水源，有效减少土壤侵蚀量，而且林下种草可以在一定程度上为当地牧业的发展创造条件；而具有水陆相互作用的农林复合系统则可以转化不利因素，使得湿涝有利于新的系统的生产。即便是同一地区，自然条件和农林业生产状况也有着一定的差异。农林复合经营也应进行相应调整，例如，在同一山坡，在山腰上坡度较大地带，为防止水土流失可进行林草或果草间作；在山坡底部平缓区则可进行林粮或果粮间作。

设计者应当对规划区域内各种自然条件进行归类，划分出不同类型的农林复合类型区域，并针对不同的自然社会经济条件制定相应的规划设计方案。

(4)社会经济可行性原则

该原则要求从当地社会经济的实际条件出发，主要考虑财力、物力、人力以及技术力量。这4个方面为农林复合系统的正常运转提供"动力"。传统的石油农业需要高额的能量投入，虽然农林复合经营系统一直在力图改变这一弊端，但这并不意味着它否定能量投入的必要性。农林复合经营生产系统强调的是投入与产出两者之间良好的比例关系，以及这种比例关系的持续性和稳定性。因此，作为生产者，其财力和物力的投入能力在农林复合系统的规划设计中必须予以考虑，确保在农林复合系统建立和正常的运转过程中所需要投入的财力和物力在生产者力所能及的范围之内。另一个需要重点考虑的问题就是人力的投入。农林复合系统中组分多样、结构复杂，我国人多地少的现状对土地的生产力有很高的要求，因此，需要对农林复合系统施行精密管理，以发挥其最大的生产潜力。这就要求劳动力的质和量达到一定的程度。一般来说，与单纯林业和农业比较，农林复合经营对技术型劳动力的需求要更多。如果农林复合系统与市场的联系紧密，则对劳动力的质量要求就更高。尽管我国农村人口基数大，但并不代表着劳动力的量总是可以满足需求的。例如，在东南沿海地区，由于相当一部分的农村人口选择外出做工经商，一些地区已出现劳动力不足现象，田地撂荒现象时有发生，有些地方甚至需要雇用外来劳动力进行农业生产。因此，劳动力的数量问题也必须给予一定的重视。

在农林复合系统规划设计中还需要对未来系统的生产和管理所需要的科学技术水平以及生产者对相应的科学知识和技术的掌握程度进行分析。在现代农林复合系统中，生产者的文化素质对于组建和管理农林结合的综合性生产体系具有决定性的作用。我国优良的农林复合系统类型大部分分布在农民具有丰富的种植业与养殖业经验知识、农林业发展水平较高的地区，例如，珠江三角洲的桑基鱼塘，华北平原的林粮间作、果粮间作体系，江南的桑田鱼塘等。系统要想获得良好的收益，除了合理的规划，完善的结构，还必须要有良好的管理。大部分的农林复合系统的设计工作是由科技工作者参与完成的。然而，系统具体的管理与生产工作是由当地农民来完成。如果所设计的系统远远超越了当地农民的管理能力，缺乏管理的系统结构，根本不可能保证设计目的的实现。传统的农业、林业生产技术对农林复合经营的生产与管理来说是必需的，但此外还要运用一些农林复合经营自身所特有的技术。这就需要生产者具有一定的生态学知识，尤其是种间关系，植物与环境关系的知识。科技工作者应对当地农民生产者进行这方面知识的传授，以确保所设计的农林复合经营系统能够持续稳定地发挥作用，以达到设计目的的实现。

(5)经济、社会、生态效益综合性原则

采取农林复合经营不仅是要满足人民日益增长的物质生活需要，而且是可持续发展的必然要求，因此，要充分考虑经济、社会、生态效益的统一。

现代农林复合经营已经走出了过去那种自给自足的封闭的小农经济体系，进入了以市场需求为导向的社会化产品生产的阶段。社会经济在各个方面都对现代农林复合经营产生着影响，农林复合系统能否从市场上获得高的效益很大程度上决定了它是否能够成功。判断一个农林复合系统的好坏，标准之一就是看它能不能生产出满足市场需求的商品。

就我国目前的实际情况来看，我国农民相当一部分生活必需品都不是从市场上获得的，尤其是每日所需的粮食、蔬菜、油料、蛋白质等都是由自己生产的。预计在今后相当长的时间内，我国农林复合经营仍不能完全摆脱小农经济的性质。因此，如何满足生产者自身需求是农林复合系统规划设计必须考虑的基本因素之一。

农林复合经营不仅仅是一项经济活动，作为一种持续发展的策略，社会效益和生态效益的追求在农林复合经营中占有重要的地位。因而在农林复合系统规划设计中不应只追求经济效益，而应该对社会效益和生态效益也予以充分的重视。

（6）循序渐进，以点带面的原则

引入某一地区的农林复合经营模式，应该是在原有生产方式基础上的改进和补充，应当逐步地进行调整，否则将有可能引起各种生产关系的混乱。一方面，生产者需要一段时间的适应过程，要求其立即接受另一种新的生产技术和生产模式是不现实的；另一方面，作为设计者来说，在设计经营模式的时候不可能面面俱到，考虑到所有的条件和变化情况，不可能做到完全的准确无误，这就要求在实践过程中对新的农林复合系统的结构配置进行恰当调整以使其与地方自然条件、社会经济和生产方式相适应。要贯彻"循序渐进，以点带面"的规划设计原则，还要注意在系统结构配置上把原有生产方式下的经营对象放在重要的地位上，其他成分的引入首先要满足原先经营对象的生产和发展。通过建立示范地、示范户、示范村带动地方农林复合经营的发展，是一种很好的方法。

（7）短期利益与长期利益相结合的原则

木本植物与草本农作物共同组成了农林复合经营系统。木本植物包括用材树种、果树与经济树种，而农作物主要为一、二年生作物，一些经济作物（包括中草药）还有多年生的。系统本身就意味着在时序上是短、中、长的结合。为了经济、社会与生态效益的统一也必须进行长、短结合，才能达到农林复合经营的目的，为此，在规划设计时必须考虑以下两个问题：

①在农林复合系统的成分组合上要尽可能做到短期、中期、长期的结合　由于受经济条件的制约，农民总希望能够立即获得收益，这点在较贫困地区表现得尤为突出。在最初的规划设计时必须将这一点考虑进去，因为只有在眼前取得较为明显的经济效益，才能提高经营者的积极性。农民得到了实实在在的好处，才能对农林复合经营具有信心。同时，一、二年生粮食作物与油料作物必须抓好，绝对不可忽视，但是又需要使系统的经济效益逐年提高与持久，这就要在系统中配置多年生经济价值比较高的物种。

②在复合系统中配置能长期发挥良好生态效能的组分　这些组分既要有一定经济价值，又要能够使经营系统具有良好的生长发育条件，改善局部气候，以及较好地控制病虫害。

5.1.2 农林复合系统规划设计程序与方法

5.1.2.1 规划设计的基本逻辑和程序

复合农林业工程规划设计是复合农林业工程的前期工序，可以用下列农林复合系统技术发展环来体现农林复合系统规划设计的基本思路（图5-1），发展环的每一个阶段都代表着一系列的研究活动。针对于不同的情形来说，这些研究活动可能是不一样的，甚至是完全不一样的。要解决一个问题，首先就要对这一问题进行深入的分析。因此，对现有土地利用系统的分析和诊断应当是农林复合经营技术发展环的起始点。现行土地利用系统诊断的目的在于发现当前土地利用的限制因素和农林复合经营系统的发展潜力。这是技术发展环的演绎、分析或诊断部分。

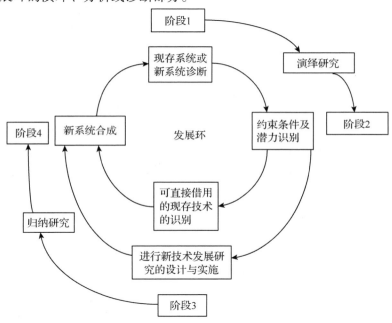

图5-1 农林复合经营技术发展环（引自李文华和赖世登，1994）

通常来说，现代农业发展研究的做法是先在各种类型的农业试验站开展试验性研究，然后将所得结论推广到实际生产中去。开展农林复合经营技术发展研究同样可以沿用这一做法。然而，必须加以注意的是，实际的生产环境与模拟试验的条件是不可能完全一致的。除非在试验研究中能够充分考虑到农民的实际生产条件，否则在农业试验站所得到的技术往往不能够为大多数农民所支持和接受。为了避免这种情况的发生，就必须对当地影响区域土地利用措施决策的全部限制因素和有利因素进行认真调研。为此需要建立一支由生物学、经济学和社会学专家组成的多学科小组，负责对特定地区自然、社会、经济、文化的限制条件进行诊断。

根据系统的输出特征对生产亚系统进行分析是第一阶段土地利用系统诊断的一个重

要任务。生产亚系统直接关系到食品、能源、住所、资金等人类最基本的生活需求，通过这样的诊断可以保证所分析的对象与人民生活密切相关。

对系统的环境保护功能进行分析是诊断研究的第二阶段。把生产与保护放在同等地位是农林复合经营生产模式的一个特征，这使得它与农业和林业的大多数其他学科有所区别。在这些分支学科中，往往把生产系统的保护放在一个次要的地位上。因此，应当把系统的生产力和持续发展能力作为系统输出行为诊断的依据，并采取相应的方法。

在发展环第三阶段，分为两条不同的研究路线，第一条研究路线直接利用已有的农林复合经营模式和技术改进现有的生产状况；另一条路线是根据上一阶段诊断结果，设计新的、特定的农林复合经营技术。这两种不同路线并不是相互排斥的，而是互为补充的，事实上，绝大多数情形都是在新技术发展的同时应用现有技术对现有系统进行改造。发展环是一个连续反复的过程，人们总是在追求最优化的模式和技术，而得到的却是一种相对较好的技术，通过不断地反复和改进，向最优化的技术靠拢。

发展环的第四阶段包含着为建立新的土地利用系统所需的一系列的研究活动，新的土地利用系统是通过把新的农林复合经营技术和现存的土地利用格局结合而形成的，这种结合必须考虑地方或区域生产目的以及各种限制因素。最后，又进入新一轮诊断研究的开始。新的一轮诊断研究的目的在于识别正在运行的土地利用系统的各种限制因素和发展新的具有潜力的农林复合经营技术，从而对系统进行进一步优化。

通过以上农林复合系统规划设计的基本逻辑思想，可以确立农林复合系统规划设计的实施程序(图 5-2)，从这一实施程序可以看出，农林复合系统规划设计是一种多学科综合的复杂工作。它是农林复合系统经营成功的基础。

5.1.2.2　规划设计的内容与步骤

（1）规划设计的组织、目标、尺度

①组织　农林复合系统的规划设计不但关系到新的农林复合系统经营技术的发展，而且还影响到新的试验和向生产者的移植。参与规划设计组织的人员必须具备林学、农学以及与林学、农学密切相关的基础学科的知识，才能顺利地实现这一从研究到移植的过程。此外，要使得新的农林复合系统与当地人民生活需要紧密结合起来，规划者还必须具备经济学与社会学知识。因此，规划设计组织最好能够组织林学、农学、生态学、经济学、社会学等领域的科技工作者参与。除此之外，规划设计组织应该尽量吸收地方行政领导、农民参加，以便听取群众的意见，了解实际实施中存在的问题，使规划落实到实处。

②目标　农林复合经营把商品生产和环境保护放在同等重要的地位。农林复合系统不仅是一个生产系统，同时也是一种土地利用与资源管理系统。在大多数情况下农林复合系统是属于劳动密集型的，尤其是在我国这样一个农村人口数量如此巨大的国家。然而，规划设计的目标并不是要发展一个低收入的系统，而是要有效地利用投入获得稳定和持久地输出，为实现农业的持续发展作出贡献。

③尺度　生产系统和土地利用与资源管理系统，是两个相互联系，但又不属于同一范畴的概念。从生产角度来看，农林复合系统规划设计的尺度既可以大到景观范围，也

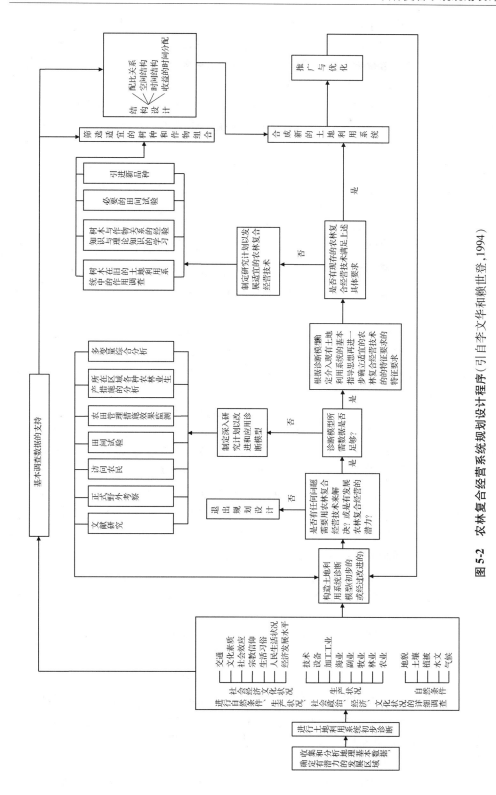

图 5-2 农林复合经营系统规划设计程序（引自李文华和赖世登,1994）

可以到小到单个农户经营的小块土地。从管理角度来看，农林复合系统规划设计的尺度必然要远远超过单个农户的生产范围，也不一定会与某一级行政单位与管辖的范围相吻合。例如，要通过建立农林复合系统来解决水土流失问题，那么规划设计的尺度应当是整个集水区域，而这一区域的界限会远远超过单个农户生产的土地范围，同时也与行政管理的界限不相一致。一般来说，当规划设计的尺度与农林复合系统的生产属性和土地利用与资源管理属性产生矛盾时，应当尽量以土地利用与资源管理属性提出的尺度要求为准，生产上的不便应尽量通过行政协调来解决。

（2）基底条件调查

规划设计地区社会经济条件、自然条件以及各行各业的生产状况是各项规划工作的重要信息源，它直接关系到规划的成败和质量。但对于农林复合设计前的调查，目前并无标准化的指标和模式。一般可调查以下内容：

①自然条件　主要是气候条件、水文条件、植被状况、地形条件、土壤条件的调查。特别是对于模式中物种组成成分有明显作用的某些生态限制因子，更应深入进行调查。有的植物，如泡桐对土壤 pH 值反应不敏感，而对地下水位、土壤性质和光照要求十分严格。

所设计的模式要与立地的容量和生产力相适应。在一些生产力很低的立地条件下，应设计一些能以改良立地为主的模式，使其提高生产力。如果在贫瘠的土地上，设计一个多层次和追求高产出的模式，脱离实际，则必然很难取得应有的效果，甚至造成地力减退，或者造成高投入低产出的反效果。

②农林牧副渔业生产状况　农业调查要了解土地利用现状、经营强度、农业耕作方式，作物主要种类、产量、栽培方式，农业与天气的关系等；林业调查要了解规划区林业发展历史、育苗及造林经验、树木种类、林学及生物学特性、对逆境的适应性和病虫害等；牧业调查包括饲养牲畜种类、数量，草场面积、质量、载畜量、饲养方式和经验等；副业调查要了解各种经济作物、树种以及果树的种类、种植规模、相应的市场或加工工业状况；渔业调查要了解其经营方式，鱼的种类，鱼塘的分布、起源，养鱼的经验及市场等。在调查时特别要注意以上各业之间的比例关系及相互联系，特别要注意那些现在实行的农林复合经营和其他综合经营包括生态农业的模式。

③社会经济状况　社会经济状况调查要包括规划地区人口、劳动力的素质和数量、收入状况、市场发展行情、农林牧副渔产品供销关系、交通、文化教育、人民生活习俗等状况。

上述内容可以通过现有资料的收集和实地调查获取，收集到的资料必须根据设计要求进行整理。

（3）农业土地利用系统诊断

对土地利用系统进行诊断并确定其利用模型，对土地利用进行全面布局，实现合理规划是很必要的。土地利用诊断模型可以有概念模型和数学模型两种。土地利用系统诊断模型的建立可以从概念模型开始，随着资料的丰富，再逐步对概念模型进行改造，引入定量分析的工具、建立定量分析模型。

建立土地利用系统改进方向，这一分析过程可以先从回答如下几方面的问题开始：

- 现有土地利用系统是否能满足人民基本生活需求？
- 现有土地利用系统对自然资源利用是否合理？
- 现有土地利用系统是否已经或将来带来区域环境问题？
- 现有土地利用系统对劳动力资源的利用是否合理？

这四个问题是土地利用系统诊断的第一层次问题，如果第一层次问题有一个或一个以上的答案不能令人满意，则应进入规划设计的下一步工作，即对能否利用农林复合经营技术解决存在问题进行决策。

如果上述四个问题的答案均令人满意，则继续回答如下问题：

- 现有土地利用系统能否促进自然资源特别是可更新资源数量和质量的提高？
- 现有土地利用系统能否有利于地方经济持续稳定的发展？
- 现有土地利用系统能否促进环境质量的改善？
- 现有土地利用系统产生的人工景观是否具有生态美学价值？

这四个问题是土地利用系统诊断的第二个层次问题。如果这四个问题的答案均令人满意，则无须在这一地区进行新的农林复合系统规划设计工作。如果其中有一个或一个以上的答案不能令人满意，则要对规划地区发展潜力进行分析，确定是否有可能通过发展农林复合系统来改善现有土地利用系统。

(4)补充测绘与土地利用规划

必须有了地形图，才能根据地形图进行规划。我国各地已有的地形图，相对于农林复合设计而言比例尺过小(农林复合设计一般要用1:2 000或1:10 000的比例尺)且由于时间的变迁，很多的地物标志已发生很大变化。所以现有地形图只能作为大范围控制及总体布局之用，而对小范围内的各小区则需要补充测绘。

有了基本地形图后，根据局部地形土壤条件与发展生产的需要在现场进行土地利用规划。即首先进行区划，划分出小区与布设道路、渠道(灌溉系统)。地形起伏较大的地区应因势利导利用土地，比如低洼处可挖鱼塘，挖出的土用来垫地或筑成塘基；沙丘、土包可推平建立小片果园，进行果农间作；大片平坦农田或坡地可进行农林间作。

以上属于外业工作，应尽可能在现场搞好外业初步设计，将农林复合类型因地制宜地落实到地块(小区)，并在图上标明，在内业时再作调整。

(5)内业工作

内业工作是指完成外业测绘、区划、规划与初步设计以及分析收集到的所有自然、社会经济条件后进行一系列的总结、计算、估测等工作。

①专题报告编写　对已经掌握的大量社会、自然和现有农林复合模式的信息加以整理，进行深入的综合分析，写出专题报告。根据诸多因素，对本地区的自然优势和经济优势进行综合评估，找出在自然资源利用和开发中存在的问题和潜力。结合当地农民和市场对产品的需求以及社会经济状况，制定出合理的产品结构，探讨进一步优化土地和其他资源开发和利用的可能性；制定出改进当地土地和其他资源开发和当地发展农林复合的新规划，以及优化的技术路线；制定出不同经营单位的模式设计原则，其中包括与不同立地条件相适应的种群选择、经营方针和不同模式的发展规模等。使规划设计建立在符合实际、可靠的基础上。

②典型设计 农林复合系统的典型设计即类型模式结构设计，每一类型的典型设计应包括以下内容：

- 农林复合类型名称；
- 类型代码；
- 适宜的环境条件如土壤，特别是结构、质地、盐碱含量、地下水位；
- 选用树种，营造林种及组成、密度、所用苗龄；
- 选用农作物品种及比例；
- 农、林品种的水平配置与垂直配置方式；
- 种植时间；
- 抚育管理措施，如中耕、施肥、灌溉次数等；
- 经营年限。

典型设计使设计类型模式在当地有较高的经济效益与生态效益，要兼顾眼前效益和长期效益。但设计要便于群众操作与推广应用，内容不可太复杂。

对于一个具体区域（县、镇、村等）而言，由于地形和土壤及水分等条件不同，有着不同的生境条件。要首先按不同的生境对该区域进行立地分类，划分成不同立地条件类型区（地块或小区）。本着适宜性的原则，对立地类型区作出相应的典型设计，从而为一个区域设计出一系列类型模式。

③规划设计方案初审 规划地区的管理机构召集会议，对外业阶段的区划、布局与类型落实地块的初步设计方案进行评审，提出意见，作为内业设计时的修改依据。初审过程是不可少的，因为当地的领导与群众对生产很熟悉，对道路、渠道、村庄的布设是否合理也能提出建议。初步的规划设计经当地评审后，在施工时才能得到更广泛的支持，变成群众自愿的行动。

④效益评估 在外业区划、初步设计的基础上，按照调绘结果，在基本图上求出各类型区（或小区）道路、水渠等面积。分析投入与产出的经济效益，预测防护效能和社会效益。并召集有关部门对初步设计方案进行评审，提出意见作为修正依据，使设计得到广泛的支持。

（6）规划设计成果编制

规划设计完成后，应包括以下成果：规划说明书，基本图与规划图以及小区设计图，典型设计，农林牧副渔分类面积统计表，树种与农作物的种苗用量分类、分年度统计表，用工与成本预算分年度统计表等。

规划设计说明书的编写包括下列主要部分：

- 规划设计任务的来源与要求；
- 规划区的自然条件特点及分析；
- 规划区的现有经济水平与发展方向；
- 总体规划的依据与全面布局说明；
- 各经营类型（典型）设计的特点与管理要求（包括病虫害防治）；
- 各年度用种苗、劳力、机械与油脂燃料、化学、农药等数量；
- 经济与生态效益的评估。

整个成果初稿完成后，由规划区管辖机构进行全面评审，并报上一级部门审查、备案，以便及时实施与以后总结、检查、推广。

（7）建立试验示范区

一个地区对传统的农林复合经营系统进行改进，或引入新的树种、新的农作物建立新的复合系统时，对系统的结构设计能否达到预期目标，需要通过建立试验区来观测与评定；另一方面，对优化结构类型的筛选，除了理论上的分析，还需要实际试验，因此，也需要建立试验区。

对试验区的施工与管理必须严格按设计要求进行，否则就难以得出正确的结果，难以作出结论。试验区的施工与管理必须对每一项活动作记录。还要对树木、作物等的生长过程、生态环境因子的变化作定期的观测。对生态因子的异常变化，尤其是灾害及对树木、作物的影响（包括病虫害的危害）要及时记录与测定。试验区内的树木生长量与农作物的产量均应准确测定。最终还要作生态因子变化规律与树木、作物生长过程的分析，以及树木、作物产量与生态因子间的相关分析。

成功的试验区往往会是良好的示范区。有的示范区则是已有的优化结构模式的样板。示范区由于有科学的结构设计，精细的管理，因而有较高的经济效益与生态效益，它可以使当地与相邻地区的群众乐于接受、乐于推广，能提高群众经营农林复合系统的信心，克服落后的习惯势力。因此，示范区的作用是很大的。

5.1.2.3 农林复合系统规划设计方法

合理的农林复合规划设计可以提高经营者的成功程度，降低风险。农林复合系统的规划设计只有在总结各地长期的实践经验、充分考虑自然资源的高效合理利用、遵循生态学原理、注重现代数学理论和信息技术的运用才能优化设计出系统的较优结构，发挥复合生态经营系统的综合效益。数学方法的应用使得农林复合系统规划设计向着定量化的方向发展，但由于农林复合系统的时空跨度较大、动态性强和观测资料的不完备，在农林复合规划设计中还未普遍应用。

（1）线性规划的数学模型

复合农林业系统中各种组分之间及各个变量之间的关系有时可用线性模型表示出来，从而可用一个变量（或一组变量）的实测值来预测与之相关的另一个变量（或另一组变量）的数值或变化趋势，并用于估测系统的整体发展和变化趋势。

每一个问题都用一组未知变量（x_1，x_2，…，x_n）表示某一规划方案，这组未知变量的一组定值代表一个具体的方案，而且通常要求这些未知变量的取值是非负的。

每一个问题都有两个主要组成部分：一是目标函数，按照研究问题的不同，常常要求目标函数取最大或最小值；二是约束条件，它定义了一种求解范围，使问题的解必须在这一范围之内。

每一个问题的目标函数和约束条件都是线性的。

根据上述问题的三个基本特征，我们可以抽象出线性规划问题的数学模型。它一般地可表示为：

在线性约束条件

$$\sum_{j=1}^{n} a_{ij}x_j \leqslant (\geqslant, =)b_i \quad (i = 1,2,\cdots,m) \tag{5-1}$$

以及非约束条件

$$x_j \geqslant 0 \quad (j = 1, 2, \cdots, n) \tag{5-2}$$

求一组未知变量 $x_j(j = 1, 2, \cdots, n)$ 的值，使

$$Z = \sum_{j=1}^{n} a_{ij}x_j \to \max(\min) \tag{5-3}$$

若采用矩阵记号，上述线性规划模型的一般形式可进一步描述为：

在约束条件

$$AX \leqslant (\geqslant, =)b \tag{5-4}$$

以及

$$X \geqslant 0 \tag{5-5}$$

求未知向量 $X = [x_1, x_2, \cdots, x_n]^{\mathrm{T}}$，使得

$$Z = CX \to \max(\min) \tag{5-6}$$

其中

$$b = [b_1, b_2, \cdots, b_n]^{\mathrm{T}}$$

$$C = [c_1, c_2, \cdots, c_n]^{\mathrm{T}}$$

$$A = \begin{bmatrix} a_{11} & a_{12} & \cdots & a_{1n} \\ a_{21} & a_{22} & \cdots & a_{2n} \\ \vdots & \vdots & & \vdots \\ a_{m1} & a_{m2} & \cdots & a_{mn} \end{bmatrix}$$

①线性规划的标准形式 线性规划的标准形式。为了讨论与计算上的方便，常常需要将线性规划问题的数学模型转化为标准形式，即在约束条件

$$\begin{cases} a_{11}x_1 + a_{12}x_2 + \cdots + a_{1n}x_n = b_1 \\ a_{21}x_1 + a_{22}x_2 + \cdots + a_{2n}x_n = b_2 \\ \quad \cdots \\ a_{m1}x_1 + a_{m2}x_2 + \cdots + a_{mn}x_n = b_m \end{cases} \tag{5-7}$$

以及

$$x_j \geqslant 0 \quad (j = 1, 2, \cdots, n) \tag{5-8}$$

求一组未知变量 $x_j(j = 1, 2, \cdots, n)$ 的值，使

$$Z = \sum_{j=1}^{n} c_j x_j \tag{5-9}$$

达到最大值。

其缩写形式为

在约束条件

$$\sum_{j=1}^{n} a_{ij}x_j \leqslant (\geqslant, =)b_i \quad (i = 1,2,\cdots,m) \tag{5-10}$$

以及

$$x_j \geqslant 0 \quad (j = 1, 2, \cdots, n) \tag{5-11}$$

求一组未知变量 $x_j \geqslant 0(j = 1, 2, \cdots, n)$ 的值，使

$$Z = \sum_{j=1}^{n} c_j x_j \to \max \tag{5-12}$$

上述标准形式的线性规划，常被记为如下更为紧凑的形式：

$$\begin{cases} \max Z = \sum_{j=1}^{n} c_j x_j \\ \sum_{j=1}^{n} a_{ij} x_j \leqslant (\geqslant, =) b_i \quad (i = 1, 2, \cdots, m) \\ x_j = 0 (j = 1, 2, \cdots, n) \end{cases} \qquad (5\text{-}13)$$

或

$$\begin{cases} AX = b \\ X \geqslant 0 \\ \max Z = CX \end{cases} \qquad (5\text{-}14)$$

在通常情况下，b 和 c 为已知常数向量；A 为已知常数矩阵，且 A 的秩为 m_0。

②化为标准形式的方法 具体的线性规划问题，其数学模型常常是各式各样的，它们不一定符合线性规划的标准形式的要求，为了将其转化为标准形式，常常需要对目标函数或约束条件采用一定的变换方法进行转换。

目标函数化为标准形式的方法。如果其线性规划问题的目标函数为

$$\min Z = CX \qquad (5\text{-}15)$$

则令 $Z' = -Z$，显然

$$-\min Z = \max(-Z) = \max Z' \qquad (5\text{-}16)$$

所以，可将原问题的目标函数化为标准形式了。

约束方程化为标准形式的方法。如果第 k 个约束方程为不等式，即

$$a_{kq} x_1 + a_{k2} x_2 + \cdots + a_{kn} x_n \leqslant (\geqslant) b_k \qquad (5\text{-}17)$$

则只需在原问题中引入松弛变量 $x_{n+k} \geqslant 0$，并将第 k 个方程改写为

$$a_{kq} x_1 + a_{k2} x_2 + \cdots + a_{kn} x_n + (-) x_{n+k} = b_k \qquad (5\text{-}18)$$

而将其目标函数看作

$$Z = \sum_{j=1}^{n} c_j x_j = \sum_{j=1}^{n} c_j x_j + 0 \cdot x_{n+k} \qquad (5\text{-}19)$$

这样就将原问题转化为标准形式的线性规划模型了。

③线性规划的解及其性质 线性规划的解可分为可行解与最优解和基本解与基本可行解。

在线性规划问题中，称满足约束条件(即满足线性约束和非负约束)的一组变量 $x = [x_1, x_2, \cdots, x_n]^T$ 为可行解。所有可行解组成的集合称为可行域。

使目标函数最大或最小化的可行解称为最优解。

基本解与基本可行解。在线性规划问题式(5-4)至式(5-6)中，如果我们把约束方程组的 $m \times n$ 阶系数矩阵 A 写成由 n 个列向量组成的分块矩阵

$$A = [p_1, p_2, \cdots, p_n] \qquad (5\text{-}20)$$

在式(5-7)中，$p_j = [a_{1j}, a_{2j}, \cdots, a_{mj}]^T (j = 1, 2, \cdots, n)$。则 A 是对应变量 p_j 的系数列向量。

如果 B 是 A 中的一个 $m \times n$ 阶的非奇异子阵，则称 B 为该线性规划问题的一个基。不失一般性，不妨设

$$B = \begin{bmatrix} a_{11} & a_{12} & \cdots & a_{1m} \\ a_{21} & a_{22} & \cdots & a_{2m} \\ \vdots & \vdots & & \vdots \\ a_{m1} & a_{m2} & \cdots & a_{mm} \end{bmatrix} = [p_1, p_2, \cdots, p_m] \tag{5-21}$$

则称 $p_j(j=1,2,\cdots,n)$ 为基向量，与基向量相对应的变量 $x_j(j=1,2,\cdots,m)$ 为基变量，而其余的变量 $x_j(j=m+1, m+2, \cdots, n)$ 为非基向量。

如果 $X_B = [x_1, x_2, \cdots, x_m]^T$ 是方程组

$$BX_B = b \tag{5-22}$$

的解，则 $X = [x_1, x_2, \cdots, x_m, 0, 0, \cdots, 0]^T$ 为方程组式(5-4)的一个解，它称之为对应于基 B 的基本解。

满足非负约束条件的基本解，称为基本可行解。对应于基本可行解的基称为可行基。

为了说明线性规划解的性质，需要引入凸集和顶点的概念。若连接 m 维点集 S 中的任意两点 $x^{(1)}$ 和 $x^{(2)}$ 之间的线段仍在 S 中，则称 S 为凸集。例如，三角形、平行四边形、正多边形、圆、球体、正多面体等都是凸集。而圆环、空心球等都不是凸集。

若凸集 S 中的点 $x^{(0)}$ 不能成为 S 中任何线段的内点，则称 $x^{(0)}$ 为 S 的顶点或极点。例如，三角形、平行四边形、正多边形、正多面体的顶点以及圆周上的点都是极点。

线性规划解的性质。可以证明，线性规划问题的解具有以下性质：

- 线性规划问题的可行解集(可行域)为凸集；
- 可行解集 S 中的点 X 是顶点的充要条件是基本可行解；
- 若可行解集有界，则线性规划问题的最优值一定可以在其顶点上达到。

由于系数矩阵 A 中的集是有限的，因此基本可行解也是有限的，这就是说可行解集的顶点数目是有限的。所以，如果线性规划问题有最优解，就只需从其可行解集的有限个顶点中去寻找。

④线性规划问题的求解方法——单纯形法 在标准形式线性规划式(5-4)~式(5-6)中，不妨设 $B = [p_1, p_2, \cdots, p_m]$ 是一个基，令 $N = [p_{m+1}, p_{m+2}, \cdots, p_n]$，则 $A = [B, N]$。记基变量为 $x_B = [x_1, x_2, \cdots, x_m]^T$，非基变量为 $x_N = [x_{m+1}, x_{m+2}, \cdots, x_n]^T$，则运用分块矩阵的运算法则可知，式(5-4)可以被进一步改写为

$$BX_B + NX_N = b \tag{5-23}$$

用 B^{-1} 乘式(5-23)两端，并作适当整理，得

$$X_B = B^{-1}b - B^{-1}NX_N \tag{5-24}$$

式(5-24)就是用非基变量表示基变量的关系式。

相应地，记 $C_B = [c_1, c_2, \cdots, c_m]$，$C_N = [c_{m+1}, c_{m+2}, \cdots, c_m]$，$C = [C_B, C_N]$，则目标函数也可以改写为

$$Z_B = C_B B^{-1}b + (C_N - C_B B^{-1}N)X_N \tag{5-25}$$

显然，$X_B = B^{-1}b$，$X_N = 0$ 构成了对应于基 B 的基本解，其相应的目标函数值为 $Z = C_B B^{-1}b$。

如果 $B^{-1}b \geqslant 0$，则 $X_B = B^{-1}b$，$X_N = 0$ 构成了一个基本可行解，B 是一个可行基。

如果 $C_N - C_B B^{-1}N \leqslant 0$，则由式（5-25）可以看出，对于一切可行解 X，有 $Z = CX \leqslant C_B B^{-1}b$。这就是说，对应于 B 的基本可行解为最优解，这时，B 也被称为最优基。由于

$$C - C_B B^{-1}A = [C_B, C_N] - C_B B^{-1}[B, N] = [C_B, C_N] - [C_B, C_B B^{-1}N]$$
$$= [0, (C_N - C_B B^{-1}N)] \tag{5-26}$$

即 $C_N - C_B B^{-1}N \leqslant 0$ 与 $C - C_B B^{-1}A \leqslant 0$ 等价，故可得以下最优性判定定理。

【定理】对于基 B，若 $B^{-1}b \geqslant 0$，且 $C - C_B B^{-1}A \leqslant 0$，则对应于基 B 的基本解为最优解，B 为最优基。

由式（5-12）和（5-13）可得

$$-Z + (C - C_B B^{-1}A)X = -C_B B^{-1}b \tag{5-27}$$

用 B^{-1} 乘式（5-5）两端得

$$B^{-1}AX = B^{-1}b \tag{5-28}$$

联合式（5-27）与式（5-28）可得

$$\begin{bmatrix} -1 & C - C_B B^{-1}A \\ 0 & B^{-1}A \end{bmatrix} \begin{bmatrix} Z \\ X \end{bmatrix} = \begin{bmatrix} -C_B B^{-1}b \\ B^{-1}b \end{bmatrix} \tag{5-29}$$

在矩阵式（5-29）中，称系数矩阵

$$\begin{bmatrix} -C_B B^{-1}b & -1 & C - C_B B^{-1}A \\ B^{-1}b & 0 & B^{-1}A \end{bmatrix} \tag{5-30}$$

或

$$\begin{bmatrix} -C_B B^{-1}b & C - C_B B^{-1}A \\ B^{-1}b & B^{-1}A \end{bmatrix} \tag{5-31}$$

对应于基 B 得单纯形表，记作 $T(B)$。

如果记 $-C_B B^{-1}b = b_{00}$，$C - C_B B^{-1}A = [b_{01}, b_{02}, \cdots, b_{0n}]$，$B^{-1}A = [b_{10}, b_{20}, \cdots, b_{m0}]^T$，以及

$$B^{-1}A = \begin{bmatrix} b_{11} & b_{12} & \cdots & b_{1n} \\ b_{21} & b_{22} & \cdots & b_{2n} \\ \vdots & \vdots & & \vdots \\ b_{m1} & b_{m2} & \cdots & b_{mn} \end{bmatrix} \tag{5-32}$$

则

$$T(B) = \begin{bmatrix} b_{00} & b_{01} & b_{02} & \cdots & b_{0n} \\ b_{10} & b_{11} & b_{12} & \cdots & b_{1n} \\ b_{20} & b_{21} & b_{22} & \cdots & b_{2n} \\ \vdots & \vdots & \vdots & & \vdots \\ b_{m0} & b_{m1} & b_{m2} & \cdots & b_{mn} \end{bmatrix} \tag{5-33}$$

矩阵式（5-33）表明，单纯形表就是把非基变量作为参数，表示基变量和目标函数时

的系数矩阵。b_{00}就是对应于基 B 的基本解下的目标函数值；b_{10}，b_{20}，…，b_{m0}就是对应于基 B 的基本解的基变量值；b_{01}，b_{02}，…，b_{0n}为检验系数，如果这组数均非正，则这一基本可行解就是最优解。

单纯形法的计算步骤。单纯形法求解线性规划问题的计算步骤如下：

第一步，找出初始可行基 $B = [p_{j1}, p_{j2}, \cdots, p_{jn}]$，建立初始单纯形表。

第二步，判别、检验所有的检验系数 $b_{0j}(j = 1, 2, \cdots, n)$。

如果所有的检验系数 $b_{0j} \leqslant 0 (j = 1, 2, \cdots, n)$，则由最优性判定定理知，已获最优解。

若检验系数 $b_{0j}(j = 1, 2, \cdots, n)$ 中有些为正数，但其中某一正的检验系数所对应列向量的各分量均非正，则线性规划问题无解。

若检验系数 $b_{0j}(j = 1, 2, \cdots, n)$ 中有些为正数，且它们所对应的列向量中有正的分量，则进行换基迭代。

第三步，选主元。在所有 $b_{0j} \geqslant 0$ 的检验系数中选取最大的一个 b_{0s}，其对应的非基变量为 x_s，对应的列向量为 $p_s = [b_{1s}, b_{2s}, \cdots, b_{ms}]^{\mathrm{T}}$。如果

$$\theta = \min\langle \frac{b_{i0}}{b_{is}} \mid b_{is} > 0 \rangle = \frac{b_{r0}}{b_{rs}} \tag{5-34}$$

则确定 b_{rs} 为主元项。

第四步，在基 B 中调进 p_s，换出 p_{jr}，得到一个新的基

$$B' = [p_{j1}, p_{j2}, \cdots, p_{jr-1}, p_s, p_{jr+1}, \cdots, p_{jm}] \tag{5-35}$$

第五步，在单纯形表上进行初等行变换，使第 s 列向量变为单位向量，又得一张新的单纯形表。

第六步，转入上述第二步。

【例 5.1】用单纯形方法求解线性规划问题

$$\begin{cases} x_1 + 3x_2 \leqslant 12 \\ 2x_1 + x_2 \leqslant 9 \\ x_1 \geqslant 0, x_2 \geqslant 0 \end{cases} \tag{5-36}$$

$$\max Z = 2x_1 + 3x_2$$

解：首先引入松弛变量 x_3，x_4，把原问题化为标准形式

$$\begin{cases} x_1 + 3x_2 + x_3 = 12 \\ 2x_1 + x_2 + x_4 = 9 \\ x_1, x_2, x_3, x_4 \geqslant 0 \end{cases} \tag{5-37}$$

$$\max Z = 2x_1 + 3x_2 \tag{5-38}$$

上述问题中，

$$A = \begin{bmatrix} 1 & 3 & 1 & 0 \\ 2 & 1 & 0 & 1 \end{bmatrix}, \quad p_1 = \begin{bmatrix} 1 \\ 2 \end{bmatrix}, \quad p_2 = \begin{bmatrix} 3 \\ 4 \end{bmatrix}, \quad p_3 = \begin{bmatrix} 1 \\ 0 \end{bmatrix}, \quad p_4 = \begin{bmatrix} 0 \\ 1 \end{bmatrix}, \quad b = \begin{bmatrix} 12 \\ 9 \end{bmatrix}, \quad C = \begin{bmatrix} 2 & 3 & 0 & 0 \end{bmatrix}$$

第一步，因为 $B_1 = [p_3, p_4]$ 为单位矩阵，且 $B_1^{-1}b = b > 0$，故 B_1 是个可行基。由于 $-C_B B_1^{-1}b = 0$，$C - C_B B_1^{-1}A = C$，$B_1^{-1}A = A$，所以对应于 B_1 的初始单纯形表（表 5-1）

如下：

表 5-1　B_1 的初始单纯形表

		x_1	x_2	x_3	x_4
$-Z$	0	2	3	0	0
x_3	12	1	[3]	1	0
x_4	9	2	1	0	1

第二步，判别。在初始单纯形表中，$b_{01}=2$，$b_{02}=3$，所以 B_1 不是最优基，要进行换基迭代。

第三步，选主元。由于 $\max\{2,3\}=3$，所以取 $s=2$，其对应的非基变量为 x_2，对应的列向量为 $p_2=\begin{bmatrix}3\\1\end{bmatrix}$。$\theta=\min\left\{\dfrac{12}{3},\dfrac{9}{1}\right\}=4$，所以 $r=l$。因而主元项为 $b_{12}=3$。

第四步，p_2 调入基，p_3 推出基，得一新的基 $B_2=[p_2,p_4]=\begin{bmatrix}3&0\\1&1\end{bmatrix}$。

第五步，对初始单纯形表进行初等行变换，使 p_2 变为单位向量，可得 B_2 下的新单纯形表（表 5-2）。

表 5-2　B_2 下的新单纯形表

		x_1	x_2	x_3	x_4
$-Z$	-12	1	0	-1	0
X_2	4	1/3	1	1/2	1
x_4	5	[5/3]	0	$-1/3$	1

第六步，转入第二步。因为在对应于 B_2 的单纯形表中，检验系数有 $b_{01}=1$，重复以上步骤可得对应于 $B_s=[p_1,p_2]=\begin{bmatrix}3&1\\1&2\end{bmatrix}$ 的单纯形表（表 5-3）。因为在对应于 B_3 的单纯形表中，检验系数已经没有正数，所以 B_3 是最优集，其对应的基本最优解为：$x_1=3$，$x_2=3$，$x_3=0$，$x_4=0$，目标函数最大值为 $Z=15$。

表 5-3　对应于 B_3 的单纯形表

		x_1	x_2	x_3	x_4
$-Z$	-15	0	0	$-4/5$	$-3/5$
x_2	3	0	1	2/5	$-1/5$
x_1	3	1	0	$-1/5$	3/5

【例 5.2】线性规划在农林复合规划中的应用案例——广东湛江湖光岩农场作物布局规划。

现以广东湛江湖光岩农场用线性规划进行的作物布局为例加以说明（胡耀华，1996）。湖光岩农场大面积种植的作物有：开割橡胶树（x_1），甘蔗水田种植（x_2），甘蔗坡地种植（x_3）和茶（x_5），并计划大面积发展甜橙（x_4），现求在一定的土地、劳力和发展计划的约束下，这些作物各种植多少面积才能使该场的纯收入最大？

①建立目标函数 本规划的目的是在一定的约束条件下使该场盈利最多，故变量前的技术系数是单位面积(hm^2)的纯收入，即

纯收入($元/hm^2$) = 产量(kg/hm^2) × 单价($元/kg$) － 成本($元/hm^2$)

根据该地区历史资料，可写出本规划目标函数如下：

$$Z_{max} = 1\,075x_1 + 1\,830x_2 + 1\,605x_3 + 7\,230x_4 + 1\,260x_5 \tag{5-39}$$

②选取约束条件 制约湖光农场布局的因子有：土地面积、国家指令计划、资金、劳力、肥料，技术力量和环境因子等。为简化计，本规划只考虑了土地、劳力和指令性规划的三个方面。该场拟议中的作物布局有两个方案：一是要求开割橡胶树不超过 333.3hm^2，以及在不雇用其他劳动力的前提下，尽量安排上述五项作物的种植面积，使全场盈利最多；另一方案是开割树面积和劳动力同方案 1，但希望减少甜橙的种植面积，增加坡地上种植甘蔗的面积。考虑到全场可用于规划的总土地面积为 2 515.5hm^2，可改种植甘蔗的水田面积为 194.7hm^2。可将这两个方案的一年中全场可提供的劳动日为730 520工日以及各种作物每亩的年用工数等情况，写成以下不等式：

$$方案1：\begin{cases} x_1 + x_2 + x_3 + x_4 + x_5 \leqslant 2\,515.5hm^2 （可规划的总土地面积约束） \\ x_1 \leqslant 1\,000hm^2 （开割橡胶树面积约束） \\ x_2 \leqslant 194.7hm^2 （甘蔗水田种植面积约束） \\ x_4 \leqslant 333.3hm^2 （甜橙种植面积约束） \\ 11.2x_1 + 22.4x_2 + 17.5x_3 + 56x_4 + 80x_5 \leqslant 730\,520 （劳力约束） \\ x_1,x_2,x_3,x_4,x_5 \geqslant 0 \end{cases} \tag{5-40}$$

$$方案2：\begin{cases} x_1 + x_2 + x_3 + x_4 + x_5 \leqslant 2\,515.5hm^2 （可规划的总土地面积约束） \\ x_3 + x_4 + x_5 \leqslant 1\,320.7hm^2 （坡地作物面积约束） \\ x_2 \leqslant 194.7hm^2 （甘蔗水田种植面积约束） \\ x_4 \leqslant 253.3hm^2 （甜橙种植面积约束） \\ 11.2x_1 + 22.4x_2 + 17.5x_3 + 56x_4 + 80x_5 \leqslant 730\,520 （劳力约束） \\ x_1,x_2,x_3,x_4,x_5 \geqslant 0 \end{cases} \tag{5-41}$$

③建立数学模型 根据上面所确定的目标函数和约束条件，可得到本规划的两个比较方案的数学模型如下：

方案 1：求 x_1，x_2，x_3，x_4，x_5，使式(5-39)为极大值，并满足式(5-40)

方案 2：求 x_1，x_2，x_3，x_4，x_5，使式(5-39)为极大值，并满足式(5-41)

④用单纯形法在计算机上求上述线性规划模型 分析求解结果可知，在现有可规划的土地、劳力和指令性计划条件下，湖光农场以保持 1 000hm^2 开割胶树，在坡地上种植 333.3hm^2 甜橙和 1 076.3hm^2 甘蔗最为有利，这样的作物布局可使该场盈利最多，而少种甜橙并用水田种植甘蔗是不合算的，茶叶不论疏植还是密植都不必发展。

⑤灵敏度分析 即计算机和分析使最优解能够继续保持最优的各个系数的上、下限值。将方案 1 目标函数的系数各自不断变化后重新计算模型的最优解；将方案 1 的线性规划模型约束不等式的右侧值各自不断变化后再重新计算模型的最优解，结果表明：右侧值的变化只要满足其极限范围，原最优解仍是有效的。

结果为：在方案取得土地和劳力约束条件下，使该场获利最多的作物布局是：保持 1 000hm² 开割胶树，在坡地上种植 333.3hm² 甜橙和 1 076.3hm² 甘蔗，这样的安排不仅可充分利用全场劳力，使全场盈利最高，而且尚可结余 105.8hm² 土地作为他用。

（2）多目标规划及其求解

根据调查地区的自然社会特点，以生态经济学为理论基础，以提高综合效益为总目标、增加经济效益为主，兼顾社会、生态效益的原则来进行复合农林规划。

①多目标规划及其非劣解　多目标规划数学模型。传统的单目标规划问题，一般可以用如下数学模型描述：

$$\max(\min)Z = f(X) \tag{5-42}$$

$$\Phi(X) \leq G \tag{5-43}$$

式中，$X = [x_1, x_2, \cdots, x_n]^T$ 为规划决策变量向量；$Z = f(X)$ 为多元标量函数；$\Phi(X)$ 为 m 维函数向量；G 为 m 维的常数向量，m 为约束条件个数。

对于多目标规划问题，其数学模型也可以类似地描写为如下形式

$$\max(\min)Z = F(X) \tag{5-44}$$

$$\Phi(X) \leq G \tag{5-45}$$

式中，$X = [x_1, x_2, \cdots, x_n]^T$ 为规划决策变量向量；$Z = F(X)$ 为 k 维函数向量，k 为目标函数的个数；$\Phi(X)$ 为 m 维函数向量；G 为 m 维常数向量，m 为约束方程的个数。

对于线性多目标规划问题，式（5-44）和式（5-45）可以进一步写为

$$\max(\min)Z = AX \tag{5-46}$$

$$BX \leq b \tag{5-47}$$

式中，A 为 $k \times n$ 矩阵；B 为 $m \times n$ 矩阵；b 为 m 维的向量；X 为 n 维决策变量向量。

②多目标规划的非劣解　对于上述多目标规划问题，求解就意味着需要做出如下的复合选择：每一个目标函数取什么值，原问题可以得到最满意的解决；每一个决策变量取什么值，原问题可以得到最满意的解决。

在单目标规划问题中，各种方案的目标值之间是可以比较的，因此各种方案总是可以分出优劣的。但在多目标规划中，问题就变得比较复杂。例如，当规划问题是要求所有的目标都取最大值时，一个目标值的增大就有可能导致另一个目标值的减小。因此，多目标规划问题的求解就不能像在单目标规划中那样，只追求一个目标的最优化（最大或最小），而置其他目标于不顾。

③多目标规划求解技术　多目标规划问题的求解，就是要在非劣解集中寻求一个最为满意的规划方案。然而，非劣解集中往往包含有许多非劣解，究竟哪一个最为满意呢？为了解决这一问题，常常需要将多目标规划问题转化为单目标规划问题来处理。实现这种转化，有如下几种建模方法。

a. 效用最优化模型。效用最优化模型建立的依据是基于这样一种假设：规划问题的各个目标函数可以通过一定的方式进行求和运算。这种方法将一系列的目标函数与效用函数建立相关关系。各目标之间通过效用函数协调，从而使多目标规划问题转化为传统的单目标规划问题：

$$\max Z = \Psi(X) \tag{5-48}$$

$$\Phi(X) \leqslant G \tag{5-49}$$

在式(5-48)中。Ψ 为与各目标函数相关的效用函数的和函数。

在用效用函数作为规划目标时，需要确定一组权值 λ_i 来反映原问题中各目标函数在总体目标中的权重，即

$$\max \Psi(X) = \sum_{i=1}^{k} \lambda_i \Psi_i \tag{5-50}$$

$$\Phi_i(x_1, x_2, \cdots, x_n) \leqslant g_i \quad (i = 1, 2, \cdots, m) \tag{5-51}$$

在式(5-47)中，诸 λ_i 应满足

$$\sum_{i=1}^{k} \lambda_i = 1 \tag{5-52}$$

若采用向量与矩阵记号，则上述模型可以进一步改写为

$$\max \Psi = \lambda^T \Psi \tag{5-53}$$

$$\Phi(X) \leqslant G \tag{5-54}$$

b. 罚款模型。如果对每一个目标函数，规划决策者都能提出一个所期望的值(或称满意值) f_i^*，那么，就可以通过比较实际值 f_i 与期望值 f_i^* 之间的偏差来选择问题的解。罚款模型的数学表达式如下

$$\max Z = \sum_{i=1}^{k} a_i (f_i - f_i^*)^2 \tag{5-55}$$

$$\Phi_i(x_1, x_2, \cdots, x_n) \leqslant g_i \quad (i = 1, 2, \cdots, m) \tag{5-56}$$

或写成矩阵形式

$$\min Z = (F - F^*)^T A (F - F^*) \tag{5-57}$$

$$\Phi(X) \leqslant G \tag{5-58}$$

式中，a_i 为与第 i 个目标函数相关的权重；A 为由诸 $a_i (i = 1, 2, \cdots, k)$ 组成的 $m \times n$ 对角短阵。

c. 目标规划模型。目标规划模型与罚款模型类似，它也需要预先确定各个目标的期望值 f_i^*。目标规划模型的数学形式为

$$\min Z = \sum_{i=1}^{k} (f_i^+ + f_i^-) \tag{5-59}$$

$$\Phi_i(x_1, x_2, \cdots, x_n) \leqslant g_i \quad (i = 1, 2, \cdots, m) \tag{5-60}$$

$$f_i + f_i^- - f_i^+ = f_i^* \quad (i = 1, 2, \cdots, m) \tag{5-61}$$

上述式中，f_i^+ 和 f_i^- 分别为与 f_i 相应的、与 f_i^* 相比的目标超过值和不足值。

如果采用矩阵形式表示，则式(5-59)至式(5-61)可以进一步简记为

$$\min Z = v^T (F^+ + F^-) \tag{5-62}$$

$$\Phi(X) \leqslant G \tag{5-63}$$

$$F + F^- - F^+ = F^* \tag{5-64}$$

式(5-64)中，v 为各元素均为 1 的 k 维列向量。

d. 约束模型。约束模型的理论依据是：如果规划问题的某一目标可以给出一个可供选择的范围，则该目标就可以作为约束条件而被排除出目标组，进入约束条件组中。

假如，除了第一个目标外，其余目标都可以提出一个可供选择的范围，则按上述思路，该多目标规划问题就可以转化为单目标规划问题。

$$\max(\min)Z = f_1(x_1, x_2, \cdots, x_n) \tag{5-65}$$

$$\Phi_i(x_1, x_2, \cdots, x_n) \leqslant g_i \quad (i = 1, 2, \cdots, m) \tag{5-66}$$

$$f_j^{\min} \leqslant f_j \leqslant f_j^{\max} \quad (j = 2, 3, \cdots, k) \tag{5-67}$$

采用短阵记号，上述模型可以进一步改写为如下形式

$$\max(\min)Z = f_1(X) \tag{5-68}$$

$$\Phi(X) \leqslant G \tag{5-69}$$

$$F_1^{\min} \leqslant F_1 \leqslant F_1^{\max} \tag{5-70}$$

【例5.3】多目标规划在农林复合系统规划设计应用案例——衡阳县英南试验示范区防护林农林复合经营系统结构优化方案。

现以湖南省衡阳县英坡镇英南示范区为例(周刚等，2000)，通过对英南试验示范区进行系统分析，应用多目标规划方法，对系统内农、林、牧、副、渔结构进行了优化设计，并建立反映系统自身要求的实现系统可持续发展的数学模型，提出了符合当前实际情况，并实现规划目标的具体实施方案，即农、林、牧、副、渔的优化结构比例。

首先对英南示范区的土地利用现状，示范区水土流失状况，示范区现有经济结构，示范区人口及文化结构等方面进行分析，要使该试验示范区土地利用结构更趋合理，经济稳步增长，同时遏止水土流失加剧势头，减少土壤侵蚀，促进系统内生态环境的良性循环，实现系统可持续发展，有必要重新调整示范区内农、林、牧、副、渔的结构，使之更加合理，实现经济效益、生态效益和社会效益的同步增长。

针对以上分析建立该示范区的农林复合经营多目标规划模型。首先，选择确定决策变量和参数，从农、林、牧、副、渔中共选择了18个决策变量，并确定了有关参数。决策变量 $X_i(i = 1, 2, \cdots, 18)$ 意义如下：X_1—水稻面积(亩)；X_2—内棉花栽培面积(亩)；X_3—果木经济林面积(坡度为7°以下)(亩)；X_4—果木经济林面积(坡度为7°~15°)(亩)；X_5—用材林面积(坡度7°~15°)(亩)；X_6—用材林面积(坡度15°~25°)(亩)；X_7—防护林面积(坡度15°~25°)(亩)；X_8—花生面积(亩)；X_9—油菜面积(亩)；X_{10}—其他作物面积(亩)；X_{11}—农林复合模式面积(花生为间作物)(亩)；X_{12}—农林复合模式面积(油菜为间种作物)(亩)；X_{13}—农林复合模式面积(其他作物为间种作物)(亩)；X_{14}—牲畜饲养头数(头)；X_{15}—家禽喂养只数(只)；X_{16}—大牲畜饲养头数(头)；X_{17}—鱼苗放养尾数(尾)；X_{18}—工副业劳动力工作日数(日)。其次，确定约束方程及决策要求。第三，确定各级分量，第一级分量：各农、林种植面积在有效可供面积范围内；第二级分量：保证示范区的粮食、饲料的自给；第三级分量：保证示范区内纯收入增长达30%~50%；第四级分量：保证区内水土流失量减少30%以上；第五级分量：保证畜牧业、工副业的正常运转；第六级分量：投入资金尽可能少。第四，建立完整的多目标规划数学模型。最后，进行模型求解，利用以上模型，根据按多目标规划单纯形法原理进行求解。

对求解结果分析与比较可知，所设立的18个目标要求满足或基本满足约束要求，说明该项目标规划所确定的方案是切实可行的。

综上所述，在对示范区进行系统诊断分析的基础上，运用多目标规划方法，对示范

区内农、林、牧、副、渔结构进行优化调整，并建立了优化模型，确定了优化比例，其中水稻面积、棉花面积和其他作物(含商品蔬菜)三者面积比为：5.08∶6.55∶1；果木经济林、用材林和防护林面积比例则为：2.54∶2.35∶1；农林复合花生模式、农林复合油菜模式与农林复合其他作物模式的面积比例则为：6.46∶1.97∶1。

(3)层次分析法的基本过程

层次分析法(AHP)是近 30 年来才提出的一种将定量和半定量指标有效结合起来分析的多目标评判方法，在多目标决策中应用非常广泛。它通过确定研究问题的目标，选择并建立指标体系，计算各指标的值，然后获取综合效益的效益值，以决定几种候选方案的优劣。

①建立评价指标体系 对于农林复合生态系统这样复杂的生态系统，无论从其结构，还是从其功能来看，能够反映该系统功能性质的指标非常多，但是，任何一个指标都无法反映农林复合生态系统的综合特征。为此，我们根据以下原则选择一些有关系统经济效益、社会效益和生态效益方面的指标：

a. 指标应反映农林复合生态系统的整体功能，包括反映生态系统的稳定性、复杂性、物质流、能量流和价值流投入输出状况；

b. 指标应能反映生态系统的长期行为和短期行为，发展一种有利于可持续发展的农林复合生态系统生产方式；

c. 指标应该能够尽量用定量表示，如无法定量表示，也应可以确定各评价要素之间的相对重要程度，并用其重要程度序数表示；

d. 尽量采用综合指标，指标之间应该尽量保持相互独立，无直接作用关系；

e. 指标应互相补充、指标形成的体系应全面或较全面地反映系统的各种功能特征，并构成完整的体系。

对于指标体系的建立需结合具体情况，以下列举一些有关社会效益、经济效益和生态效益的指标供参考。

②指标体系的构成与分析

a. 产品输出[元/(hm² · a)]：指复合系统在一定时间内输出各类产品价值总和。价格以当地公布的牌价为准。

b. 劳动者人均收入(元/劳动力 · 年)：指单位活劳动力每年创造的产品的价值。该指标反映系统的技术结构水平与劳动生产效率，也是复合系统短期内发展的诱因。劳均纯收入 = 净产值/活劳动消耗量

计算未售出产品、售出产品和已上交产品的价格按当地政府所公布的统一价计算，已在市场出售的产品按实际卖出所得收入计算。活劳动指全体参加劳动的人数，全劳力的以 300 天出勤计为一个人 · 年，半劳力和零星劳动力折成全劳力计算即可。

c. 资金产投比：指产值与投入成本之比。

d. 利润率：指某种生产模式在一定时期所获得的利润额与生产费用的比值，该指标反映了某种模式的经济上的投资效果。计算公式为：

$$成本利润率 = 利润率/生产费用 \times 100\% \tag{5-71}$$

e. 投资回收期(年)：指系统工程投资用纯收益额偿还所需时间，及资金的回轮时

间。计算公式为：

$$投资回收期 = 农林业系统工程投资总额/年平均利润增加额 \quad (5\text{-}72)$$

f. 植被覆盖率：指森林及草地覆盖的土地面积占土地总面积的百分率。该指标能够衡量系统生态环境的好坏，以及整个系统的稳定程度。在生态系统的构建初期，是核心指标。计算公式为：

$$植被覆被率 = 林草覆盖面积/土地总面积 \quad (5\text{-}73)$$

这里植被覆被总面积指的是森林面积、灌木面积、林网面积、草地面积、四旁树木面积之和。

g. 固土效益为：指系统内单位土地面积上每年挽回流失的土地量，一般采用多年平均值。计算公式为：

$$固土效益 = 全年土壤流失量/系统面积 \quad (5\text{-}74)$$

h. 复种指数率：直接反映出在人工干预下土地资源的利用程度，也间接反映系统的光、温、水等自然资源的利用程度，从而构成体现系统自身生产潜力及人类对生态资源开发利用水平的综合指标，是生态效益的有机组成部分。提高和恢复复种指数，既是一项缓和人地矛盾的措施，又是增加农副产品产量、提高土地承载力的重要途径。复种指数受各地自然条件的限制有所不同，为消除这一差别，采用复种指数率，即当年复种指数与该地复种指数值之比来表示。计算公式为：

$$复种指数率 = 实际复种指数/复种指数潜力 \quad (5\text{-}75)$$

i. 系统成灾率：指系统成灾面积占当年系统受灾面积的比例。该指标反映生态系统的稳定性和系统抗逆能力及其变化。成灾率越低说明生态系统越稳定，抵抗自然灾害的能力越强，反之说明系统的稳定性越差，该指标为多年统计值。计算公式为：

$$系统成灾率 = 系统成灾面积/系统受灾面积 \quad (5\text{-}76)$$

成灾指系统受自然灾害的影响减产达到30%以上的区域。

j. 土壤理化指标：在本研究中用土壤养分平衡指数度量。土壤养分平衡指数指在作物—土地—肥料之间的一种平衡，它涉及土壤理化性质、作物特性、肥料种类与养分利用率等诸多因素，用养分投入产出比表示。计算公式为：

$$土壤平衡指数 = 养分投入量（纯量）/作物养分吸收量（纯量） \quad (5\text{-}77)$$

养分投入包括有机肥和化肥的投入，有机肥包括人畜粪料，农作物秸秆绿肥，无机即化肥，投入量均以有效成分 N、P_2O_5、K_2O 计算；产出量根据作物产量和单位产量吸收的氮、磷、锌数量计算，计算标准根据《农业入学手册》中数据计算。土壤养分平衡指数表示单位养分、需要投入养分的倍数，也称施肥倍数。限于条件，研究中仅从养分投入和产出比值上来近似研究投入养分的平衡状况。养分平衡指数 =1 时，作物吸收量和养分投入量相等，称为养分不平衡；养分平衡指数 <1 时，作物吸收的养分大于投入的养分，养分极不平衡，表明作物是靠消耗地力基础来满足所需养分；当养分平衡指数 >1 时，养分投入量大于农作物吸收量，养分有盈余，一般有利于投入养分的积累和土地生产力的持续发展。

k. 就业机会：以劳动力容纳量来度量。即系统单位面积上所容纳的劳动力数量。该指标反映系统为社会缓解就业压力的贡献。

l. 生活资料供给：指系统能够输出产品的种类数量与种类。该指标反映系统活跃产品市场的能力。

m. 农产品商品率：反映系统对外部的贡献和商品化程度。计算公式为：

$$产品化率 = 全年各种产品化产值之和 / 全年各种产品产值之和 \tag{5-78}$$

商品的产值即农产品经市场出售的实际收入；各种产品产值指最终产品产值，中间产品产值不计。

n. 优化产业结构：指各种模式在农业生产结构调整与经济发展、社会进步中的贡献。

③确定各层次指标的权重　应用层次分析法的相关内容，评定各层次组成因子的相对重要性，依据各因子的重要性进行标度、建立判断矩阵。层次分析法是基于专家评分法基础上的，通过对各评价指标进行两两比较，判断每个指标的相对重要性，同时给予定量，并进行一致性检验，从而确定指标的权重。其具体是指：用问卷调查的方法从事该领域的专家、当地领导和经营土地的农民，采用成对比较的方法，根据建立的判断矩阵，求出每一层次目标相对于上一层次的单因子权重。再根据不同层次的单权重求出每一指标相对于综合效益的组合权重。最后，求出各类型的生态效益、经济效益、社会效益及综合效益值，而每一类型的效益值是通过各指标的数量化值乘以相应指标的组合权重，然后求和得到。

④计算各层指标的相对权重，并进行一致性检验

a. 权重的确定有多种方法，常见的有和法、根法、积法、幂法等。应用判断矩阵的特征向量及相应的特征根，在进行方根法处理后得到权重；判断矩阵由专家打分后去掉最大及最小值后取的平均值构成，依据其平均值建立的矩阵进行一致性检验。采用近似法直接求判断矩阵中各元素的权重和各层次的组合权重，即先计算判断矩阵各行中元素乘积的 n 次根，后计算判断矩阵的正规化特征向量，以得到矩阵中各层次指标的权重。其公式分别为：

计算判断矩阵每一行元素的乘积的 n 次方根

$$\overline{W}_I = \sqrt[n]{\prod_{j=1}^{n} b_{ij}} \tag{5-79}$$

对向量 $\overline{W} = [\overline{W}_1, \overline{W}_2, \cdots, \overline{W}_n]^{\mathrm{T}}$ 进行正规化处理。

b. 计算一致性指标（Coherence Index，C.I.）

$$C.I. = \frac{(\lambda_{max} - n)}{(n - 1)} \tag{5-80}$$

式中，λ_{max} 为判断矩阵的最大特征根；n 为判断矩阵的阶数。

c. 查找相应的平均值随机性指标（Random Index，RI）（表 5-4）

表 5-4　随机性指标 *RI* 值

阶数 n	3	4	5	6	7	8	9	10	11
RI	0.52	0.89	1.12	1.26	1.36	1.41	1.45	1.49	1.52

d. 计算一致性比例（Coherence Ratio，C. R. ）

$$C. R. = C. I. / RI \tag{5-81}$$

当 $C. R. < 0.1$ 时，认为判断矩阵的一致性是可以接受的，反之就需要调整判断矩阵，直到取得满意的一致性为止。

统计各种生产方式或其他因子的实际值，进行标准化处理。计算过程如下：

a. 对于同一层次的 n 种元素，用三标度法可得到比较矩阵 C，对其中任一项 C_{ij} 来说：

若 $C_{ij} = 2$，说明第 i 元素比第 j 元素重要；

若 $C_{ij} = 1$，则第 i 元素与第 j 元素同等重要；

若为 0，即第 i 元素没有第 j 元素重要，且有 $C = 1$，即元素本身重要型相同。

b. 计算重要性排序指数 r_i，并取 $r_{max} = \max\{r_i\}$，$r_{min} = \min\{r_i\}$；

c. 求判断矩阵的元素 b_{ij}

$$b_{ij} = \begin{cases} \dfrac{r_i - r_j}{r_{max} - r_{min}}(b_m - 1) + 1, r_i \geq r_j \\ 1, r_{max} = r_{min} \\ \left[\dfrac{r_i - r_j}{r_{max} - r_{min}}(b_m - 1) + 1\right]^{-1}, r_i \leq r_j \end{cases} \tag{5-82}$$

式中，取 $b_m = r_{max} / r_{min}$。

层次分析法是系统工程中对非定量事件做定量分析的一种简便方法，也是对人们的主观判断做客观描述的一种有效方法。它把人们对复杂问题的决策思维过程条理化、层次化与数学化，通过各因素间简单的比较、判断和计算，就可以得到不同指标的权重，作为综合分析的基础。在社会、生态、经济复合系统中，有很多无法测定的因素，在引入一个合理的标度后，则可以应用这种方法来度量各个因素之间的相对重要性，为决策和评价提供依据。

（4）模糊规划

应用模糊规划可以对复合农林各模式进行评价，因地制宜地选择不同指标来评价不同模式的优劣。

模糊规划是具有模糊参数的一类不确定规划，它不仅涉及非线性规划的复杂算法，还用到模糊数学的理论和方法，提取模糊规划问题并不是太困难的事，但实现起来却是很困难的，采用遗传算法和模糊模拟进行求解，经过实例，能够很好地实现。在应用遗传算法和模糊模拟求解模糊规划的问题时，处理约束条件的关键在于删除约束条件中的所有等式；设计恰当的遗传操作以保证所有新产生的染色体在可行集中。

模糊决策的原理是：论域 $U = \{u_1, u_2, \cdots, u_n\}$，$U$ 中的线性排序为 L_i；假定有 m 个序，即 $i = 1, 2, \cdots, m$，则这 m 个序分别为 L_1，L_2，$\cdots$，L_m，称为意见（共 m 个意见），在序 L_i 中后于 u 的元素的个数用 $B_i(u)$ 表示。

$$B(u) = \sum_{i=1}^{m} B_i(u) \tag{5-83}$$

称 $B(u)$ 为 U 的 Borda 数。在论域 U 中的元素按 Borda 数的大小，即可得到一个新的排序。U 在各个序 L_1，L_2，$\cdots$，L_m 中的得分总和即为 Borda 数 $B(u)$，如果对 m 个意见都赋予一定的权重 a_i，则可得到加权 Borda 数，然后进行排序。

$$B(u) = \sum_{i=1}^{m} a_i B_i(u) \tag{5-84}$$

模糊规划可以写成如下形式：

$$\max f(x,\xi) \tag{5-85}$$

$$s.t.\ g_j(x,\xi) \leqslant 0 \quad (j=1,2,\cdots,p) \tag{5-86}$$

式中，x 为决策向量；ξ 为模糊参数向量。

由于 ξ 是模糊向量使"max"和"$\leqslant$"没有意义。因此，模糊规划应该表述为

$$\max \bar{f} \tag{5-87}$$

$$s.t.\ Pos[f(x,\xi) \geqslant \bar{f}] \geqslant \beta \tag{5-88}$$

$$Pos[g_j(x,\xi) \leqslant 0(j=1,2,\cdots,p)] \geqslant \alpha \tag{5-89}$$

式中，α 和 β 是实现给定的对约束和目标的置信水平。关于约束条件式（5-87）可理解为一个点 x 是可行的，当且仅当集合 $\{\xi \mid g_j(x,\xi) \leqslant 0, j=1,2,\cdots,p\}$ 的可能性至少是 α，这就是式（5-89）。而目标式（5-86），对任意给定的决策 x，$f(x,\xi)$ 是一个模糊数，存在多个可能的 $\bar{f}$ 使得式（5-88）成立，目的就是极大化 $\bar{f}$，因此

$$\bar{f} = \max\{\bar{f} \mid Pos[f(x,\xi) \geqslant \bar{f}] \geqslant \beta\} \tag{5-90}$$

对于任意给定的决策向量 x，利用模糊模拟方法检验约束条件式（5-90）是否成立，如果 N 次随机生成的 $\{\xi_i \mid i=1,2,\cdots,N\}$ 式（5-90）不成立，则认为 x 不可行。如果进行到第 i 次式（5-90）成立，则停止检验而认为 x 是可行的。对于任意给定的决策向量 x，如果约束条件式（5-90）成立，可利用模糊模拟方法求式（5-89）中的最大 $\bar{f}$ 或者使用模糊模拟方法利用式（5-82）求目标值。如果目标函数中不含模糊数将 x 代入 $f(x)$，便得到目标值。

求决策变量 x 可用遗传算法，其中每个染色体都由决策变量构成的。模糊规划仅是增加了利用模糊模拟检验染色体的可行性和计算染色体的目标值。

模糊综合评价，就是对受多种因素所影响的事物，通过模糊变换后对它们作出总的评价的一种方法。

其步骤是：①确定评价对象集 $X = \{x_1, x_2, \cdots, x_n\}$；②确定评价因素集 $U = \{u_1, u_2, \cdots, u_n\}$；③确定评语集 $V = \{v_1, v_2, \cdots, v_n\}$；④确定因素隶属函数，计算评判矩阵，即 X 到 U 模糊变换矩阵 $R: X \times U \to [0,1]$，$r_{ij} = R(x_i, u_j)$，r_{ij} 表示评判矩阵中第 i 个研究对象在第 j 个因素 u_j 上的特性指标；⑤确定权重集 A；⑥计算评价集 $B = A \cdot R$；⑦根据识别原则，作出结论。

（5）动态规划方法

动态规划是研究决策过程最优化的理论和方法，它不仅可用来求解许多动态最优化问题，而且可用来求解某些静态最优化问题。以 N 阶段决策问题为例，设系统可以变换 $x_{i+1} = T_{i+1}(x_i, u_i)$ 把状态 x_i 转移到 x_{i+1}，其相应的收益为 $x_{i+1}(x_i, u_i)$，$i = 0, 1, \cdots, N-1$。现须通过一变换序列 $T_1(x_0, u_0)$，$T_2(x_1, u_1)$，$T_N(x_{N-1}, u_{N-1})$，把系统从初态 x_0 经由 x_1，$\cdots$，x_{n-1}，转移重叠终态 x_N，与 N 次变换相应的总收益为

$$R_{iN}(x_0, u_0, \cdots, u_{N-1}) = \sum_{i=0}^{N-1} r_{i+1}(x_i, u_i) \tag{5-91}$$

寻找最优决策序列 $\{x_0, u_0, \cdots, u_{N-1}\} \in u$，使 N 阶段决策过程的总收益最大。

【例 5.4】动态规划方法的简单应用实例。

现有数量为 x_0 的某种资源或资金，拟投入 N 种生产，记 $r_i(x_i)$ 为以资源 r_i 投入第 i 种生产所得的收益，拟寻找一个资源或资金分配方案，使 N 种生产获得的总收益最大。其数学规划问题的表达式为

$$\max = \sum_{i=1}^{N} r_i(x_i) \tag{5-92}$$

约束条件：
$$\sum_{i=1}^{N} r_i(x_i) = x_0, x_1 \geqslant 0 \quad (i = 1, 2, \cdots, N) \tag{5-93}$$

定义 $f_k(x)$ 为将单位资源分配给生产 k 至 N 所获得的最大收益。根据最优性原理，其递推过程可写成：

$$f_k(x) = \max[r_k(x_k) + f_{k+1}(x - x_k)] \quad (k = 1, 2, \cdots, N-1)$$
$$(x_k = 0, 1, \cdots, x) \tag{5-94}$$

其边界条件为
$$f_N(x_N) = r_N(x_N) \tag{5-95}$$

式中，x_k 和 x_N 依次是分配给生产 k 和 N 的资源数。为了求得问题的解，$f_k(x)$ 和 $f_N(x_N)$ 都必须对 $x = 0, 1, \cdots, x_0$ 逐个进行计算，最大收益为 $f_i(x_0)$。

（6）灰色模型（GM）规划方法

灰色系统的建模方法与现行的传统建模方法不同，它不是采用原始的离散数据列来建立递推的离散模型，而是将原始的随机变化量，视为在一定范围、一定时区内变化的灰色量，把随机过程视为灰色过程，且在建模时，通过对原始数据序列呈现较强的规律性，然后运用灰色数学工具建立微分方程型的灰色模型。因此，灰色系统理论解决了一向认为难于解决的连续微分方程的建模问题，这是在信息不足情况下建模的有效方法，也是充分利用已知信息的好途径。

①基本原理　首先，对于给定的时间序列进行累加处理。即对于序列 x_1，x_2，$\cdots$，x_n 通过累加会产生一个新的序列 x'_1，x'_2，x'_3，$\cdots$，x'_n，式中 $x'_1 = x_1$；$x'_2 = x_1 + x_2$；$x'_3 = x_1 + x_2 + x_3$；$\cdots$；$x'_n = x_1 + x_2 + \cdots + x_n$ 为一次累加。如果有必要，可以在 x' 序列的基础上进行第二次或更多次的累加处理。

这样处理后，原来波动很大的序列，会显示出较强的规律性。一般来说，对于非负的数据序列，累加的次数越多，随机性弱化越大，显示出的规律性越强，产生的曲线就越易用指数曲线来逼近。规律产生的原因在于大多数的系统是广义能量系统，指数规律是能量变化的一种规律。

灰色数列包括的模型主要有：GM（1，1）；GM（2，1）；GM（1，N）。其中，GM（1，1）模型用于单因素预测，目标是建立一阶线性微分方程模型。GM（1，N）为含 N 个变量的一阶线性动态模型，主要用于多因素动态分析，分析指标与影响它的所有因子之间的动态关系，如因素协调和结构协调分析等，也可用于多因素预测，但是其精度不如 GM（1，1）。GM（2，1）为单序列二阶线性动态模型。

②计算步骤 GM(1，1)模型的一般计算步骤如下：

a. 对原始数据进行预处理，产生累加生成序列

设给定原始数据序列：$x^{(0)} = [x^{(0)}(1), x^{(0)}(2), \cdots, x^{(0)}(n)]$

对以上序列作一次累加生成，得到新的序列：$x^{(1)} = [x^{(1)}(1), x^{(1)}(2), \cdots, x^{(1)}(n)]$

式中，$x^{(1)}(t) = \sum_{k=1}^{t} x^{(0)}(k), t = 1, 2, \cdots, n$

b. 构造矩阵，建立数学方程

GM(1，1)模型一般的微分方程表达式为 $\dfrac{\mathrm{d}x^{(1)}}{\mathrm{d}t} + ax^{(1)} = u$ （5-96）

式中，系数向量 $a = (a, u)^{\mathrm{T}}$。

c. 求解微分方程的系数

对上述微分模型中的系数向量 a 用最小二乘法求解得估计值 $\hat{a}$：

$$\hat{a} = (B^{\mathrm{T}}B)^{-1}B^{\mathrm{T}}Y_n \tag{5-97}$$

式中

$$B = \begin{bmatrix} -\dfrac{1}{2}[x^{(1)}(1) + x^{(1)}(2)] & 1 \\ -\dfrac{1}{2}[x^{(1)}(2) + x^{(1)}(3)] & 1 \\ \vdots & \vdots \\ -\dfrac{1}{2}[x^{(1)}(n-1) + x^{(1)}(n)] & 1 \end{bmatrix} \tag{5-98}$$

$$Y_n = [x^{(0)}(2), x^{(0)}(3), \cdots, x^{(0)}(n)]^{\mathrm{T}} \tag{5-99}$$

d. 进行预测，并将数据累减还原

将 $\hat{a} = (a, u)^{\mathrm{T}}$ 代入微分方程并求解便得到时间函数：

$$\hat{X}^{(1)}(t+1) = \left(X^{(0)}(1) - \dfrac{u}{a}\right)e^{-at} + \dfrac{u}{a} \tag{5-100}$$

再还原得：$\hat{X}^{(0)}(t+1) = X^{(1)}(t+1) - \hat{X}^{(1)}(t)$ （5-101）

e. 进行误差分析和必要的检验工作

即求出模型值 $\hat{X}^{(0)}(t)$ 与实际值 $X^{(0)}(t)$ 之差 $\varepsilon^{(0)}$ 及相对误差 $E^{(0)}$：

$$\varepsilon^{(0)} = X^{(0)} - \hat{X}^{(0)} \quad E^{(0)} = \left| \dfrac{\varepsilon^{(0)}}{X^{(0)}} \right| \times 100\% \tag{5-102}$$

若所有的 $E^{(0)}$ 都小于 $10\% \sim 20\%$。则所建立的模型符合精度要求，可以进行预测。

【例 5.5】灰色模型规划方法应用实例——山西榆次市张庆乡怀仁村农业产业结构预测。

根据山西榆次市张庆乡怀仁村 1990—1994 年农林牧各业的实际情况，应用灰色预测方法，对该村的农业产业结构进行预测（张玉峰和白志明，1996）。

设 x_1、x_2、x_3、x_4、x_5 分别表示农林牧总产值、农业产值、林业产值、牧业产值、粮食总产量。

对各个变量分别建立 GM(1，1)模型得

$$
\left.
\begin{aligned}
\frac{\mathrm{d}X_1^{(1)}}{\mathrm{d}t} &= 0.026\,35X_1^{(1)} + 131.648\,27 \\
\frac{\mathrm{d}X_2^{(1)}}{\mathrm{d}t} &= 0.004\,06X_2^{(1)} + 108.648\,83 \\
\frac{\mathrm{d}X_3^{(1)}}{\mathrm{d}t} &= -0.083\,90X_3^{(1)} + 1.501\,12 \\
\frac{\mathrm{d}X_4^{(1)}}{\mathrm{d}t} &= 0.086\,11X_4^{(1)} + 26.325\,63 \\
\frac{\mathrm{d}X_5^{(1)}}{\mathrm{d}t} &= 0.107\,82X_5^{(1)} + 127.245\,41
\end{aligned}
\right\}
\tag{5-103}
$$

解以上微分方程得到各自对应的响应方程，然后对所建立的 5 个模型进行回代还原并检验。分析其结果可知，所有的 $E^{(0)}$ 都小于 20%，故所建立的模型群均符合精度要求。

最后，利用模型群对怀仁村 1996 年、1998 年及 2000 年的农林牧结果进行预测可知，农林牧总产值不断增长（但其年递增率呈下降趋势），并逐步趋于稳定。三业结构有所改变，农业（种植业）比重逐年下降，但农业占绝对优势的趋势没有改变，仍在 65% 以上。牧业发展较快，由 1990 年所占比例 2.85% 发展到 2000 年所占比例 33.97%，年递增率保持在 8.9% 左右。林业产值及其比重均逐年递减，除 1992 年外，各年均达 6.60% 以上。另外，粮食总产量除个别年份外，以不低于 9.98% 的年递增率逐年递增。

（7）灰色关联度分析

对两个因素之间关联大小的量度，称为关联度。关联度描述系统发展过程中因素间相对变化的情况，也就是变化大小、方向及速度等指标的相对性。如果两者在系统发展过程中相对变化基本一致，则认为两者关联度大；反之，两者关联度就小。

灰色关联度分析是对于一个系统发展变化态势的定量描述和比较。只有弄清楚系统或因素间的这种关联关系，才能对系统有比较透彻的认识，分清楚哪些是主导因素，哪些是潜在因素，哪些是优势而哪些是劣势。对于一个系统进行分析时，首先要解决如何从随机的时间序列中找到关联性，计算关联度，以便为因素判别、优势分析和预测精度检验等提供依据，为系统决策打好基础。

关联度分析一般包括下列计算和步骤：原始数据变换；计算关联系数；求关联度；排关联序；列关联矩阵。在应用中是否进行所有步骤，视具体情况而定。

设有 m 个属性指标的时间序列，序列的长度为 n。类似于统计分析，数据表示为 $x(i,j)$，不同的是，这里每一个记录代表一个时间。

①原始数据的变换　由于系统中各因素的量纲（或单位）不一定相同，这样的数据很难直接进行比较，且它们的几何曲线比例也不同，因此，对原始数据需要消除量纲（或单位），转换为可比较的数据序列。有关变换的方法，除了统计学中相关分析的标准化变换、极差变换和均值化变换外，还可以用初始值变换，即分别用同一序列的第一个数据去除后面的各个原始数据，得到新倍数数列，即为初始化数列。量纲为 1，各值均大于 0，且数列有共同的起点。

一般情况下，对于较稳定的生态系统数列作序列的关联度分析时，多采用初始值变换，因为这样的数列多数是增长的趋势。若对原始数据只作数值间的关联比较，则可用均值变换，譬如进行产业结构变化的关联分析，自然因数周期性变化的关联分析等。

②计算关联系数 关联系数反映两个被比较序列在某一时刻的紧密程度，范围（0，1）。计算公式为：

$$\xi_i(k) = \frac{\min\limits_i \min\limits_k \Delta_t(k) + \rho \max\limits_i \max\limits_k \Delta_t(k)}{\Delta_t(k) + \rho \max\limits_i \max\limits_k \Delta_t(k)} \tag{5-104}$$

③求关联度 分析实质上是对时间序列数据进行几何关系比较，若两序列在各个时刻都重合在一起，即关联度系数均等于1，则两序列的关联度也必等于1。若两序列在任何时刻也不可垂直，所以关联系数均大于0，故关联度也都大于0。因此，两序列的关联度便于比较两序列各个时刻的关联系数的平均值计算。计算公式为：

$$r_i = \frac{1}{n} \sum_{i=1}^{n} \xi_i(k) \tag{5-105}$$

一般来说，关联度也满足等价关系三公理，即自反性、对称性和传递性。

④求关联度 选定一个属性指标为母序列，其余的属性指标为子序列。将子序列对同一母序列的关联度按大小顺序排列起来，便组成关联序，直接反映各个子系列间的优劣关系。

⑤列出关联矩阵 将关联度作适当排列，可得关联度矩阵。关联度矩阵可以作为优势的基础，也可作为决策的依据。

【例 5.6】灰色关联度分析应用实例——海南省 1984—1988 年的农林牧副渔的总产值分析。

利用海南省 1984—1988 年的农林牧副渔的总产值进行灰色关联分析（林日建和胡耀华，1991），结果得农业及各业总产值的关联矩阵为：

	农业	种植业	林业	畜牧业	副业	渔业	
	1	0.573 5	0.757 9	0.394 4	0.453 8	0.413 0	农业总产值
	0.621 4	1	0.588 7	0.375 4	0.485 4	0.403 9	种植业产值
$r_{ij}=$	0.746 4	0.530 1	1	0.460 1	0.396 6	0.413 7	林业产值
	0.350 7	0.306 5	0.427 4	1	0.286 5	0.384 5	畜牧业产值
	0.466 1	0.450 4	0.421 4	0.323 4	1	0.310 1	副业产值
	0.448 1	0.403 9	0.460 7	0.466 6	0.329 7	1	渔业产值

其关联序位：$f_{13} > f_{12} > f_{15} > f_{16} > f_{14}$

结果表明，从 5 年产值水平看，与农业总产值的关联程度最大的是林业，次为种植业，其余依次为副业、渔业、畜牧业。

$f_{13} = 0.757\ 9\max f_{1j}(j \neq 1)$，表明海南的农业总产值目前主要依赖于林业，$f_{12} = 0.573\ 5\max f_{1j}(j \neq 1,3)$，而种植业是海南农业总产值的第二来源。因此，充分利用海南的自然资源优势，大力发展热带用材林、经济作物林等林业生产，同时注意稳步发展粮食等大田作物，是促进海南农业经济发展的主要措施。

从关联矩阵还可以看到，$f_{23} = 0.588\ 7\max f_{1j}(j \neq 1,2)$，说明了在林牧副渔中，对种

植业影响最大的是林业，林业的发展，有利于促进种植业的发展。因为林业发展的是多年生作物，经济效益一般较高，收入稳定，有利于改善农田的生态环境，能为发展种植业提供足够的资金，以长养短。$f_{24} = 0.375\ 4\min f_2$，说明了畜牧业对种植业的影响最小，畜牧业对种植业没有发挥应有的使农副产品增值并提供优质肥料的作用。

$f_{34} = 0.427\ 4\max f_{4j}(j \neq 4)$，这表明在种植业、林业、副业和渔业中，与畜牧业关联最为密切的是林业，只有畜牧业与林业有机结合，特别是发展草食畜牧业，才能促进畜牧业的不断发展。

$f_{52} = 0.450\ 4\max f_{5j}(j \neq 1,5)$，说明在种植业、林业、副业和渔业中，与副业关联最为密切的是种植业，种植业生产的农产品，为副产品加工业的发展和多级多层次利用奠定了物质基础。

（8）分室模型规划方法

分室模型是把农林复合生态系统区划成几个构成要素即分室，例如，在林药牧复合生态系统条件下，便可分为林木、草本药用植物、草食动物、枯枝落叶层、土壤有机物等分室。把这些分室当作"暗箱"处理，即不研究箱的内容和机理，而只考虑它的输入和输出关系，也就是只研究这些箱和箱之间的物质和能量流动及其转移的速度，以便从大的方面把握系统的总体动态。系统的状态一般用一微分方程组加以描述。

构建分室模型时，一般按下述步骤进行。

①确定系统的边界和分室　构建模型前，先要确定供作研究对象的生态系统的大小及其边界。首先，生态系统的大小应以能全部包括生态系统中所进行的一切基本过程为准则。其次，其边界应确定在可定量地测定物质向系统内的流入和向系统外流出这样的地方。特殊情况下，也可选取向生态系统的输入和输出最小的地方；或者相反，即以系统的输入和输出看似大体相同的地方作为边界，例如，选取大片同种森林中的一部分。

构成生态系统的分室至少包括生产者、消费者、分解者和非生物的环境四个基本要素。但当作生产者的植物，常按种类加以区分，或者树木也可细分为叶、干、枝、根等。这样，分室数就有可能增加到上千个，当然系统过于复杂是不可取的，因此，实际工作中，分室常常被适当地分组。究竟分组到何种程度最为适宜，这要取决于模拟实验的目的、已有资料的种类和数量。

②构建系统模型　确定了生态系统的分室后，接着便要确定各分室的物质流（或能流），用实线写在流程框图中，此外，向系统内的流入和从系统内的流出也要写在流程框图中。所有的这些物质流均要标上表示流向的箭头。

完成流程图后，接着就要决定各分室的初始值和转移系数，即进行写微分方程式的一些准备工作。

转移系数是表示物质在单位时间内从一个分室向另一个分室转移的比例常数，常用下式表示：

$$C = 通量(i, j)/输送方向分室的现存量$$

此处所说的通量，即单位时间内物质从 i 流向 j 的输送量。在计算转移系数前，首先要构造一输送矩阵，并整理出生态系统内的流。分室数为 n 个时，即为 $n \times n$ 矩阵。该矩阵中，列表示接受物质方向的分室，行表示输送物质方向的分室，用符号 C_{ij} 表示的转移系数即表示输送和接受的关系。

其次，当描写某分室（Q_i）的水准在单位时间内的变化量时，一般用微分方程式表示：

$$dQ_i/dt = x_i + \sum_{j=1}^{n} C_{ij}Q_j - \sum_{j=1}^{n} C_{ij}Q_i - C_i y_i Q_i \tag{5-106}$$

式中，x_i 为从系统外向分室 Q_i 的输入总计；$\sum_{j=1}^{n} C_{ij}Q_i$ 为从分室 Q_i 向别的分室的输出总计；$C_i y_i Q_i$ 为从分室 Q_i 向系统外的输出。

上述模型为线性模型，且假定其系数（即转移系数）不随时间的变化而变化。显然，现实系统中，转移系数并不是一个常数，而是常受环境条件的影响，并随季节的不同而不同，因此，用变系数模型更准确些。

③进行模拟实验　完成了上述数学模型的构造后，下一步便可用模型进行各种用途的模拟实验。例如，输入农林复合生态系统的 N 元素（降水、N 的固定等）减半，或提高 1 倍、2 倍时，会给系统带来何种影响？增加或减少间作物时的影响又是怎样？对于这些问题，只要进行改变模型各分室的初始值，或适当地变更转移系数、输入或输出值的模拟实验，便可得到较好的答案。

④敏感性分析　为了启动生态系统模型，有必要确定出全部转移系数，但各转移系数对系统的重要性并不一样，有的对系统影响很大，有的则几乎不产生影响，对不大重要的转移系数作过于精确的测定，不论在时间或物质上均是一种浪费，因此，有必要判断这些转移系数的重要性。

敏感性分析中，一般是把各个转移系数值按一定的幅度上下变化，看它对系统所引起的反应大小，以判断其重要性。凡使系统产生较大反应的系数，就是最重要的转移系数。

5.2　农林复合系统结构设计

结构设计是农林复合系统发展过程中需要解决的一个关键问题，它是复合经营研究中非常活跃的研究领域。生态系统的结构是指生态系统的构成要素，以及这些要素在空间和时间上的配置，物质和能量在各要素间的转移循环过程。生态系统的结构决定着系统的功能与效应。目前，我国农林复合系统配置结构大致分为物种结构、空间结构、时间结构和营养结构。这四种结构的合理性和协调性，是优化农林复合模式、提高生态经济社会功能及效应的关键。

在进行结构设计前，首先要进行规划。规划是解决设计地区的总体布局与近、中、远期合理安排的问题。规划内容主要包括：系统的布局、发展规模（面积与时限）、各经营类型的典型设计特点与管理要求、各年度所需物耗数量、各种效益预估等。最后还要提交规划图、规划设计说明书、各行业分类面积统计表、种苗用量分阶分类分年度统计表、用工量与投入预算分年度统计表等。在规划基础上，进行复合经营模式的结构设计。在进行结构（模式）设计时，应当充分借鉴以往设计的成功经验；运用各种可能得到的相关数据和结果对系统的结构进行优化分析;尽量利用定位观察所积累的基础资料,运用数学和计算机工具;充分应用生态学理论揭示的系统内的各种问题。

5.2.1 组分结构设计

(1)物种选择

物种结构是指农林复合系统中生物物种的组成、数量及其彼此之间的关系。物种的多样性是复合系统的重要特征之一。适合于农林复合经营的主要物种一般包括乔木(含经济林木)、灌木、农作物、牧草、食用菌和禽畜等。理想的物种结构有利于对资源与环境的最大利用和适应,可借助于系统内部物种的共生互补生产出最多的物质和多样的产品。对比单作农业系统,它可以在同等物质和能量输入的条件下,借助结构内部的协调能力达到增产的效果。

确定物种结构需要掌握以物为主的原则,即一种农林复合模式只能以一种物种为主要的生产者,并且要在不影响主要生产者生物生产力或生态效益的前提下,搭配其他物种,而不能喧宾夺主,同时还要注意物种之间的竞争与互补关系,以达到不同物种间的最佳组合。

选择物种时应重点考虑的因素:

- 产品的种类及其用途;
- 所选物种的生态适应性及各物种间的种间关系;
- 稳定性和可行性;
- 高效性;
- 物种的多样性及互补性。

(2)系统组分间配比关系的确定

- 食物链关系;
- 经济价值及市场需求;
- 各物种在系统中的地位及主次关系;
- 生产者的需求;
- 线性规划。

(3)复合系统组成成分的选择原则及要求

具体选择原则及要求如下:

- 所选物种的生态位不应重叠,以减缓或避免竞争;
- 尽量选择具有共生互利作用的物种,能提高土地的总生产力;
- 组分的搭配应以提高物质利用率和能量转化率为目标;
- 所选物种应适合当地的环境条件,具体而言就是做到因地制宜、宜林则林、宜农则农、宜牧则牧、宜渔则渔,并且要尽量以当地种为主,引进种为辅;
- 要注意植物分泌物对物种组合的影响;
- 避免选用具有共同病虫害的物种;
- 上层树冠结构应尽量有利于光能的透过;
- 尽量满足稳定性、多样性和可行性原则。

5.2.2　空间结构设计

空间结构是指农林复合系统各物种之间或同一物种不同个体在空间上的分布，可以分为垂直结构和水平结构。它是由物种搭配的层次、株行距和密度决定的。群落的垂直（地上与地下）成层与水平斑块镶嵌构成群落空间结构。"层—块"布局的生态学意义是需求各异的群落成员占据各自的生态位，形成独特的群落环境，互惠互利地利用地上（下）的各种资源。如茶园套种橡胶提高了作物对有限空间中水肥与光照利用率，而优化的群落小气候，既提高了茶叶品质，又降低了低温诱发的橡胶烂根病；温带作物辣根与玉米套种，避免了强光与高温胁迫，使辣根种植区拓展到淮河以南；Natarajan & Willey 研究了干旱对高粱—花生、谷子—花生、高粱—谷子套作产量影响，发现随水分胁迫加剧，套作或单作总产量均会降低，但在五种胁迫强度下，套作方式均比单作方式产量高，套作与单作生产力的相对差异随水分胁迫的加剧而变大。由此证明，空间结构能缓冲环境胁迫对系统的压力。四川珙县王乾友发明了国内首创的竹荪套玉米（黄豆）立体栽培技术，每亩地收入由 300 元增至 5 000 元，最高的每亩收入上万元。

5.2.2.1　垂直结构设计

垂直结构，即复合系统的立体层次结构，它包括地上空间、地下空间和水域的水体结构。农林复合经营模式的垂直设计，主要指人工种植的植物、微生物、饲养动物的组合设计。一般来说，垂直高度越大，空间容量越大，层次越多，资源利用效率就越高。但这并不表示高度具有无限性，它要受生物因子、环境因子和社会因子的共同制约。我国平原农区农林复合系统结构通常可分为 3 种类型，分别为单层结构（如防风林带）、双层结构（如农田林网系统、农林间作系统、果农间作）和多层结构（如林—果—农复合系统）。

在进行垂直结构设计时，应重点考虑下列内容：

（1）主层次种群的选定

在选择主层次树种时，除考虑上述物种组合原则及要求外，最好所选树种还具有以下特性：有固氮能力，可改善地力；速生、丰产；有较强的萌生能力，适合矮林作业，具有稳定性；多用途，经济价值高。

（2）副层次种群的搭配

在进行副林层设计时，应遵循以下原则：需光性与耐阴性种群相结合；深根性与浅根性种群相结合；高秆与矮秆作物相搭配；乔灌草相结合；共生性病虫害无或少；物种间无化感作用中的毒害或抑制作用。

5.2.2.2　水平结构设计

水平结构是指复合系统中各物种的平面布局，在种植型系统中由株行距来决定，在养殖型系统中则由放养动物或微生物的数量来决定。水平结构设计是指农林复合经营各主要组成的水平排列方式和比例，它决定农林复合经营模式今后的产品结构和经营方针。在种植型复合系统中，水平结构又可以分为周边种植型、巷式间作型、团状间作型、水陆交互型等。其中，周边种植型是农田林网的主要结构模式，巷式间作型是林（果）农间作的常见模式，团状间作型类似于团状混交，水陆交互型主要是指低洼地区的林渔复合系统。

在设计时，应注意以下问题：

①林木的密度及排列方式要与经营模式的经营方针和产品结构相适应，并要处理好林木和作物的适当比例关系，使其相互促进。

②要掌握林木的生物学特性、生长发育规律，特别是掌握树冠的生长变化规律，以便预测模式的水平结构变化规律，为合理确定模式的时间序列提供依据。

③要根据树冠及投影的变化规律和透光度，掌握林下光辐射时空分布规律，结合不同的植物对光的适应性，设计种群的水平排列。

④在设计间作型时，如果下层植物是喜光植物，上层林木一般呈南北向成行排列为好；并适当扩大行距，缩小株距。如下层为耐阴植物，则上层林木应以均匀分布为好，使林下光辐射比较均匀。

农林复合系统空间结构的配置与调整就是根据不同物种的生长发育习性、自然和社会条件、复合经营的目标等因子，确定在复合系统中的不同植物的高矮搭配、株行距离和不同禽畜或微生物的放养数量，使得每一物种具有最佳的生长空间、最好的生长条件，并使系统获得最佳的生态经济效益。农田防护林网是农林复合系统最基本模式，其空间结构的主要技术指标有林带方位、林带结构、林带间距、林带宽度、网格规格及面积等。指标数值的确定要综合考虑当地自然灾害情况、农田基本建设及农业区划要求，遵循"因地制宜、因害设防"基本原则。

5.2.3　时间结构设计

时间结构，是指复合系统中各种物种的生长发育和生物量的积累与资源环境协调吻合的状况。群落成员的多度、密度和优势度等随物候变化的现象为时间格局，其生态学意义是群落成员在时间维度上适应环境变化，提高空间与资源利用率。农作物合理的轮作和间作，除空间上能够充分利用光、热外，也改善了土质，提高了土壤肥力与防虫（害）能力，缩短了土地闲置时间，提高了土地产出率，加速了物质转化和循环。如豆—稻轮作可有效改变一般双季稻—绿肥轮作出现的土壤持水量高、通气性差及微生物活动弱的状况，使土壤理化性能、微生物区系组成与代谢强度有所改善。此外，大豆根瘤的固氮作用又使土壤氮素养分增加，减少了田间化肥用量，提高了水稻的产量。大豆连作障碍源于自身分泌的他感物质在土壤中积累，轮作是降低土壤中他感物质含量、减轻自毒、维持大豆稳产的有效途径。

在进行时间结构设计时，要充分考虑气候、地貌、土壤、物种资源（农作物、树木、光、热、水、土、肥等）的日循环、年循环特点和农林时令节律。由于任何生态（资源）因子都有年循环、季循环和日循环等时间节律，任何生物都有特定的生长发育周期，时间结构就是利用资源因子变化的节律性和生物生长发育的周期性关系，并使外部投入的物质和能量密切配合生物的生长发育，充分利用自然资源和社会资源，使得农林复合系统的物质生产持续、稳定、有序和高效地进行。根据系统中物种所共处的时间长短可分为农林轮作型、短期间作型、长期间作型、替代间作型和间套复合型等 5 种形式。

短期复合型一般是以林为主的林农复合。在林木幼年期或未郁闭前，林下可以用来种植作物，但林冠郁闭后，由于林下光照的减弱，则不能继续种植作物，这是短期间作的一种模式。

长期复合型是以农为主的农林复合系统，在物种配置时，充分考虑各物种的生物学习性，达到林、农、牧长期共存的目的。一般都采用疏林结构模式，充分发挥各物种的正作用，达到"共生互补"的目的。

总之，在农林复合系统中，时间结构的特点是"以短养长"，这是取得长期（林木）、中期（经济林）和短期（作物、农禽等）经济效益的主要条件和保证。

在具体设计时，应考虑下列内容：

①把两种以上的种群，设置在同一空间内，按其生物机能节律有机地组合在一起。

②种群密度设计在幼龄期可稍密些，老龄期宜稀些。

③最大限度地利用物种共生、互利作用，并使各种生态因子的季节性变化与作物生长发育周期取得相对协调等。

④最大限度地利用农作物与树木之间的生长期、成熟期与收获期的先后次序不同，形成在同一个年度的生长期内，同一块土地上经营多种作物，此播种彼收获，此起彼落。

常见时间结构有 7 种类型：轮作、连续间作、短期间作、替代式间作、间断式间作、套种型、复合搭配型。

5.2.4　营养结构设计

营养结构就是生物间通过营养关系连接起来的多种链状和网状结构。生态系统中的营养结构是物质循环和能量转化的基础，主要是指食物链和食物网。营养物质不断地被生产者吸收，在日光能的利用下，形成植物有机体，植物有机体又被草食动物所食，草食动物再被肉食动物所食，形成一种有机的链索关系。这种生物种间通过取食和被取食的营养关系，彼此连接起来的序列称为食物链，是生态系统中营养结构的基本单元；不同有机体可分别位于食物链的不同位置上，同一有机体也可处于不同的营养级上，一种消费者通常不只吃一种食物，同一食物又常被不同消费者所食。这种多种食物链相互交织、相互连接而形成的网状结构，称为食物网。食物网是生态系统中普遍存在而又复杂的现象，是生态系统维持稳定和平衡的基础，本质上反映了有机体之间一系列吃与被吃的关系，使生态系统中各种生物成分有着直接的或间接的关系。

建立营养结构的重点是建立食物链和加环链网络结构。食物链的加环链就是营养结构的调整与优化的措施体现和重要内容之一。农林复合系统可以通过建立合理的营养结构，减少营养的耗损，提高物质和能量的转化率，从而提高系统的生产力和经济效益。

由于物种少（多数都是植物）、树种单一，导致结构简单、缺损，功能不全，使系统的食物链明显缩短、被阻，造成短路而不能畅通，使能流和物流无法进入到加工链，使系统无法发挥增产增值的潜力。解决办法：向系统中引入新的食物链条和加工业，即增加食草性动物链（如奶牛、鹅、羊等）、食虫性动物链（如各种食虫益鸟），腐食性动物链

（如蚯蚓等）、微生物链（如香菇、木耳、蘑菇等）；与此同时，发展动植物加工业。使农林复合生态经济系统的主产品由原来的一个（木材或粮食）扩大成为多个，使系统的功能和效益更大。

研究食物链和食物网的重要意义在于揭示物质循环和能量流动的过程及其机理，维持系统的相对稳定，提高系统的抗逆功能，多层次、多途径地利用能量，生产更多的产品以满足人类的需要。根据食物链原理，在复合农林业上常用3种应用方式。

（1）食物链加环

食物链的"加环"是生态学理论在农业上应用的一个重大突破。生态系统的食物链结构直接影响到能量转化效率和系统净生产量。在生态系统中，一般来说，初级生产者转化为次级生产者时，转化效率仅1/10，大部分的初级产品被浪费掉。因此，根据食物链原理，在初级产品之后，人为加环，即利用一些能生产为人类所利用的产品的新营养级（即加环），取代自然食物链中的原营养级，或在原简单食物链中引入或增加环节，或扩大原有的简单环节，从而增加物质和能量的多层次、多途径级利用，一方面可使原有不能利用的产品得以再转化而增加了系统的生产量，减轻废弃物排放，节省费用，提高食物链效益；另一方面可以增加系统的稳定性。在目前繁多的人工生态系统中，物种较少，树种单一，结构缺损，功能不全，因而系统的食物链往往是短路，或是被压缩，或是被阻断而不畅通，无法充分发挥增产增值的潜力。又如，在林—菇复合系统中，就是利用林间的小气候条件，将碎屑食物链中的低等生物转变为食用菌，同时也提供了土壤养分含量、促进了林木的生长，从而扩大了系统的产出，最终使得系统朝着有利于提高生态、经济效益的方向发展。此外，林地资源养鸡、养鹅、养蜂、养紫胶虫等都是典型的食物链加环成功的范例。

（2）减耗食物链

在自然森林生态系统中，生物种群之间的关系符合营养级金字塔规律，数量上保持适当比例，形成一种相互依赖和相互制约的"食物链网"，使得生态系统保持一定程度的稳定和平衡。而人工林只是一个不完全的生态系统，在系统内害虫、天敌较少，加上群落组成简单，就给有害动物造成适宜的生态条件。这些有害生物不仅对森林有较严重的危害，而且对人类来说也无利用价值，它们是纯粹的"消耗者"。利用食物链加环原理，引入一些它们的天敌，就可以控制它们的发展，有效地保护森林生产力，这种过程称为"减耗"。食物链减耗环的设计，一是要查清当地主要有害生物及其发生规律；二是要选择对耗损环生物种群具有颉颃、捕食、寄生等负相互作用的生物类型。

（3）增益食物链

这种食物链环节，本身转化产品并不能直接为人类需求，而是加大了生产环的效益。增益就是通过选定特定生物种群，对人类生产中产生的废弃物（畜禽粪便、工业废水、生活垃圾等）中的物质能量进行富集，富集产品提供给食物链生产环，作为补充，以增加生产环效益的方法。例如，在畜禽养殖生产过程中加入一个"增益环"，即利用畜禽粪便养殖蝇蛆、蝇蛹、蚯蚓、水蚤和培育浮游生物等，再将这些生物用作食料养鸡养鱼，可提高粪便利用率及利用的安全性，是间接利用畜禽粪便作饲料的一种方式。食物链增益环的设计，对开发废弃物资源，扩大食物生产、保护生态环境等方面有很重要的意义。

复合农林业生态系统中人工食物链的加环与解链设计，给生态农业建设提供了一些途径和方法。为了使生态农业建设取得更高的效益，在进行人工食物链加环与解环设计时一定要因时因地制宜。

食物链的加环与解链是生态学原理在复合农林业生态系统中应用的突破，人类利用生态学食物链原理，在农业生态系统中加入一些新的营养级，从而增加系统产品的输出，防治病虫草及有害动物。同时随着农业环境污染日益严重，有毒物质沿着食物链的富集作用，有时需要切断向人类自身转化的食物链环节。总之，食物链原理在复合农林业中的应用具有非常重要的作用与意义。

5.2.5　农林复合系统结构设计实例：枣粮间作优化模式

1998—2000 年针对山西太原市清徐县西部地区土壤盐碱、人多地少的特点及枣树抗旱耐盐碱喜光的习性，对枣粮间作的模式进行了调查研究。

5.2.5.1　研究区自然概况

调查标地设在清徐县吴村、柳杜、孟封、高花、杨房 5 个乡的平原农区，海拔 800m 左右，年平均气温 9～10℃，极端最高气温 39.4℃，极端最低气温 25.2℃，无霜期 165～175d，年平均降水量 380～420mm，年日照时数 2 600h，年蒸发量 1 738.7mm，年平均风速 2.1～2.6m/s。主要土壤类型为盐化浅色草甸土。冬季(11 月至翌年 3 月)寒冷干燥，秋季(9～10 月)短暂凉爽，夏季(6～8 月)温高湿重，春季(4～5 月)干旱多风。

5.2.5.2　研究方法

在 3 000 hm² 不同树龄、不同结构的枣粮间作(瓶枣树与小麦、玉米、豆类间作)区内设置了 60 个 1hm² 大小的样方，分别于 1998 年、1999 年和 2000 年的 5～9 月定时对枣粮间作模式进行调查。调查内容包括：枣粮间作的水平结构(包括枣带走向、枣树株行距、农作物的水平布局)和垂直结构(包括枣树的树高、枝下高、农作物的垂直布局)。

5.2.5.3　枣粮间作的水平结构

（1）枣带走向

枣带走向是直接影响田间光照分配的主导因子。太原市位于北纬 37°27′～38°25′，属中纬度地区，太阳高度角较小，日射偏角影响大，故枣带走向不同的间作地，其光照分配具有明显的规律性差异。东西走向枣带的北侧有一条始终处于阴影的遮阴带，其宽度随枣带高度和树冠冠幅的增大而增宽，一般为 0.7～1.0H，遮阴带内光强为 1.5×10^4～3×10^4 lx，透光率为 27%～50%，形成一个作物生长不良、产量较低的减产区，如豆类减产幅度为 20%～30%，小麦为 25%～40%。南北走向枣带东西两侧光照分布基本一致，遮阴宽度除清晨和傍晚较宽外，其余时间为 0.3～0.6h，遮阴时间也较短，遮阴区内光强可达 2×10^4～4×10^4 lx，透光率为 35%～80%，基本能满足夏熟作物对光强的需求，但对夏播的喜光作物影响较大，枣带附近的玉米减产幅度达 30%～50%。由此可知，枣带走向以南北方向为宜。

（2）枣树株距和带（行）距

①株距 株距根据对枣带中不同年龄枣树自然生长（无人工修剪控冠）冠幅的测定，15～20年生时冠幅最大，东西向为4.54m，南北向为4.46m，而其他树龄的冠幅均在3m左右。株距大小直接影响单位面积上的株数。据测定，在行距不变时，当株距由2m增大到3m时，单位面积的株数将减少33%，当由3m增大到4m时，将减少23%，当株距小于3m时，则影响枣的产量。因此，枣树株距以3m为宜。

②带（行）距 大小直接影响间作地上的光照条件、作物配置和经济效益，所以是优化模式中最重要的因素。据测定，带高为4.5m的南北向枣带，在8:00前和18:00后，东西两侧最长遮阴宽度为6.1～8.6m，因这时光强小，遮阴时间也短，因此对作物生长影响不明显。10:00～16:00东西两侧遮阴宽度为2.8～3.9m。由此可知，当带距小于4m时，行间地面大部分时间被遮阴。由于枣树枝叶稀疏，透光性好，在5～10月作物生长季节内，行间光强仍可达3×10^4～4×10^4 lx，对夏熟作物和稍耐阴作物的生长影响不明显，但秋作物减产严重。当南北走向枣带的带距大于4m时，行间的直射光量才能满足作物的需求。当行距为10～15m时，每公顷枣产量可达6 750～9 750kg，且对间作农作物的产量影响不明显。因此，枣粮间作优化模式的带距以10～15m为宜。

（3）农作物的水平布局

枣树的遮阴使间作地上形成光照条件不同的生态地段，即与枣带平行的冠下区、近冠区和远冠区。冠下区遮阴时间长，直射光照量少，晴天8:00～18:00光强可达1×10^4～4×10^4 lx，只宜种豆类等早熟、耐阴作物。近冠区为冠下区以外1m宽处，其遮阴时间与枣带走向有关，南北走向枣带西侧在10时前，东侧在16:00后，为遮阴时间，晴天8:00～18:00的光强为3×10^4～9×10^4 lx，宜种植任何矮秆作物。近冠区以外为远冠区，可种植任何作物。

5.2.5.4 枣粮间作的垂直结构

（1）树高

由于带距为10～15m的间作地完全处于枣带的有效防护范围以内，所以树高的增减对其防护作用并无影响，但直接影响到间作地上的光照分布状况。由表5-5可知，带距相同时，树高增加，间作地上直射光照时间缩短，随带距增大，间作地上光照时间逐渐接近非间作地，树高每增加1m，带距必需增加5m才能得到近似的直射光照时间。据测定，当树高由4.5m增高到5.5m时，为使间作地上能得到近似的直射光照时间，带距需由10m加大到15m，但此时每公顷枣产量减少31.8%，如果树高增加到6m时，产量减少50%。因此，树高以控制在4～5m为宜。

（2）枝下高

枝下高不仅影响冠下空间，还影响冠下光照，故与冠下土地利用有关。据测定，枝下高低于1.2m时，冠下光强小于2×10^4 lx，一般作物不能正常生长。枝下高在1.2～1.5m时，冠下光强可达2×10^4～4×10^4 lx，能间作小麦、黄豆和其他较耐阴作物。树干过高，不仅影响枣树产量，而且降低其防风效能。因此，枝下高以1.2～1.5m为宜。

表5-5 树高和带距对间作地光照时间的影响 单位：min

带距	树高（m）			带距	树高（m）		
（m）	4.5	5.5	6.5	（m）	4.5	5.5	6.5
5	28	0	0	20	617	578	537
10	452	429	374	25	659	627	593
15	551	519	468	30	671	661	640

（3）农作物的垂直布局

间种农作物时，除考虑光照外，还需考虑通风及农林之间争水、争肥的矛盾。在干高1.2～1.5m的冠下区，地上部分的垂直空间约1.0～1.3m，并约有15%的枣根分布于土壤表层10cm以内，故只宜种植小麦、谷子、豆类等矮秆作物。远冠区空间大，除种植矮秆作物外，也可种植玉米、高粱等高秆作物，近冠区内也可种植豆类或稍耐阴的矮秆、浅根作物。

5.2.5.5 枣粮间作优化模式的生态及经济效益

枣粮间作的优化模式为：枣树单行，南北走向，带（行）距10～15m，株距3m，树高4～5m，干高1.2～1.5m，间作地上第一茬全面种植小麦，第二茬可全面种植豆类，也可在近冠区以内种植豆类或稍耐阴的矮秆、浅根作物，在远冠区种植玉米、高粱等高秆作物。

（1）生态效益分析

这种模式可有效地改善间作地上的生态条件。风速可降低31%～38%，空气相对湿度可提高2%～10%，温度降低1.9～4.8℃，从而能有效地防御干热风的危害，使地面温度平均降低2.3～3.6℃，耕作层0～2cm内土壤温度提高3.2%，在干旱季节能降低蒸发量25.0%～38.9%，湿润季节降低17.5%～28.0%。所以枣粮间作优化模式的间作作物产值比一般模式增加11.94%（表5-6、表5-7）。

表5-6 不同模式的经济效益

树龄	作物	优化模式		一般模式	
（a）		（kg/hm²）	（元/hm²）	（kg/hm²）	（元/hm²）
5	小麦	5 100	5 100	4 500	4 500
	豆类	2 850	2 850	2 550	2 550
	鲜枣	3 150	6 300	1 575	3 150
10	小麦	4 725	4 725	4 350	4 350
	豆类	2 850	2 850	2 550	2 550
	鲜枣	6 150	12 300	3 750	7 500
15	小麦	4 350	4 350	4 125	4 125
	豆类	2 250	2 250	1 950	1 950
	鲜枣	9 450	18 900	5 550	11 100
20	小麦	3 900	3 900	3 300	3 300
	豆类	2 100	2 100	1 800	1 800
	鲜枣	10 650	21 300	6 150	12 300

表 5-7 不同树龄、不同模式间作作物产值分析

树龄 （a）	优化模式 间作作物产值 （元/hm²）	一般模式 间作作物产值 （元/hm²）	增长率 （%）
5	7 950	7 050	12. 80
10	7 575	6 900	9. 80
15	6 600	6 075	8. 60
20	6 000	5 100	17. 60
	28 125	25 125	11. 94

（2）经济效益分析

生态条件的改善，有利于作物的生长发育，达到增产目的，而且优化模式能发挥枣树的群体产量效率，所以枣粮间作的优化模式具有较高的经济效益（表 5-8），比惯用的一般模式（枣树株行距 4m×20m）产值增加 46.89%。枣树 5 年生时，优化模式的总产值比一般模式增加 39.7%；枣树 10 年生时，前者比后者增加 38%；枣树 15 年生时，前者比后者增加 48.5%；枣树 20 年生时，前者比后者增加 56.9%。该优化模式也适合在盐碱严重地区推广应用。

表 5-8 不同树龄、不同模式总产值分析

树龄 （a）	优化模式 间作作物产值 （元/hm²）	一般模式 间作作物产值 （元/hm²）	增长率 （%）
5	14 250	10 200	39. 70
10	19 875	14 400	38. 00
15	25 500	17 175	48. 50
20	27 300	17 400	56. 90

5.3 农林复合系统规划设计新技术应用

5.3.1 "3S"技术应用

5.3.1.1 "3S"技术及其与农林复合系统规划设计的结合

"3S"技术是地理信息系统（Geographical Information System，GIS）、遥感技术（Remote Sensing，RS）、全球定位系统（Global Positioning System，GPS）的统称，是空间技术、传感器技术、卫星定位与导航技术和计算机技术、通讯技术相结合，多学科高度集成的对空间信息进行采集、处理、管理、分析、表达、传播和应用的现代信息技术。其中地理信息系统（GIS）就是一个专门管理地理信息的计算机软件系统，它不但能分门别类、分级分层地去管理各种地理信息；而且还能将它们进行各种组合、分析、再组合、再分析

等；还能查询、检索、修改、输出、更新等。地理信息系统还有一个特殊的"可视化"功能，就是通过计算机屏幕把所有的信息逼真地再现到地图上，成为信息可视化工具，清晰直观地表现出信息的规律和分析结果，同时还能在屏幕上动态地监测"信息"的变化。总之，地理信息系统具有数据输入、预处理功能、数据编辑功能、数据存储与管理功能、数据查询与检索功能、数据分析功能、数据显示与结果输出功能、数据更新功能等。遥感技术(RS)是指从高空或外层空间接收来自地球表层各类地物的电磁波信息，并通过对这些信息进行扫描、摄影、传输和处理，从而对地表各类地物和现象进行远距离测控和识别的现代综合技术。全球卫星定位系统(GPS)是一种结合卫星及通信发展的技术，利用导航卫星进行测时和测距，由空间星座、地面控制和用户设备三部分构成的。GPS 测量技术能够快速、高效、准确地提供点、线、面要素的精确三维坐标以及其他相关信息，具有全天候、高精度、自动化、高效益等显著特点。

随着"3S"技术的不断发展，将地理信息系统、遥感技术和全球卫星定位系统紧密结合起来的"3S"一体化技术已显示出更为广阔的应用前景。以地理信息系统、遥感技术和全球定位系统为基础，将三种独立技术中的有关部分有机集成起来，构成一个强大的技术体系，可实现对各种空间信息和环境信息的快速、机动、准确、可靠地收集、处理与更新。随着计算机和信息集成技术的快速发展，"3S"技术及其集成系统也日趋成熟与实用化，这对农林复合生态系统结构与功能分析、景观空间格局描述与景观变化模拟、生态监测与研究、复合系统规划设计以及景观生态保护与管理等方面起着越来越重要的作用，推动了农林复合生态系统研究从定性到定量、从静态到动态、从单尺度到多尺度的迅速发展。在全球或区域景观尺度上，遥感技术(RS)可以快速、客观、重复地提供大量的地面信息，地理信息系统技术(GIS)则可以提供与之相关的空间分析、数据管理和辅助决策技术，卫星定位与导航技术(GPS)能够实地调查，保证数据的精度，三者互相结合使用，在很大程度上改变了农林复合系统研究的方法，为农林复合系统研究提供了极为有效的研究工具。

5.3.1.2 "3S"技术提供农林复合系统规划设计的数据源

在进行农林复合系统规划设计中，不管选择何种复合类型，不同复合模式的规划设计，都需要以复合系统的数据为基础。农林复合系统规划设计可选取合适的地理信息系统数据、遥感数据及其他辅助解译资料(如各种数字化或非数字化图件、实地调查数据等)，获取历史和现状数据作为农林复合系统规划设计的基础数据源。

(1)提供地理信息系统数字化专题数据源

在农林复合系统规划设计中，需要的各种专题数据包括研究区域的气候气象数据(气温、降水、日照时数、湿度等)、地形地貌数据(DEM、坡度、坡长、坡向、地形起伏度等)、土壤条件(土壤质地、土壤类型、土壤养分含量、土壤含水量和地表温度等)、各种社会经济统计数据和野外 GPS 定位固定样地调查的各种空间和属性数据等。地理信息系统能分门别类、分级分层地管理这样的各类地理信息。地理信息系统的数据源是多种多样的，各种图形图像数据和文字数据都可以是其数据源。图形图像数据包括现有的土地利用图、规划图、照片、航空与遥感影像等，各种文字数据包括各类调查报告、统计数据、实验数据与野外调查的原始记录等，如社会经济数据、土壤成分、环境数据等。许多空间数据均是以数字化形式被输入地理信息系统内，便于规划者使用。所以，从地理信息系统中既能够获取农林复合规划设计所需数据，又能够即时采集、处理和分析得到复合系统规划设计所需的现状及其变更数据，是农林复合规划设计重要的专题数据源。

（2）提供遥感解译专题数据源

遥感影像数据具有廉价、动态、快速、范围广等优点，农林复合规划设计研究中，可选取合适的遥感数据和相关的辅助解译资料，获取历史和现状数据作为复合系统规划设计的基础数据源。

5.3.1.3 "3S"技术在农林复合系统规划设计中解决的问题

（1）农林复合规划设计的动态性问题

遥感影像具有空间宏观性、视角广、多分辨率（光谱和空间）、多时相、周期性、信息量丰富等特点，既可以提供生态系统的宏观空间分布信息，又能提供局部的详细信息以及随时间、空间变化的信息等。其中遥感影像的时间分辨率在遥感中意义重大，利用时间分辨率可以进行动态监测和预报。遥感影像的时间分辨率超短期的以小时计、短期的以日计、中期的以月或季度计、长期的以年计、超长期的可长达数十年以上。随着积累越来越多的不同年份、不同季节的遥感资料，使信息复合、提高分类精度和不同时期的动态分析成为可能。

（2）农林复合规划设计的尺度问题

在农林复合规划设计研究中还存在着尺度转换的问题，即如何从点上或小范围的实验与观测数据推广至区域尺度的问题。将典型样地、时序研究和宏观研究有效地结合起来，建立不同时间和空间尺度数据之间的关系模型，并借助于 GIS、RS 的模型运算和分析功能，进行尺度转换方面的详细研究是完全可能的。

（3）实现自动精确核算和可视化表达

作为"3S"技术中枢神经的地理信息系统（GIS），具有强大的二次开发和编程功能，通过地理信息系统（GIS）的二次开发和编程功能，能够方便地实现农林复合规划设计的可视化表达和空间分布的动态查询。

（4）提供规划设计 GIS 空间分析与决策支持

地理信息系统是决策支持的一种重要方法与工具，它集成了多学科的最新技术，如关系数据库管理、高效图形算法、插值、区划和网络分析等，为空间分析提供了强大的工具，使得过去复杂困难的高级空间分析任务变得简单易行。利用 GIS 将与农林复合系统规划相关的、零散的、不断更新的数据加以综合并存贮在一起，既便于长期的、更有效的利用，又便于借助于 GIS 综合分析和管理各种空间数据的能力，将其直接用于规划设计、科学预测、动态模拟和辅助决策等重要工作之中。

5.3.1.4 "3S"技术在农林复合系统规划设计应用案例——应用遥感与 GIS 技术进行热带林保护区乡村混农林业规划

（1）试验区概况

勐养自然保护区位于中国西南边陲的云南西双版纳傣族自治州内，介于北纬22°5′~22°20′，东经100°35′~101°18′，面积约为 11.84×10^{4}hm^2，是西双版纳 5 个国家级自然保护区中面积最大的一个。区内海拔跨度为 600~1 800m，河流纵横交错，水资源非常丰富。红壤为主要的土壤类型。气候属于北热带和南亚热带季风气候，年平均气温20.8℃，平均日照时数 1 878.3h，平均降水量 1 193.7mm，平均相对湿度83%。森林植被类型十分丰富。保护区内有村寨 40 余个，居住着傣、彝、汉、布朗、基诺等民族，其中傣族占 70% 左右。耕地共计 10 451hm^2，全年粮食产量为 671.6×10^{4}kg，人均占有粮食673kg。水稻、玉米为主要农作物。经济作物主要有橡胶、水果、砂仁、茶叶、甘蔗等。

（2）研究方法

①实验数据及软硬件　在本次研究中利用的主要源数据有：保护区 1:25 000 全色航空相片（1991 年航摄）、保护区 1:10 000 及 1:25 000 地形图、保护区村寨集体林林权界线图、保护区村寨社会经济状况调查表及其他专题图、数据、文献等，利用的硬件设备有 SUN Sparc-LX 工作站、Calcomp 9500 数字化仪、Calcomp 3036 绘图仪、HP 扫描仪等，所用软件为 ARC/INFO 7.03、PCARC/INFO V3.4D + 及 PC ARCVIEW V1.0。

②数据库建立　建立乡村 GIS 基础数据库的目的是为乡村混农林业土地利用规划服务，按照项目需要、可得到的数据源及软硬件配置情况，空间专题数据库又包括如下 8 个子数据库——行政区划、道路、水系、土地利用、地形（包括高程分带、坡度、坡向）、植被、土壤及输变电线。其中，行政区划界线、道路、水系、输变电线及地形中的等高线均以线特征表示，而土地利用、植被、土壤及地形中的坡度、坡向和高程分带，则以多边形特征表示。同时，为了提高空间分析的质量和速度，在各村寨建立了地面不规则三角网（TIN）及间隔为 20m×20m 的数字高程模型（DEM）。

按照可得到的源数据，建立空间专题数据库时，行政区划信息由保护区管理局提供的林业三"定"的数据获得，土地利用与植被信息由航空相片解译获得，地形信息由地形图获取，道路及水系信息由地形图结合航片解译获取，土壤及输变电线路信息由专题图输入，社会经济状况数据则直接由社会经济状况调查表输入，影像库由航片扫描后经坐标变换及重采样建立。

空间专题信息主要经数字化仪输入工作站。为避免转绘误差，航片负载的专题信息由扫描影像进行屏幕数字化，较小的溪流及乡村小路则由地形图补充数字化。等高线由地形图数字化输入。经过数字化及编辑之后，对各专题库建立拓扑关系，完成坐标转换，并按照需要对空间数据库进行拼接与裁剪，然后赋加自定义特征属性。地形数据库由等高线数据做相应转换生成。

单纯依赖航片解译建立的空间数据库，难免有所偏差。依照各种地物类型的立地特征，结合已经建立的地形数据库，采用 ARC/INFO 中的 codefind、consist、frequency 及 statistics 等命令对判读结果进行了一致性与有效性检验，对转绘地类边界及公路、河流等线状地物特征在 edgematch 环境下进行了局部平差修正，以提高数据库精度。

为增强空间数据库的现势性，初步建立空间数据库后，即通过 ARCPLOT 绘制专题草图，请西双版纳国家级自然保护区管理局勐养所及保护站的工作人员现场核对，反馈更新信息，对数据库进行更新。

社会经济状况数据直接由各村寨年度社会经济状况调查表获取。利用 ARC/INFO 的 INFO 数据库管理系统建立和管理各村寨社会经济状况数据库，以村寨名为索引项对数据库进行查询检索，对于现有的以 dBASE 或 FOXBASE 数据库系统建立的数据库，则通过 ARC/INFO 所提供的数据库接口，纳入各村寨社会经济状况数据库中，统一进行管理。

航空相片经扫描及重采样后，借助地形数据库，运用 rectify 及 register 命令对其进行空间定位，统一至北京 54 坐标系，并且建库存储，以方便空间分析及检索。

③应用研究　地类表面积计算根据 GIS 矢量数据库所得到的各地块面积均为其投影平面面积。这样，地面起伏越大，坡度越大，面积失真就越大。利用失真的面积进行混农林业规划方案设计显然有偏差。我们知道，地表单元的曲面面积很容易根据 DEM 获得。根据空间矢量的物理性质，单元曲面表面积可以表示为：

$$S_{i,j} = \sqrt{\frac{\Delta Y^2 (Z_{i,j} + Z_{i,j+1} - Z_{i+1,j} - Z_{i+1,j+1})^2}{4} + \frac{\Delta X^2 (Z_{i,j+1} + Z_{i+1,j+1} - Z_{i+1,j} - Z_{i,j})^2}{4} + \Delta X^2 \Delta Y^2}$$

$$(i = 1,2,3,\cdots,m-1,m; \ j = 1,2,3,\cdots,n) \tag{5-107}$$

利用各村寨 lattice 格式的 DEM，按上述公式，运用 GRID 模块中的 focalsum 及 arithmetic 算子，可得 DEM 各单元表面积，在 GRID 模块中用 combine 函数将之与土地利用现状栅格数据库进行空间叠加，即得到各地块曲面表面积，即各地块真实的面积。表 5-9 为曼岔村经统计后各地类真实面积与投影面积比较。

表 5-9　曼岔村各地类经地形叠加前后的面积对比

类　　型	投影面积(hm²)	真实面积(hm²)	差额(hm²)	差额比例(%)
水　　田	143.680	144.409	0.729	0.51
旱　　地	297.880	303.282	5.402	1.81
轮休地	235.480	240.196	4.716	2.00
灌木地	171.880	175.434	3.554	2.07
次生林	458.040	470.801	12.761	2.79
居民地	14.080	14.177	0.097	0.69

④混农林业发展规划　混农林业发展规划最根本性的目的在于乡村的持续发展，因此应以持续发展思想为总原则，减轻或杜绝村民对热带林保护区的蚕食，合理稳定地发展乡村的粮食、薪柴和其他经济作物的生产。混农林业发展规划主要包括两方面的内容，即土地利用规划和固氮树种配置。

土地利用规划的目的在于根据不同地块的土壤、地形及灌溉条件，结合村寨的社会经济状况，对土地利用现状进行评估，寻找未得到合理利用的地块，对之进行利用结构调整，使土地资源能够充分发挥作用，同时减缓对生态环境造成的威胁。

固氮树种配置可有效减少水土流失，提高土壤肥力。对水田而言，种植固氮树种主要是为了提高土壤肥力；对旱地而言，种植固氮树种，除了提高土壤肥力外，还兼有防治水土流失的作用。不同的固氮树种对土壤、光照、水分有不同的要求，选择时要充分考虑各树种的生物生态学特性，因地制宜，适地适树。

在乡村土地合理利用基本原则的指导下，我们利用已建立的各村寨土地利用现状、道路、水系、土壤、输变电线路、地形及社会经济等数据库，借助 ARC/INFO 所提供的空间查询、空间叠加、缓冲区分析及其他空间操作功能，对村寨混农林业进行规划。

混农林业规划时需要进行较多的多因素复合分析。较之矢量数据库，栅格数据库具有空间分析功能易于实现、容量小、速度快、易于使用的特点，因此，在本项目中，空间数据在存储时均采用矢量形式，而在进行混农林业规划时，多边形特征类型的空间数据叠加均在栅格数据库上进行。这样，在规划前，我们首先将各村寨土地利用、植被、坡度、坡向、高程分带、土壤等矢量数据库用 polygrid 命令进行矢栅转换，然后在 GRID 模块中用 combine 函数对转换后的栅格数据库进行叠加，得到综合的栅格数据库，以便规划使用。

混农林业规划按以下步骤进行：

a. 将行政区划数据库与土地利用数据库运用 erase 命令进行矢量空间叠加，提取土地利用数据库中超出集体林林权界的地块，其均为农民私自开耕的耕地，应无条件退耕还林。

b. 在综合栅格数据库中提取坡度 22°~30° 的旱地，规划为经济林用地，提取坡度 >30° 的耕地，规划为用材林或防护林，严禁开垦。

c. 水田及现有经济林不作改动。

d. 为缓解村民薪材消耗的紧张状况，依据村寨居民户数，以每户年均耗柴 12m³，计算出村寨年总耗柴量，依据铁刀木等当地传统种植的速生薪炭树种每株年供材量，结合种植密度，计算所需薪炭林面积，以道路为中心线用 buffer 命令建立 50m 的缓冲区，在综合栅格数据库提取土地利用类型为荒山草地或灌木林且落在缓冲区中的地块，规划为薪炭林基地，若面积不足，则以 10m 递增，自动扩大缓冲区范围，至薪炭林面积满足要求为止。

e. 根据村寨水系数据库，结合植被及坡向数据库，在集体林中选取坡向为 45°~215° 的植被覆盖区且距离水系 10m 之内的箐沟，规划适合当地条件、具有较高经济价值的砂仁等经济作物。

f. 根据村寨的地形、道路、水系及输变电线路数据库，经过空间叠加和缓冲区分析，在一些村寨中符合条件的地块规划鱼塘。

g. 在水田中，固氮树种主要种在田埂上，选择树种时需选择耐涝树种；固氮树苗需求量由提取的水田边界线长度决定。边界线提取时运用 ARC/INFO 所提供的指针功能，通过 PAT 及 AAT 的拓扑交互访问自动得出。

h. 在旱地中，按照土壤、高程、坡向的不同，结合保护区适宜种植的 5 种固氮树种的生物生态学特性，利用多因素加权隶属度模型，针对综合栅格数据库中的每一格网地块，计算其对各种固氮树种的得分值（各因素权值×隶属度），选取得分值最大的树种作为此地块固氮树种，根据坡度大小决定种植密度，结合栅格地块表面积，计算固氮树苗需求量。各因素权值及其因素内取值等级通过专家打分法得到，因素取值对等级的隶属度通过线性内插的方法得出。整个规划过程通过 ARC/INFO 的 AML 语言进行二次开发完成，①～⑥步得到的规划结果均为栅格形式，在 GRID 模块中运用 merge 函数将它们拼接为一个数据库。

i. 在 ARCPLOT 环境下制作规划图，通过绘图仪输出。陡坡耕地改造采用巷式间作方式，即以木本多用途树种在坡地上成水平"行"种植，农作物则在"巷"间套种。这样既可收获粮食，又可以从树木上得到薪材、饲料、肥料等多种经济收益。更重要的是木本植物的"行"具有明显的缓解坡地水土流失作用。采用固氮树种，还可提高土壤肥力，改善土壤结构。在陡坡耕地上逐渐从林粮套种过渡、到单纯林木经营，这中间有个缓冲过程，有利于实现退耕还林的目的。

通过混农林业规划，各村寨土地利用的空间分布总体为坝区分布水田、鱼塘，周边是旱地、薪炭林及村寨居民房屋用地，农地与保护区热带林交接处分布经济作物，因地制宜地种植茶叶、西番莲等经济作物，在临近经济林的部分热带林中依地形及水分条件进行立体种植，即在热带林下种植砂仁以增加村民的经济收入。从整体上看，土地利用分布层次分明，山水林田路配置恰当，农业生态系统趋于合理。表 5-10 是曼岔村规划前后各地类面积对比。

表 5-10　曼岔村混农林业规划前后地类面积百分比　　　　　　　单位:%

	水田	旱地	轮休地	灌木林	次生林	居民地	薪炭林	固氮树	经济林	砂仁
规划前	10.71	22.49	17.81	13.01	34.91	1.05	0	0	0	0
规划后	10.71	18.03	0	6.56	36.45	1.05	6.32	5.39	10.94	4.54

（3）结果与讨论

到目前为止，已完成勐养自然保护区内 20 个村寨的混农林业规划，绘制了各村寨规划数字地图，制作了各村寨逐地块的施工用混农林业规划表，经过与西双版纳国家级自然保护区管理局进行多次交换意见后，管理局已开始在村寨中组织农民对规划方案实施。

研究表明，利用遥感与 CIS 技术建立乡村 GIS 数据库，结合 GIS 通用软件工具所提供的强大的空间数据库管理、空间分析及地形分析功能及模糊数学、统计分析方法和生物生态学理论进行乡村混农林业规划，可以显著地提高乡村混农林业规划的效率与质量，使得规划更加合理化、定量化。遥感与 GIS 技术为乡村的科学管理和决策分析提供了可靠的依据，并可为乡村持续发展建立一个全面、动态的管理、监控体系。我们所建立的村寨 GIS 数据库也可用于勐养自然保护区其他的研究项目，如林火区划、道路选线、工程选址及施工等。

5.3.2 仿真动态模拟技术

5.3.2.1 计算机仿真模型简介

计算机仿真(Computer Simulation),又称系统仿真(System simulation),是一门新兴的边缘学科。它的基础是系统科学、计算机科学、系统工程理论、随机网络理论、随机过程理论、概率论、数理统计和时间序列分析等多个学科理论,主要处理对象为工程系统和各类社会经济系统,主要研究工具为数学模型和数字计算机,目的是通过观察和统计动态系统仿真模型运行过程,获得系统仿真输出,掌握模型基本特性,从而推断被仿真对象的真实参数(或设计最佳参数),以获得对仿真对象实际性能的评估或预测,最终实现对真实系统设计与结构的改善或优化。优点有使仿真实验可视化、快速化并且大量减少真实实验成本等。

计算机仿真的发展,经历了简单原型、物理模型、通用编程语言、仿真专用语言、仿真结果的动态显示及可视化交互式仿真等一系列阶段。根据仿真过程中所采用计算机的类型不同,动态系统计算机仿真又可分为模拟机仿真、数字机仿真和模拟—数字混合机仿真。

仿真就是通过对模型的实验来达到研究的目的。计算机仿真的仿真要素包括系统、模型和计算机 3 个部分,其中:系统是研究的对象,模型是对系统的抽象,计算机是研究的工具。3 个要素之间建立了两个关系,即建模关系(实际系统与模型之间的关系)和仿真关系(计算机模型与真实系统之间的关系)。建模关系中最主要的是计算机执行模型所规定指令的忠实性,即程序的正确性和计算机产生数据的准确性;仿真关系中最主要的是模型的有效性,即模型如何充分地表示实际系统。相应地,计算机仿真过程可划分为三项基本活动:系统建模、仿真建模和仿真实验。计算机仿真的 3 个要素与三项基本活动的关系如图 5-3 所示。

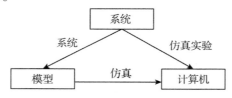

图 5-3 计算机仿真要素与活动的关系

实质上,模型是由研究目的所确定的,关于系统某一方面本质属性的抽象和简化,模型与真实世界之间最重要的关系就是抽象和映射。抽象过程是建模的基础,计算机仿真技术的关键就是找出一个复杂程度适度的抽象模型,详细而精确的描述了一个给定的系统。

计算机仿真的一般步骤包括:

①系统分析 明确仿真研究的对象、目的、系统边界,确定目标函数和控制参量。对于大规模复杂系统,明晰系统内部层次关系、子系统和上级系统之间以及不同子系统之间关系。

②模型设计与确认 建立系统数学模型，确定系统原始状态和系统与环境之间的信息与能量交换关系，并使之在数学模型中得到恰当的体现。

③模型实现 根据系统仿真数学模型研制相应模型或在数字机上编制相应的数据处理软件，形成仿真计算的直接工具。

④仿真实验与仿真结果的分析评估 根据不同研究对象，启动仿真过程，生成输出信息。

动态系统计算机仿真作为分析评价现有系统运行状态或设计优化未来系统性能与功能的一种技术手段，在工程设计、航空航天、交通运输、经济管理、生态环境、通信网络和计算机集成等领域中有着广泛的应用。

鲁建厦（2004）等通过文献研究，将目前国内计算机仿真技术研究的热点问题归纳为5类，即建模理论和方法研究、仿真可信度研究、仿真方法研究、仿真工具研究以及仿真应用技术研究。

5.3.2.2 计算机仿真模型在农林复合系统设计规划中的应用

农林复合生态经济系统是一个多层次、多因子、多序列、多功能、多效益的结构复杂的开放性的人工大系统。结构配置是在优良植物材料的基础上，根据复合经营的目的，配置出地块层面上或微观水平上不同物种结构及其时空结构的农林复合系统。世界各地的农林复合经营模式都是沿袭传统生产习惯和继承先辈的生产经验，有其合理性和可行性，但受到科学发展水平、指导理念、认识尺度、技术手段等的制约，缺乏系统综合的规划，存在着各种各样的问题，如整体结构不尽合理、科技含量低等，所以作为一种主要的土地利用方式，农林复合系统需要更为科学和智能的设计。但是农林复合生态经济系统行为呈现出非线性特性，具有一定程度的灰色性和滞后性，系统内在空间格局上具有不均衡性，系统内各级子系统之间以及各因子之间存在极其复杂的相互联系，一般难以获得精确数学解，而实地试验需要花费大量人力、物力、财力和时间，因此，计算机仿真模型在农林复合中的应用在经济、时间和可操作性上都具有很大的优越性。

计算机仿真模型面对农林复合生态经济系统这个复杂的实际问题，巧妙地把信息反馈的控制原理与因果关系的逻辑分析相结合，从研究农林复合系统微观结构入手，建立实际系统的仿真模型。通过模型在不同条件下仿真运行，展示系统的宏观行为，预测系统可能出现的效益和问题，并寻求解决问题的正确途径，从而选择系统最佳结构参数、设计合理的经营方案及管理措施，最终达到系统评价管理或对真实系统设计与结构的改善或优化的目的。

应用系统动力学方法建造农林复合经营系统模式化仿真模型的主要步骤包括：①系统分析，明确系统边界和研究目的，确定主要变量和参数，收集有关资料；②绘制流图，确定系统各组分间的定性关系，绘制因果关系图，并在此基础上绘制仿真流图，包括各种变量名称、参数名称、物流和信息流方向；③建数学模型，即将流图中各种因子之间的关系表示成数学函数关系或逻辑关系，使流图成为定量化的模型体系；④编制程序，可采用各种途径将数学模型写成计算机语言，通常用专门的系统动为学仿真语言编程；⑤调试，即对模型的一般运转进行检验，检查模型是否存在逻辑错误；⑥仿真决策，通过对仿真模型中不同控制参数的改变来预测不同条件下系统运行的结果，再经过各种结果的评审、对比，选出优化的参考方案。

计算机仿真模型在农林复合的应用中可以实现的功能有：第一，预测功能。即在给定具体系统的初值和参数情况下，系统在一定时间后的状态就可被唯一确定；在参数不甚准确的情况下，该模型可以反映系统的一般动态趋势，可以下定性结论。第二，决策功能。模型中许多变量或参数可人为控制，对这些变量或参数进行修订，系统就会产生不同结果，决策人员可以根据这一功能作出合理的决策，从而实现系统结构的优化。

计算机仿真模型在农林复合系统中的应用应注意以下问题：第一，模型不宜过于庞大。农林复合系统结构复杂，模型应尽量考虑全面，避免忽视一些重要因素，但模型不宜太庞大，各子系统应有简有繁。第二，仿真时间不宜过长。农林复合系统影响因素众多而且复杂多变，时间过长就失去了仿真效果。第三，模型从定性向定量化发展。农林复合系统预测和决策功能要求模型结果必须更加可靠，一些非人为控制因素应逐渐包容在模型中。

5.3.2.3 仿真动态模拟技术在农林复合系统规划设计应用案例——泥河沟试区农林复合生态经济系统动态仿真试验与管理

（1）系统边界及系统辨识

①系统边界　系统研究的时间边界是 1990—2000 年，以泥河沟试区所涉及的 7 个行政村及县园林场一部分为系统研究的空间边界，面积 19.63km²。

②系统优势和潜力分析　泥河沟试区位于陕西渭北黄土残源沟壑区的淳化县，属暖温带半湿润气候森林草原地带。年太阳总辐射 504.35kJ/cm，全年日照时数 2 371.1h，日照百分率54%，年平均气温9.8℃，10℃积温3 281℃。年平均降水量600.6mm，其中7~8 月降水量占53%；干燥度 K 值介于 1.1~1.4 之间。光热资源丰富，水资源基本满足小麦等多种农作物和苹果等多种经济林木的生长，适合发展农林业；尤其是系统内昼夜温差大，云量较少，海拔较高，有利于苹果着色及其品质的提高；土地资源较丰富，人均耕地 0.33hm²，具有优越的发展优质果品的光、热、水、土地等自然资源条件。

③系统的结构分析　泥河沟试区农林复合生态经济系统是一个人工复合生态经济系统，由种植业、林果业、畜牧业和社会经济等子系统组成。各子系统包括许多亚子系统，如种植业包括粮食作物、饲料作物、经济作物等，林果业包括防护林、经济林等，畜牧业包括大家畜、小家畜和家禽等，社会经济子系统更为复杂，其中主要亚子系统有资金、人口等，各亚子系统中也包含有更多的次一级子系统。因此，该系统结构复杂，具有多层次、多因子、多序列、多功能、多效益以及开放性的显著特征，系统行为呈现出非线性特性、一定程度的灰色性和滞后性，系统内在空间格局上具有不均衡性。系统内各级子系统之间，以及各因子之间存在极其复杂的相互联系。

（2）模型的建立

①建模原理及方法　模型实质上是由研究目的所确定的关于系统某一方面本质属性的抽象和简化，系统动力学仿真模型（简称 SD 模型）是一种结构模型。系统、模型和仿真的概念涉及三个具体的部分（即实际系统、模型和计算机）以及它们之间所建立的两个

关系(即实际系统与模型之间的关系——建模关系,计算机与模型之间的关系——仿真关系)。仿真关系中最主要的是计算机执行模型所规定指令的忠实性,即程序的正确性和计算机产生数据的准确性。PD(Profession-DYNAMO)是一种动态仿真的计算机专用语言,本文选它作为建模编程语言。建模关系中最主要的是模型的有效性,即模型如何充分地表示实际系统。根据系统辨识和建模目的,找出主要状态变量,分析影响状态变量的主要决策变量,以及影响决策变量的辅助变量,根据其中的关系绘出 SD 模型流图(F图),构造方程,建立仿真程序,进行仿真实验研究。因此,状态方程是 SD 模型的核心,其一般形式为:

$$X = f(x \cdot u \cdot t) \qquad x \in Rm \quad u \in Rr \tag{5-108}$$

决策方程、辅助方程、初始值方程都是根据状态方程需要建立的。

②泥河沟试区农林复合生态经济系统 SD 模型　泥河沟试区农林复合生态经济系统包括 5 个子集,138 个变量,其中状态变量 14 个,决策变量 16 个,参变量 43 个,辅助变量 49 个,表函数 16 个。设所论变量的全集为 Q,则

$$Q = \{q_1, q_2, \cdots, q_{138}\}, \quad \prod(q) = (Q_1, Q_2, \cdots, Q_5) \tag{5-109}$$

式中,Q_1 为人口子集;Q_2 为种植业子集;Q_3 为养殖业子集;Q_4 为林果业子集;Q_5 为资金子集。

通过分析各子集之间及其内部因子间的反馈机制,绘制出泥河沟试区农林复合生态经济系统动态仿真模型 F 图。集合表述为

$$S_1(Q) = \{L, R, A, P, O\}, \quad SQ(L) = \{I, F\} \tag{5-110}$$

式中,L 为状态变量集;R 为决策变量集;A 为辅助变量集;P 为参变量集;O 为输出变量集;I 为信息耦合集;F 为流耦合集。

然后将 F 图转换成 153 个 DYNAMO 语言方程。模型中参变量、表变量等由泥河沟试区农林复合生态经济系统多年定位试验研究资源整理计算得到,农田及果园施肥利用效率、降水利用效率等根据"七五"期间黄土高原国家科技攻关研究成果确定。本模型中科技进步因子主要是指良种推广、沟播沟管等本试区已经推广的实用技术等,在模型中用乘积因子的方法予以体现。

(3)仿真试验与系统管理

①仿真试验及主要影响因素分析　初始时间为 1990 年,终止时间为 2000 年,步长为 1 年,经多次模拟调试,其仿真运行结果的主要指标与实际系统过去几年的观测数据比较,选定模型。通过人机对话的方式,将系统中降水量、综合开发治理速率(包括基本农田建设速率、森林覆被率变化速率)、人口增长率等因素,以及本系统多年来观测数据序列中的最大值、最小值、平均值,和本系统主要农林果牧产品的市场价格变化值,采用不同组合形式,进行动态仿真试验研究。结果表明,降水量是影响本系统总产值的主要因素,但其变化基本不改变土地利用结构。综合开发治理速率、人口增长率对系统土地利用结构有一定影响,但其变化幅度较小。在市场经济条件下,系统内主要产品的市场价格是农林复合生态经济系统中最活跃、最不易控制的因素,制约着系统土地利用结构的变化和农业生产布局,并对区域综合治理开发措施体系的有效性也有较大的影响。说明在市场经济条件下,土地利用结构优化的调整,在很大程度上受产品市场价

格的影响和制约，市场供需状况对土地利用结构具有一定的调整能力。农业生产布局、土地等自然资源的利用方式要适应市场经济的要求。但是，产品市场价格的变化对系统土地利用结构等因素的影响作用有一定的滞后性，这种滞后的时间长短主要取决于价格变化的产品种类以及各产品价格对比关系。因此，利用这种滞后性，可通过运用 SD 模型的仿真运行预测，及时主动地调整以适应市场的需求，提高系统总产值，实现系统管理。

②结果分析　在系统多年观测平均值及现行市场价格条件下，仿真结果见表 5-11，在今后 5 年内具有如下特征：在粮食满足自给有余的条件下，受市场经济影响和本系统自然资源、社会经济及其科技优势的影响，苹果栽植面积有所扩大，成为本系统"拳头"产品，产值不断上升，可使本系统有经济能力向其他子系统增加投入，从而带动整个系统各业全面发展，促进系统脱贫致富奔向小康。

表 5-11　淳化泥河沟试区农林复合生态经济系统动态仿真结果

时间	1990 年	1991 年	1992 年	1993 年	1994 年	1995 年	1996 年	1997 年	1998 年	1999 年	2000 年
DL	419.5	422.2	416.8	441.7	471.8	478.7	478.9	487.5	468.1	444.9	445.7
CL	132.4	75.5	56.7	55.4	56.9	55.5	55.7	59.2	57.8	56.5	59.8
WL	164.1	164.2	164.3	164.4	164.3	164.3	164.3	164.4	164.4	164.4	164.5
CD	348.4	395.7	400.3	354.7	303.0	274.4	249.8	226.2	246.4	268.0	259.4
NL	286.3	286.9	287.6	288.3	288.9	289.6	290.3	290.9	291.6	292.3	292.9
SL	285.3	291.5	310.3	331.4	350.9	373.5	396.9	407.7	407.7	409.9	413.6
SG	194.5	194.8	197.7	204.6	214.6	226.8	241.8	257.8	271.2	281.7	290.7
HL	803	829	855	991	907	933	959	985	1 011	1 037	1 063
AL	104.3	105.3	111.0	121.5	130.0	135.9	143.7	151.4	156.6	170.4	190.6
BL	33.2	20.2	18.1	18.6	18.2	18.0	18.6	19.6	20.0	20.9	23.0
JL	86.2	88.9	99.9	103.3	102.4	105.1	110.7	112.0	118.1	132.7	152.8
ML	6.0	13.9	17.0	11.7	15.7	29.7	43.1	47.8	37.5	42.8	54.9
IL	300.2	329.0	402.2	422.7	431.1	466.0	520.3	548.1	593.5	689.6	772.8
YL	36.1	41.9	48.9	52.8	51.2	53.2	57.0	59.1	59.3	62.9	67.6
PL	2 992	3 010	3 028	3 046	3 064	3 083	3 102	3 120	3 139	3 158	3 177

注：DL，CL，WL，CD，NL，SL：分别为小麦、饲料作物、经济作物、草地、林地和苹果面积，单位为 hm^2；SG：苹果挂果面积，单位为 hm^2；AL，BL，JL，ML，IL，YL：分别为粮食、饲料作物、经济作物、林业、苹果和养殖业总产值，单位为万元；HL：养殖业总头数；PL：总人口。

由于农业及林果业的发展对有机肥的需求，以及科学技术的普及，从而逐渐促进了系统养猪、养鸡等养殖业一定程度的发展。农业用地有所减少，但其减少速率与粮食价格、人口增长率、牧业发展、农田建设速率、农业投入及科学种田水平等因素有关。并且，本系统粮食自给有余，可生产相当数量的商品粮。

③系统管理　将本 SD 模型悬挂在应用 GIS 原理与方法建立的泥河沟农林复合生态经济信息管理系统中，作为该管理系统的一个应用模型，利用该系统信息数据进行动态仿真，实现系统的自动化管理。

本章小结

　　农林复合系统规划设计是农林复合系统建设的基础性工作，包括规划和设计两部分。本章首先介绍了农林复合系统规划设计的原则、程序和常用方法，并详细介绍了主要规划设计方法应用案例，然后，从组分结构、空间结构、时间结构和营养结构四个方面详细介绍了农林复合系统设计的方法和需要注意的主要问题，以及山西太原枣粮间作优化模式案例的结构设计和效益分析。最后，介绍了"3S"、系统仿真等技术在林农复合系统规划设计中的应用进展和实例。

　　要求学生掌握农林复合系统规划设计的基本原则、程序和常用的方法，掌握农林复合系统设计的主要内容和注意事项，了解新技术在农林复合系统规划设计中的主要作用和发展趋势。

思考题

　　1. 简述农林复合系统规划设计的内容、步骤和常用方法。

　　2. 农林复合系统结构设计有哪些，在设计中如何考虑物种的选择。

　　3. 如何将"3S"技术应用于农林复合规划设计。

　　4. 未来将有哪些新技术可以应用于农林复合系统规划设计。

本章推荐阅读书目

　　1. 中国复合农林业研究. 孟平，张劲松，樊巍. 中国林业出版社，2003.

　　2. 农林复合生态系统研究. 孟平，张劲松，樊巍，等. 科学出版社，2004.

第6章

农林复合系统经营管理

农林复合经营系统是一个以自然环境为基底，以生物过程为主线，以人类经营活动为主导的人工生态系统。天时、地利、作物及人组成该复合系统的主要结构，而人是系统的核心，人通过各种管理经营方式控制作物的生长，获取经济利益，而自然也通过各种生态规律作用于系统，影响着作物的生产力和持续性。但是，人对农林复合系统的经营管理只有遵循系统自身的特点和运行规律，才能实现系统的环境、经济和社会的可持续性，使之能向有利于人类需要的方向发展。

6.1 农林复合系统调控机理

6.1.1 系统工程技术

为了实现系统的最优决策、最优设计、最优控制与最优管理，系统工程必须运用一定的方法和手段，而这些方法和手段的概括，统称为系统工程技术。

系统工程技术主要有以下几种类型：

（1）大系统全过程的组织管理技术

对于大系统的研制，是不允许失败的，否则将造成难以挽回的人力、物力和财力的损失。因此，研制的过程和顺序就非常关键。尤其在研究新的系统时，要做出从计划阶段开始，经研究、设计、制造、使用直到报废阶段为止的周密安排。一个大系统，它的整个研制过程也构成一个大系统，因此组织管理这个过程系统，同样也要用系统工程的观点和方法。由于系统、规模、形态的千差万别，因此难以找到一种永恒的模式或以不变应万变的方法，目前在这方面具有代表性的有 Hall 方式、三浦方式、美国空军的系统生命周期和 IBM 公司的系统生命周期以及统一规划法等。

（2）复杂系统结构特性的辨识方法

大系统的研制并非个人所能胜任，而要组织起各方面的专家来合作，因此这就需要共同理解、明确系统的总目标以及各自担负的子系统的层次、目标和重要性，理解系统整体上相互区别的结构和特征。为此，只有通过系统的辨识才能达到分工合作，提高效率，并能在总系统、子系统的等级、层次上研究和检查工作进展的顺序。

目前，应用较多的适用大规模复杂系统的系统辨识方法有：ISM（Interpretive Structural Model）、DEMATEL（Decisionmaking Testing Lab）和 PPDS（Planning Procedure to Develop System）。前两种是以掌握社会系统和世界性问题为目的而研究的方法。后一种是在

参加人员较多，问题涉及范围较广的情况下，以开发系统为目的的一种方法。

（3）复杂系统的计划评审技术

大规模系统，从空间结构来看，是多种元素组成的有机整体，从时间结构来看，它又是多环节构成的有机序列。完整系统的空间结构与恰当优化的时间序列相结合构成具有网络特征的流程图，有助于对系统进行计划和控制。20 世纪 50 年代以后，反映系统复杂关系以网络图式为特征的计划评审技术得到了很大的发展。目前有关这方面的技术有 PERT（计划评审技术），GERT（排队评审技术）及 VERT（风险评审技术）等。PERT 主要面向总体时间，该技术只能对肯定型或非肯定型活动与关系进行处理；GERT 比 PERT 更善于处理具有随机性和逻辑性的网络问题；VERT 可在各种信息不充分、不完全的情况下，对项目时间、费用和性能进行风险评价，帮助管理者做出决策。

（4）复杂系统的决策与评价技术

大系统的复杂系统，必然会出现多个目标。就是说，不是一个目标函数，而往往是一个目的树，一个多级结构的目标系统。另外，对于大规模系统来讲，即使是在同样输入和输出以及同样约束条件下，完成系统目标也总是可以采用多种不同的技术方案去实现。在研究和解决大系统的问题时，为了达到预期目的，如何选择技术方案？衡量标志是什么？如何进行评价？这些问题都是大系统设计分析中经常遇到的问题。而多目标规划、评价技术、决策技术则是解决这些问题的具体方法。

（5）系统的建模与仿真技术

建模是系统分析的重要环节之一，是对系统本质特征的一种抽象表述。通过建模，就可以对系统进行解剖、观测、计量、变换、试验，掌握系统的特征和各个要素之间的相互关系，从而对系统作出科学的解析与正确的决策。而仿真是在系统模型上所进行的实验，它具有理论分析与实验研究所不具有的优点。通过仿真使得研究者在实际系统建成以前或在无法进行实验的系统上获得近似实际的成果，从而为决策提供科学的依据。建模理论与方法同模拟技术是系统工程的一项重要内容。

（6）系统的分解与协调技术

系统工程中的系统多为复杂的大系统，大系统建模困难、优化困难、设计困难、管理和控制更困难。在系统工程中实现大系统的优化设计、优化决策和优化管理的最基本的思路和方法就是分解与协调。分解是简化系统、简化目标、简化模型、简化控制。协调是使各被分解的子系统、子目标、子模型、子控制过程，能够相互有机配合以解决系统整体最优化问题。分解与协调问题既存在于系统的分析规划阶段，也存在于系统的运行管理阶段。

除以上几类技术以外，系统工程还有优化技术、设计技术、预测技术等。需要指出的是：系统工程的技术和方法一般都是针对某些特定问题在特定条件下提出的。但在实际应用中，人们往往偏重于具体的技术和方法，遇到问题之后，还没有进行深入的分析，就考虑用什么技术方法去"解决"。从根本上来讲，方法技术脱离理论是有悖于整体性、相关性原理的，有人谓之以"方法导向"。

6.1.2 系统工程方法

美国贝尔电话公司的工程师 Hall 于 1969 年提出了系统工程三维结构(图 6-1),它为解决规模巨大的大系统提供了一个统一的思想方法。其中,时间维表明了系统工程的全过程,分为规划、拟订方案、系统研制、生产阶段、安装、运行和更新 7 个阶段;逻辑维指明了完成每个阶段工作的步骤,包括摆明问题、目标设计、系统综合、系统分析、系统优化、系统决策和实施;知识维是指完成上述整个阶段和步骤所必需的各种专业知识,如运筹学、控制论工程技术、计算机科学以及有关专业科学知识。

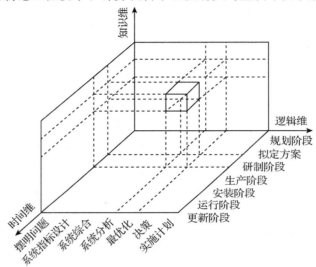

图 6-1 系统工程的三维结构

6.1.2.1 工作程序

对于一项大的工程,如林业区域发展规划,林区总体设计、造林绿化工程等,制定规划和决策等要通过时间维、逻辑维与知识维来进行。

(1)时间维

①规划阶段 首先要定义系统的概念,明确系统的必要性,确定系统的目标,提出系统的环境条件、约束条件,规定系统的建成期限和投资标准,制定系统开发的计划,提出一个总体的设想和构思。

②拟订方案 提出系统概略设计和各种可能的备选方案,然后进行系统分析,确定系统设计方案,并进行详细设计。

③系统研究 对系统中关键项目进行试验和试制,拟订生产计划。

④生产阶段 制定各项技术操作规程(细则),提出系统实施计划。

⑤安装阶段 将系统进行安装、调试和运行。如在森林资源清查后建立森林资源信息管理系统,进行调试和运行。

⑥运行阶段 使系统正常运转,产生效益。如一个良好的森林资源管理系统应当使

森林资源连续清查—连续经营—连续管理结合起来，发挥森林资源的各种效益和作用。

⑦更新阶段　改进旧系统或代之以新系统，使它们有效地工作。

（2）逻辑维

在以上每一工作阶段中，采用系统工程思维程序，在解题过程中经历 7 个逻辑步骤，如图 6-2 所示。

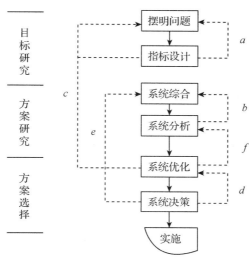

图6-2　解题过程的逻辑步骤

①摆明问题　通过全面、系统的调查，掌握所要解决问题的历史、现状和发展趋势。以问题为导向，根据系统定义所描述的问题，弄清问题的范围和结构，问题产生的来龙去脉，最后达到明确面临的问题是什么？解决问题的目的是什么？任务是什么？与此同时对收集的资料、数据要齐全、准确、可靠。过去在林业调查时，只注重纵向的调查，即森林资源本身的调查，而忽略在横向上与社会、经济、生态相联系的调查，停留在"就林论林"的考察问题，显然这是不够的。

②指标设计　通过调查首先要对已有的系统进行评价，因而确定评价指标体系是十分重要的，尤其是要用新的价值观念来评价。如森林资源评价系统，立地评价系统，经济效益评价系统与生态效益评价系统等。精心选择和确定评价系统功能的具体指标，然后提出各项目标及其必要性和可行性的论证。目标一旦确定，就成为动员全体成员为之奋斗的纲领。

③系统综合　根据已经确定的目标，通过综合运用各方面的知识、经验和技术，充分发挥组织起来的人和扩大了的人工智能，开发出一组能够实现系统目标的备选方案。这里多目标、多途径、多方案对于实现林业目标有很重要的意义。因而它克服了过去规划设计中单目标、单方案的不足，而有可能做到坏中求好，比较中求优。

④系统分析　对各个方案通过构造系统模型模拟，对各备选方案从定性到定量，甚至到定位，进行分析比较，最后通过综合—分析—综合，对方案进行精选。在当代科学技术发展的条件下，我们完全有可能通过运筹学和各种系统方法，利用电子计算机对各个方案进行模拟和分析，从而对方案进行科学的抉择。

⑤系统优化 通过综合与分析，评价与比较，以及通过精心选择参数和系数，使之接近或达到系统的目标，这时可以对不同参数下出现的各种方案，按照环境条件和实施目标进行优劣排序，以确定实施方案的可能性和所能达到最佳的程度。

⑥系统决策 系统工程设计人员的任务是向决策者提供多种可供选择的优化方案，最后由决策者根据经验、方针政策，吸收专家、群众的意见，从更广泛全面的角度决定某一方案，并付诸实施。在设计和决策过程中，决策者与设计人员经常沟通思想是设计取得成功的重要因素，这样的决策才是科学的。

⑦实施 规划就是决策，决策一旦确定就要付诸实施，根据选定的方案提出实施方案，如果在实施过程中发现问题，可以根据情况确定是否回到第一步或其中的某一步，重新进行解题过程中的反馈活动。

（3）知识维

为了完成上述各个阶段各个步骤的任务，需要各种专业知识和技术的配合，这就构成了 Hall 三维结构图中的知识维，也有人主张称为专业维，说明各项系统工程除有某些共性的知识要求外，还要使用各种专业知识。

知识维是为完成各阶段、各步骤所需要的知识和各种专业技术。通常可理解为工程、医药、建筑、商业、法律、管理、社会科学及艺术等各种专业知识和技术。从知识这个维度来考虑，就是要用系统的方法有效地获取上述各个阶段、各个逻辑所必需的知识，并对其进行了开发、利用、规划和控制，从而更好地实现系统工程目标。

自从 1986 年美国管理咨询专家创造了知识管理这个词，特别是随着 20 世纪 90 年代知识经济概念的提出，知识管理已经引起了各国管理学家的密切关注，如何用系统的方法以去发现、理解和使用知识也成为系统工程项目能否有效开展的决定性因素。在系统的开发和运用中，知识管理意味着把正确的知识在正确的时间交给正确的人，使之做出最满意的决策。

系统工程中知识管理的过程一般划分为以下阶段：

①知识辨识阶段 根据系统工程的总体目标要求，制定知识来源战略，划定知识管理范围，辨识知识。

②获取选择阶段 将现存知识正式化。

③知识选择阶段 评估知识及其价值，去除相互冲突的知识。

④储存知识阶段 通过适当、有效的方式储存所选择的知识。

⑤知识共享阶段 将正确的知识传输给每一个阶段的使用者。

⑥知识使用阶段 在各个阶段的工作中使用知识。

⑦知识创新阶段 通过科研、实验和创造性思维发现新知识。

6.1.2.2 系统工程解题的过程

解题的过程包括系统设计和系统管理两大部分。系统设计是狭义的解决问题的过程，是设计的解决问题方案的工作本身，按照辩证逻辑的工作过程，依靠若干具体方法技术，除运筹学和电子计算技术外，还包括其他的系统方法与技术、信息获取技术和预测技术、制定目标的技术方法、系统分析方法、评价决策技术等。

在解决问题过程中，一方面要依靠系统设计和系统设计的技术与方法；另一方面还需要对工程项目采取计划、监督、协调等管理措施，这部分工作就是工程的系统管理。它的任务是给参加工程项目的人员或小组分配任务、职权和责任，确定这些人员或小组在组织上的关系，组织决策过程，执行已采纳的决定。主要工作有：① 工程项目管理的部署和调度，包括制定工程项目计划、组织工程项目的实施和进行工程项目的调度；② 建立工程项目的组织机构；③ 建立工程项目的信息系统。实际上，系统设计和系统管理是系统方式解决问题的具体化，这两者是密切联系的。

由此可知，系统工程的思想、内容、步骤，有一个基本的处理问题的辩证逻辑程序，这个系统工程的基本处理方法就是根据系统的概念与系统的基本组成和性质，把对象作为系统进行充分了解，并对其进行分析，将分析的结果加以综合，与此同时，把它们作为系统而进行评价，使之有效地完成既定目标或目标体系。这种把对象作为一个系统来研究，把它建成合理而有效的系统予以实现，所运用的方法就是系统工程的基本处理方法(图6-3)。

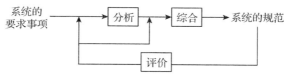

图6-3 系统工程的基本处理方法

6.1.3 农林复合系统调控机理

农林复合生态系统有其自身发展规律。一旦我们认识到这些规律，遵循其特点，进行人工调控，就能使之向有利于人类需要的方向发展。

（1）胜汰原理

系统的资源承载力、环境容纳总量在一定时空范围内是恒定的，但其分布是不均匀的。差异导致竞争，竞争促进发展。优胜劣汰是自然及人类社会发展的普遍规律。

（2）拓适原理

任一物种或组分的发展都有其特定的资源生态位和需求生态位。成功的发展必须善于拓展资源生态位和压缩需求生态位，以改造和适应环境。只开拓不适应则缺乏发展的稳度和柔度；只适应不开拓则缺乏发展的速度和力度。

（3）生克原理

任一系统都有某种利导因子主导其发展，都有某种限制因子抑制其发展；资源的稀缺性导致系统内的竞争和共生机制。这种相生相克作用是提高资源利用效率、增强系统的自身活力、实现持续发展的必要条件，缺乏其中任何一种机制的系统都是没有生命力的系统。

（4）反馈原理

复合生态系统的发展受两种反馈机制所控制，一是作用，彼此促进、相互放大的正反馈，导致系统的无限增长或衰退；另一种反作用，彼此抑制、相互抵消的负反馈，使系统维持在稳态附近。正反馈促进发展，负反馈维持稳定。系统发展的初期一般正反馈占优势，晚期负反馈占优势。持续发展的系统中正负反馈机制相互平衡。

（5）乘补原理

当整体功能失调时系统中某些组分会乘机膨胀成为主导组分，使系统歧变；而有些组分则能自动补偿和代替系统的原有功能，使系统趋于稳定。系统调控中要特别注意这种相乘、相补作用。要稳定一个系统时，使补胜于乘；要改变一个系统时，使乘强于补。

（6）扩颈原理

复合生态系统的发展初期需要开拓和适应环境，速度较慢；继而再适应环境，呈指数式上升；最后受环境容量或瓶颈的限制，速度放慢；最终接近某一阈值水平，系统呈"S"形增长。但人能改造环境，扩展瓶颈，系统又会出现新的"S"形增长，并出现新的限制因子或瓶颈。复合生态系统正是在这种不断逼近和扩展瓶颈的过程中波浪式前进，实现持续发展的。

（7）循环原理

世间一切产品最终都要变成废物，世间任一"废物"必然是对生物圈中某一生态过程有用的"原料"；人类一切行为最终都要反馈回作用者本身。物质的循环再生和信息的反馈调节是复合生态系统持续发展的根本原因。

（8）多样性及主导性原理

系统必须有优势种或拳头产品作主导，才会有发展的实力；必须有多元化的结构和多样性的产品为基础，才能分散风险，增强稳定性。主导性和多样性的合理匹配是实现持续发展的前提。

（9）生态设计原理

系统演替的目标在于功能的完善，而非结构或组分的增长；系统生产的目的在于对社会的服务功效，而非产品数量或质量。这一生态设计原理是实现持续发展的必由之路。

（10）机巧原理

系统发展的风险和机会是均衡的，大的机会往往伴随着高的风险。要善于抓住一切适宜的机会，利用一切可以利用甚至对抗性、危害性的力量为系统服务，变害为利；要善于利用中庸思想和办好对策避开风险、减缓危机、化险为夷。

生态调控的最终目的，就是要依据上述生态控制论原理去调节系统内部各种不合理的生态关系，提高系统的自我调节能力，在外部投入有限的情况下通过各种技术的、行政的行为诱导手段去实现因地制宜的持续发展。

农林复合经营系统是一个以自然环境为基底，以生物过程为主线，以人类经营活动为主导的人工生态系统。天时、地利、作物及人组成该复合系统的主要结构，而以人为核心。人通过各种管理经营方式控制作物的生长，获取经济利益，而自然也通过各种生态规律作用于系统，影响着作物的生产力和持续性。人与自然间各种错综复杂的矛盾关系和利害冲突形成农林复合经营系统的生态动力学机理。

人类文明史就是一部人类为了自身的生存和发展而有意识地适应、改造自然的生态演替史。从纯自然生态向农田生态、向集约经营的农业生态、最后向可持续的复合生态的演替过程代表着人类从必然王国向自由王国演替的历史进程。表 6-1 列举了自然生态系统、传统农田生态系统、集约农业经营系统及持续的农林复合生态系统的不同演替对策和生态过程。从中可以看出，成熟的自然生态系统是经过长期自然选择的，结构合理、功能完善、物质能量利用效率高、稳定性强的自组织系统，但其演替目标并不完全符合人类种群的利益。人们感兴趣的只是那些能供人们取用的那部分净生产量的收成。几千年来，人类为满足生存与发展需要，将地球上大部分可耕地改造为单一种植的农田、牧场或经济林。由于科学技术和人类认识能力的限制，工业化、城市化时代以前的农业，基本上还是自给自足的封闭式农业，农民有限的生产目标和土地有限的支持能力基本平衡，从而维持了一个持续几千年的低投入低产出的人工生态系统。工业革命以来，特别是 20 世纪，随着科技的进步，传统农业逐渐被高投入高产出的石油农业所替

表 6-1 不同生态系统演替对策比较表

特征	类 型			
	自然生态系统	传统农田生态系统	集约农业生态系	持续的农林复合生态系统
优化对策	最大的稳定	最高的产量	最大的经济效益	可持续的发展
动力学机制	自然，物竞天择	农民，自给自足	企业家，市场导向	天人合一
调控措施	再生，竞争，共生	轮间作，有机肥，生物防治	化肥，农药，机械	生态工程，有机肥，生物防治
功能	生产，消费，还原	生产＞维持＞还原	生产＞维持	生产，消费，还原
食物链	网状，以腐食链为主	线状，半封闭	线状，开环	网状，强调鹰食链重要性
总生产量/消耗量	接近 1	＞1	＞1	＞1
净生产量	低，以质为主	较高	高	较高，以质量为主
多样性	高	低	最低	高
分层性和空间异质性	组织良好，异质	组织差，同质	组织很差，空间分布规则化	组织良好，异质
生命史	长，复杂	较短，简单	短，简单	较长，复杂
营养物质循环	封闭，土壤有机质高	半封闭，土壤有机质较高	开放，土壤布机质低	半封闭，土壤有机质高
内共生	发达	欠发达	不发达	发达
对外部依赖性及人工投入	小	较小	大	较小
物质能量利用效率	高	较低	低	高
受干扰后恢复能力	强	弱	很弱	强
有机体和环境间物质交换率	慢	较快	快	较慢
增长型	Logistic 型	Logistic 型	指数型	组合 Logistic 型
稳定性	高	较低	很低	较高

代，农药、化肥、机械和人工灌溉的大量投入一方面给生产者创造了高的经济效益；另一方面其系统对外部的过分依赖性，内部结构的同质性和生态功能的单一性导致系统的抗干扰能力、生态效率稳定性和多样性都差，系统为维持其高产出不得不逐年增强其外部投入，处于一种非持续性的状态。

农林复合生态系统针对集约农业的弊端，将传统农业和现代农业相结合，自然生态与人工生态相结合，充分利用不同类型生态系统间的边缘效应和因子互补原理，努力创造一种生态结构完整，功能协调、过程平稳、生产效率高、系统自我调节能力强、持续稳定的复合生态环境。

这里的"复合"二字不只是农作物和林木的简单加和，而是基于上述生态控制论原理的多种植物、动物、微生物的复合；系统的物理过程、化学过程和生物过程的复合；生产、消费、还原功能的复合；也是系统的社会、经济、生态调控目标的综合。

这里的"生态"，包括作物或林木的自然生态，农业、林业的经济生态以及人与自然关系的人类生态三层含意（图 6-4）。其动力学机制既有天时、地利等自然原因，也有技术、经济的人为驱动力，而以后者为主导。马世骏等（1984）称其为社会—经济—自然复合生态系统。其结构可以理解为局部生产环境（包括物理环境、生物环境和人工环境）、区域生态环境（包括资源供给的源、产品废物的汇以及调节缓冲的库）及经营管理环境（包括技术支持体系、经营管理体制及改善等）。其功能不仅包括产品的生产和维持生产所必需的消费，还有更重要的调节功能，包括环境的持续能力、资源的再生能力、自然缓冲恢复能力以及经营者的明智管理能力。传统的发展观注重的只是农业或林业的有经济价值的产出部分，追求的只是投入产出的短期经济效益。其实，农作物或林木所生产的生物量，除一部分成为人所利用的经济产品外，另一部分是作为维持生态过程，参与生态调节的生态产品，具有重要的生态价值。因此，在农林复合生态系统的经营管理中，我们必须同时顾及其生产过程的经济和生态效益。并从时、空、量和序 4 个方面去

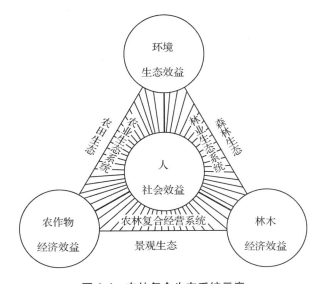

图 6-4 农林复合生态系统示意

进行系统调控，促进系统持续稳定的发展。这里的"时"指兼顾眼前利益和长远利益，不只是考虑作物的生长周期，还要考虑生态系统的演替周期和土地的持续支持能力；"空"指兼顾局部发展和区域发展的关系，注意本系统与周围系统间的空间格局、边缘效应和生态影响；"量"指注意物质输入输出的平衡，生态网子的平衡，结构的多样性和优势度；"序"指系统的自组织自调节水平，再生、共生、自生能力和可持续性等。

农林复合生态系统调控的主要目标是系统的环境、经济和社会的可持续性，可以用再生效率E（物质能量转换的经济和生态效率）、共生能力S（作物共生，动物、植物、微生物共生及因子互补而产生的经济和生态增益）和自生活力V（作物抗病虫害及物理环境干扰的能力，受干扰后的恢复能力及其经济和生态功能正向演替的持续增长能力）来度量（图6-5）。

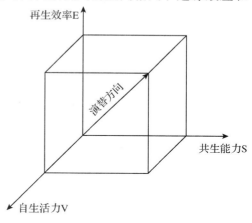

图6-5　农林复合生态系统演替图

6.2　农林复合系统调控技术

农林复合系统调控技术主要包括农林复合系统可持续经营水肥调控技术、光温调控技术、抚育管理技术和病虫害防控技术等。

6.2.1　水肥调控技术

水分和养分资源是影响复合农林系统重要的自然资源因素，因此对水分和养分的管理是农林复合生态系统经营重要的内容。

6.2.1.1　农林复合生态系统土壤水分运动规律

林木与作物的水分竞争是造成作物减产的主要原因，在干旱半干旱或无灌溉条件下，农林水分竞争问题尤为突出。系统地分析农林复合经营的水分特征，全面了解不同植被组分的水分关系，是开展农林复合经营的前提条件（孟平等，2003）。

（1）农田林网—作物复合生态系统水分生态特征

农田林网—作物复合生态系统是我国主要的农林复合经营类型。以农田林带（网）为主体的复合农林业系统在中低产田改造、农田生态环境的建设与保障等方面起到了重要的作用。农田防护林在改善环境方面有很好的生态效果，同时保证农作物增产，但是林带胁地对农作物产量有明显影响。

产生林带胁地的原因主要有二：一是林带树木根系向两侧延伸，夺取一部分作物生长所需要的土壤水分和土壤养分，在无灌溉地区，产生林带胁地的重要原因之一是林带树木的根系吸水作用；二是林带树冠遮阴，影响了林带附近作物的光照时间和受光量，尤其在有灌溉条件水肥管理好的农田，林带遮阴成为胁地的主要原因。由于林带地下部分根系向附近农田扩展和林带地上部分的遮阴，使林带两侧小气候条件恶化。由表 6-2 至表 6-5 可以看出，在林带两侧附近土壤含水量明显低。

表 6-2 林带两侧数目根量、土壤水分与作物生长比较

测点 项目		迎风面				背风面				
	带中	2H	1.5H	1H	林缘	林缘	1H	1.5H	2H	带中
根干重(g)	—	—	6.96	13.81	24.72	45.36	10.81	4.74	—	—
土壤含水率(%)	10.8	9.9	—	8.4	6.1	5.9	7.8	—	10.5	12.5
高粱生长状况 高(cm)	66.0	58.5	47.5	33.9	22.1	34.0	33.5	38.0	46.5	52.0
地径(cm)	1.83	1.42	1.35	1.25	0.60	1.01	1.1	1.22	1.52	1.74

注：引自朱金兆等主编，《农田防护林》，2010。林带为 7 行旱柳，高 4.5m；走向：西北—东南。

表 6-3 NO.1 林带两侧地表温度变化比较 单位：℃

观察时间	迎风面					背风面				
	旷野	3H	2H	1H	林缘	林缘	1H	2H	3H	带中
10 时	24.5	35.0	28.7	36.5	24.0	32.0	34.0	40.0	36.5	36.5
11 时	24.0	37.0	30.0	35.0	29.0	26.0	31.0	35.2	33.0	34.0
12 时	35.0	34.0	30.6	36.0	29.1	28.0	34.0	33.5	30.5	35.0
13 时	39.5	38.1	41.0	46.0	36.7	28.0	40.0	37.5	35.5	41.5
14 时	32.0	36.0	34.0	42.0	31.0	25.0	36.5	33.0	30.5	36.7
15 时	35.0	37.0	39.5	44.5	35.0	24.0	35.0	34.0	31.5	31.0
平均	31.6	36.2	33.9	40.0	30.8	27.1	35.3	35.5	32.9	35.8

表 6-4 林带两侧附近地温日较差比较（辽宁省濛是图县朱大队，1964） 单位：℃

测点 项目	林带迎风面(阳面)					林带背风面(阴面)				
	对照	3H	2H	1H	林缘	林缘	1H	2H	3H	对照
地表	23.4	21.4	22.3	30.0	21.7	11.7	22.0	1835	14.0	20.0
地中 5cm	13.5	11.4	13.6	17.2	11.3	12.6	12.6	14.1	9.5	14.0
地中 10cm	11.0	8.9	14.3	12.6	8.0	11.5	11.5	12.0	9.0	10.7

注：林带为 7 行旱柳，高 4.5m；走向：西北—东南。

表 6-5 NO.1 林带两侧遮阴与日照时间对比

测点 项目	迎风面						背风面				
	旷野	2H	1.5H	1H	0.5H	林缘	林缘	0.5H	1H	1.5H	2H	旷野
遮阴	0	6分	1时9分	1时48分	2时48分	4时	6时30分	6时	2时30分	1时12分	4分	0
日照	12 时	11时54分	10时51分	10时12分	9时12分	8时	5时30分	6时	9时30分	10时48分	11时56分	12时

一般侧根发达而根系浅的树种比深根性侧根少的树种胁地严重，树愈高胁地越重，紧密结构林带通常比疏透结构和透风结构林带胁地要严重，农作物种类中高秆作物（高

梁、玉米)和深根性作物(花生和大豆)胁地影响范围较远,而矮秆和浅根性作物(小麦、糜子、谷子、荞麦、大麻等)影响较轻,通常南北走向的林带且无灌溉条件的农作物,林带胁地西侧比东侧严重,东西走向的林带南侧比北侧严重,在有灌溉条件下的农作物,水分不是主要问题,由于林带遮阴的影响,林带胁地情况则往往与上面相反,北侧重于南侧,东侧重于西侧(朱金兆等,2009)。

孟平等(2003)在黄淮海平原河北饶阳县官厅乡开展了相关研究,毛白杨 1 路 2 行(3m×5m),树龄 10a,树高 18m,枝下高 4.0m,透风度 0.4~0.5m,林网内冬小麦品种为"农大 97"。研究结果表明,冬小麦在拔节至乳熟期间,分布在林带区的根系吸水量占总量的 25.6%;分布在 0~1.5H 农田范围的根系吸收水量占总量的 74.4%,故林带吸水以消耗农田土壤水分为主。0~1.5H 范围内农田土壤为林带和冬小麦根系分布的交织区,该范围内小麦吸水量在"农林争水"过程中,小麦占优势。水平方向上,0~0.5H 范围为土壤水分的降低地区,0.5~5.0H 为土壤水分的提高区。小麦田间管理的建议是,需加强 0~1.5H 范围农田水分管理。

对农—林—路复合结构的研究(朱清科,2003)表明:在黄土塬农—林—路结构类型中,路林与农作物界面附近(1H 范围内)0~100cm 土壤库水分贮量低于一般农田。受林木影响,在水分垂直分布的剖面上,不同土壤层中土壤水分的相对亏缺程度不同,这主要是因为试验区的主要树种是杨树,其主要吸水层在 20~100cm,可下延至 140cm,而农作物主要吸水层在 40~60cm 以上,这也说明林木根系可利用深层土壤水分,而多年的研究表明这种利用并没有形成深层土壤水分的不断亏损,而是形成了农林土壤库水分新的平衡分布特征。由图 6-6 可知,土壤水分亏缺在不同土层中也有差异。在黄土塬农—林—路结构类型中,距林带 0.1~1.0H 为林农水分竞争吸收区,在 0.2~0.7H 内土壤水分亏缺最大,为林农水分激烈竞争区,由于林木在竞争中占有绝对优势,从而形成胁地负效应,但是林木主要吸收利用 60cm 以下深层土壤水分,从而形成了复合系统深层土壤含水量低于一般农田的新的土壤水分平衡系统。

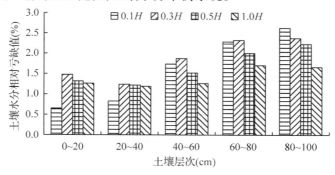

图 6-6 土壤水分相对亏缺值水平变化

(2)果粮复合系统水分生态特征

根据孟平等(2003)在黄淮海平原农区的研究结果表明,在梨树 1 带 4 行(3m×5m),树龄 5a,树高 3.5m,冠幅 3.6m,胸径 19.3cm 的林网内冬小麦品种为"冀麦 26",冬小麦在拔节至乳熟期间,宽带距多行带的梨麦间作系统具有降低小麦蒸腾作用的作用,可使系统内小麦日蒸腾强度降低 21.6% 左右,对间作系统蒸腾耗水量进行计算表明小麦实际耗水量比梨树高，分别为 70% 和 30% 。因此，在黄淮海平原农区，适度发展宽带距多行带梨麦间作模式，林农"争水"矛盾不会太突出。

梨麦间作模式中当带距小于 7m 范围内，梨树对间作系统中的麦地土壤水分效应为负值，为复合系统的负效应区；带距大于 7m 区域内，土壤水分效应为正值，是复合系统的正效应区。0 ~ 50m 范围内，复合系统土壤水分总体效应为 11.81% ，即在拔节至乳熟期间，梨麦复合系统可使麦田 0 ~ 200cm 土壤储水量总体提高 11.81% 。正效应的存在是系统动力效应和小麦蒸腾效应等综合作用的结果，负效应的出现是由于小气候综合作用不足以抵消梨树的根系吸水作用。

因地制宜，同时加强对果粮争夺水分的管理，避免或减小系统的负效应，增大并利用系统正效应，从而增加系统的经济效益，给农民带来实惠。

（3）林—草—牧复合系统水分生态特征

林草牧复合生态系统主要是在土壤贫瘠的地区，通过多种经营，有效利用土地，同时培育土壤，增加土壤水肥性能。研究表明在主要生长期内，林草牧复合系统水的损失率（截流降水量）只有 10.8% ，带距中心线上的点与对照点的降水量差异极小，但比林冠下的测点林下降水大；大气垂直降水的损失量较小，对带距行间种植的牧草影响不大。降水量的大小对林冠截流量影响较大，当降水量小于 1mm 时，林草牧模式对降水的截流量达 70% 以上，降水量达 5 ~ 10mm 时，截流量为 25% 左右，降水量大于 20mm 时，截流量为 7% 左右。在降水季节性明显的地区，雨量集中且强度大，但一般也是植物的生长旺季，总体来看，降水的损失量很小。由于此模式上层林木的郁闭作用，与对照点相比，林下表层含水量较大，高于对照点，深层土壤含水量低于对照点，雨后土壤湿度减少的进程较对照点缓慢。在生长期内，林草牧复合系统较对照草地可降低约 8.5% 的蒸散（孟平等，2003）。

因此，在水分养分等条件比较差的地区，可以应用农草牧复合系统模式，最大限度的利用水资源，避免浪费，同时增大生物量，改良土壤，带来经济效益。

（4）农—林—坎复合结构类型土壤水分生态特征

对农—林—坎复合结构的研究（朱清科，2003）表明：黄土区梯田埂坎边附近大量土壤水资源因梯田埂坎的侧面土壤蒸发而无效损失，但如果种植林木，虽然林木的蒸腾作用使坎边附近土壤水分含量更小，但是却不是无意义的损失，同时林木对深层土壤水加以利用，降低了水分的运动速率，减弱了埂坎的侧面蒸发，但由于受埂坎附近水分亏缺的影响，不宜种植耗水型的大乔木，而应选择较小的经济树种或经济草种。黄土区坡面无灌溉条件下农林坎复合结构类型中，农田与林坎界面附近土壤库水分资源储量低于农田中部，并且距林带田坎的距离越近亏缺越严重，这说明树木对深层土壤水分利用较多，而对 0 ~ 40m 土壤层中水分的影响较小，说明埂坎附近农林种群间生态位重叠较小，提高了土壤水分资源利用率。而在林下深层土壤受树木与埂坎侧向土壤蒸发的双重影响，土壤水分消耗较大。$1H$ 范围内，土壤水分亏缺的主要因素是地形及受其制约的田面埂坎状况，林木对减少林下土壤库水分资源的影响是一个低—更低—较高的过程。

在农林坎复合结构类型中，地形及受其制约的埂坎状况是造成水分亏缺的主要因素，由于埂坎附近农林种群生态位重叠较小，农林坎模式可提高水分资源的利用率，并且减少由于埂坎侧面蒸发而造成的无效损失，但应注意所用树木应以较小的树木为宜，避免耗水较大的乔木。

6.2.1.2　农林复合生态系统土壤养分运动规律

养分是制约生物生长的重要因素，养分的运动规律直接影响着生物系统的生长状况，养分的可持续经营直接影响着农林复合系统的可持续经营，因此对复合系统养分生态特征的研究就显得尤为重要。

（1）农田林网—作物复合生态系统养分生态特征

在农—林—路复合结构类型中，土壤养分垂直分布状况表明，土壤养分的含量以表层含量较高，从上至下速效 P 含量呈高—低—高分布，有机质及其他养分逐渐减少，如图 6-7 所示。养分的垂直递减梯度也有一定规律，距林带越远，土壤养分的垂直递减梯度越小，这主要是因为一方面试验区小麦和大官杨生态位重叠较大，在 20 ~ 40cm 处对养分的竞争激烈；另一方面，深层土壤养分被林木吸收利用，提高了养分利用率。水平方向上，距林带不同距离处的土壤养分含量也不同，在 0.2 H 处速效 N、P、K 和有机质的含量都较高，而在 0.5H 处土壤养分含量出现了下降趋势，尤其是速效 N 和有机质的含量下降幅度较大，在 1H 处土壤养分含量又开始出现上升趋势。这主要因为 <0.5H 处，树木主要是粗根，对营养物质吸收较少，而枯枝落叶积累较多使养分充足，0.5 ~ 1.0H 处是树木的主要吸收区，与作物竞争激烈，养分较少，>1H 处争肥矛盾得到缓解。

在复合系统中，土壤养分含量较一般农田高，在 1H 范围内，作物受树木对水分胁迫作用生长较差，但是由于树木的防护作用减弱了对地表土壤的侵蚀，枯枝落叶归还增

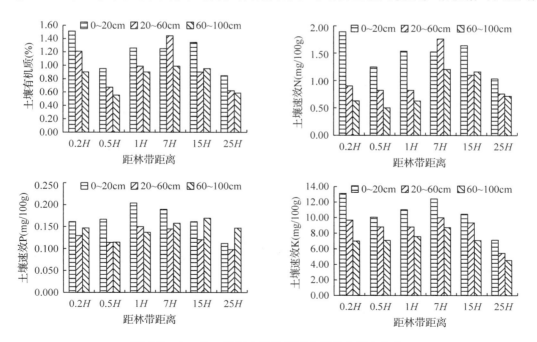

图 6-7　农—林—路复合结构类型土壤养分垂直分布

加有机物含量的因素，上层土壤养分较高。

因此，在林木的选择上应注意尽量避免林木与作物的生态位重叠，另外加强 0.5 ～ 1H 处养分的管理，增加生物量产量。

（2）果粮复合系统养分生态特征

由于物种相互之间的影响，多层次的复合结构往往能提高养分的利用率，同时提高光转化率，降低 N、P、K 等人工肥料的使用，并且提高营养元素的积累量，但不同的间作系统对养分的利用状况可能会有所不同，要根据具体的复合系统植物对养分的需求，确定合理的养分供需机制。

吴刚等（1994）在河南封丘对树龄 20 年，株行距 5m×8m 苹果—小麦＋花生间作系统的物质循环与能量流动特征进行了研究，计算系统的年固定能量，系统能量现存量见表 6-6，从中可知果粮间作系统年净固定能量是单作物系统的 1.56 倍，系统能量现存量是单作物系统的 2.47 倍，且果粮间作提高了系统的光能转化率，光能转化率比单作物系统提高 56.1%。

计算系统氮、磷、钾的积累量，年吸收量及年归还量见表 6-7，从中可知系统内营养元素的累积量，N：果粮间作 < 单作作物系统，P 和 K：果粮间作 > 单作作物系统；年吸收量 N、P、K 均是果粮间作 < 单作作物系统；年归还量 N、P、K 均是果粮间作 > 单作作物系统。

表 6-6　系统的年固定能量、能量现存量及光能转化率（1989）

测点 项目	苹果	农作物			合计	农田系统
		小麦	花生	小计		
年净固定能量 [10^{10} J/($hm^2 \cdot a$)]	24.534 8 (49.5)	14.147 3 (28.5)	10.917 9 (22.0)	25.065 2 (50.5)	49.6(100)	31.765 8
能力现存量 [10^{10} J/($hm^2 \cdot a$)]	53.404 7 (68.1)	14.147 3 (18.0)	10.917 9 (13.9)	25.065 2 (31.9)	78.469 9 (100)	31.765 8
光能转化率	—	1.138	—	—	—	0.729

表 6-7　果粮间作系统内 N、P、K 的累积量，年吸收量及年归还量

系统	项目 元素	系统累积量(kg/hm^2)				年吸收量(kg/hm^2)				年归 还量	年归 还率 (%)
		果树	小麦	花生	小计	果树	小麦	花生	小计		
果粮间作	N	162.6	159.4	318.8	640.8	59.9	172.4	322.2	554.5	16.4	2.9
	P	54.9	42.2	33.7	130.8	17.4	44.2	35.1	96.7	3.4	3.5
	K	127.5	111.6	89.3	328.4	37	124.6	92.3	253.9	10.4	4.1
农田系统	N	0	239.1	478.2	716.3	0	238.1	484.1	731.2	14.9	2.0
	P	0	63.3	50.5	113.8	0	64.4	51.5	115.9	2.1	1.8
	K	0	167.4	133.9	301.3	0	175.4	140.3	315.7	9.2	2.9

（3）农—林—坎复合结构类型土壤养分生态特征

农林坎复合结构中由于林木的介入，增加了土壤养分的利用率，减少了随蒸发而造

成的养分损失，同时充分利用了坎边空余生态位，实现了农田防护效益。

梯田坎边附近土壤养分垂直分布中有机质、速效 N、速效 K 随着土层深度的增加而减少，速效 P 随着土层深度的增加呈高—低—高分布，在水平方向上，梯田埂坎边附近土壤库有机质储量高于梯田中部，而且在土壤表层表现得比土壤深层更明显，土壤表层有机质积累高于土壤下层，但速效性养分在坎边积累不明显，这可能是由于速效养分在埂坎外侧随水分蒸发而损失，这部分土壤养分资源如果不加以利用，则会造成土壤资源及土壤养分资源的浪费。农林种群界面附近垂直分布特征与其他梯田一致，有机制、速效 N、速效 K 储量呈减少趋势，速效 P 呈高—低—高垂直分布，在水平方向上，各个土壤层次中速效 N、速效 P、速效 K 储量基本与农田中部一致，林下土壤有机质储量低于农田中部。在农林坎复合结构类型中，林木的介入充分利用了埂坎边土壤养分空余生态位，使土壤养分资源得到了合理利用，并且加强了对农田的防护效益，提高了养分的利用率。

6.2.1.3 水肥调控技术

水肥因素是影响植物生长的最主要的因素之一，水肥的利用状况直接影响着农林复合系统的可持续经营管理。由于水肥资源的获取方式不同，对水肥资源的利用形式不同，种植区的地形地貌因及土地利用方式等的不同，对水肥的管理也就有所区别。如果不合理的利用水肥资源，极易造成水土流失，不仅浪费水资源，也造成土壤侵蚀和土壤养分流失。因此，对水资源的合理利用及对肥料的合理配置，是实现可持续经营的关键技术。

（1）农林复合经营水分调控技术

朱清科等（2003）在隔坡水平沟植物篱梨果粮复合模式的试验研究表明补水灌溉是复合结构水分调控的技术关键，覆盖措施也是系统水分调控技术中的主要措施，补水灌溉的间隔时间和灌溉方法对树木生长无统计意义上的显著影响。

水分调控技术应以雨水集流时空调水，节水补水灌溉及覆盖保墒为技术核心，具体包括补水灌溉量、覆盖方法、补水灌溉次数和补水灌溉方法。补水灌溉量的设计应根据树木的需水量和该地区多年平均降水量之差确定，但由于树木的各月需水量与降水量的分布存在差异，为了节约雨水资源，适度的胁迫节水补水灌溉是可行的，应考虑较为适宜的经济的补水灌溉量。覆盖措施减小了补水灌溉时间间隔，加强了灌溉方法的有效性，可根据当地情况就地取材。具体的灌溉次数及灌溉方法也应结合实际保证生物的生长需求。

（2）农林复合系统养分调控技术

朱清科等（2003）研究表明施肥配方、施肥量和叶面喷肥对黄土区隔坡水平沟植物篱果粮复合结构类型中果树植物篱的净光合作用有重要的调控作用。但是，在施肥调控技术措施正交试验中，植物篱的构成树种不同，其施肥调控技术措施组成也不同，在有无补水灌溉调控技术措施的条件下，肥料的效果也不同。施肥量应依据土壤养分状况、树种及树木年龄等不同试验确定。在果树叶面喷施叶面肥具有提高光合作用的良好调控效应，但树种不同，需要喷施的叶面肥种类也有差异，试验证明对叶面喷施一定配比的微量元素也有良好的调控果树光合作用效果，但不同果树适宜的微量元素配比及喷施量也不同。

在不同地区，土壤养分的含量不同，有机质养分和 N、P、K 等常用营养元素的状况也不同，同时营养元素的比例也存在失衡现象，土壤中微量元素也常常不足，成为制约高效农林复合系统可持续发展的限制性因素。通过合理施肥措施调控复合系统中生物对养分的需求，减少生物间的竞争关系具有良好的应用前景，也为实现系统的高效可持续经营做出重要贡献。

(3) 农林复合系统水肥耦合调控技术

朱清科等 (2003) 在山西省吉县蔡家川流域隔坡水平沟植物篱杏粮复合模式水肥耦合调控技术田间正交试验表明，高或中补水灌溉量 + 地膜或麦草覆盖 + 中量施用配比合理的氮、磷、钾化肥 + 有机肥，可提高杏树的光合作用及生长状况。这是因为在水肥调控技术措施的作用下，改变了植物篱下水平沟内旱季土壤水分条件和土壤养分供给条件，在不同水分条件下改变了杏树植物篱的蒸腾速率及净光合速率，从而改变了杏树植物篱新梢年生长量。但是对比试验同时显示依靠高投入化肥而无水分调控措施以及只进行水分及有机肥的调控而不投入适量配比的化肥也难达到高效，节水补灌加上增施有机肥，同时施用适量且配比合理的化肥，才能提高复合系统的光合作用。

在复合模式中，水肥耦合的调控技术措施可通过调控植物土壤水分和养分条件调控植物的蒸腾速率，提高植物的光合作用及生长状况。调控植物蒸腾速率关键的水肥调控措施是补水灌溉，高补水灌溉量将使植物增大蒸腾耗水速率，同时地膜覆盖，不施化肥或低量施化肥均可提高植物的蒸腾速率。补水灌溉量、覆盖方法、施肥配方和施肥量等水肥调控措施对提高植物净光合速率都有极显著的调控作用。在不同地区，应根据当地的具体情况，通过试验或数据确定具体因素对植物生长影响的大小，并结合自然地理条件和特定植物在不同时期的生长需求对水肥的组合情况做出判定，找到最佳措施组合方式，提高植物生长量，减少植物间对水肥的竞争，实现复合系统的可持续经营管理。

6.2.2 光温调控技术

光、热资源是作物生产的基本能源，农林复合系统对光、热资源的林用效率是衡量该系统功能的重要指标，是衡量该复合系统配置是否合理的主要因子。

6.2.2.1 复合系统的光调节作用

太阳辐射是植物进行光合作用，进而将光能转变为生物能的原始动力。农林复合系统中林木对作物生长影响最直接因子之一就是太阳辐射。农林复合系统中光调节作用主要表现为林木的"光胁地"效应。"光胁地"效应是指林带树木与作物生长过程争光，而导致林带附近一定范围内的农作物生长发育不良而造成减产现象。在有灌溉条件的复合系统中，"光胁地"效应则会更加凸显，对这类农林复合系统进行经营管理要特别注意增加林带的透风透光度，尽量减少林带遮阴，减轻"光胁地"效应，使作物能够接受足够的光照时间和受光量。复合系统内光照分布不仅取决于太阳视轨迹运动，而且还与林木的株行距及栽植方向等空间结构和树高、冠幅、冠长等形态指标以及作物的植株高度等有关。因此，研究复合系统的光调节作用对提高复合系统的光合效率及优化复合系统结构配置等具有十分重要的理论指导意义。

6.2.2.2　复合系统的温度调节效应

森林具有改变气流结构和降低风速的作用，其结果必然会改变林带附近的热量收支各分量，从而引起温度的变化。一般情况下，森林内的空气温度变化总趋势为趋于缓和，即林分对气温有缓热或缓冷的作用。这主要是因为在热季或白天到达林内的辐射较少，在冷季或晚间其净辐射的负值也较小，而且林内风速降低约为林冠上方风速的20%~50%，乱流交换减弱，阻止了林内外之间的水汽和热量交换，同时林冠蒸散的水分有一部分会扩散到林内。因此，林地表层土壤具有较高温度，林内也具有较高湿度（王治国等，2000）。但这种过程十分复杂，影响防护农田内气温的因素不仅包括林带结构、下垫面性状，而且还涉及风速、湍流交换强弱、昼夜时相、季节、天气类型、地域气候背景等，林带对复合系统温度的调控作用要根据具体的情况，做具体的分析，不能一概而论。

林带对复合系统温度的影响有正负两种可能性，一般情况下，在实际蒸散和潜在蒸散接近的湿润地区，防护农田内影响温度的主要因素为风速，在风速降低区内，气温会有所增加，在实际蒸散小于潜在蒸散的半湿润地区，叶面气孔的调节作用开始产生影响，一部分能量没有被用于土壤蒸发和植物蒸腾而使气温降低。在半湿润易干旱或比较干旱地区，由于植物蒸腾作用而引起的降温作用比因风速降低而引起的增温作用程度相对显著。因此，这一地区的农田防护林对温度影响的总体趋势是夏秋季节和白天具有降温作用，在春冬季节和夜间气温具有升温及气温变幅减小作用。总的来说，林带对温度的调节作用，对于复合系统的农作物生长十分有利。

6.2.2.3　光温调控技术

（1）杨农复合系统中的光温调控

以华北地区的杨麦复合为例，研究报告指出在小麦灌浆盛期，常因受干热风与高温的危害，造成小麦减产。进行杨麦复合经营后，杨麦间作地在14:00的相对湿度比林外高10%~20%；气温比林外低1~2℃；风速小2~4m/s。因此间作能较好地减轻干热风对小麦的危害。从光照强度看，小麦发育所需要光照强度的下限为2 000lx左右，若超过3×10^4 lx，光合作用就受到抑制。杨麦间作地在小麦灌浆期林内光照在2 000lx以上，而大于3×10^4 lx对光合作用抑制的时间，林地比林外少一半。所以，杨麦间作地的光照不但可以满足小麦的要求，而且比非间作地优越。但是在杨树速生丰产林的间作地上，小麦灌浆期内间作地日照时数短而弱，日较差小，也可能造成小麦千粒重低于对照地（李文华等，1995）。

（2）桑田复合系统的光温调控

宁南桑田复合系统采用"四边桑"进行光温调控。"四边桑"是指沿地边田埂、河沟边、道路边和房屋边种植桑树。"四边桑"林地通风透光条件好，"四边桑"的种植提高了复合系统对光能的利用效率。当粮食作物正需阳光的5~9月，正是桑树夏季伐条和养蚕时期，桑叶要多次采摘，解决了与其他作物争光的矛盾，而且，当强光高温时，桑树还具有分散部分光、热，增加覆盖面积，缓和高温干旱的贡献。

6.3　农林复合系统管理技术

6.3.1　抚育管理

农林复合系统的抚育工作就是采取各种人工干预的方法对农林系统的生物进行管理，是一项长期的工作。抚育管理是在不同时期通过人工的干涉，调节林木、农粮与周围环境的关系，促使林木健康成长，粮农增产增收的同时对周围环境造成较小的影响，提高复合系统的经济效益、生态效益及社会效益。

6.3.1.1　林带郁闭前的抚育工作

通过对林地进行松土除草、灌溉、施肥等手段促进林木的生长，而且可以通过间作绿肥作物，提高土壤肥力，抑制杂草生长，起到以耕代抚的作用。

将抚育工作和林带内间种农作物结合起来，进行林粮间作，是我国护田林抚育工作的一项很好的经验。在幼苗期种植间种农作物，可以充分利用土地及光能，获得农产品，增加经济效益，在改善间作作物生长环境的同时保障了幼苗的生长条件。在炎热的夏季，间作作物的遮阴可以降低光照强度 20%～50%，对于减少幼苗根际的日灼之害有很好的作用。冬季留茬的高秆作物，可以对幼苗起到防风、防冻和增加林内积雪的作用，同时增加土壤的有机质。常用的间作作物有经济作物，绿肥作物，药用作物等，如瓜、豆、芝麻、黄烟、花生、玉米等，在水资源紧张的地区应避免采用谷类、小麦等耗水较多的作物。通过间作，一般可提高幼林生产量的 10%～30% 以上。

通过长期的农林间作，人们掌握了很多有价值的操作方法，如锄草、松土时要做到三不伤（不伤苗梢，不伤树皮，不伤苗根）、二净（林地内要草净、石块净）、一培土（锄草松土后根颈培土），松土时要求头年深，二年浅，三年破空垄。抚育次数则基本掌握在第一年 3 次，第二年 2 次，第三年 1 次。3 年后林带尚未郁闭时，这种锄草松土工作还应继续下去。这些经过生产实践考验而行之有效的宝贵经验值得推广。但是间作时要注意相互之间的轻重关系，在以农为林服务的复合系统中，注意间作作物对林木的影响，在耕作及收获时注意对林木的保护。

在幼林期，对某些生长不良或没有培养前途的林木，可以通过对苗木及幼体及其营养器官进行调节及抑制，包括修枝，平茬，间苗，接干等。目的在于影响幼树的形状及质量，使其向着更好的方向发展，迅速郁闭。

林带内的一些阔叶树种在自然生长条件下会出现主干低矮弯曲，侧枝粗大等现象，适度的修枝不仅可以获得一部分薪材，而且可以去除那些影响树木长势的枝条，使更多的养分和水分集中用于树干长高长粗。当幼树的地上部分由于某种原因（如机械操作、病虫害等）而出现生长不良，丧失培养前途的，可采取平茬的措施，促使干形通直，并有较好的高生长。一般在春季对幼林进行平茬，要求切口光滑，利于伤口愈合。播种造林或丛群造林会造成苗木密度过大，为了保证优良苗木的优先生长必须间苗，间苗的频率和强度可以根据具体的植物及立地条件而定，生长速度快的树种可以在造林后 3～4 年间苗，生长速度中等的树种可以在造林后 5～6 年开始，一些生长缓慢立地条件又差的树种可以推迟到适当的时候再进行，有的甚至可以推迟到造林后的 10 年左右。间苗的原则一般遵循去"小留大，去差留好"的原则，间苗后要注意对保留苗木的保护，及时除草、灌溉等。接干主要是对低矮的树种通过人为的方法进行增高的一种技术手段，接干主要有自伤接干和截头抹芽的方法。自伤接干指在春季发芽前，划伤芽眼，伤口宽约 1cm，长为枝围的 1/3，深度到达木质层，直到看到伤过的延长枝。截头抹芽也是在春季发芽前，选择饱满的芽，在其上方 2～3cm 处截断，使下面的芽萌发成新主干，处理后如果仍有较多的萌芽，要及时的去处多余的萌芽，以免对需要培养的芽造成影响。

6.3.1.2 林带郁闭后的抚育工作

当林带郁闭后，就要采取不同于幼林的管理方法对林木的生长进行管理和控制。林带郁闭标志着林带内的各种植物关系进入了一个对光照、水分等激烈争夺的阶段，这时主要树种与恶劣环境条件之间的矛盾已不是主要矛盾，抚育工作的主要任务是通过人为干涉调节树种间的关系，保证主要树种生长，调节林带的结构。由于此时特定的生长环境，仍然可以进行一些特种农—林复合型包括林木混交型，林—药间作型，林—食用菌结合型，林木—资源昆虫结合型等间作类型，同时，通过这一阶段的抚育修枝、间伐、采伐更新等，为当地提供经济效益。

在林参复合经营中，由于人参喜阴凉且温度变幅不大的森林环境，郁闭度通常以 0.5～0.6 为宜，对土壤、水分及温度等的要求较高，因此在皆伐或低价值的次生林的更新或改造林地上实行林—参间作较好，在栽培人参的同时，在作业步道上载上针叶树种，3 年后起参，在起参的床面上种植阔叶树，与此同时，在林下种植药用植物，形成立体的高功能结构。高层可引种黄檗、猕猴桃、山葡萄等，中层繁殖刺五加、五味子、黄芪等；下层以药用植物为主，如各种名贵药材：细辛、天麻、贝母、桔梗等，也可以实行林下栽参；在有水源的地方，可繁殖林蛙，形成一个多功能多效益的人工森林系统。

间作后土壤分析表明，林参间作后，对土壤化学性质并无不良影响，参后土壤不仅不会妨碍林木生长，而且有助于林木的快速生长，参后土壤的有机质并未降低，还有所增加，这就为林参间作成功，提供了实践的保证。

在林带发育不同阶段，应采用不同的抚育措施。

①在林带刚进入郁闭时，通过修枝，平茬等可以保证在林木树冠有足够同化面积的条件下，促进林木生长，提高林木的干材质量。关于修枝的经验、方法、原则等在上文已经阐述，与幼林基本相同，但同时修枝也对人参的质量与产量有重要作用，人参的耐阴能力较强，但需光量也较大，通过修枝调节林内光线，促进人参生长得同时，配合平茬的措施进一步选择培养有前途的林木，对林木补苗的成长起到一定的保护作用。

需要注意的是修枝的主要目的是维持林带的适宜疏透度，改善林带结构，提高木材质量，但是应注意林带的适宜疏透度依靠林带适宜的枝叶来保持，修枝不当或修枝过度会使疏透度过度增大，降低防护效果。

②当林木生长到一定阶段，高的生长逐渐放慢，直径的生长开始加快，对营养物质

的竞争会产生分化，最终导致自然稀疏。为了经济价值、生态效果等原因，通常需要进行人工稀疏代替自然稀疏，以保护优良树种的生长，根据不同的系统要权衡物种之间的相互关系选择合适的砍伐木，在保证主要树种干形良好和林带树种基本组成的前提下，最后决定林带成林的密度和林分的结构。需要确定合适的采伐强度及采伐时间，在林—参系统中综合各种效益分析，采伐强度不应超过 30% ~ 40%，而采伐时间间隔也根据各地具体情况而定。

③当林带即将进入成林阶段时，林带组成与密度基本处于稳定状态，但是，仍应隔一定时间对林带进行调节，及时去掉枯梢木和病腐木等，抚育强度一般为 30% ~ 40%。当林木成熟时，各项生长都放慢，甚至停止生长，这时主要进行林木的采伐更新。采伐更新的方法有皆伐、渐伐和择伐等。皆伐就是一次将伐区内的林木全部伐除，作业简单，便于人工作业，但不利于水土保持，除特殊原因一般不用；渐伐是在较长时间内分多次伐除树林的方式，对环境及景观影响较小，但成本高，不利于规模操作；择伐是在一定阶段，间隔一定时间采伐一定特征的成熟林的方式，适用于对生态要求较高的林带，但采伐难度大，成本高。

6.3.2 健康管理

病虫害是农林复合系统中最主要的灾害之一，由于农林复合系统病虫害诊断困难，且具有隐蔽性，由此带来的经济损失严重。因此，有必要进行病虫害防控技术的研究。

6.3.2.1 农林复合系统病害防治技术

农林复合系统病害是指系统内作物和林木由于所处的环境不适，或受到其他生物的侵袭，使得正常的生理程序遭到干扰，细胞、器官受到破坏，甚至引起植株死亡，造成经济上的损失。农林复合系统病害防控的目的是有效地控制病害的发生，降低群体发病率或产量损失率，以减少经济损失。

依据采用的手段不同，农林复合系统病害防控措施主要有进行病害检疫、改善系统配置结构、选育抗病品种以及采取生物、物理和化学防控法等。

①病害检疫方法　植物病害检疫是为防止危险性病害的国际间或国内地区间人为传播。检疫工作是由国家检疫机构人员依法进行。检疫方法依据具体病害而定。对林木和作物病害来说，一般种子带病的情况较少，苗木、插穗、插条等几乎可以传带各种病原物，是重点检验材料。常根据经验用肉眼或放大镜目测，必要时采用显微镜观察或用隔离培养、生物化学方法测定。

②改善系统配置结构　复合系统配置结构的任何改变都将使得该系统的环境条件发生重大变化，从而影响到整个病害的生态体系，采取合适的配置结构可创造一个有利于林木和作物生长发育而不利于病害发生和发展的良好环境。为了减少病虫害的蔓延，应尽量选用树种之间以及树种与农作物之间没有共同病虫害以及本身病害又较轻的树种。

③生物防治　从广义上说，一切利用生物手段来防治植物病害的方法都属于生物防治的范畴。通常是指利用某些微生物作为工具来防治植物病害，主要利用生物间的颉颃作用，表现为抗菌、溶菌、重寄生、竞争、交互保护和捕食等。如利用白粉寄生菌控制白粉病、锈菌寄生菌控制锈病的发展；利用大隔孢伏革菌防治松树银白腐病等。生物防

治法不会破坏生态环境，是病虫害防控的发展方向，但作用慢，易受环境影响，效果不稳定，成功的事例不多。

④物理、化学防治 利用高温、射线等物理方法防治植物病害称为物理防治。例如，对种子、土壤进行热处理，杀死其中的病原物，用超声波、各种射线来杀死植物种子和幼苗中的病原物等。用化学药物来防治病害称为化学防治。它使用范围广、收效快、方法简便，特别是病害发生后采用化学防治往往是唯一可行的方法，也是防治病害的一个重要手段。缺点是连续使用会对环境造成污染，如使用不当，人畜、植物都容易受到毒害。

6.3.2.2 农林复合系统虫害防治技术

农林复合系统是人工营造的生态系统，系统中物种组成成分单一，营造历史也较短，很难形成多种动植物相互制约的平衡状态，容易遭致虫害的侵袭，从而造成经济损失。因此，采取积极的防治措施控制虫害的发生，维持复合系统的正常生产，是农林复合经营重要的环节。

根据农林复合系统防治病虫害发生的情况和活动规律，制订"预防为主，综合治理"的防治原则，根据不同复合系统的类型，科学地运用经营管理、化学、生物、物理等防治措施，充分发挥复合系统本身潜在的生态平衡作用，达到较长时期内控制害虫不成灾害的目的。经过多年的实践总结，根据其防治原理和作用，虫害防治的技术主要有经营管理预防措施、害虫预测预报、植物检疫、化学防治和物理防治等。

经营管理措施林木和农作物本身的抗性及生长发育状况与虫害的发生有着密切的关系。抗性差，生长罢弱就易遭受害虫危害。因此，选择合适的搭配林木和农作物，例如，毛白杨有光肩星天牛抗性，可在毛白杨林带附近种植易受有光肩星天牛危害的农作物；合理调整复合系统配置结构，加强抚育管理，形成较稳定的生态系统，有效地控制虫害的发生，保证复合系统内的林木和作物健康生长。

①植物检疫 虫害检疫与病害检疫相似，区别在于检疫对象不同。国内外关于危险虫害从一个地区传播到另一个地区造成严重危害的例子很多。例如，美国白蛾传入我国后，给我国造成了严重危害。另外，在复合系统中要特别注意虫害在林木和作物之间的蔓延传染。

②物理机械防治 采用捕杀、灯光诱杀、潜所诱杀等方法防治虫害。如利用松毛虫在树干基部集中越冬的习性捕杀；用黑灯光诱杀松毛虫类、毒蛾类、刺蛾、金龟子等；设置饵木诱杀小蠹虫等。

③化学防治 采用化学药剂——农药来控制病虫害的一种方法。化学防治是农林复合系统防治病虫害常用的一种方法，但采用化学药剂防治后，许多害虫对化学农药产生抗药性，一些主要害虫的数量急剧下降后又突然回升造成更大的危害，次要害虫在天敌被杀死后突然爆发成灾，殃及非防治目标物种，反过来又造成新的害虫危机。因此，在使用化学药剂时，必须正确认识各种农药的作用，根据防治林木和作物的害虫的具体要求，来确定使用农药的种类和品种；根据虫害出现的特点，选择适合的农药品种和用药量以及施药时间，以降低化学药剂的副作用。

④生物防治 指利用复合系统中各种天敌调节害虫或病菌的数量，使有害生物维持

在低密度水平，做到有虫不成灾。利用的天敌包括寄生性和捕食性昆虫，真菌、细菌、病毒、线虫等微生物，蜘蛛、螨类及食虫鸟类等，称为传统的生物防治法。生物防治的技术比较复杂，且尚未进入实验阶段，需要不断研究推广。

本章小结

农林复合经营系统是一个以自然环境为基底，以生物过程为主线，以人类经营活动为主导的人工生态系统。对农林复合系统实行科学的经营管理是农林复合系统健康发展的重要保障。本章从系统工程的技术和方法出发，简要介绍了农林复合系统调控必须遵循的基本原理，包括胜汰原理、拓适原理、生克原理、反馈原理等。重点介绍了基于农林复合系统运行规律的水肥调控技术、光温调控技术以及抚育管理、病虫害防治等技术。

要求学生在了解农林复合系统水、肥、光、温基本规律的基础上，掌握农林复合系统可持续经营水肥调控技术、光温调控技术、抚育管理技术和病虫害防控技术。

思考题

1. 系统工程常用的技术有哪些？
2. 简述霍尔方法中的三维结构。
3. 农林复合系统调控的基本机理有哪些？
4. 农林复合系统抚育管理需要哪些问题？
5. 农林复合系统病虫害防治的常用手段有哪些？

本章推荐阅读书目

1. 林业生态工程学(第 3 版). 王百田. 中国林业出版社，2010.
2. 黄土区退耕还林可持续经营技术. 朱清科，朱金兆. 中国林业出版社，2003.
3. 林学概论. 徐小牛. 中国农业大学出版社，2008.

第 7 章

农林复合系统监测与效益评价

农林复合系统是一个多组分的复杂生态系统，各组分的性质、作用、功能各异，并相互作用、相互制约和相互联系。通过对农林复合系统水、土、气、生等指标的长期监测，获取农林复合系统各要素实时、动态的信息，及时掌握农林复合系统结构和功能的变化信息，提高对农林复合系统的预警能力，减少自然灾害的影响，是对农林复合系统的变化做出科学预测和决策的重要依据。生态效益是农林复合生态系统的物质基础，经济效益是农林复合系统存在的经济基础，同时，农林复合系统还必须发挥一定的社会效益。农林复合生态系统的经济、生态、社会三大效益之间是一种辩证统一的关系。因此必须通过科学分析，设置和运用一系列直接或间接反映复合系统技术特征、结构与功能、生态、经济和社会效益的指标，满足研究、调控与综合评价的需要。

7.1 农林复合系统的监测

7.1.1 农林复合系统监测的目的、分类与特点

7.1.1.1 监测的目的

农林复合系统监测是生态系统野外观测的重要组成部分，是为农林复合系统的研究和管理服务的。具体地说，农林复合系统监测的目的可概括为以下几点：

首先，通过野外观测数据的积累，为农林复合系统的研究和管理提供一个可信的、完整的数据库。从农林复合系统的研究来看，研究者要了解一个农林复合区域的现状并对此做出评价，分析农林复合系统的结构和功能动态变化规律并做出预测，这一切工作都是建立在对农林复合系统各项指标的详细调查与测定的基础上的。从农林复合系统的管理来看，监测是获取农林复合系统信息的最重要的渠道，是对农林复合系统的变化做出科学预测和决策的重要依据。由于农林复合区域自然条件的限制，一些地区的监测数据不完整甚至非常缺乏，也是对农林复合系统管理无法及时做出正确决策的一个重要因素。因此，开展定位和半定位的监测，建立一套可信的、完整的农林复合系统数据库，以加强农林复合系统的研究和管理，是农林复合系统监测的首要目的。

其次，农林复合系统监测是为了更好地跟踪农林复合系统结构和功能可能出现的变化，特别是在气候变化和人类活动的干预下，农林复合系统的结构和功能很容易远离平衡，系统固有的结构遭到破坏，功能丧失，稳定性和生产力降低，抗干扰能力和平衡能力减弱，导致农林复合系统的结构和功能发生退化。监测就是要通过对农林复合系统

水、土、气、生等指标的长期观测，获取农林复合系统各要素实时的、动态的信息，及时掌握农林复合系统结构和功能的变化信息，提高对农林复合系统的预警能力，减少自然灾害的影响。

再次，农林复合系统监测关注全球变化背景下农林复合系统的响应，提供气候变化后农林复合系统的动态信息与生态学效应，并预测农林复合系统的变化和可能产生的后果。全球变化是当今生态学领域中最为人们关注的问题之一，通过加强农林复合系统的野外观测，从长期的野外观测资料中提取全球变化的信息，才能对农林复合系统的生态效应做出科学的判断。

最后，农林复合系统监测要实现对农林复合系统中最为脆弱和敏感的地区的重点监测。生态脆弱带和敏感区是自然灾害的多发区和源地。对这些地区进行重点观测，及时获取农林复合系统各项指标的动态信息，分析农林复合系统的变化趋势，减少不合理的人类干预，可以有效地防范自然灾害的发生。同时，对生态敏感区域的动态监测，可以获取农林复合系统对全球变化及人类的经济活动响应的信号，帮助我们了解环境演变的动力机制(卢琦，2004)。

总之，农林复合系统野外监测的主要目的就是探讨和揭示不同农林复合系统的结构与功能在气候变化和人类活动的影响下的变化规律，阐明农林复合系统发生、发展和演化规律的动力机制，以便使农区更合理的利用以木本植物为主体的生物资源，达到改善农业环境条件、促进农业资源多级分层、持续高效利用和确保社会经济可持续发展。因此，农林复合系统监测既是科学发展的需要，也是社会经济发展的需要(陈佐忠，2004)。

7.1.1.2 监测的分类

按不同的分类原则，农林复合系统监测可划分出不同的类型。

(1)按照监测目的分类

①监视性监测 是对指定的对象进行定期的、长时间的监测，又称为例行监测或常规监测。通常主要对确定的生物组分、环境要素的现状或农林复合系统结构与功能指标的变化趋势进行连续的监测，以了解主要生物种的生物学、生态学特性，种间关系动态，环境因子的变化以及农林复合系统结构、功能与效益的变化动态，评价通过结构调控改善系统功能的实际效果。

②特定目的监测 通常又称为应急监测或特例监测。常见的有以下几种：

● 仲裁监测。主要针对事故纠纷以及相关法规执行过程中所产生的矛盾进行的监测。其目的是协助判断与仲裁造成事故纠纷的原因，并及时采取有效措施来降低或消除事故的危害。

● 考核验证监测。主要包括人员考核、方法验证、项目竣工时的验收监测。

● 咨询服务监测。主要包括为设计或构建新的农林复合模式，需要开展环境影响评价，生态效益、经济效益和社会效益评价，而进行的监测。

③研究性监测 为研究农林复合系统各生产要素的投入与产出效果，生物组分、环境要素的演替与变化规律，农林复合系统对环境、生物的影响，以及为研究农林复合系

统结构与功能之间的关系，研究监测分析方法、监测仪器制造等而进行的各种监测。

（2）按照监测的空间尺度分类

①宏观监测 宏观监测的对象是区域范围内或景观层次各类农林复合系统的组合方式、镶嵌特征、动态变化和空间分布格局的变化。宏观监测以原有的自然本底图和专业图件为基础，主要依赖于遥感技术和生态图技术，监测所得的几何信息多以图件的方式输出。其主要内容是监测区域范围内主要农林复合系统的分布及面积的动态变化。因此，宏观监测的地域等级至少应在区域范围之内，最大可扩展到全球一级。宏观监测最有效的方法是应用遥感技术，建立地理信息系统。当然，区域调查与统计也是宏观监测的一种手段。

②微观监测 微观监测是指对一个或几个农林复合生态系统内各生物组分、环境因子和资源利用进行的物理、化学和生物的监测，以便对农林复合系统的结构、功能和效益进行评价与调控。其监测对象是某一特定农林复合生态系统或生态系统聚合体的结构和功能特征及其动态变化。微观监测以物理、化学或生物学的方法对复合生态系统各个组分提取属性信息。因此，监测的地域等级最大可包括由几个复合生态系统组成的生态区，最小也应代表单一的农林复合类型。微观监测最有效的方法是应用现场观测与调查监测技术，部分监测内容也可应用自动化监测技术。

（3）按照监测的对象分类

可分为气象因子监测、水文环境监测、土壤环境监测、生物因子监测、社会经济环境监测等。

（4）按照监测的手段分类

①现场观测与调查监测 现场观测与调查监测法特指目前在实际工作中普遍采用的各种成熟的观测与调查方法，由于通常使用常规观测仪器来测定各要素指标，故也称为常规监测法。

②连续自动监测 连续自动监测系统是最近几十年发展起来的一种现代化的监测技术。该系统是由一个中心监测站和若干个监测子站组成，中心站的信息和数据传输由有线或无线电收发传输系统来完成，具有准确灵敏、数据量大、选择性好、分辨率高和节省人力的优点，并可对较大的区域实施实时监测或遥测。与常规监测技术相比，它最大的特点是可以节省大量的人力，并且可以做到采样、测定、数据处理自动完成。

③遥感技术监测 遥感是通过不与物体、区域或现象接触获取调查数据并对数据进行分析得到物体、区域或现象有关信息的一门科学和技术，它是一门自20世纪60年代发展起来的新兴学科。由于遥感信息所具有的多源性，丰富和扩充了常规野外测量所获取数据的不足和缺陷，以及在遥感图像处理技术上的巨大成就，从而使人们能够从宏观到微观的范围内快速而有效地获取和利用多时相、多波段的地球资源与环境的影响信息，并进而改造自然、为人类造福。应用遥感技术于农林复合系统监测，是获取复合系统环境信息和进行研究的一种新的信息源和新的技术方法。

7.1.1.3 监测的任务与特点

（1）农林复合系统监测的基本任务

①对农户、流域、区域以及景观等不同空间尺度范围内农林复合系统的主要类型、

面积，生物种类组成、数量及其在时间和空间上的动态变化进行监测，为农区林业发展、生物多样性保护和农林复合系统规划提供基础数据和理论依据。

②了解不同类型农林复合系统对区域生态环境的影响、对区域经济和社会发展的贡献，为科学评价农林复合体系建设的生态效益、经济效益和社会效益以及复合系统结构优化与调控提供基础资料。

③通过监测数据的积累和分析，研究各种农林复合系统的变化规律及发展趋势，建立数学模型，为预测、预报和农林复合系统规划奠定基础，为政府部门进行有关决策提供科学依据。

（2）农林复合系统监测的特点

农林复合系统监测，不仅在监测的对象、内容、方法及时空尺度上不同于生态环境监测或环境质量等监测，而且在所涉及的生态学理论和所采用的监测技术上也有其特殊性。主要特点如下：

①综合性　农林复合系统本身涉及农、林、牧、副、渔、工等各个生产领域，其监测也与众多学科相关联，涉及的知识面广，专业面宽。因此，监测人员既要有坚实的生物学、生态学基础，又要有气象学、土壤学、水文学、生态工程学、技术经济学等专业知识，同时还要了解社会调查的方法与技术。否则，就不可能达到监测的目的。

②长期性　由于农林复合系统中许多生态过程的发展是十分缓慢的，而且生态系统本身又具有自我调控机制，对于干扰作用的反应也极为缓慢，短期的监测结果往往不能说明问题，甚至会引起人们对生态过程长期变化趋势的误解。因此，农林复合系统监测，特别是微观生态环境监测的有些项目有必要进行几年甚至长达数十年的监测，方能真正地把握其动态变化规律。同时，考虑到监测数据的及时性、连续性，应尽可能采取自动化、标准化及网络化等先进监测手段，推广使用现代化的监测仪器。

③兼容性　农林复合系统监测既肩负着对复合系统生态、经济和社会效益的评价，也承担着对复合系统结构与功能评价与调控的重任。而农林复合系统的组成要素多，结构复杂，既有乔、灌、草等植物，也有动物和微生物，还有光、热、水、气、养等诸多环境要素。因此，提高监测信息的兼容性就显得尤为重要。从过去的监测工作来看，不同部门或研究者监测的内容、方法、手段和技术标准都各不相同。这样的监测数据兼容性差，不利于数据的比较和信息的共享，给信息的交流带来很大的障碍，影响了不同部门之间的信息交流。

④时空变异性　农林复合系统是人工构建的生物与环境之间相互关联的动态复合体，其生物组分之间的关系极为复杂，而且各组分之间处于动态平衡状态。在不同的生境、不同的生长发育阶段其平衡状态各异，所以在时间和空间上将表现出很大的变异性。因此，为了确保监测数据的准确性、代表性，所选监测样点应具有符合监测计划要求的时间和空间的代表性和完整性（韩庆之，2005）。

⑤分散性　由于农林复合系统监测费时费工，耗资巨大，设计复杂，不可能像环境监测那样有众多的监测站点或监测断面，监测网络具有较大的分散性。特别是那些跨区域的及景观尺度的监测计划，监测站点的分散性更大。同时，由于生态变化的缓慢性，监测的时间尺度很大，通常采取周期性的间断监测，而不是非间断的连续监测（邱醒民，

钟彼才，2002）。

7.1.2 农林复合系统监测的指标体系

7.1.2.1 监测指标设置的原则

农林复合系统是一个多组分的复杂生态系统，各组分的性质、作用、功能各异，并相互作用、相互制约和相互联系，直接应用单一指标或某几个指标往往很难对复合系统经营的状况作出准确地反映。因此，必须通过科学分析，设置和运用一系列直接或间接反映复合系统技术特征、结构与功能、生态经济和社会效益的指标，满足研究、调控与综合评价的需要。在构建指标体系和选取指标时必须遵循如下的原则。

（1）科学性和实用性原则

指标体系的设置应能准确、全面地反映农林复合系统的内涵和特点，每个指标必须概念清晰、科学内涵明确，指标之间既要有内在联系，又要尽量避免重复；指标量化和评价标准应与我国农林复合生产和农业经济管理的现实水平相适应，易于在实际中找到适当的代表值，并尽可能用常用的单位表示；还应适当地设置一些高于目前水平，反映农业发展趋势和科学性强的指标。

（2）全面性和概括性原则

农林复合概念具有深刻而丰富的内涵，这就要求描述和刻画农林复合概念的指标体系既要具有足够的涵盖面，又要把握关键要素，不可能面面俱到。在监测目的、监测项目以及各个监测指标组具体指标选取的三个环节上，都应尽可能全面而概括地反应农林复合系统的各个侧面，对于主要内容不应有所遗漏。

（3）代表性和简洁性原则

应选取代表性较强的典型指标，尽可能以最少的指标包含最多的信息，避免选入意义相近、重复、关联性过强或具有导出关系的指标，力求使指标体系方便易用。大量信息重叠指标的引入，给信息收集和实际操作带来许多困难。应尽可能兼顾二者，并取得一个适当的平衡。

（4）相关性和整体性原则

农林复合系统是一个由多个内在联系的要素构成的有机整体。因此，构建农林复合系统指标体系时，除了全面、概括描述子系统及子系统中不同主题之外，还应注意反映不同子系统之间，相同子系统中不同主题分析与评价之间的相互联系。

（5）可行性和可操作性原则

指标是统计理论与实践操作的结合点，构建农林复合系统监测指标体系既要以理论分析为基础，又必须考虑统计实践的可操作性和现实数据资料支持的可行性。尤其是现阶段在相关统计信息缺乏的情况下，可行性和可操作行原则往往是指标体系研究的最大制约因素，因此，在构建指标体系时应根据监测内容充分考虑指标的可行性及可操作性，力求所选指标含义清晰，具有一定现实统计数据为基础。

（6）可比性和可靠性原则

监测指标口径的可比性和资料来源的可靠性是农林复合系统监测指标体系构建必须

注意的重要环节。为此，相关统计资料应引自国际上权威机构的统计出版物或中国统计年鉴、各省市统计年鉴等综合性统计出版物以及相关部门和产业的权威性出版物。同时，不同监测站点间同种农林复合类型的监测必须按统一的指标体系进行，尽量使监测内容具有可比性。

(7)层次性和结构性原则

监测指标体系的研究可在景观、区域、流域、生态系统等不同层次上展开，针对不同层次对象的具体情况，构建指标体系的侧重点应有所不同，从相对宏观的景观层次到相对微观的种群、个体层次，指标体系考虑的问题也应该逐层细化。对于某一层次的研究，指标体系本身也应具有良好的层次结构特性。例如，将指标体系划分为若干指标组，每个指标组又含有多个指标，如此逐层细化。

(8)因地制宜和动态性原则

不同地区或者同一地区不同层次的农林复合系统，或因自然和社会经济条件不同使得系统的组分不同，因而功能和效益也不尽相同。因此，监测指标体系的设置以及权重在各指标间的分配也应与相应地区或层次的自然和社会经济条件相适宜。同时，监测指标体系不仅要能反映农林复合生态系统各构成要素的现状，还要具备一定的预见未来发展趋势的功能(陈长青，2005)。

7.1.2.2 监测指标体系的设置

农林复合系统监测其主要目的是为复合系统结构、功能和效益评价，以及复合系统结构调控服务。结构是系统的物质基础，系统结构的优劣决定着系统功能的大小，进而决定了系统所能达到的效益的高低。而系统所表现出的效益水平是发展农林复合的最终目的，在很大程度上反映着系统功能的大小和结构状态。因此，结构、功能和效益三者是互相联系的。它们之间存在着一定的因果关系，时间上各自存在一定的时滞效应，即先结构，再功能，最后才影响到系统效应。从理论上讲，任何一个单方面的监测与评价都可反映出系统某些方面的质量状况。但是实际工作中，结构、功能和效益往往需要同时进行监测和评价。这一方面是由于它们密不可分；另一方面则是为了全面反映农林复合系统运转的整体过程。同时，监测指标不完全等同于评价指标，监测指标体系也并不完全等同于评价指标体系，但监测指标是构建或计算评价指标的基础。

在设置指标体系时，首要的考虑因素是复合系统类型及系统的完整性，也就是说，所选取的指标应包括农林复合系统的各个组成部分。按照农林复合系统监测指标设置的原则，结合各类型评价指标构成要素，把农林复合系统监测指标体系分为 6 个指标组，每个组均设置常规指标，并根据农林复合系统的特点、复合系统的类型及监测与评价的主要目的与要求设置选择指标。

(1)大气和气象要素监测指标组

气象要素监测包括近地面小气候要素监测和边界层气候要素监测两个方面。

气象常规监测指标包括：气温、极端气温、湿度、风向、风速梯度、降水量、蒸发量、土壤温度梯度、日照和辐射收支、尘暴等。选择监测指标包括：CO_2 气体浓度及其变化动态，大气沉降物及其化学组成，尘暴发生的条件、风力等级及风向、前进路线及影响区域、持续日数、发生频度、沙尘中的颗粒组成及移动方式(跃移或悬移)、危害程度,边界层通量等。

(2)水文和水质要素监测指标组

水文和水质要素的常规指标包括:地表径流量、洪峰流量及洪水总量、径流系数、径流泥沙含量(悬移质、跃移质、推移质的含量及组成百分比)、土壤贮水量、水的色度、污染指数等。选择监测指标有:地下水储量、地下径流量、污染超标倍数、COD等。

(3)土壤要素监测指标组

土壤要素监测常规指标包括:土壤含水量、土壤养分含量及有效态含量(N、P、K、S)、pH值、阳离子交换量、土壤有机质含量、土壤颗粒组成、团粒结构组成、容重、孔隙度、透水率、土壤侵蚀模数等。选择监测指标有:土壤盐碱化及次土盐渍化状况、交换性酸及其组成、交换性盐基及其组成、田间持水量、饱和水量及凋萎水量、土壤CO_2释放量及季节动态。

(4)生物要素监测指标组

生物监测包括植物监测、动物监测、微生物监测及生物多样性监测。

植物常规监测的指标有:植物(农作物、林木、牧草、蔬菜、药材、浮游植物等)的种类、组成及结构、种群密度、季节动态、覆盖度、生物量、产量、生长量、林木遮阴状况、植物水势、气孔阻力、光合速率、蒸腾速率、植物热量、水量收支平衡、病虫害状况等。选择监测指标有:木材密度、林分郁闭度、生物多样性(种数、多度、优势度、频度、重要值、多样性指数)、植物的凋落物数量、凋落物分解率等。

动物常规监测的指标有:动物(畜禽、土壤动物、游泳动物)种类、种群密度、生物量及时空变化、性比、采食量、系统食物链、能量收支平衡。选择监测指标有:浮游动物、底栖生物的数量及动态、动物灰分、蛋白质、脂肪含量和必须元素。

微生物常规监测的指标有:土壤微生物(细菌、真菌、放线菌)的种类、数量、分布及季节动态。选择监测指标有:土壤酶的类型与活性、呼吸强度、元素含量与总量、固氮菌生物量及固氮量。

(5)生态监测指标组

生态监测是对宏观农林复合系统演替、资源利用效率、能量利用效率、能量投入结构等的监测,其主要监测指标有:光能利用率、热量利用率、水分利用率、土地利用率;总投能、总产出能、能量产投比、能量投入结构;能量投入的报酬最高点、适宜区和临界值。选择监测指标有:防风效应;风沙强度和频率、沙丘移动速度;环境气体监测(CH_4、SO_2、NO_x);土地利用/土地覆盖的变化对区域生态环境及全球变化的影响;养分利用效率与养分平衡监测等(赵廷宁等,2004)。

(6)社会经济要素监测指标组

社会经济要素监测的内容包括:土地生产率、劳动生产率、资金产品率等反映区域经济发展、社会发展、人口素质、生活质量、农业可持续发展等方面的监测指标。

社会经济要素的常规指标包括:人口、劳动力情况、土地情况、生产性固定资产情况、农林复合生产(面积、总产量、总产值)及产品出售(售数量、出售产值、农产品价格、商品率)情况、购买生产资料(种子、化肥、农药、农膜、工具等物质费用)情况、全年复合经营收入(现金收益)和经营费用(人工成本、土地成本、服务费用等)、全年主要食物消费量和主要耐用物品年末拥有量、粮食自给程度、森林覆盖率等，企业基本情况、资产情况、全年经营收入、费用及利益分配情况等。选择监测指标有：就业人数、劳动力文化素质、人均可支配收入、草地载畜量、薪柴自给程度、木材自给程度、产品外销率、种植业产品每亩费用和用工、饲养业产品成本收益、饲养业产品每核算单位费用和用工等。

7.1.3　农林复合系统监测的方法

7.1.3.1　现场观测与调查监测法

现场观测与调查监测法既包括现场观测、调查，也包括现场采样与室内分析等。

(1)小气候效应常规监测

■小气候要素监测

小气候通常是指在一般的大气候背景下，由于下垫面的不均匀性以及人类和生物活动所产生的近地层中的小范围气候特点。小气候所涉及的水平范围和垂直范围都不大，一般其水平范围为 $10 \sim 10^4$ m，垂直范围约为 $10^{-1} \sim 10^2$ m(潘守文，1989)。小气候观测，也就是对小气候系统中某些物理特征量的测定。这些物理特征量称之为小气候要素。它包括如下五个方面：

● 表征辐射的各种特征量，如辐照度、辐射时间、总辐射量、反射辐射、净辐射、光合有效辐射和光照度、光照时间以及辐射的光谱特征等。

● 表征热的各种特征量，如介质(空气、土壤、水等)温度、表面温度和环境平均辐射温度等。

● 表征气体成分(主要是 CO_2、O_2 等)的各种特征量，如密度、质量分数、体积分数、物质的量浓度等。

● 表征空气湿度的各种特征量，如水汽压、绝对湿度、相对湿度、露点和饱和差等。

● 表征空气运动的各种特征量，如风速(系指水平流速)、垂直梯度、风向(指水平方向)、流线等。

小气候观测值，除直接用各物理量的瞬时值表示外，还可以用平均值、极值、积分值等表示，有时也用各种表格、图等表示。

①小气候观测的一般特点　小气候系统内的小气候与大、中尺度的气候相比，表现出以下3个特点(陈佐忠，2004)：

● 小气候要素在空间上的分布差异大，在水平方向和垂直方向上有较大的梯度。需要周密地选择测点的位置与观测的高度。

● 在小气候系统中，小气候要素的日、年变化特点，除了受外界天气气候背景的日、年变化规律影响外，还强烈地受到系统内生物的生命活动和群体变化的影响，有时还要受到小气候系统维护结构、调控设备、管理制度等因素的影响。

● 小气候系统中各组成成分和系统所处的天气气候背景确定后，则该系统特有的小气候特征将比较稳定。因此，除非特殊需要，通常不必对小气候系统进行长期持续的观测，一般只在典型季节、典型天气或生物活动的关键时期进行观测。

②观测的方式与方法　在进行野外小气候观测时，其观测方式灵活多变。根据观测方式的不同，将小气候观测分为定点观测、流动观测和线路考察 3 种。

● 定点观测：包括基本点、辅助点和对照点的同步观测。基本点是指在可以代表某种地表小气候特征的地段设立的一种固定测点。基本点的观测项目和仪器设备相对比较齐全，观测频次也比较高。在基本点上取得的观测资料能够反映这种复合类型区典型的小气候特征。辅助点是区别于基本点的辅助测点，它往往位于两种地表类型的过渡区，它的观测项目相对较少，观测频次也比较低。对照点是与基本点具有不同小气候特征的观测点，它代表了另外一种地表类型或生态特征，其观测项目、频次与基本点相同。

● 流动观测：是配合一个或几个固定测站进行的辅助观测形式，其目的是为了扩大资料收集范围。流动观测的项目不宜太多，在观测范围的多个测点循环观测，每次循环观测时间也不宜太长。其观测结果需要由固定点的观测资料对其进行订正。

● 线路考察：是为了考察小气候要素的区域分布特征，一般利用合适的交通工具沿着一定路线进行多点观测。路线考察与流动观测基本相同，其区别在于前者的区域范围和观测项目比后者要广泛些。考虑到资料的可比性，每次观测应在气象要素变化比较小的 1～2 h 内完成。

目前在农林复合系统的小气候观测中，仍然以人工的现场观测与调查监测为主，自动监测为辅。

■边界层气候要素监测

大气边界层位于自由大气层下面，是对流层中受地面影响的低层，其厚度约为 1 000～1 500m，变动范围较大。有的学者认为可变化于 200～2 000m（赵明等，1992）。该层贴近地球表面，受下垫面动力、热力的影响较大，层内湍流强烈。在大气边界层内，根据动力、热力特征又可分为层流层（紧贴地面，厚度小于 1cm 的薄层）、贴地层或层流副层（层流层以上，厚约 2m 的一层）、地面边界层或近地面层（厚度由层流层到 100m 左右）和上摩擦层（近地面层以上直至大气边界层顶）。农田林网化地区或农林复合体系，水平尺度达十几千米至上百千米，林带或林木高度达 10～20m 以上，对大气边界层，特别是地面边界层有重要影响。因而，对这些地区的大气边界层的观测研究有重要的意义。

边界层观测主要是梯度观测和通量观测，梯度观测就是各气象要素沿垂直方向分布的观测，以描绘出各要素的垂直廓线来描述边界层的特征；通量观测是指动量通量、水汽通量、热通量等观测，它们既可用仪器直接测量，也可由梯度观测资料推算出来，下面分别介绍其观测方法和仪器设备（孟平等，2003；朱廷等，2001）。

①梯度观测　梯度观测通常是把多个仪器感应探头固定在不同高度进行测量，如在观测塔或立杆上固定多个感应头，感应头的排列高度根据观测目的和探头数量而定，一般边界层观测中贴近地面（或界面层）可密些，因为这里各气象要素的垂直变化剧烈，而在较高层变化平缓，探头可稀置。这种方法的优点是可以测得各高度任一时段的平均值，精度较高，资料的规律性较好，不足之处是观测高度受到一定限制。

另一种方法是用一个感应头，使其随高度移动而测得不同高度的要素值，如低空探测仪或系留气球观测等，这种方法的优点是观测高度较高，还可消除观测仪器之间的差异，不足之处是不能同步观测，易受气象要素脉动的影响，一般这类观测都是梯度观测和系留气球(或低探)同时进行观测。

梯度观测包括近地气层不同高度的温度、湿度、风速的观测，以及近地土壤不同深度的土壤温度和含水量的观测。

②通量观测　通量观测分间接观测和直接观测两种方式。

• 间接观测法：间接观测是以各要素的平均值的梯度观测间接推算的，设 Q 为要素的平均浓度，推算公式为

$$\theta_s = -\rho K_s(\partial Q/\partial z) \tag{7-1}$$

式中，θ_s 为要素 s 的通量；K_s 为交换系数。

• 直接观测法：直接观测是先测得各要素的瞬时值时间变化序列，并分别通过一元二次方程拟合等手段(对风、温)，求得其平均值随时间的变化趋势，最后得出脉动值，计算通量。

$$\theta_s = \rho \overline{\omega's'} \tag{7-2}$$

实际观测时，由于脉动量观测信息量大，每秒可采集 20 次以上，一般采用计算机采集或模拟磁带机记录，以提高存储量，有时也可把几种信息接到同一机上采集，并可随时处理、显示和打印。

(2)植物生理生态学指标监测

植物生理生态学主要研究植物的生理过程在外界环境影响下的变化规律，包括环境因子影响下植物的代谢作用和能量转换，植物有机体的适应反应，以及调节这种生态关系的机制。要深入研究农林复合系统的结构与功能以及系统中的能量流动与物质循环，或评价不同复合类型的适应机制，都必须监测植物的生理过程以及它们在群落中的作用机制。

■植物水势的测定

水势是植物水分状况的重要标志，它不仅可以反映植物中水分的能量大小，而且可以作为一个同一的物理量确定植物—环境体系中水的能量分布状态。

测定水势可用压力室法，所需仪器设备包括压力室、氮气钢瓶、剪刀、双面刀片和放大镜。压力室测定植物水势的原理是：植物叶片通过蒸腾作用不断向周围环境散失水分，产生蒸腾拉力，使叶片木质部导管中的水柱具有一定的张力或负压。切下叶片，叶片木质部的液流由于张力的解除，迅速缩回木质部。将叶片装入压力室钢筒，叶柄切口朝外，逐渐加压，使导管中的液流恰好推回到切口处，表明所施加的压力抵偿了导管中的原始负压。或者说，加压值(平衡压)使叶片中的水势提高到相当于开放在大气中的导管中液体的渗透势。而通过活细胞的半透膜进入导管的汁液，渗透势接近于零。因此，若将所测得的平衡压加负号，就等于叶子原来的水势。

注意事项：①装样时螺旋环套不要拧得太紧，以免压伤植物组织；②加压速度不能太快，以每秒接近 50 kPa 为好，接近叶水势时，加压速度要放慢，否则会影响测量精度，调压阀应尽量置于一固定位置上，以便一批样品承受同样的加压速度；③注意安

全，加压时不要使脸部正对钢筒顶盖上方，钢瓶的搬运和使用要遵照钢瓶使用规定(卢琦，2004)。

■**植物气孔阻力的测定**

气孔阻力的变化可以明显地影响植物的蒸腾速率，同时还可为光合作用以及耐旱等提供最基本的数据与指标。

测定气孔阻力可用美国 LI-COR 公司制造的 LI-1600 型稳态气孔计或光合测定仪。LI-1600 型稳态气孔计的设计考虑了影响蒸腾和扩散阻抗的诸因子，通过微处理机自动计算，显示出计算结果。在测定前要输入探头叶室夹的面积值及当地大气压数值。测定过程中叶室中相对湿度(RH)保持不变(称为稳态条件)。测定前需使叶室和环境相对湿度平衡，输入环境 RH 值，作为仪器的零点 RH 值。在测定过程中，因叶片蒸腾，叶室 RH 增加。此时通入定量干空气，借叶室风扇使其与叶室中蒸腾加湿的空气相混合，维持零点 RH 值。仪器通过叶室内湿敏电阻感应空气湿度，两个热敏电阻探测叶温和气温(卢琦，2004)。

■**植物及其群落光合速率和蒸腾速率的测定**

测定光合速率和蒸腾速率常用美国产 LI-6400，CID 公司产 CI-30IPS、CI-500，英国 PPSystem 公司产光合测定仪进行。测定时应该选择生长健壮、高度中等的植株，选择没有病斑、未受机械损伤、叶片大小中等的功能叶，一般至少 3 次重复。应用上述仪器除了可以得到光合速率、蒸腾速率外，也可以得到植物的气孔阻力、呼吸速率、细胞间 CO_2 浓度、大气 CO_2 浓度、叶温等指标(卢琦，2004)。

■**叶面积及叶面积指数的测定**

测定叶面积可采用多种方法，目前多用 CI-203 激光叶面积仪进行测定。它是一个装有显示器和电池的配套手持式仪器，包括一个测量宽度的激光扫描器、一个测量长度的带有编码器的滚轴和一个支持测量功能计算结果和存储采集数据的微机系统。其特点是非损伤性活体测量；测量叶面积、长度、宽度和周长；计算形状因子和长宽比；被测叶片宽度可达 150mm，厚度可达 25mm，长度可无限；无须校准(卢琦，2004)。

叶面积指数可采用 CI-110 植冠分析仪进行测定，该仪器是由一个鱼眼镜头的图像获取单元、植物冠层分析软件和一个可选择的笔记本计算机组成，可以测量太阳直接辐射透过系数(空隙部分)、半球天空散射辐射透过系数(可视天空部分)、叶面积指数(LAI)、平均叶倾角(MFIA)、植物冠层消光系数。

(3)土壤生态效应监测

■**土壤动物监测方法**

土壤动物的监测主要是对土壤动物的种类和数量的调查，其方法因土壤动物的不同而异，有手检法、漏斗法、室内培养法等。

①手检法　可分为适于肉眼可见的大型土壤动物如蚯蚓、蜈蚣、昆虫幼虫、蜘蛛等的采样框法和借助于双筒解剖镜检查小型土壤动物，如原尾虫、弹尾虫、螨、线蚓等的镜检法。

②漏斗法　可分为干漏斗法和湿漏斗法。干漏斗法(称 Tugllen 法)适于以土壤微小节肢动物为主的大部分中型土壤动物，如蜱螨、跳虫、原尾虫、蚂蚁、小型蜘蛛、甲虫

等。湿漏斗法(又称 Baermann 法)适于中型土壤水生动物或土壤湿生动物,如线虫、姬丝蚓、涡虫、桡足类动物等。

③室内培养法 主要适于土壤原生动物,其中主要是鞭毛亚门、肉足亚门和纤毛亚门(陈佐忠等,2004)。

■土壤微生物监测方法

土壤微生物监测主要是调查和分析土壤微生物的种类、数量、分布及其活性,是农林复合土壤生态效应观测的内容之一。

①样品的采集

a. 采集土壤微生物样品,首先要注意样品的代表性,一般应选择未经人为扰动的土壤。

b. 由于微生物在土壤中的分布极不均匀,采样时应注意从整个采样地段内随机多点取样,并随即在田头就地按四分法混匀,最后取 100～150g 样品装入聚乙烯塑料样品袋备用。

c. 采样所用的工具如聚乙烯塑料袋或其他容器等都必须事先灭菌,如无条件也可以就地取些土样对容器进行擦洗,以避免受土样以外杂菌的污染。

d. 由于土壤表土层营养丰富,微生物数量高于底层,故在分层取样时,应在挖好剖面后先采取下层土样,然后再取上层土样,以免上下层混杂,影响测定的准确性。

e. 为避免所采集的土壤样品在运输过程中或带回实验室后,因环境条件的改变或受空气中微生物的污染而产生变化,应在样品采回后尽快进行测定(陈佐忠等,2004)。

②土壤微生物测定 细菌、真菌和放线菌数量的具体测定方法,请参阅《草地生态系统观测方法》(2004)或土壤微生物学实验指导书进行。

■土壤理化性质监测方法

土壤理化性质监测指标很多,最常见的有土壤容重、土壤含水量、孔隙度、土壤有机质含量、pH 值等,其监测测定方法请参考相关土壤理化性质测定标准。

(4)生物量和生产力因子监测

生物量和生产力是反映农林复合系统最基本的功能指标,其他许多功能指标的计算都是以系统的生物量和生产力为基础的。这里所说的生产力是指净生产力,即系统在单位时间内单位面积上植物(林木和农作物)通过光合作用固定太阳能,所产生的生物物质的数量。它反映了农林业系统利用自然界所提供的光热水土资源的能力,也反映了农林业系统一年内能够为人类提供的有用物的多少。生物量是指生态系统内现存的生物物质的数量,它是一定时间范围内,生物所产生的生物质的积累量,它反映了生态系统的一种累积效应,又对生态系统的发展有一定的调节作用。

①复合系统中林木的生长状况监测 林木生长参数的观测,也是我们计算农林复合系统生物量和生产力的基础。反映林木生长发育的指标比较多,主要有树高、枝下高、胸径和基径。树高和枝下高的测定一般用测高仪,胸径和基径的测定一般采用先测定树木胸围和基围,再计算出树木的胸径和基径。为了测定林木的生长状况,分别在选择的监测地内,于树木生长期开始和生物量最大时(即每年的 4 月和 9 月),分两次测定树木的生长参数。在 4 月,选择了有代表性的树木,给每一株都进行编号和标记,测定树

高、枝下高、胸围和基围，在测定胸围和基围的地方（分别在距地面1.3米处和地表面）用红油漆标上标志，以便在9月测定树木胸围和基围时，不致由于耕地等干扰而发生测量误差，这样可以大大提高胸围和基围测定的精度。9月重复以上各项测定。通过比较4月和9月两次测定的结果，得到该年内树木生长参数的年变化情况（冯宗炜等，1992）。

②复合系统中林木的生物量和生产力　林木生物量是农林复合系统生物量的重要组成部分，其估算一般采用相对生长测定法和野外实际调查法。许多林学家已经提出了主要农林复合树种林木的相对生长法的生物量估算公式，可以用来计算林木的生物量。这类公式中通常采用胸径或树高与树木各器官的生物量的相关关系，这样在野外观测中，可以省去砍伐树木进行直接测量的麻烦。

林木各器官生产力计算是不同的，根、干、枝生产力是按其生物量与林木加权平均年龄相除所得，果实、叶生产力与其年生物量在数值上是相等的。

③复合系统中农作物的生长发育状况监测　农作物生长发育状况调查，即记录作物各生育期的开始、结束日期，及生长状况。

④复合系统中农作物的生物量和生产力　在选择的典型地段上，低秆矮小作物如小麦、花生可采用50cm×50cm的样方，高秆作物如玉米则可采用1m×1m的样方，在复合系统不同部位（如林网内或林带间）采用收割法采样，并将样品带回室内烘干、称重，然后计算复合系统中的农作物各器官的生物量（或生产力）。需要说明的是农作物是一年生植物，其各器官的生物量和生产力在数值上是相等的（作物各器官生产力为其相应器官的年生物量）（冯宗炜等，1992）。

（5）产量因子监测

野外对比调查是监测农林复合系统农作物产量的基本方法，该方法是在不同农林复合模式内选择有代表性的地块，除农林复合模式不同之外，凡影响农作物产量和产品质量的其他条件均相同，调查项目为作物的经济产量。调查中采样点的位置，应与小气候效应观测点的位置相一致，每个测点应有3~5次重复，以消除偶然误差。

产量因子监测可分为田间测产和航天遥测两种。田间测产通常又有目测法、测数法和实收法3种方法。除目测法外，其他两种方法都要先选定测产田和取样点。测产田块的土壤肥力和作物生长状况，要能代表整个测产区的一般水平。一块测产田上一般设置3~9个取样点。

①目测法　根据作物品种的特点、长势长相、气候条件对产量可能产生的影响、病虫害状况等，评定作物的单位面积产量，是一种凭经验的粗略估产法。

②测数法　取样考查作物产量构成因素，以测算每亩产量的一种测产法。大株作物如玉米一般在每个取样点取21行求出平均行距，取51株（穴）求出平均株（穴）距，以其乘积除667平方米，求出每亩株（穴）数。然后，在每点任选30株（穴），根据该作物的产量构成因素（见作物产量）进行测算。如水稻可根据有效穗数、每穗结实粒数、千粒重等，求出平均每株（穴）产量，乘以每亩总株（穴）数，即得每亩产量。小株作物如小麦，可用1m²的方框取样，考查其产量构成因素，求出各样点每平方米的平均产量。

③实收法　将各样点的作物割取、脱粒、扬净并干燥至一定标准后称重，求出各取样点的平均产量，再求得每亩产量。撒播的小株作物，每点取1m²的方框取样。条播作

物可按条长和条幅、条距折算成 $1m^2$ 面积。大株作物单株产量变化大，取样点的面积应大些，一般用长方形取样，每点 $6m^2$。测产田块的测产结果算出后，即可进一步推算出测产区域的作物总产量。

主要农作物产量测定的具体方法，可参考《农垦系统农业高产攻关活动测产验收办法》(2008)中所规定的取样方法、田间实收、计算公式进行测产。

(6)社会经济要素调查监测

社会经济要素调查的主要内容包括：农村居民所在社区发展情况、家庭基本情况、居住情况、人口与劳动力就业基本情况、农业生产结构调整与技术应用情况和农村居民收入、支出情况等反映土地生产率、劳动生产率、资金产品率等社会经济指标。

社会经济要素调查采取农户记账和访问调查相结合的方法。根据调查内容的特点，不同的调查内容采取不同的方法，反映农户现金收入与支出、实物收入与支出数据通过农户记账获得，家庭基本情况、居住情况、人口与劳动力就业基本情况等采取访问调查的方式获得。调查户记账按照国家统计局统一编制的账本和要求记账，现金收支账每日一记，实物收支发生一笔记一笔。县级农调队每月收取调查户的账本，将账页数据录入到计算机中，按季度上报国家。访问调查由县级农调队的调查员完成，按季度采集和上报数据。

为确保调查数据的质量，在现场调查结束后，要求采取人工审核、计算机审核和数据评估 3 种方法对调查资料进行审核。

7.1.3.2 连续自动监测法

(1)地面气象要素长期定位监测

①自动气象观测系统的选择　随着现代科学技术的迅速发展，计算机和遥感遥测手段的逐步引入，许多国家已经开始利用自动气象站取代人工气象观测站。选择合适的自动气象观测系统，是进行长期定位观测获取具有区域代表性背景资料的前提条件。因此，在系统各项技术指标和对环境条件的要求上，应该达到世界气象组织的要求。另外，对数据的采集密度(每分钟采集次数)和数据存储容量也要有充分的考虑。

②观测场地的选择和建立　自动气象观测场地的选择原则与人工气象站相同或类似，一般要避免建筑物和树木的直接影响，地形比较平坦，观测场周围有防护围栏，面积达到 $9m \times 6m$；观测场尽量不要选在陡坡、山脊、峭壁和凹地及其附近的地方，避免直接接近大建筑物。但是，测量降水的仪器例外，因为这种仪器要求有适当分布的树木、灌木或与树木、灌木相类似的物体作为风障，从而避免产生不适当的湍流。

如果观测场内架设辐射仪器，应确保一年四季的任何季节和时间内(从日出到日落)太阳光不受任何障碍物影响。如果有障碍物时，在日出和日落方向障碍不超过 5°，同时尽可能避开局地性雾、烟等大气污染严重的地方。总之，气象观测场的选择应按照世界气象组织的观测规范进行。

③观测项目的确定

● 常规地面气象要素：常规地面气象要素的观测项目主要包括：气压、气温、湿度、风速和风向、降水开始时间、降水量、蒸发量、日照时数、地表温度以及不同深度的土壤温度(谭海涛等，1980)。一些自动观测系统还同时记录不同深度的土壤湿度。自动观测系统不仅应记录每次观测的瞬时值，还应整理出每小时前后 5 min 的平均值、每小时的最大和最小值及每天的极值。

针对一些目测项目，如云量、云高、能见度、雪深及其他天气现象（如沙尘天气、霜、露等），尽管已经有了一些观测仪器（如激光测云仪、透射表和浑浊度表等）在一定程度上可以进行自动观测，但无法做到在无人看守状况下自动观测。因此，在条件许可的情况下，人工目测仍然是必要的。

●辐射要素：辐射观测项目应包括：总辐射、直接辐射、反射辐射和散射辐射等，有条件的还应增加不同波段的分光辐射（如红外辐射、紫外辐射和光合有效辐射）、净辐射和土壤热通量等。自动观测系统不仅要记录每次观测的瞬时值，还应整理出每小时的累计值。

为了确保辐射仪器的可比性和观测资料的一致性，所有的辐射观测仪器都要每两年送鉴定部门标定一次。在观测期间，每天需对仪器进行检查，具体检查内容可参阅自动气象观测规程。

（2）空气中颗粒物的连续自动监测

空气中颗粒物（TSP 或 PM_{10}）的监测，是空气质量监测的常规工作，工作量和数据量较大。长期以来一直采用传统的手工采样、手工分析的方法，费时、费力，人为因素对监测结果影响较大。近年来，随着空气自动监测系统的普及推广，自动监测技术逐步在环境质量监测工作中发挥日益重要的作用，其发展趋势必将取代传统的手工监测，成为监测空气质量的主要手段。

自动监测法可使用 RP1400a 测尘仪，同步连续自动检测空气中的 TSP 和 PM_{10}，检测方法为微量振荡天平法（TEOM）。样气经过采样切割头切割分离后，颗粒物被采样膜片收集，随着采样膜片重量的增加，膜片下方微量振荡管的振荡频率随之发生变化，根据微量振荡管振荡频率的变化量可以推算出采样膜片增加的重量，进而计算出颗粒物的浓度。全过程自动采样，自动称重，自动计算出检测结果。

7.1.3.3 遥感应用技术监测法

即以飞机、飞船、卫星作为遥测平台，应用光学、电子和电子光学仪器，接受地面农作物辐射、反射和散射的电磁波信号，通过无线电传送到地面接收站，借助电子计算机进行处理加工，从中提取农作物生长状况的信息；再根据地面农作物的光谱特征，判别农作物的种类、生长情况和土壤情况进行动态分析。

（1）农作物长势的遥感监测

通常的农作物长势监测指对作物的苗情、生长状况及其变化的宏观监测。国内外很多学者利用逐年比较模型的方法监测大范围作物的长势，所用的遥感数据主要是 NOAA/AVHRR。所谓逐年比较模型就是今年与去年同期作物长势的比较，用作比较的参数是 *NDVI*，即规一化差值植被指数。AVHRR 数据的第 1 波段是红波段（R），第 2 波段是近红外波段（IR），*NDVI* 是根据式(7-3)计算得到的：

$$NDVI = (IR - R)/(IR + R) \qquad (7-3)$$

NDVI 是农作物生长情况的综合反映，农作物生长状况、活力不同，对光谱的吸收、反射能力不同，而且通过对近红外和红波段反射率的线性或非线性组合，可以较好的消

除土壤光谱的影响，所以构建的植被指数 *NDVI* 可以监测耕地作物的生长状况。

（2）农作物面积与产量的遥感监测

农作物种植面积估算、农作物单产及总产预测一直是农业遥感研究的重点。我国在这方面的研究基础较好，发展的一些技术方法也比较成熟。总的研究思路是总产量等于种植面积乘以单位面积产量，从种植面积和单产两个角度出发进行遥感估产。

"八五"期间以 AVHRR 和 TM 作为主要的数据源，"九五"期间以 TM 和 RADARSAT 数据作为主要的数据源来获取农作物的种植面积和单产。TM 是美国陆地卫星 LANDSAT 继 MSS 之后的图像，有 7 个波段，空间分辨率是 30m。RADARSAT 是加拿大的雷达卫星，工作波段是 C 波段，有多种成像模式，对应多种空间分辨率。用于南方水稻种植面积估算的 RADARSAT 数据的成像模式是 SNB，空间分辨率是 50m×50m，每景大小为 300km×300km。雷达数据的使用解决了南方地区水稻生长季多阴雨天气无法获取光学数据，数据源没有保障的问题。目前从遥感图像中提取农作物种植面积的流程如图 7-1 所示：

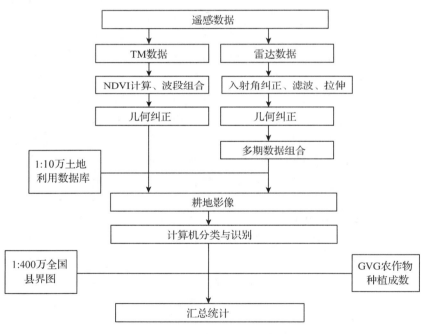

图 7-1　农作物种植面积提取流程图

近年来，国内发展了一些遥感估算小麦、玉米、水稻单产的模型，如光谱估产模型、遥感植被指数模型、遥感动力模型等。这些模型是在小范围内试验后建成的，在全国应用还有困难，还需要研究和验证。全国农情遥感监测系统采用农业气象模型估算各种作物的单产，基本原理是农作物实际产量等于趋势产量加气象产量，即

$$y = y_t + y_w \tag{7-4}$$

式中，y 为实际产量；y_t 为趋势产量；y_w 为气象产量。

国家气象局也据此原理建成了运行化的农业气象预测系统，目前已经建立了全国冬

小麦、春小麦、玉米、大豆、早稻、中稻、晚稻的农作物单产模拟系统。

（3）土壤侵蚀的遥感监测

水土流失是复杂的人文和地理过程，受到诸如降水、下垫面基底岩性、地形坡度、土地覆盖类型及管理方式等众多因素的影响。其调查方法主要有工程实验法、定性遥感法和基于 GIS 的遥感定量法。其中，基于 GIS 的遥感定量法是近年来出现的水土流失调查新方法。

纵观国内外遥感、地理信息系统在土壤侵蚀研究中的发展，李智广和杨胜天等将土壤侵蚀遥感监测方法概括为 5 个方面：①目视解译方法监测土壤侵蚀；②遥感光谱分析方法监测土壤侵蚀；③人机交互式解译方法监测土壤侵蚀；④智能化土壤侵蚀监测方法；⑤模型参数化方法监测土壤侵蚀。同时，在上述 5 种方法的基础上，建立了基于知识库与空间信息耦合的土壤侵蚀监测方法。

（4）土壤水分的遥感监测

遥感技术的发展，使大面积土壤水分实时或准实时动态监测成为可能。遥感监测土壤水分的手段有地面遥感、航空遥感和卫星遥感；遥感波段有可见光，近红外、中红外、远红外、热红外波段和 L 波段、C 波段、X 波段等微波遥感波段。

目前为止，出现的土壤水分遥感监测方法很多，如热惯量法、作物缺水指数法、归一化植被指数法、植被指数距平法、植被供水指数法、植被状态指数法、温度状态指数法、温度植被干旱指数法、高光谱法、微波遥感法、数据同化法等。各种方法的技术原理、适用条件和优缺点可参阅相关文献。

7.1.4 监测数据的处理与结果表达

在监测工作中，将收集到大量监测数据。然而，由于监测系统中的条件所限制，监测数据与真实值之间往往存在一定的差异；加之农林复合系统的变异性，以及时空因素的影响，进一步增加了农林复合系统监测与科学评价的难度。因此，要合理利用监测数据并对复合系统作出准确、客观和符合实际的评价，首先必须对所监测的数据进行整理、统计和分析，达到去伪存真，认识和掌握差异出现的原因、影响因素和规律。

7.1.4.1 监测数据的记录与整理

（1）监测记录与审核

监测记录表格应在制定监测方案时，一并设计并印制出。表格中列有监测时间、项目、各项目监测顺序、次数、备注以及监测员、审核员签字栏目。

首先，监测记录内容要认真、仔细、清晰地填写；其次，在监测进行中，监测人员要注意监测数值的相互比较，判断其合理性，如发现可疑的数据，须认真核对和寻找原因并加以注明；再次，当一次监测结束时，要认真、及时地自审记录是否有漏测或不合理处，以便进行补救，并及时整理完成监测记录表格中初步统计项目；最后，由监测人员签字后再交审核人员签字。监测资料的审核应在监测之后立即进行，并尽可能在监测现场进行。

（2）监测资料初步整理

资料的初步整理工作应在监测后立即进行，以便及时发现问题，纠正监测过程中出现的问题。资料整理表格，要在制定监测方案时，一并设计和印制出。监测的结果要及时抄写在相应的资料整理表格上，以便汇总全部资料，按规定要求进行统计，得出所需要的数据。在整理资料时，对缺记的监测现场说明，应由监测员及时补齐。资料抄写与计算人员均应在表格上签字。资料整理之后，应由复核人员认真进行复算并签字。值得注意的是，许多项目的监测结果必须在经过仪器误差订正后才能作出比较分析（陈佐忠等，2004）。

7.1.4.2 数据的处理与结果表达

（1）数据修约规则

在进行监测数据整理前，必须遵循有效数字的修约规则与计算规则（韩庆之，2005）。

（2）可疑数据的取舍

与正常数据不是来自同一分布总体、明显歪曲试验结果的测量数据，称离群数据，可能会歪曲试验结果，但尚未经检验断定其是否是离群数据的测量数据称为可疑数据。

在数据处理时，必须剔除离群数据，以便使测定结果更符合客观实际。正常数据也总有一定的分散性，如果人为地删去一些误差较大的非离群数据，由此得到的精密度很高的测定结果也并不符合客观实际。因为测定数据可能是测定过程中随机误差波动的偏差表现，亦即虽然该值明显地偏离于其他数据，但仍然处在统计上所容许的合理误差范围内。该值与其他数据仍属同一总体，这种情况下不能将此可疑数据舍弃。所以对可疑数据的取舍必须采取统计方法判别，即进行离群数据的检验。检验方法较多，但下面两种最常用。

■狄克逊（Dixon）检验法

Dixon 检验法按不同的测定次数分成不同的范围，采用不同的统计量，因此比较严密。此法适用于一组测量值的一致性检验和剔除离群值。其步骤如下（韩庆之，2005）：

①将一组测量数据按从小到大的顺序排列为 X_1，X_2，$\cdots$，X_n，X_1 和 X_n 分别为最小可疑值和最大可疑值。

②按表7-1计算公式求统计量 Q 值。

表7-1　Dixon 检验统计量 Q 值计算公式

n 值范围	最小可疑值 x_1	最小可疑值 x_n	n 值范围	最小可疑值 x_1	最小可疑值 x_n
3～7	$Q = \dfrac{x_2 - x_1}{x_n - x_1}$	$Q = \dfrac{x_n - x_{n-1}}{x_n - x_1}$	11～13	$Q = \dfrac{x_3 - x_1}{x_{n-1} - x_1}$	$Q = \dfrac{x_n - x_{n-2}}{x_n - x_2}$
8～10	$Q = \dfrac{x_2 - x_1}{x_{n-1} - x_1}$	$Q = \dfrac{x_n - x_{n-1}}{x_n - x_2}$	14～25	$Q = \dfrac{x_3 - x_1}{x_{n-2} - x_1}$	$Q = \dfrac{x_n - x_{n-2}}{x_n - x_3}$

③根据测量数据数目（n）和给定的显著性水平（α），在 Dixon 检验临界值表（略）中查得临界值 Q_α。

④比较 Q 与 Q_α，苦 $Q > Q_{0.01}$，则可疑值为离群值，应剔除；若 $Q_{0.05} < Q \leqslant Q_{0.01}$，则

可疑值为偏离值；若 $Q \leq Q_{0.05}$，则可疑值为正常值，应保留。

■格鲁勃斯(Grubbs)检验法

本方法适用于检验多组测量值均值的一致性和舍弃多组测量值中的离群均值；也可用于检验一组测量值一致性和舍弃一组测量值中的离群值，步骤如下(韩庆之，2005)：

①有 l 组测定值，每组 n 个测定值的均值分别为：x_1，x_2，…，x_i，…，x_l。其中，最大均值记为 $\bar{x}_{\max}$，最小均值记为 $\bar{x}_{\min}$。

②由 l 个均值计算总均值 x 和标准偏差 S_x：

$$\bar{x} = \frac{1}{l} \sum_{i=1}^{l} \bar{x}_i \tag{7-5}$$

$$S_x = \sqrt{\frac{1}{l-1} \sum_{i=1}^{l} (\bar{x}_i - \bar{x})^2} \tag{7-6}$$

③若 $\bar{x}_{\max}$ 为可疑均值时，按下式计算统计量 T 值：

$$T = \frac{\bar{x}_{\max} - \bar{x}}{S_{\bar{x}}} \tag{7-7}$$

若 $\bar{x}_{\min}$ 为可疑均值时，按式(7-8)计算统计量 T 值：

$$T = \frac{\bar{x} - \bar{x}_{\min}}{S_{\bar{x}}} \tag{7-8}$$

④根据测定值组数 l 和给定的显著性水平 α，在 Grubbs 检验临界值表(略)中查临界值 T_α。

⑤若 $T \leq T_{0.05}$，则可疑均值为正常均值；若 $T_{0.05} < T \leq T_{0.01}$，则可疑均值为偏离均值；若于 $T > T_{0.01}$，则可疑均值为离群均值，应舍弃，即舍弃含有该均值的一组数据。

(3)监测结果表述

对某一指标的测定，其结果表述方式一般有以下几种：

①用算术均数 x 代表数据的集中位置。在测定过程中排除了系统误差和过失误差后，就只有随机误差，根据正态分布的原理，当测定次数无限多($n \to \infty$)时，总体均值 μ 与真值 X_t 很接近；但是在实际监测中，不可能测定无限多次，只能是测定有限次数。因此，样本的算术均数是表述监测结果的常用方式。

②用算术均数和标准偏差表示测定结果的精密度($x \pm S_x$)。算术均数代表集中趋势，标准偏差表示离散程度，算术均数的代表性通常与标准偏差的大小有关。如果标准偏差较大，那么算术均数代表性就小；标准偏差较小，则算术均数代表性就大。所以监测结果常以($x \pm S_x$)表示。

③用($x \pm S_x$，CV)表示结果。标准偏差的大小还与所测均数的水平或测量单位有关。不同水平或单位的测定结果，其标准偏差是无法进行比较的，而变异系数(CV)是相对值，故可以在一定范围内用来比较不同水平或单位的测定结果之间的变异程度(奚旦立等，2004)。

7.1.4.3 监测结果的统计检验

在监测工作中，我们对监测对象往往是不完全了解的，这样测定值的总体均值是否等于真值? 一种新的监测方法或监测仪器与现行的方法或仪器在分析测量结果的精密度上有无差异等, 都需要统计检验, 最常用的统计检验方法有 t 检验和 F 检验。

7.1.5 农林复合系统监测的管理

监测管理的内容包括监测技术管理(布点、采样技术, 样品运贮保存, 监测方法等管理)、监测计划管理、监测文件管理、监测质量管理、监测网络管理等。在此着重讨论监测质量管理和监测文件管理。

7.1.5.1 监测质量管理

数据的质量是监测工作的灵魂, 监测计划及其实施的目的是获得高质量、可靠的监测数据。高质量的监测数据应该具备"五性", 即代表性、完整性、准确性、精密性和可比性。

代表性是指在有代表性的时间、地点, 并根据确定的目的获得的典型监测数据的特性;完整性是指按预期计划取得的系统的、周期性的或连续的(包括时间和空间两者)监测数据的特性;准确性是指测量结果与客观环境的接近程度;精密性是指测量结果具有良好的平行性、重复性和再现性;数据可比性是指除采样、监测等全过程都可比外, 还应包括通过标准物质和标准方法的准确度传递系统和追溯系统, 来实现不同时间和不同地点(如行业间、实验空间)数据的可比性和一致性(奚旦立等, 2004)。

因此, 监测质量管理是监测中十分重要的技术工作和管理工作, 它既是一种保证监测数据准确可靠的方法, 也是科学管理实验室和监测系统的有效措施。

(1)制定合理的监测计划

根据监测的目的要求和复合系统现场情况, 确定监测的范围和项目, 确定采样点的数目和位置, 确定采样的时间和频次, 调配采样人员和运输车辆, 安排实验室人员的分工, 联系现场工作和实验室, 确定对监测报告的要求等。总之, 计划中要体现出测什么, 怎么测, 用什么测, 由哪些人来测, 对测定结果如何评价等方面。

(2)确定对监测数据的质量要求

根据需要和可能、经济成本和效益, 确定对监测数据的质量要求。

(3)规定准确一致的监测分析系统

如采样方法, 样品处理和保存, 实验室供应, 仪器设备的认证、选择和校核, 试剂和标准物质的认证、选择和使用, 分析测量方法, 数据的记录、报告整理, 实验室清洁和安全等。

(4)制定完善的质量控制程序

质量控制是指监测过程中相关环节的实施控制办法, 通常包括采样或野外监测的质量控制和实验室内部、外部质量控制。实验室内部质量控制, 是实验室自我控制质量的常规程序, 它能反映分析质量稳定性如何, 以便及时发现分析中异常情况, 随时采取相应的校正措施。外部质量控制通常是由常规监测以外的中心监测站或其他有经验的人员来执行, 以便对数据质量进行独立评价, 各实验室可以从中发现所存在的系统误差等问题, 以便及时校正、提高监测质量。

（5）监测人员的培训与提高

为了保证监测工作的质量，必须对监测人员进行有针对性的培训，使他们具备监测所需的基本知识，认识到这项工作的意义和责任，并提高他们的技能。经过初级培训后的监测员，应在合格监测员的直接监督下实际工作一段时间，直至能独立开展监测工作。

（6）指定监测质量标准与规范

主要是编写有关的文件、标准、规范、指南、手册等。

（7）监测质量的监督与检查

■**监督**

当监测人员在经过足够时间的实习后开始担任业务工作时，其工作质量要由一个经过充分培训的熟练的监测员对之直接负责。同时也要建立一个适当的资料审校程序，这种程序应包括对监测资料的编码、传送及分析方面的审核。

■**检查**

检查是一种不仅检查监测人员的工作，同时也检查整个工作环境的方法。在检查时，监测项目本身被当成一个整体。事实上，任何一部分性能降低或有缺点，都不可避免地反过来影响整体，例如，仪器的安置可能由于树或其他植物的生长，或者在站区及其附近修建了建筑物而变得不合格，而温度表检定曲线也可能受到影响发生变化，而这种变化没有专用设备检查一般不可能发现。这样即使监测员的工作无误，监测结果的质量也会降低。

①检查的任务

●仪器安置：仪器安置是否达到监测要求，不同监测指标对仪器的安装有着不同的要求。例如，有利于对风指标监测的安置环境，却并不完全适合于对雨量监测的要求。因此，理想状态是，监测不同指标的传感器应当安置在站上的不同点。

●观测方法：要用统一的观测、记录、编报及资料整理方法。不允许用当地的解说、非正式的缩写或者省略掉难记的项目。

●仪器性能：要特别注意检查仪器的故障，经验证明这些故障常被忽视。由于维护不好常使污垢积聚及仪器腐蚀，这些都会使记录不准确。

②检查周期　检查周期取决于仪器安置好后到性能降低所需时间；取决于观测员的更换；取决于观测程序可能的更改及仪器的有效使用期。这些期限互不相关，其中一些是完全不能预料的。一般认为，约两年检查一次能以最少的时间和行程，得到足够令人满意的结果；对自动站的检查最好六个月一次。

7.1.5.2　监测文件管理

（1）监测技术资料的形成和归档

监测技术资料的形成和归档是指通过收集归档，将分散在各个技术部门或个人手中的技术文件材料，集中起来进行统一管理，从而保证技术档案的完整性、系统性和准确性，以便有效的加以保存和利用。

技术档案的归类范围包括监测技术规范，现场记载资料，实验室资料，监测数据资料，监测统计资料，监测、科研资料，建设资料，外来、收集资料。

凡属归档范围，必须按照归档制度，及时整理归档。凡归档的技术材料，应做到数据记录真实，字迹清楚，注明项目名称、时间、地点及工作者。禁用圆珠笔和复写纸。一般技术材料归档一份（原件归档）。重要的档案可以根据需要复印一份副本保存。如有底图也应归档。对于归档的技术材料应编制移交目录，一式二份，办理交接手续。

（2）技术档案的管理

对监测技术档案应进行分类，编写总目录和整理馆藏。通过科学的系统整理，才能摸清技术档案是否完整、准确。不仅便于管理和查找，也能迅速、准确地提供利用，可以正确反映出技术档案的内容和价值。有条件时应建立方便调阅和处理的数据库管理系统。

（3）技术档案的保管

监测技术档案的保管方法和其他科技档案的保管一样，必项有符合要求的专用库房，库房内应当通风良好，保持适当的温度和湿度，并有防火、防晒、防虫、防尘、防潮等安全措施。档案人员要经常检查技术档案档保管状况，对破损或变质的档案，要及时修补和复制，经常保持库房的清洁卫生和档案的完好整齐。

7.2 农林复合系统的效益评价

7.2.1 农林复合系统的生态效益评价

生态效益是农林复合生态系统的物质基础，任何一个农林复合生态系统如果没有生态效益就失去了其存在的价值。农林复合系统的生态效益体现在多方面，如改善小气候、净化空气、固碳制氧、改良土壤、涵养水源、净化水质、增加地面覆盖和生物多样性、遏制水土流失、保护和改善环境、提高产量等。

7.2.1.1 环境效应

（1）改善小气候

小气候观测是在一定时间、地点用仪器观测近地层小尺度范围内的气象要素和天气现象。观测项目有：辐射、温度、湿度、风、降水、蒸散、热量等。观测通常集中几天、几十天，每日观测 2~4 次，并采用多测点、多层次、多方向观测植物根系分布层到林冠层的各要素。小气候观测的目的是揭示下垫面的小气候特征、形成过程及其对人类和生物的影响，与大气候观测不同。本指标是指农林复合经营前后小气候环境的改善状况及变化。对农林复合经营前、后两期各因子进行观测和比较取得改善小气候各指标。各指标单位不同。变化的大小计算公式为：

$$\Delta Q_c = \left| Q_{cq} - Q_{ck} \right| \tag{7-9}$$

式中，ΔQ_c 为农林复合经营前后小气候因子的变化量；Q_{cq} 为农林复合经营前小气候因子的观测值；Q_{ck} 为农林复合经营后小气候因子的观测值。

（2）净化大气

农林复合系统经营具有净化空气、防止环境污染、美化环境等多项功能，检测其净化大气环境效益的指标主要包括吸收二氧化硫能力、吸收氟化物能力、吸收氮氧化物能力和滞尘能力等，可以直接利用仪器定位观测，也可在生态环境保护部门获得。本指标是指农林复合系统经营前后能够发挥吸尘、降低大气有害成分的净化功能。通过采集农林复合经营前后空气样品，分析一些相同指标，进行比较计算，可得出净化功能的变化。计算公式为：

$$\Delta Q_a = |Q_{aq} - Q_{ak}| \tag{7-10}$$

式中，ΔQ_a 为农林复合经营前后大气有害成分（有害气体、尘埃）的变化量；Q_{aq} 为农林复合经营前有害成分的观测值；Q_{ak} 为农林复合经营后有害成分的观测值。

一般森林生态功能常数有：分泌杀菌素 30kg/$(hm^2 \cdot d)$，吸收二氧化碳 1 000kg/$(hm^2 \cdot d)$，吸收二氧化硫 60kg/$(hm^2 \cdot m)$，吸附灰尘 330～900t/$(hm^2 \cdot a)$。

（3）固碳制氧

①固定二氧化碳（CO_2）　农林复合系统中，植物（林木和作物）和土壤是两个重要碳库，为此分别计算，其固碳量包括植物（地上、地下部分）、土壤及木质林产品年碳汇量。

根据光合作用和呼吸作用方程式确定森林每生产 1t 干物质固定吸收 CO_2 的量，再根据森林各省分不同龄级的优势树种及灌木年净生产力计算出森林每年固定 CO_2 的总量。

根据光合作用化学反应式，农林复合系统每积累 1g 干物质，可以固定 1.63gCO_2，释放 1.19gO_2。在 CO_2 中 C 比例为 27.27%。农林土壤碳汇量即是土壤固碳速率，可以直接测定获得。因此，农林复合系统植被和土壤固碳量为：

$$G_{碳} = A(0.444\,5B_{年} + F_{土壤碳}) \tag{7-11}$$

式中，$G_{碳}$ 为林分、灌木、作物年碳汇量（$\times 10^8$ t/a）；$B_{年}$ 为林分、灌木、作物净生产力 $[m^3/(hm^2 \cdot a)]$；$F_{土壤碳}$ 为单位面积林木、灌木、作物土壤年碳汇量 $[t/(hm^2 \cdot a)]$；A 为林分、灌木、作物面积（hm^2）；0.444 5 为 1.63 与 27.27% 的乘积。

②释放氧气（O_2）　农林复合系统经营后，光合作用面积增加，除同化 CO_2 积累有机物质外，还释放出大量氧气。可由农林复合系统经营前、后两期的大气中氧的含量观测值计算出来。计算公式为：

$$\Delta Q_o = |Q_{oq} - Q_{ok}| \tag{7-12}$$

式中，ΔQ_o 为农林复合经营前后氧气释放的变化量；Q_{oq} 为农林复合经营前氧气释放的观测值；Q_{ok} 为农林复合经营后氧气释放的观测值。

（4）环境质量提高率

环境质量提高率是反映流域农林复合经营前后环境质量的变化，以及经过农林复合经营后环境质量提高的指标，单位为%，可由环境质量评价的多个因子比值与评价权数之积求出。计算公式为：

$$Q = \frac{\sum_{i=1}^{n} f_i \cdot x_i}{\sum_{i=1}^{n} f_i} \times \% \tag{7-13}$$

$$x_i = \frac{x_{i1}}{x_{i0}} \tag{7-14}$$

式中，Q 为环境质量提高率；f_i 为某环境因子权数；x_i 为该环境因子本期监测数值与前期监测值的比值；x_{i1} 为该环境因子本期监测数值的绝对值；x_{i0} 为该环境因子前期监测数值的绝对值。

7.2.1.2 土壤改良效应

（1）减少土壤流失量

①减少侵蚀模数 减少侵蚀模数简称减蚀模数，是指采取农林复合经营措施坡面或流域的土壤侵蚀模数与相应无措施的坡面或流域侵蚀模数之差值；或者是指农林复合经营后流域的土壤侵蚀模数与农林复合经营前流域土壤侵蚀模数之差值，单位为 t/hm^2 或 t/km^2。计算公式为：

$$\Delta S_m = S_{mb} - S_{ma} \tag{7-15}$$

式中，ΔS_m 为减少侵蚀模数 $[t/hm^2（或 t/km^2）]$；S_{mb} 为农林复合经营前（无措施）侵蚀模数 $[t/hm^2（或 t/km^2）]$；S_{ma} 为农林复合经营后（有措施）侵蚀模数 $[t/hm^2（或 t/km^2）]$。

农林复合经营措施的 $\Delta S_m/S_{mb}$，称为措施减沙系数，也是很有用的指标。

②减少侵蚀总量 减少侵蚀总量简称减蚀总量，是实施农林复合经营措施的减蚀有效面积与相应措施减蚀模数之积，或是农林复合经营后流域侵蚀量与农林复合经营前流域侵蚀量之差，单位为 t。前者计算公式为：

$$\Delta S = F_e \Delta S_m \tag{7-16}$$

式中，ΔS 为某项措施的减蚀总量（t）；ΔS_m 为减少侵蚀模数（t/hm^2）；F_e 为某项措施的有效面积（hm^2）。

③土壤侵蚀减少率 土壤侵蚀减少率是指流域进行农林复合经营后的土壤侵蚀量与经营前侵蚀量相比，减少量的百分数，它反应流域土壤侵蚀程度的变化。单位为%，计算公式为：

$$土壤侵蚀减少率 = \frac{经营前土壤侵蚀模数 - 经营后土壤侵蚀模数}{经营前土壤侵蚀模数} \times \% \tag{7-17}$$

④减少风蚀深度 风蚀深是风蚀深度的简称，是指在某一次起沙风后，或经某一时段（月、季、年），观测区的某一土地利用（或地表特征）被风蚀的平均深（厚）度，单位为 mm。

测定风蚀深度多用测钎法和风蚀桥法。由于气流和地面的不均一性，因而应排网状多点设置测钎或风蚀桥，最后计算其平均风蚀深。

有了风蚀深度，再测出地表物质的密度值，即可算出测区的风蚀模数。计算公式为：

$$M = 1\,000hr \tag{7-18}$$

式中，M 为风蚀模数（t/km^2）；h 为风蚀平均深（mm）；r 为地表物干密度（g/cm^3）；1 000 为单位转化常数。

当用调查法取得风蚀深，称为年平均风蚀深。年平均风蚀深是多年平均风蚀深的简称，又称历史平均风蚀深度。它是利用多种历史考证资料，如风沙区古庙宇修建记录、古村镇文物遗迹、古老树木年轮记载等，结合现存基础（根部）被蚀出露的对比调查和测量，计算出该历史期间的年平均风蚀深，单位为 mm/a。

应用历史调查法，首先，需要对文物古迹作历史考证，通过史记、地方志证实；其次，要注意测量部位和与其他资料对比，以减少误差。

（2）改良土壤物理化学性质

改良土壤物理化学性质指标是指实施农林复合经营后土壤理化性质得到改良的效果。通常用治理前后的土样进行分析对比求出，单位各异，多用百分数（%）表示。计算公式为：

$$\Delta Q_s = Q_{sq} - Q_{sk} \tag{7-19}$$

式中，ΔQ_s 为改良土壤计算项目的增减量（%）；Q_{sq} 为农林复合经营前地块中取样分析项目的含量（%）；Q_{sk} 农林复合经营后地块中取样分析项目的含量（%）。

（3）提高土壤渗透速度

渗透速度是土壤单位时间下渗地表水的深度。农林复合经营后土壤结构、肥力开始恢复，渗透速度提高。一般对土壤耕作层进行测试，将农林复合经营后测试的前 30min 渗透速度与农林复合经营前的前 30min 渗透速度相比较，即得土壤渗透速度增加值。单位为 mm/30min。计算公式为：

$$土壤渗透速度增加值 = 经营后的前 30min 入渗量 - 经营前的前 30min 入渗量 \tag{7-20}$$

7.2.1.3 水文效应

（1）涵养水源

①减少洪水量　减少洪水流量也称减洪量，是指实施农林复合经营流域洪水量减小的数量，单位为 m³。通常选择农林复合经营前与农林复合经营后在年降雨（或次降雨）相近的条件下进行比较算出（赵成义等，2002）。计算公式为：

$$\Delta W_1 = W_{a1} - W_{b1} \tag{7-21}$$

式中，ΔW_1 为减少的洪水年总量（或次总量）（m³）；W_{a1} 为农林复合经营前洪水年总量（或一次洪水总量）（m³）；W_{b1} 为农林复合经营后洪水年总量（或一次洪水总量）（m³）。

②增加常水流量　增加常水流量是指实施治理的流域常水流量的增加值。单位为 m³。可选择治理前与治理后年降雨（或次降雨）相近的条件下比较，按下式计算：

$$\Delta W_2 = W_{a2} - W_{b2} \tag{7-22}$$

式中，ΔW_2 为增加的常水年径流量（或次径流量）（m³）；W_{a2} 为农林复合经营后常水年径流量（或次径流量）（m³）；W_{b2} 为农林复合经营前常水年径流量（或次径流量）（m³）。

（2）净化水质

①污染超标倍数　我国依据水源和使用的重要性，把地面水水质定为五类，每一类中分别给出污染物质的最大限量，即为每升水中污染物的毫克数（mg/L），称为水质标准值，简称水质标准。当测定污染水体的某种污染物时，得到的实测含量称实测值。将实测值与标准值进行比较，超过标准值的倍数，即为污染超标倍数。计算公式为：

$$W_{超} = \frac{C_r - C_t}{C_t} \tag{7-23}$$

式中，$W_{超}$ 为污染超标倍数；C_r 为实测某污染物质含量；C_t 为某类水质相应污染物标准值。

②污染超标率　污染超标率是指采用仲裁分析方法（即国家推荐的首选分析方法），经检验分析结果精度、准确度在允许值范围内（即测试合格）的超过污染水质标准值样本数与全部监测该项目的样本数之比的百分数。单位为%。计算公式为：

$$污染超标率 = \frac{超标样本数}{监测该项目样本总数} \times \% \tag{7-24}$$

③污染指数　通常污染水体分析项目有多个，就某一具体分析项目而言，即单因子分析。将单因子分析值与标准值相比，即单因子污染指数。单位为无量纲小数。计算公式为：

$$P_i = \frac{C_i}{C_t} \tag{7-25}$$

式中，P_i 为某单因子污染指数；C_i 为某分析项目的实测含量；C_t 为与之对应项目的标准值。

亦可将分析项目的单因子污染指数相加，称叠加单因子污染指数。计算公式为：

$$P_i = \sum \frac{C_i}{C_{ti}} \tag{7-26}$$

现已有用单因子污染指数对水体污染程度进行分级的方案，列于表 7-2。

表 7-2　水体环境污染分级表

污染程度分级	单因子污染数	
	相应的水质标准	水环境功能背景值
非污染 p^0	$P_i \leqslant S_{背}$	$P_i \leqslant S_{背}$
轻污染 p^L	$S_{背} \leqslant P_i \leqslant S_{背} + \sigma$	$S_{背} \leqslant P_i \leqslant S_{背} + \sigma$
中污染 p^m	$S_{背} + \sigma \leqslant P_i \leqslant S_t$	$S_{背} + \sigma \leqslant P_i \leqslant S_{背} + 3\sigma$
重污染 p^L	$P_i > S_t$	$P_i \leqslant S_{背} + 3\sigma$

注：引自李智广，2006。

若采用叠加单因子污染指数，污染程度分级为：< 0.2 为清洁，0.2 ~ 0.5 为微污染，0.5 ~ 1.0 为轻污染，1.0 ~ 5.0 为中度污染，5.0 ~ 10 为重度污染，10 ~ 100 为严重污染，> 100 为极严重污染。

④综合污染指数　水体污染评价常用的综合污染指数及加权综合评价指数。综合污染指数是把污染水体所测全部分析项目的单因子污染指数相加，再求其平均值；加权综合评价指数是依据污染物对保护对象的危害程度（或重要性）分别赋予不同的权重（如英国 Ross 提出河流水质 BOD 权重为 3，氨氮为 3，悬浮固体为 2，溶解氧饱和百分数和溶解氧浓度各为 1，总数为 10），然后对单因子污染指数赋权后累加，并根据累加值对污染程度分级（一般分为清洁、尚清洁，轻污染、中污染、重污染和严重污染等六级）。计算公式为：

$$P_{综} = \frac{1}{M_n} \sum_{i=1}^{n} \sum_{i=1}^{m} P_{项} \tag{7-27}$$

$$Q = \sum_{i=1}^{m} W_i \cdot P_i \tag{7-28}$$

式中，$P_综$ 为综合污染指数；Q 为加权综合评价指数；m 为分析项目；n 为监测分析样点数；$P_项$、P_i 为某项目和某一单因子污染指数；W_i 为某一质量评价指标的权重。

⑤富集系数 自然界中的有机体(生物)和无机物(如黏粒)，通过食物链或理化特性(如电键)，从环境中吸收积累某些物质或元素，形成这些物质或元素的含量远高于环境中的含量，称为富集现象。在水土流失中，流失的细小颗粒(如黏粒)有对矿化养分的富集现象。在水体污染评价中，水生物的吸收积累能力用富集系数表达，它是水生生物体内的某污染物的浓度与水体中该污染物浓度的比值。计算公式为：

$$富集系数 = \frac{水生生物体中某污染物浓度}{水体中某污染物浓度} \tag{7-29}$$

7.2.1.4 植物生理生态效应

(1)植被状况变化

主要监测植物种类、植被类型、林草生长量、林草植被覆盖度、郁闭度的变化等内容。植被状况调查采用标准地法(或样方法)进行，标准地(或样方)面积大小：一般情况是乔木林采用 $20m \times 20m$，灌木林采用 $10m \times 10m$，草地采用 $1m \times 1m$。

(2)生物多样性

生物、生物与环境形成的生态复合体，以及与此相关的各种生态过程的总和称为生物多样性。本指标是指区域农林复合经营后带来生物种群数量增加，实际为物种多样性(species diversity)。可通过调查观察农林复合经营前后野生动植物种类、数量的变化，进行定量定性描述。主要指标有种数(又称物种丰富度)、多度、优势度、频度、重要值、物种多样性指数等。

(3)植物降水利用效率

植物降水利用效率是指通过农林复合经营后，植物对降水利用增加的百分数。单位为%。可用农林复合经营前后植物年蒸腾耗水量之差与年降水量的比值来表达。计算公式为：

$$\Delta K_t = \frac{W_{t2} - W_{t1}}{P} \times \% \tag{7-30}$$

式中，ΔK_t 为植物降水利用效率(%)；W_{t2} 为农林复合经营后植物蒸腾年耗水总量(mm)；W_{t1} 为农林复合经营前植物蒸腾年耗水总量(mm)；P 为年降水量(mm)。

(4)光能利用率

太阳能(solar energy)即光能，是太阳光球向宇宙空间发出的一切辐射能量。能够到达地表的太阳能仅为太阳辐射能的几十亿分之一，而被植物光合作用利用的能量仅占太阳投向地球总能量的 0.02% ~0.03%。

区域农林复合经营后带来环境质量提高和植物利用太阳能提高，把一定时段内单位面积上作物积累的化学潜能与同时段投射到该面积上的太阳辐射能之比，称为光能利用率，单位为%。计算公式为：

$$E = \frac{Y \cdot H}{100\ 000 \times \sum Q} \times \% \tag{7-31}$$

式中，E 为光能利用率(%)；Y 为生物学产量(kg/hm²)；H 为燃烧 1g 物质释放的能量(kJ/g)；Q 为太阳辐射能(kJ/cm²)。

7.2.2 农林复合系统的经济效益评价

经济效益是农林复合系统存在的经济基础，也是该系统的经济保障，对于一个系统来说，如果不讲求经济效益，其存在将受到威胁。农林复合系统的经济效益分析主要包括增产、增收效益分析、静态经济效益分析(净效益、效益费用比、投资回收年限和经济效益系数)和动态经济效益分析(投资回收期、动态净效益和动态效益费用比)。

7.2.2.1 增产增收效益

(1)增产效益

农林复合经营后，土地生产力提高，用农林复合经营后单位面积生产量的平均值与经营前的平均值之差表示增产量，单位为 kg/(hm²·a)。

坡耕地用农林复合经营前后当地大宗粮食作物单位面积年产量的差值表示；经果林、生态林和用材(薪炭)林也用农林复合经营前后的果(经)产量、木(薪)材产量的增加表示。计算公式为：

$$\Delta C = C_k - C_q \tag{7-32}$$

式中，ΔC 为农林复合经营后的增产值[kg/(hm²·a)]；C_k 为农林复合经营后单位面积产量[kg/(hm²·a)]；C_q 为农林复合经营前单位面积产量[kg/(hm²·a)]。

(2)增收效益

增收是指经过农林复合经营后，生态环境改善，资源利用率提高带来年生产收入的增加，单位为元/a。

增收分单项生产产值增加和总产值增加。单项生产产值增加是用农林复合经营后某项收入产值与农林复合经营前该项生产产值之差表示；若为粮、果、经等产品，可用单位面积的平均增产量与种植面积、产品单价相乘求得。计算公式为：

$$N = \Delta C \cdot S \cdot E \tag{7-33}$$

式中，N 为治理后某单项生产增收值(元/a)；S 为该单项生产面积(hm²)；E 为该产品出售价(元/kg)；ΔC 为农林复合经营后的增产量。

总产增加值为区域(流域)内各业各项生产增加值的总和。计算公式为：

$$N_{总} = \sum N_i \tag{7-34}$$

式中，$N_总$ 为总产增加值；N_i 为农林复合经营后单项生产增收值。

7.2.2.2 静态与动态经济效益分析

(1)静态经济效益分析

①净效益　净效益为农林复合经营后农、林、牧业及其他的全部总效益，与农林复合经营总投资和其他消耗费用之差，即扣除投资、消耗的净收益。单位为元。计算式为：

$$P = B - (K + C) \tag{7-35}$$

式中，P 为净效益（元）；B 为经济计算期内全部农林复合经营措施产生的总效益（元）；K 为农林复合经营总投资（元）；C 为经济计算期内全部农林复合经营措施的总运行费（元）。

②效益费用比　效益费用比为总收益与总投资（含消耗）之比，也称为产投比。

用计算期农林复合经营后的总效益与总费用之比表示。计算公式为：

$$R = \frac{B}{K + C} \tag{7-36}$$

式中，R 为效益费用比；B 为经济计算期内全部农林复合经营措施产生的总效益（元）；K 为农林复合经营总投资（元）；C 为经济计算期内全部农林复合经营措施的总运行费（元）。

③投资回收年限　投资回收年限是在不考虑资金时间价值的条件下，以治理项目的净效益收回其全部投资所需要的时间，单位为年。计算时，用平均年净收益（即收益与消耗之差）除总投资得到。计算公式为：

$$T = \frac{K}{\overline{B} - \overline{C}} \tag{7-37}$$

式中，T 为投资回收年限（a）；K 为农林复合经营总投资（元）；$\overline{B}$ 为经济计算期内全部农林复合经营措施产生的平均年效益（元/a）；$\overline{C}$ 为经济计算期内全部农林复合经营措施的平均年运行费（元/a）。

④经济效益系数　若将投资回收年限计算式中的分子与分母颠倒即得经济效益系数，它表达年净效益占总投资的份额。计算公式为：

$$E = \frac{\overline{B} - \overline{C}}{K} \tag{7-38}$$

式中，E 为经济效益系数；其他参数意义同上。

（2）动态经济效益分析

①投资回收期　投资回收期指实施农林复合经营后，回收的年净效益现值总和正好等于历年投资现值总和的年限，单位为年。计算公式为：

$$T_0 = \frac{K}{W} \tag{7-39}$$

式中，T_0 为投资回收期；K 为历年投资现值总和；W 为年均净效益现值。

②动态净效益　动态分析中，净效益要考虑各年投资与产出的利率（贴现率），单位为元。计算时，将整个投资期间逐年的投资与经济计算期内逐年的效益，按相应的经济报酬率折算成现值进行比较，计算出折合现值后的净效益。计算公式为：

$$P_0 = \sum_{t=1}^{n} \frac{B_t - C_t}{(1 + i)^t} - \sum_{t=0}^{m} \frac{K_t}{(1 + i)^t} \tag{7-40}$$

式中，P_0 为净效益（元）；B_t、C_t 为第 t 年的毛效益和年运行费（元）；K_t 为第 t 年的投资额（元）；n 为方案分析期（取农林项目开始实施年份为基准年）；m 为措施的投资年限；i 为利率。

③动态效益费用比　本指标与静态分析一致，所不同的是考虑了利率。农林复合经

营分析期内总效益现值与总费用现值之比，称效益费用比。计算公式为：

$$R_0 = \frac{\sum\limits_{t=1}^{n} \dfrac{B_t}{(1+i)^t}}{\sum\limits_{t=0}^{m} \dfrac{K_t}{(1+i)^t} + \sum\limits_{t=1}^{n} \dfrac{C_t}{(1+i)^t}} \qquad (7\text{-}41)$$

式中，R_0 为效益费用比；B_t、C_t 为第 t 年的毛效益和年运行费(元)；K_t 为第 t 年的投资额(元)；n 为方案分析期(取农林项目开始实施年份为基准年)；m 为措施的投资年限；i 为利率。

7.2.3 农林复合系统的社会效益评价

农林复合生态系统又是社会生产体系。生产要素的组合安排，科学技术的推广应用，都受到社会经济的影响。在农林复合系统的实践活动中，人的文化素质和科技水平，对于组建和管理农林综合生产活动具有决定性的作用；反过来，农林复合系统的科学构建和健康运作又为社会提供木材、农副产品；在劳动力丰富的地方，还能充分发挥剩余劳动力的作用，实行集约经营，这样既可充分利用土地资源，又可充分利用劳力资源、设备等(孟庆岩等，2001)，使农林复合系统能够获得较大的社会效益。农林复合系统的社会效益主要包括农业劳动生产力、劳动力利用率、人均纯收入、人均粮食、土地生产力、恩格尔系数、农产品商品率和土地人口承载力等效益的评价分析。

(1)农业劳动生产力

农林复合经营后，总产值增大，消耗劳动减少，劳动生产力提高。用消耗单位活劳动所创造产品的产值表示农业劳动生产力，单位为 kg/工或元/工。计算公式为：

$$L_r = \frac{L_p}{L} \qquad (7\text{-}42)$$

式中，L_r 为农业劳动生产力[kg/工(或元/工)]；L_p 为单位面积农田产量(或为单位面积产值)[kg(或元)]；L 为单位面积农田用工量(工)。

分别计算农林复合经营前后的农业劳动生产力，并进行对比。

(2)劳动力利用率

劳动力利用率是实用工日数与全年拥有工日数之比的百分数。它反映了劳动力利用程度，也反映了劳动力剩余程度，单位为%。计算公式为：

$$劳动力利用率 = \frac{实用工日数}{全年拥有工日数} \times \% \qquad (7\text{-}43)$$

(3)人均纯收入

一定时段的纯收益(扣除生产支出)与该时期人口数的比值为人均纯收入(李智广，2006)，单位为元/(人·a)。计算公式为：

$$NI = \frac{GI - E}{P} \qquad (7\text{-}44)$$

式中，NI 为人均纯收入[元/(人·a)]；GI 为农林复合经营后年收入(元/a)；E 为农林复合经营后年生产性总支出(元/a)；P 为农林复合经营后总人口(人)。

分别计算农林复合经营前后的人均纯收入，并进行对比，可以获得农林复合经营后人均纯收入的增加值。

（4）人均粮食

粮食总产量与农业人口的比值，称为人均粮食，单位为 kg/人。它反映了人均粮食占有水平。计算公式为：

$$人均粮食 = \frac{粮食总产量}{农业人口数} \tag{7-45}$$

（5）土地生产力

一般是指土地的自然特性与社会经济诸因素，在不同的组合形式下形成的综合生产能力。这里指土地的生物生产能力，即单位面积土地所生产的产品量或价值量，单位为 kg/hm² 或元/hm²。它反映了经济发展水平的高低。计算公式为：

$$土地生产力 = \frac{产品量或价值量}{土地面积} \tag{7-46}$$

（6）土地利用率

一般是指已利用土地面积与土地总面积之比的百分数，单位为%。农林复合经营后可利用土地面积增加，土地利用率也随之增大。计算公式为：

$$土地利用率 = \frac{农林复合经营后可利用土地面积}{总土地面积} \times \% \tag{7-47}$$

根据治理后可利用土地比例的变化，表征农林复合经营后土地利用结构的改善。

（7）恩格尔系数

人均食品消费支出占总消费支出的比值，称为恩格尔系数。它反映了经济发展不同阶段的生活水平。系数越高，经济发展越落后，生活水平越低。恩格尔系数用计算公式为：

$$\delta = \frac{E_f}{E} \tag{7-48}$$

式中，δ 为恩格尔系数；E_f 为农林复合经营区人口食品年支出额（元/a）；E 为农林复合经营区人口消费年支出总额（元/a）。

分别计算农林复合经营前后的恩格尔系数，并进行对比，能说明农林复合经营促进了人民生活水平的提高。

（8）农产品商品率

全年农产品转化为商品的产值与全年农产品产值之比的百分数，称为农产品商品率。商品率用计算公式为：

$$\varepsilon = \frac{G}{P} \times \% \tag{7-49}$$

式中，ε 为商品率（%）；G 为农林复合经营区出售的农产品年产值（元/a）；P 为农林复合经营区农产品年总产值（元/a）。

分别计算农林复合经营前后的商品率，并进行对比，反映流域商品经济的发展状况。

（9）土地人口承载力

区域土地资源所能持续供养的人口数量，称为土地人口承载力。20 世纪 80 年代联合国教科文组织给土地人口承载力的定义为：在可预见的时期内，一个国家或地区利用其土地资源和其他自然资源，以及智力、技术条件等，在保证与社会发展水平相适应的物质生活水平下，所能持续供养的人口数量。土地人口承载力的大小取决于：该时期的土地资源总量和土地利用结构，与当时经济、技术水平相适应的土地生产能力，人均生活消费水平，单位为人/hm²。

1948 年，W·福格特提出承载力计算式，嗣后，20 世纪 80 年代英国学者 M·斯莱瑟又提出一个动态综合计算模型(Model Of Enhancement Of Carring Capacity Options，ECCO)。因 ECCO 模型复杂，需要诸多参数，难以应用，现多用 W·福格特公式计算：

$$C = \frac{B}{E} \tag{7-50}$$

式中，C 为土地人口承载力，即当地土地资源能够持续供养的人口数量；B 为当地土地资源在充分利用智力、技术条件下可提供的食物产量；E 为环境阻力，即环境对土地生产能力所加的限制。

实际计算时，是在考虑生活的全部相应消耗下，以人平均年需要的食物数量取代。我国目前取值为 350~400kg/(人·a)。

本指标可计算农林复合经营前期承载力和农林复合经营后承载力，以及危害对承载力的影响，阐明区域(或流域)社会进步的变化。

7.2.4　农林复合系统的综合效益评价

对农林复合系统的生态效益、社会效益和经济效益的单独评价，有利于深入地了解这一系统的运行状况和运行结果，从而提出改进措施以提高系统的效益。然而，农林复合系统的三效益之间并不总是一致的，也就是说系统的生态效益高，其社会或经济效益并不一定高。事实上，农林复合生态系统的经济、生态、社会三大效益之间是一种辩证统一的关系。经济效益是生态系统经营管理的目的之一，对特定的生态系统而言，它往往是相对短期的，但是它的大小直接决定着经营者的动力及其对生态系统的支撑和维护的投入能力，反映了生态系统经营的程度，其大小是由经营方式、经营规模、区域的自然状况等决定的；生态效益是人工生态系统经营的必要前提，是生态系统长期效益的体现，是社会经济效益的物质基础，生态效益低的农林生态系统，其较高的社会经济效益也很难维持：社会效益是区域生态系统稳定的主要体现，又会通过对系统的物质投入和产品输出影响农林系统的生态效益。可见，农林系统的生态效益是其社会效益和经济效益的物质基础，生态效益低的农林系统，其较高的社会经济效益也很难维持；反之，社会经济效益的高低，又会通过对系统的物质投入和产品输出影响农林系统的生态效益。因此，在建立和发展农林复合系统时必须兼顾其生态效益、社会效益和经济效益，使其相互协调，以达到总体效益最优。只有达到整体效益最优的农林系统才能长久持续下去(冯宗炜等，1992；李文华等，1994；孟平等，2004)。因此，对于农林复合系统的效益仅仅实行单项评价是不够的，还必须对其进行综合效益评价。

农林复合系统是一个复杂的巨大系统，对于这一系统的综合评价。依赖于一套完整的、规范化的指标体系；然后，依据这一指标体系通过一系列数学方法，得到系统状况的最终结果，依此判定系统的优劣。

7.2.4.1 农林复合系统综合效益评价指标确定的原则

设置农林复合系统综合效益评价的指标体系需要把握以下原则：

①指标体系中的各项指标既相互联系，又不能重叠，而且能够全面反映系统的结构、功能和效益。

②设置的指标意义要明确，数据易得到，便于计算、比较和分析。

③设置的指标要在全面反映系统评价内容的基础上，有一定的层次性，以便于计算和指标的分类使用。

④要考虑指标的适用范围，要综合各地区不同的特点，尽量建立起一套适用于不同地理条件和社会经济条件的规范化指标。在实际应用中，各地可因地制宜，选择使用。

7.2.4.2 农林复合系统综合效益评价的主要方法

农林复合系统的综合评价从方法论的角度看，存在以下两个难点：一是由于农林复合系统中的林网部分，除农田防护效益外，还有其他多种生态效益，这些效益具有共享性、多样性、抽象性和难于量化的特点，给农林复合系生态功能效益的定量评价带来了很大的困难；二是由于农林系统极其复杂，而且因素变化频繁，少量指标很难刻画，而增加指标的数量，尽管增加了结果的可信度，但同时又增大了评价的难度，降低了不可操作性(陈利顶等，2001)。因此，在实际评价时，要结合各地情况、计算手段和资料的详尽程度，选择适量的指标，形成相互关联的、科学的指标体系。单项指标不能对系统做出综合评价，必须采用多指标的综合评价。过去，人们对农业系统综合评价的方法进行过长期的探讨，提出了一些有效的方法，如模糊评价法、级差地租计量法、等效替代法等，在此不予赘述。

根据农林复合系统综合评价的特点，这里提出以下4种操作方便、容易学习和掌握的方法。

(1)增长速度判别法

它实际上是一种通过单项指标的计算结果，综合起来评价系统的方法。它适用于对农林复合系统的某一方面分别计算增长速度，通过各单方面，如系统的生态养护功能的判别，最后，定性地认识和评价系统，具体做法是：

首先，计算系统某一方面评价指标的增长速度，其表达式为：

$$R_{ij} = \frac{P_{ij} - P_{ij-1}}{P_{ij-1}} \tag{7-51}$$

式中，$i = 1, 2, \cdots, n$(指标数目)；$j = 1, 2, \cdots, m$(各个时期，一般以年计)；P_{ij}为报告期指标值；P_{ij-1}为上一期指标值。

其次，判别准则：

①对于产品产量、总投资效益、人均农林总产值、人均农林总收入、净现值率、内含报酬率等各"正项"指标：

$R_{i1} < R_{i2} < \cdots < R_{im}$，且当 $R_{ij} > 0$ 时，系统的经济效益良好；同理，可推算其他指标。

②对水土流失量、受灾面积比率、土壤侵蚀率等某一评价内容中的"负项"指标：

$R_{i1} > R_{i2} > \cdots > R_{in}$，且当 $R_{ij} < 0$ 时，结合评价内容中的"正项"指标的判别，若各"正项"指标同时符合①项准则，则系统的生态养护功能良好。

这种方法虽然简单明了，但有一定的局限性，即不能通过所有指标综合反映系统的状况，而且当某一方面的评价值与另一方面的评价值发生矛盾时，如系统的经济增殖功能增长，而生态养护功能降低时，对整个系统的判断就无从着手。

（2）综合指数法

这种方法是建立在上述指标体系的基础上的一种综合评价法，并且根据农林系统结构决定功能，功能决定效益，功能效益是系统结构和状况的集中体现的原理，以综合评价指标体系中功能效益指标为基础，计算综合指数，来综合评价农林复合系统，其步骤为：

第一，根据评价对象，按照系统功能效益指标搜集资料，计算出分年度的指标值，将各"负项"指标，如灾害性降水次数、全年发病率、水土流失模数、病虫害发生率等取倒数，以变为可加和性的"正项"指标。

第二，对各项指标进行无量纲化，以便比较。

①各项指标值记为：X_{ij}

其中，$i = 1, 2, \cdots, m$；表示第 i 项指标；

$j = 1, 2, \cdots, n$；表示时段（一般以一年为一时段）。

则各项指标分年度数值构成下列数据阵：

$$X = (X_{ij})_{m \times n} \tag{7-52}$$

②对矩阵 X 进行无量纲化，变为下面的矩阵：

$$\underset{m \times n}{Z} = (Z_{ij})_{m \times n} \tag{7-53}$$

$$Z_{ij} = \frac{n X_{ij}}{\sum\limits_{j=1}^{n} X_{ij}} \tag{7-54}$$

第三，设不同植物种群占地面积为 S_i，$i = 1, 2, \cdots, r$。分年度计算各项指标单位面积的综合指数，并记为 Q，$Q = (q_1, q_2, \cdots, q_n)$。

则有：

$$Q = (J_{1 \times m} \times Z_{m \times n}) / \sum_{i=1}^{r} S_i \tag{7-55}$$

其中，$J_1 = (1, 1, \cdots, 1)_{1 \times m}$

第四，对向量 Q 中的元素进行比较，以判别系统的状况。

①若 $q_1 < q_2 \cdots q_n$，则系统状况良好；

②若 $q_1 > q_2 \cdots q_n$，则系统状况较差。

这种评价方法考虑的指标比较全面，能够对系统的发展状况做出全面客观的评价。

（3）持续性系数法

这是一种建立在系统持续理论和综合评价原则基础上的，以能量作为各项指标同度量因素的综合评价方法。它以系统能否持续作为评价系统状况的尺度，其步骤为：

第一，计算农林复合系统的投入产出系数。

设 Q_i，$i = 0$，1，$\cdots$，n，为农林复合系统的生物量的年度序列，并以能量表示。这个生物量既是系统经济效益的基础，亦是系统生态效益的基础。

设 p_i，$i = 0$，1，2，$\cdots$，n，为农林复合系统有效经济能量投入量的年度序列。有效经济能量投入量等于总经济能量投入量减去人为造成的但可控制的浪费部分。

投入产出系数

$$R_i = \frac{Q_i}{P_i} \quad (i = 0, 1, 2, \cdots, n) \tag{7-56}$$

第二，计算持续性系数 SE。

$$SE = \sqrt[n]{\frac{R_1}{R_0} \times \frac{R_2}{R_1} \times \frac{R_3}{R_2} \times \cdots \times \frac{R_n}{R_{n-1}}} - 1 = \sqrt[n]{\frac{R_n}{R_0}} - 1 \tag{7-57}$$

第三，根据 SE 判别系统的持续性，以确定系统的运行状况。

①若 $SE > 0$，且越大越好，则系统呈递增态持续发展，系统状况良好。

②若 $SE < 0$，则系统呈递减态持续衰退，系统结构、功能和效益较差，需要采取措施加以改善。

以上3种方法若结合运用，则能取长补短，从而对农林复合系统做出综合的、客观的、正确的评价。

（4）层次分析法

层次分析法（Analytic Hierarchy Process，AHP 法）是由 T. L. Saaty 提出的能对非定量事件做定量分析的一种简便而又有效的方法，它能将决策者对复杂系统的决策思维过程数量化，需要数据少，易于计算，可解决多目标、多层次、多准则的决策问题，近年来已广泛地应用于我国社会、经济和科技领域的规划决策。农林复合生态系统在功能和结构上都是比较复杂的，因此要从多方面来评价它的效益，很多学者曾先后采用层次分析法对农林复合生态系统的效益进行了综合评价，取得了较好的效果。具体分析方法，详见第4章农林复合系统规划中的层次分析法介绍。

7.2.5 农林复合系统效益评价的案例分析

7.2.5.1 果—草复合系统生态经济效益的评价案例

果树是太行山低山丘陵区农业收入的主要来源之一，但与其他林木一样，存在生长周期相对较长的问题，在幼林期（在果树栽培前期）难以产生经济效益。另外，丘陵山区还因土层瘠薄、山区农民收入不高、果园肥料资金投入极为有限，使得果园效益回收周期更加延长。因此，如何充分、合理利用幼林果园林间空地、提高自然资源利用率，同时又能改善果园土壤养分条件、促进果树快速生长，是当前太行山低山丘陵区果园前期生产管理中亟待解决的主要问题。

有研究表明，林草复合（经营）模式，不仅可以提高林地土壤肥力、改善土壤物理结构、促进林木生长，而且还可利用林内"冬春温暖"的小气候环境，利于牧草安全越冬、提早返青，增加牧草产量与质量，最终实现林草互生互利、共同发展。

沙打旺是一种适应性广泛、抗逆强、蛋白质含量高的豆科牧草，是沙地、薄地和山区丘陵地人工种植的先锋草种。所以，在太行山低山丘陵区，开展果树与沙打旺复合经营将具有重要的现实意义。孟平和张劲松等（2004）利用连续2~3年的试验数据，对太行山低山丘陵区苹果—沙打旺复合系统的生态、经济效应进行了研究，旨在为该地区开展果草复合经营提供一定依据。

（1）试验设计

试验果园立地为水平梯田，有灌溉条件。梯田东西长150m，南北宽36m。土壤为轻壤—中壤，土层厚度为70cm。苹果树栽植于1994年，品种为"新红星"，株行距为3m×4m，东西行向。在东西方向上，将果园等分成两部分，分别用于间作沙打旺和清耕（作为对照，CK$_1$），留1.5m树盘直径，以便于果树生产管理。沙打旺播种量为7.5kg/hm^2，播种期为1997年4月10日（第1年），第2年、第3年于4月中旬返青，3年均在9月上旬割草。另设单作沙打旺模式，用于对照试验（CK$_2$），种植面积900.0m^2（25m×36m），立地条件、生产管理水平与间作系统（模式）基本一致。

在复合经营的第3年（1999年）7~8月，树冠中部随机采样（15片），用721分光光度计测定苹果叶片叶绿素含量，每月测定2~3次，每次测定2~3d。同时采用Li-6200光合仪测定苹果树冠层中部叶片的光合速率，每天7:00~19:00，每隔2h测定1次。该年9月进行苹果产量调查。并于复合经营的第2年、第3年进行牧草产量、营养成分（粗蛋白质、粗脂肪和可溶性糖含量）的测定；1999年牧草刈割后，取果园行间中部0~50cm土层混合土样，进行氮、磷、钾及有机质含量的测定。

土地当量（LER）的计算公式为：

$$LER = \frac{APYAAS}{APYCK} + \frac{ADYAAS}{ADYCK} \tag{7-58}$$

式中，LER 为土地当量值（land equivalent ration）；APYAAS 和 APYCK 分别为复合系统、清耕果园的单位面积果实产量；ADYAAS 和 ADYCK 分别为复合系统、单作草场的单位面积牧草产量。

（2）结果分析

①复合系统土壤肥力效应　复合经营的第三年土壤养分测定结果表明，对比清耕果园，苹果—沙打旺复合系统可使果园0~50cm土层土壤有机质含量提高30.0%，速效氮含量提高32.0%（表7-3）。这是由于豆科植物固氮功能和根茬、残留物归还土壤作用的结果。故可认为：苹果园间作沙打旺具有提高土壤氮、碳肥力等作用。但对磷肥的影响则不大，对钾肥肥力还会产生负效果，研究表明，速效钾含量会降低2.1%（表7-3）。因此，苹果园间种沙打旺要及时补充磷肥、钾肥，以免导致土壤营养失调、地力退化。

表7-3　苹果—沙打旺复合系统的土壤养分效应（1999年9月）

项目与观测时间	有机质含量（%）	速效氮含量（μg/L）	速效磷含量（μg/L）	速效钾含量（μg/L）
复合系统（SY）	1.36	62.73	11.47	67.68
清耕果园（CK$_1$）	0.89	47.52	10.88	68.12
（SY－CK$_1$）/CK$_1$（%）	30.0	32.0	1.3	－2.10

②对果树的生理生态及产量、产值的影响

●对苹果落叶期及叶片叶绿素含量的影响。研究结果表明：沙打旺生长的第二年、第三年，复合系统中苹果树的落叶分别为10月8日和10月11日，比清耕果园的10月1日推迟一周之多。叶片叶绿素含量是苹果生长的一个重要生理指标。从表7-4可知，苹果—沙打旺复合系统，苹果叶片叶绿素含量明显高于清耕果园，平均可达35.1%。叶片叶绿素含量增加的原因与复合系统的土壤养分效应有关。

表7-4　苹果—沙打旺复合系统对苹果叶片叶绿素含量的影响(1999年)　　单位:%

项目与观测时间	7月10~12日 3日平均	7月20~22日 3日平均	8月1~3日 3日平均	8月10~12日 3日平均	8月20~22日 3日平均
复合系统(SY)	0.238	0.287	0.297	0.245	0.181
清耕果园(CK$_1$)	0.201	0.247	0.240	0.182	0.134
(SY − CK$_1$)/CK$_1$(%)	18.4	16.2	24.0	28.0	35.1

●对苹果叶片净光合速率的影响。叶片光合速率，是衡量植物生长的一个重要生理指标。由于复合系统土壤养分效应及其导致叶片叶绿素含量增加效应的作用，无疑将会影响到苹果叶片的光合速率。研究表明(表7-5)，沙打旺生长第三年的7~8月，苹果—沙打旺复合系统中苹果叶片净光合速率明显高于清耕果园，平均可达28.0%左右。

表7-5　苹果—沙打旺复合系统对苹果叶片光合速率的影响(1999年)

单位：$[mg\ CO_2/(dm^2 \cdot h)]$

项目与观测时间	7月2日	7月12日	7月21日	8月2日	8月11日	8月22日	总平均
复合系统(SY)	10.112	14.232	16.021	16.198	13.115	10.023	12.8
清耕果园(CK$_1$)	9.458	11.635	12.192	11.272	8.521	5.987	10.0
(SY − CK$_1$)/CK$_1$(%)	6.9	14.0	31.0	35.0	42.0	43.0	28.0

●对果树的株高、胸径及果实产量、产值的影响。复合经营的第三年苹果产量测定结果表明，复合系统中苹果产量为11 928.0kg/hm²，比清耕果园约高15.5%，按0.8元/kg的市场批发价计算，可使果实产值增加1 478.0元/hm²。

③复合系统的牧草生物量效应及质量(营养成分)效应

●牧草生物量效应。从表7-6可知，无论是播种当年(1997年)，还是生长的第二年和第三年，复合系统中的沙打旺株高、干重均明显高于单作系统，3年平均值分别为109.5cm、2 599.4kg/hm²，比单作系统约高23.2%、18.5%。且这种增加效应均是第三年最大，第二年次之，播种当年最小。

表7-6　苹果—沙打旺复合系统的牧草生物量效应

项目与观测时间	沙打旺株高(cm)			沙打旺干重(kg/hm²)		
	播种当年	生长第二年	生长第三年	播种当年	生长第二年	生长第三年
复合系统(SY)	83.4	132.7	112.5	1 173.0	3 750.2	2 875.0
清耕果园(CK$_2$)	70.6	105.8	90.4	1 010.2	3 175.5	2 394.0
(SY − CK$_2$)/CK$_2$(%)	18.0	22.0	24.0	16.1	18.1	19.1

●牧草质量效应。对牧草的基本营养成分进行测定，结果表明（表7-7）：复合系统中沙打旺的粗蛋白质含量、粗脂肪含量和可溶性糖含量均高于单作系统的沙打旺，牧草生长的第二年分别约高 31.1%、24.8%、11.4%，第三年约高 41.6%、29.9%、12.2%，平均可高 36.4%、27.4%、11.8%。故说明：苹果—沙打旺复合系统，不仅具有明显的牧草产量效应，而且还产生良好的质量效应。

表7-7　苹果—沙打旺复合系统牧草质量效应

项目与观测时间	牧草生长第二年			牧草生长的第三年		
	粗蛋白含量	粗脂肪含量	可溶性糖含量	粗蛋白含量	粗脂肪含量	可溶性糖含量
复合系统（SY）（%）	16.0	1.56	13.7	14.3	1.26	11.0
清耕果园（CK$_2$）（%）	12.2	1.25	12.3	10.1	0.97	9.8
（SY－CK$_2$）/CK$_2$（%）	31.1	24.8	11.4	41.6	29.9	12.2

注：各营养成分含量均是牧草干重时的营养含量。

④复合系统土地利用价值　土地利用价值常可用土地当量值（LER）来表示，一般认为，当土地当量值（LER）大于 1.0 时，则具有较好的土地利用价值。本研究对苹果—沙打旺复合系统的土地当量进行计算得到，1999 年的 LER＝1.65，远大于 1.0。因此，可以说明，在太行山低山丘陵区开展苹果—沙打旺复合经营，具有明显的提高土地利用价值的作用，这对土地资源比较紧缺的丘陵地区来说，无疑具有重要的现实意义。

（3）结论

本研究表明，在太行山低山丘陵区，开展苹果—沙打旺复合经营，具有提高果园肥力、促进果树与牧草共生互利、增加土地利用价值等方面的作用。具体结论如下：

①具有明显地增加果园土壤肥力的作用，可使土壤有机质含量、速效氮含量分别提高 30.0%、32.0%。但需及时补充磷肥、钾肥，以免导致土壤营养失调、地力退化。

②可延缓苹果落叶期 3～7d；叶片叶绿素含量提高 35.1%；叶片光合速率提高 28.0%；果实产量可增加 15.5%；产值可增加 1 478 元/hm^2。

③能使沙打旺提早 3～5d 返青；可使株高和产量分别提高 22.0%、19.4%；可使粗蛋白质含量、粗脂肪含量和可溶性糖含量分别增加 36.4%、27.4%、11.8%。

④复合系统的土地当量（LER）可达 1.65，具有较好的土地利用价值。

7.2.5.2　农林复合模式水文生态效应的评价案例

基于农林复合系统的概念、特点及功能，在太行山低山丘陵区发展农林复合系统，将具有重要的实践意义。孟平和张劲松等（2004）对经济林木与药草复合模式、经济林木与蔬菜复合模式的水文生态效应进行了试验研究，为该地区发展农林复合系统经营提供了依据。

（1）试验设计

于 1996 年春季，在海拔为 100m 的丘顶部位，依坡开垦坡荒地、营造隔坡梯田，隔坡距为 4.0m，坡度为 21.5°，每节梯田长度为 8.0m。本研究共设 2 种复合模式、1 种单作模式。复合模式 1：坡面上等高线栽植黄花菜，丛（株）行距为 2m×2m，水平梯田内实行花椒和杜仲隔株间作，株行距为2m×2m，行内种植1行黄花菜，丛距为2m；复合模式2：坡面上等高线栽植藿香，丛（株）行距为2m×2m，水平梯田内实行杜仲和大枣隔株间作，株行距为2m×2m，行内种植1行藿香，丛距为2m；另设自然荒坡地作为对照（CK）。并在各复合模式和对照点建立20m×5m的径流观测场，径流各模式及对照点的土壤质地为轻壤偏沙，颜色为黄褐色，土层深度为50cm。主要观测项目及方法如下：

①土壤水分观测   采用烘干法测定梯田中0～40cm土层土壤含水量，每隔10cm采样。测定时期：1998年和1999年的4～8月。

②降水量观测   采用标准雨量计测定日降水量。

③土壤物理性质的测定   主要内容包括容重、孔隙度等。

④土壤根系重量的测定   采用沟壕挖掘法，取0～40cm土样，室内洗去泥沙、石砾，最后烘干称取重量。

⑤稳渗率和饱和导水率的观测   采用双环定位水头法测定野外条件下的梯田土壤稳渗率和饱和导水率。测定时间为1999年5月13日。

（2）结果与分析

①复合模式土壤水分效应   从表7-8可知，1998年和1999年的4～8月期间，两种复合模式内梯田区域0～40cm土层土壤含水量均高于坡荒地（CK），模式1、模式2比CK分别要高14.7%～33.4%和11.9%～35.8%。由此可见，隔坡梯田农林复合模式具有增加土壤水分的作用。

表7-8   复合模式0～50cm土层土壤水分含量（%）

项目与观测时间	日期（月．日）/1998年								日期（月．日）/1999年			
	4.2	4.12	4.22	5.2	5.22	6.12	7.1	8.22	4.1	5.1	5.13	6.18
模式1（M_1）	15.16	26.02	15.52	23.64	15.38	21.73	15.66	18.93	13.31	10.64	9.75	20.93
模式2（M_2）	14.01	24.15	13.18	21.84	15.10	20.19	14.17	17.02	13.85	10.44	8.34	19.21
对照（CK）	12.08	19.57	11.63	18.94	13.41	18.05	12.33	14.71	10.20	8.52	7.32	16.87
（M_1－CK）/CK	0.255	0.330	0.334	0.248	0.147	0.204	0.270	0.287	0.305	0.249	0.332	0.241
（M_2－CK）/CK	0.160	0.234	0.133	0.153	0.126	0.119	0.149	0.157	0.358	0.225	0.139	0.139

②稳渗率和饱和导水率   雨水从地面进入土层的现象，称为入渗。稳渗率和饱和导水率是反映土壤入渗性的重要指标，与土壤的容重、非毛管空隙度等物理性质密切相关。一般认为，土层中植物根系密度的增加，会改善土壤物理性状，反映到土壤容重、非毛管孔隙度等指标上，则会使前者降低、后者增加，最终将影响到土壤入渗性能。从表7-9可知，0～50cm土层植物根量，模式1和模式2分别比对照（CK）要高25.9%、21.8%；0～40cm土壤容重比CK分别低14.0%、12.7%；非毛管孔隙度，比CK分别低28.8%、27.2%；稳渗率比CK分别高76.1%、65.7%。由此可见，在太行山低山丘陵区荒坡地，修建隔坡梯田，实行经济林木与药草或蔬菜的复合经营，可以起到改良土壤物理结构、提高雨水入渗能力等作用。

表 7-9 农林复合模式条件下土壤入渗性能及其影响因子

项目与观测 时间	根量 （g/cm²）	土壤容重 （%）	非毛管孔 隙度（%）	不同土层土壤饱和导水率（cm/h）			稳渗率 （cm/h）
				0～10cm	10～20cm	20～40cm	
模式1（M₁）	0.46	1.217	12.02	2.354	1.255	0.862	0.759
模式2（M₂）	0.455	1.235	11.87	2.259	1.200	0.859	0.714
对照（CK）	0.365	1.415	9.33	1.589	0.843	0.614	0.431
（M₁－CK）/CK（%）	26.0	－14.0	28.8	48.1	48.9	40.4	76.1
（M₂－CK）/CK（%）	21.9	－12.7	27.2	42.2	42.3	39.9	65.7

③径流量和土壤侵蚀量　由上述分析可知，农林复合模式具有改善土壤入渗性能等作用，因此，将会起到减少地表径流和土壤侵蚀的作用。对每次大雨过后的径流量和土壤侵蚀量进行测定，结果表明（表 7-10），对比荒坡地，模式1、模式2分别可降低27.4%～41.4%、25.4%～36.2%的径流量和48.3%～59.7%、43.5%～56.2%的土壤侵蚀量。因此，可以认为，太行山低山丘陵区，经济林木与药草或蔬菜的复合经营模式，只要设计合理，可以起到有效地控制水土流失的作用。

表 7-10 农林复合模式水土流失效应

项目与观测 时间		日期（月.日）/1998 年							日期（月.日）/1999 年	
		4.1	5.9	6.1	7.16	7.22	8.4	8.11	7.4	8.8
降水量（mm）		41.3	30.7	21.1	35.0	77.1	70.0	29.8	57.0	20.5
径流量 （m³/hm²）	模式1（M₁）	14.64	9.80	6.33	10.43	22.67	21.36	8.46	16.79	5.75
	模式2（M₂）	14.73	10.07	6.93	11.23	24.38	22.15	9.26	18.35	6.26
	CK	20.16	13.49	10.05	15.38	36.83	32.46	14.25	27.27	9.81
径流效应	（CK－M₁）/M₁	－0.274	－0.274	－0.370	－0.322	－0.384	－0.432	－0.406	－0.384	－0.414
	（CK－M₂）/M₂	－0.269	－0.254	－0.310	－0.270	－0.338	－0.318	－0.350	－0.327	－0.362
土壤侵蚀 （t/hm²）	模式1（M₁）	0.3107	0.2007	0.1297	0.2136	0.4642	0.4169	0.1732	0.3437	0.1177
	模式2（M₂）	0.3401	0.2216	0.1308	0.2325	0.5012	0.4568	0.1859	0.3741	0.1280
	CK	0.6015	0.4012	0.2989	0.4577	1.0961	0.9662	0.4243	0.8116	0.2919
侵蚀效应	（CK－M₁）/M₁	－0.483	－0.500	－0.566	－0.533	－0.576	－0.569	－0.592	－0.577	－0.597
	（CK－M₂）/M₂	－0.435	－0.448	－0.562	－0.492	－0.543	－0.527	－0.562	－0.539	－0.561

（3）结论

在太行山低山丘陵区丘顶部位，修建隔坡梯田、设置花椒＋杜仲＋黄花菜、大枣＋杜仲＋藿香两种农林复合经营试验模式，以自然荒坡地为对照，试验结果分析表明，这两种复合模式具有较好的水文生态效应。

因此，可以认为，在太行山低山丘陵区，实行经济林木与药草或蔬菜的复合经营，只要科学地配置结构、模式，就可以既实现控制水土流失等目标，又能兼顾经济效益，这对于促进山区林业的可持续发展，具有十分重要的现实意义。

7.2.5.3 农林复合生态系统综合效益的评价案例

综合效益的大小是标志人工生态系统经营管理质量的重要指标，追求人工生态系统持续稳定的最大的综合效益是生态系统经营的最终目标。农林复合生态系统是典型的人工生态系统，它具备人工生态系统的特点，同时它也具有其独特的特点。它是在农区、丘陵山区农民土地利用的主要形式，是推进农业、农区林业可持续发展的主要土地利用方式。

吴钢等(2002)在系统分析了三峡库首秭归县的主要4种类型农林复合生态系统的结构和功能(生物量、生物生产力、物质循环、能量流动、价值流和土地利用状况)的前提下，采用AHP法(层次分析法)，选用一些综合指标，建立指标体系，与该区典型的农田生态系统进行效益的对比分析，以便探讨并推出最优化的农林复合生态系统生产模式。

(1)试验地的选择及其基本情况

选择的4种农林复合生态系统分别为：柏木林—草类—柑橘林—农作物—蔬菜—鱼塘类型(T_1)(一个坡面自上而下)；柏木林—柑橘林—农作物—蔬菜—鱼塘类型(T_2)；柑橘林—农作物类型(T_3)；柏木林—农作物类型(T_4)。两种农田生态系统类型分别为：小麦—花生类型(T_5)；农作物—蔬菜类型(T_6)。这6种土地利用类型均在三峡库首秭归县曲溪流域内，流域面积$8km^2$。该流域属低山丘陵地貌，4种农林复合生态系统类型分别分布在不同丘陵低山上的南坡，坡面坡度在14°~18°之间。每一低山的高度基本相同(海拔600m)。将每一坡面看作一个完整的生态系统，由于坡面上植被景观不同，形成不同类型的农林复合生态系统。T_5类型和T_6类型分布在流域的下部。此流域为北京林业大学和湖北省林科院的长期定位研究点。水土流失数据、涵养水源数据分别利用了长期定位研究的积累数据。

(2)评价方法

层次分析法(AHP法)是近30年来才提出的一种将定量和半定量指标有效结合起来分析的多目标评判方法，在多目标决策中应用非常广泛。它通过确定研究问题的目标，选择并建立指标体系，计算各指标的值，然后获取综合效益的效益值，以决定几种候选方案的优劣。

①评价指标体系的建立　对于农林复合生态系统这样复杂的生态系统，无论从其结构，还是从其功能来看，能够反映该系统功能性质的指标非常多，但是，任何一个单个指标都无法反映农林复合生态系统的综合特征。为此，根据AHP法中的指标选取原则，选择了有关社会效益、经济效益和生态效益的19个代表性指标(表7-11)。评价体系中，粮食自给程度、薪柴自给程度、木材自给程度、农村生活废物利用程度、环境满意程度5项指标是通过调查问卷形式的专家系统统计而得(362份问卷)；其他指标采用定量实测结果。

②评价过程　应用AHP方法进行农林复合生态系统综合效益评价的步骤为：

a. 确定每一层次的权重系数。首先聘请从事该领域的有关专家、当地领导和经营土地的农民，采用成对比较的方法，根据建立的判断矩阵，求出每一层次目标相对于上一层次目标的单因子权重。

b. 确定组合权重。根据不同层次的单权重,可以求出每一指标相对于综合效益的组合权重。

c. 指标的数量化。根据各指标的数量化特征可以将所有的指标分为两类处理,一类是可以直接用测试数字表达的;另一类是定性的、难以用数字表达的,可以用其指标对不同类型的相对重要性表示。然后将这些数据进行规范化处理,消除量纲差别,作为指标的数量化值。

d. 求出各类型的生态效益、经济效益、社会效益及综合效益值。每一类型的效益值是通过各指标的数量化值乘以相应指标的组合权重,然后求和得到的。

e. 优化生态系统类型的确定。比较各类型的综合效益值,得出优化类型。

f. 根据生态系统的特点(生态学特点、生物学特点和经济学特点),提出优化类型进一步优化的改进途径。

(3)农林复合生态系统的综合效益评价

第一步,按上述步骤,根据测试及调查结果,可以统计农林复合生态系统和农田生态系统生态效益、经济效益和社会效益各项评价指标的原始值(表7-11)。对不同农林复合生态系统和农田生态系统的各项效益评价指标的原始值进行数量化处理,见表7-12。

表 7-11 农林复合系统的效益原始值

| 效益 | 效益指标 | 农林复合生态系统类型 | | | | | |
		T_1	T_2	T_3	T_4	T_5	T_6
社会效益	就业水平(个劳动力/年)	520	510	615	320	320	350
	粮食自给程度(完全自给为1.0)	0.8	0.8	0.9	0.8	1.0	0.9
	薪柴自给程度(完全自给为1.0)	1.0	1.0	1.0	1.0	0.2**	0.2**
	木材自给程度(完全自给为1.0)	1.0	1.0	0.2**	1.0	0.2**	0.2**
经济效益	价值输出量[元/(hm²·a)]	10 951	11 509	28 168	10 584*	5 812	9 507
	物质输出量[kg/(hm²·a)]	281.5	326.2	302.1	276.0*	152.1	124.6
	能量输出量[×10¹⁰J/(hm²·a)]	91.85	65.39	77.64	60.09*	29.88	27.3
	产出投入比(经济产投比)	2.21	2.36	6.13	1.45	1.20	1.99
生态效益	土地利用率	1.88	1.98	4.85	1.69	1.00	1.66
	光能利用率	1.25	1.24	1.39	1.07	0.22	0.31
	养分归还率	10.43	8.09	9.98	9.51	3.25	2.08
	生物量(t/hm²)	28.05*	28.12*	55.01	30.44*	22.05	18.63
	年生物生产力[kg/(hm²·a)]	27.79*	28.76*	47.54	29.00*	22.05	18.63
	农村生活废物利用程度(满意为1)	0.95	0.95	0.90	0.90	0.50	0.50
	环境满意程度(满意为1)	1.0	1.0	1.0	1.0	0.5	0.5
	涵养水源(按水折合为元/hm²)	1 681.2	1 477.2	904.8	724.5	669.0	806.0
	保持水土(按养分折合为元/hm²)	3 409.7	2 274.9	981.0	1 619.6	1 355.0	688.8
	固定CO_2(固定1t成本273.3元)	8 552.8	6 159.2	2 283.0	333.8	1 167.0	1 891.4
	提供O_2(提供1t成本369.7元)	8 484.3	6 154.0	2 438.0	3 357.5	1 054.0	1 844.9

注:* 为包含林木木材的量,这部分是一次性利用时的数量在生长年限内的平均。* * 为部分秸秆和部分秸秆产品。

表 7-12 农林复合生态系统功能指标的权重系数及其归一化处理值

第一层次 D	单权重	第二层次 G	单权重 F	组合权重 H	农林复合生态系统类型					
					T_1	T_2	T_3	T_4	T_5	T_6
社会效益 A	0.30	就业水平	0.20	0.060	1.625 0	1.593 8	1.921 9	1.000 0	1.000 0	1.093 8
		粮食自给程度	0.50	0.150	0.800 0	0.800 0	0.900 0	0.800 0	1.000 0	0.900 0
		薪柴自给程度	0.20	0.060	5.000 0	5.000 0	5.000 0	5.000 0	1.000 0	1.000 0
		木材自给程度	0.10	0.030	5.000 0	5.000 0	2.000 0	5.000 0	1.000 0	1.000 0
经济效益 B	0.40	价值输出量	0.50	0.200	1.884 2	1.980 2	4.846 5	1.821 1	1.000 0	1.635 8
		物质输出量	0.10	0.040	1.850 8	2.144 6	1.986 2	1.814 6	1.000 0	0.819 2
		能量输出量	0.10	0.040	3.074 0	2.188 4	2.598 4	2.011 0	1.000 0	0.913 7
		产出投入比	0.30	0.120	1.841 7	1.966 7	5.108 3	1.208 3	1.000 0	1.658 3
生态效益 C	0.30	土地利用率	0.10	0.030	1.880 0	1.980 0	4.850 0	1.690 0	1.000 0	1.660 0
		光能利用率	0.10	0.030	5.681 8	5.636 4	6.318 2	4.863 6	1.000 0	1.409 1
		养分归还率	0.10	0.030	3.209 2	2.489 2	3.070 8	2.926 2	1.000 0	0.640 0
		生物量	0.10	0.030	1.272 1	1.275 3	2.494 8	1.380 5	1.000 0	0.844 9
		年生物生产力	0.15	0.045	1.260 3	1.304 3	2.156 0	1.315 2	1.000 0	0.844 9
		农村生活废物利用程度	0.05	0.015	1.900 0	1.900 0	1.800 0	1.800 0	1.000 0	1.000 0
		环境满意程度	0.05	0.015	2.000 0	2.000 0	2.000 0	2.000 0	1.000 0	1.000 0
		涵养水源	0.10	0.030	2.513 0	2.208 1	1.352 5	1.083 0	1.000 0	1.204 8
		保持水土	0.10	0.030	2.516 4	1.678 9	0.724 0	1.195 3	1.000 0	0.508 3
		固定 CO_2	0.05	0.015	7.328 9	5.277 8	1.956 3	0.286 0	1.000 0	1.620 7
		提供 O_2	0.10	0.030	8.049 6	5.838 7	2.313 1	3.185 5	1.000 0	1.750 4
综合效益 E					58.687	52.262	53.397	40.380	19	21.504

第二步，以 T_5 类型(小麦—花生农田生态系统)为标准化值 1，对其他各项指标进行处理。其处理后的指标数值能反映出不同生态系统间效益的差异程度，处理后的指标值和各效益指标在不同层次上的权重系数及组合权重系数分析见表 7-12。

第三步，将表 7-11 和表 7-12 数据进一步归一化处理，将 4 种农林复合生态系统和 2 种农田生态系统综合效益最大的生态系统的综合效益值看作 1，则对其他各系统及其不同生态系统中生态效益、社会效益和经济效益对综合效益的贡献量进行分析，其结果见表 7-13。

表 7-13 农林复合生态系统效益指标的标准数量化值

效益	效益指标	农林复合生态系统类型					
		T_1	T_2	T_3	T_4	T_5	T_6
社会效益 A	就业水平	0.845 5	0.829 3	1.000 0	0.520 3	0.520 3	0.569 1
	粮食自给程度	0.800 0	0.800 0	0.900 0	0.800 0	1.000 0	0.900 0
	薪柴自给程度	1.000 0	1.000 0	1.000 0	1.000 0	0.200 0	0.200 0
	木材自给程度	1.000 0	1.000 0	0.200 0	1.000 0	0.200 0	0.200 0

（续）

效益	效益指标	农林复合生态系统类型					
		T_1	T_2	T_3	T_4	T_5	T_6
经济效益 B	价值输出量	0.388 8	0.408 6	1.000 0	0.375 7	0.206 3	0.337 5
	物质输出量	0.863 0	1.000 0	0.926 1	0.846 1	0.466 3	0.382 0
	能量输出量	1.000 0	0.712 0	0.845 3	0.654 2	0.325 3	0.297 2
	产出投入比	0.360 5	0.385 0	1.000 0	0.236 5	0.195 8	0.324 6
生态效益 C	土地利用率	0.387 6	0.408 2	1.000 0	0.348 5	0.206 2	0.342 3
	光能利用率	0.899 3	0.892 1	1.000 0	0.769 8	0.158 3	0.223 0
	养分归还率	1.000 0	0.775 6	0.956 9	0.911 8	0.311 6	0.199 4
	生物量	0.509 9	0.511 2	1.000 0	0.553 4	0.400 8	0.338 7
	年生物生产力	0.584 6	0.605 0	1.000 0	0.610 0	0.463 8	0.391 9
	农村生活废物利用程度	1.000 0	1.000 0	0.947 4	0.947 4	0.526 3	0.526 3
	环境满意程度	1.000 0	1.000 0	1.000 0	1.000 0	0.500 0	0.500 0
	涵养水源	1.000 0	0.878 7	0.538 2	0.430 9	0.397 9	0.479 4
	保持水土	1.000 0	0.667 2	0.287 7	0.475 0	0.397 4	0.202 0
	固定 CO_2	1.000 0	0.720 1	0.266 9	0.039 0	0.136 4	0.221 1
	提供 O_2	1.000 0	0.725 3	0.287 4	0.395 7	0.124 2	0.217 4

第四步，将农林复合生态系统不同类型中综合效益最大的看作为 1，分析各类型农林复合生态系统及农田生态系统的综合效益，其结果见表 7-14。

表 7-14 农林复合生态系统效益分析

效益	农林复合生态系统类型					
	T_1	T_2	T_3	T_4	T_5	T_6
社会效益	0.233 1	0.232 1	0.198 2	0.212 3	0.122 8	0.119 5
经济效益	0.167 0	0.160 2	0.241 2	0.135 1	0.076 3	0.085 8
生态效益	0.599 9	0.523 3	0.529 7	0.414 4	0.231 7	0.232 8
综合效益	1.000 0	0.915 6	0.969 1	0.761 8	0.430 8	0.438 1

从分析结果可以看出，农林复合生态系统的社会效益、经济效益、生态效益均大于农田生态系统，其综合效益也大于农田生态系统。就社会效益而言，其效益排列顺序为：T_1 类型 > T_2 类型 > T_4 类型 > T_3 类型 > 农田生态系统（T_5 类型和 T_6 类型）；就经济效益而言：T_3 类型 > T_1 类型 > T_2 类型 > T_4 类型 > 农田生态系统（T_5 类型和 T_6 类型）；就生态环境效益而言：T_1 类型 > T_3 类型 > T_2 类型 > T_4 类型 > 农田生态系统（T_5 类型和 T_6 类型）。

（4）结论与讨论

①T_1 类型农林复合生态系统的综合效益约为 T_5 类型（农田生态系统）的 3.1 倍；T_2 类型约为 T_5 类型的 2.75 倍；T_3 类型约为 T_5 类型的 2.81 倍；T_4 类型约为 T_5 类型的 2.13 倍。综合效益中，T_1 类型、T_2 类型、T_3 类型、T_4 类型、T_5 类型、T_6 类型中的社会效益、经济效益、生态效益，分别占 21.17%、14.74%、64.09%；23.72%、15.84%、60.44%；

18.39%、27.23%、54.38%；29.22%、16.98%、53.80%；21.05%、21.05%、57.90%；18.57%、23.38%、58.05%。可见，无论在社会效益、经济效益、生态效益的单项效益上，还是在社会、经济、生态的综合效益上，农林复合生态系统均大于农田生态系统。

②农林复合生态系统的综合效益均大于农田生态系统，而针对该4种农林复合生态系统来说，其综合效益是 T_1 类型 > T_3 类型 > T_2 类型 > T_4 类型，这一分析结果应是相对的，对每一种农林复合生态系统，它的综合效益均是随着其结构、外界环境、产品市场价格、人为经营方式和投入强度的不同而不同，在该区，它优于农田生态系统，但是并不能说在该区这4种类型就是最优化的农林复合生态系统，也不能说，该4种农林复合生态系统结构最合理、功能最佳、效益最高。

③三峡库区地处亚热带，雨量充沛，温湿度较适合于多种植物的生长，如何将木材树木、经济林树木、牧草、药材、农作物、渔业养殖、家禽养殖等利用生态工程的原理，合理而科学地组合在一起，将时间配置、空间配置、农林复合生态系统的产品配置等更趋于科学合理，将粮食产品、肉类产品、木本粮油产品、果实产品与生态环境的维护与改善等有机地结合在一起等，这些研究将是科学合理地开发三峡库区区域资源(水、土、气、生等资源)的长期而重要的课题，也是决定三峡库区可持续发展的主要方面。

④丘陵山区农林复合生态系统不同于平原农区农林复合生态系统，平原农区农林复合生态系统主要以保护农田、提高农产品质量、调节农区小气候、满足农村木材和薪柴及果品的需要等为目的；而丘陵山区除了以上经营目的之外，更为重要的还有防治水土流失和土壤侵蚀、涵养水源、保护水质、改良土壤等目的。三峡库区土地资源紧张，人均耕地少，人口密度大，水土流失严重，因此，对农林复合生态系统的综合研究，探讨结构优化、功能最佳的农林复合生态系统将更有意义。

本章小结

农林复合系统经营的目的就是追求持续的经济效益、生态效益、社会效益及综合效益。对农林复合系统的监测和评价是对农林复合系统做出科学预测和决策的重要依据。本章详细介绍了农林复合系统监测目的、指标体系、监测方法以及监测规范；并具体介绍了农林复合系统生态效益、经济效益、社会效益以及综合效益及其评价方法，同时还提供了一个果—草复合系统综合效益评价的典型案例。

要求学生了解农林复合系统监测的目的和基本程序，掌握监测的主要指标及其监测方法；了解农林复合系统效益的表现形式和基本计算方法，掌握和运用综合效益评价的主要方法。

思考题

1. 农林复合系统监测的目的与特点是什么？
2. 农林复合系统监测的基本任务是什么？
3. 农林复合系统监测应包括哪些基本指标？
4. 农林复合系统小气候效应常规监测的主要内容有哪些？
5. 农林复合系统监测方法有哪些？实际应用中应如何选择适当的监测方法？
6. 如何科学表述农林复合系统的监测结果？

7. 农林复合系统的生态效益主要体现在哪些方面?

8. 农林复合系统经济效益动态评价的主要指标有哪些?

9. 农林复合系统社会效益评价的主要指标有哪些?

10. 简述农林复合系统综合效益评价的主要方法。

本章推荐阅读书目

1. 环境监测. 奚旦立，孙裕生，刘秀英. 高等教育出版社，2004.

2. 农林复合生态系统研究. 孟平，张劲松，樊巍，等. 科学出版社，2004.

3. 草地生态系统观测方法——野外试验站(台)观测方法丛书. 陈佐忠，汪诗平. 中国环境科学出版社，2004.

CORE J. 2004. Agroforestryand wildlife management go together on small farms [J]. Agricultural Research, 52 (12): 8 – 9.

ELLIS E A. 2005. Development of a web – based application for agroforestry planning and tree selection [J]. Computers & Electronics in Agriculture, 49(1): 129 – 141.

LU J B. 2006. Energy balance and economic benefits of two agroforestry systems in northern and southern China [J]. Agriculture, Ecosystems & Environment, 116(3/4): 255 – 262.

MEAD R. WILLEY RW. 1990. The concept of a land equivalent ratio and advantages in yields from intercropping [J]. Experimental Agriculture, 16(3): 217 – 228.

T. L. 萨带. 1988. 层次分析法——在资源分配、管理和冲突分析中的应用[M]. 许树柏, 等译. 北京: 煤炭工业出版社.

包维楷, 刘照光, 钱能斌. 1999. 果农间作模式优化调控研究Ⅲ玉米间作栽培试验[J]. 应用生态学报, 10(3): 293 – 296.

卜崇峰, 蔡强国, 袁再健. 2006. 湿润区坡地香根草植物篱农作措施对土壤侵蚀和养分的影响[J]. 农业工程学报, 22(5): 55 – 59.

蔡国军, 张仁陟, 莫保儒, 等. 2008. 定西安家沟流域 3 种典型农林复合模式的评价研究[J]. 水土保持研究, 15(5): 120 – 124.

曹建华, 蒋菊生, 梁玉斯. 2007. 胶—农复合生态系统生态效益比较研究[J]. 热带农业科学, 27(6): 1 – 4.

曹新孙. 1983. 农田防护林学[M]. 北京: 中国林业出版社.

陈传胜. 2004. 果园套种模式的研究[J]. 安徽林业科技(4): 14.

陈凯. 1998. 低山红壤地柑橘—花生立体复合体系效益的研究[J]. 当代复合农业, 3(6): 58 – 62.

陈利顶, 李俊然, 傅伯杰. 2001. 三峡库区生态环境综合评价与聚类分析[J]. 农村生态环境, 17(3): 35 – 38.

陈爽, 彭补拙. 1996. 运用系统动力学方法进行生态经济规划研究—以新疆库尔勒地区为例[J]. 经济地理, 16(2): 44 – 49.

陈卫平, 朱清科, 薛智德, 等. 2008. 农林复合系统规划设计的研究进展[J]. 西北林学院学报, 23 (4): 127 – 131.

陈远生, 甘先华, 周毅, 等. 1996. 海岸带农林复合生态系统建立技术[J]. 防护林科技(4): 11 – 14.

陈佐忠, 汪诗平. 2004. 草地生态系统观测方法——野外试验站(台)观测方法丛书[M]. 北京: 中国环境科学出版社.

迟维韵. 1990. 生态经济理论与方法[M]. 北京: 中国环境科学出版社.

丁松爽, 苏培玺, 严巧娣, 等. 2009. 不同间作条件下枣树的光合特性研究[J]. 干旱地区农业研究, 27(1): 184 – 189.

杜广云，曲现婷，黄国赏，等. 2004. 枣粮椒间作模式初探[J]. 林业科技，29(4)：56.

樊巍，高喜荣. 2004. 林草牧复合系统研究进展[J]. 林业科学研究，17(4)：519-524.

樊巍，李芳东，孟平. 2000. 河南平原复合农林业研究[M]. 河南：黄河水利出版社.

冯宗炜，王效科，吴刚，等. 1992. 农林业系统结构和功能——黄淮海平原豫北地区研究[M]. 北京：中国科学技术出版社.

傅伯杰，等. 2001. 景观生态学[M]. 北京：科学出版社.

傅金和，傅懋毅，方敏瑜. 1993. 中国亚热带东部地区的主要农用林业模式[J]. 中南林学院学报，13(2)：186-191.

高鹏，贾天会，郑国相. 1998. 辽西旱坡地集流聚肥梯田复合农林业种植模式的研究[J]. 当代复合农林业，3：63-65.

高英旭，刘红民，张敏，等. 2008. 辽西低山丘陵区农林复合经营的效应[J]. 辽宁林业科技(1)：31-34.

韩庆之. 2005. 环境监测[M]. 北京：中国环境科学出版社.

何宗明，杨玉盛，邹双全. 1996. 杉木不同复合经营模式综合效益的研究[J]. 南京林业大学学报，20(4)：57-60.

河南农业大学，东北农学院，等. 1987. 农业系统工程基础[M]. 郑州：河南科学技术出版社.

胡耀华. 1996. 湖光农场最优作物布局研究[J]. 热带作物研究，36(2)：32-36.

黄云鹏. 2002. 森林培育[M]. 北京：高等教育出版社.

黄志平. 2006. 虎纹蛙、鱼、林生态种养试验[J]. 水产养殖，27(3)：24-25.

火建福，汪杰，虞木奎. 2009. 果农复合经营模式效益分析——以上海市南汇区桃树—青菜复合模式为例[J]. 林业科技情报，41(4)：12-13.

姜凤岐，朱教君，曾德慧，等. 2003. 防护林经营学[M]. 北京：中国林业出版社.

蒋建平，黄志霖. 1996. 试论平原农区庭院复合经营的结构模式[J]. 河南农业大学学报，30(1)：50-56.

李红菊. 2005. 枣农复合经营优化配置模式[J]. 山西林业科技(2)：36-37.

李洪远. 2006. 生态学基础[M]. 北京：化学工业出版社.

李俊祥，宛志沪. 2000. 淮北平原农林复合生态系统类型的灰色局势决策[J]. 农业现代化研究，21(3)：138-142.

李文华，赖世登. 1994. 中国农林复合经营[M]. 北京：科学出版社.

李孝良. 2010. 安徽省沿淮地区农林复合经营模式的研究[J]. 安徽农学通报，16(11)：219-220.

李阳兵，谢德体，杨朝现. 2001. 坡地开发中的植物篱技术[J]. 热带地理，21(2)：121-124.

李振基，陈小麟，郑海雷. 2004. 生态学[M]. 北京：科学出版社.

李志贵，王世平，顾光银. 2009. 梁南村"桑—蚕—菇"综合开发模式与技术[J]. 安徽农学通报，15(5)：129.

李智广，等. 2006. 水土保持监测技术指标体系[M]. 北京：中国水利水电出版社.

梁玉斯，蒋菊生，曹建华. 2007. 农林复合生态系统研究综述[J]. 安徽农业科学，35(2)：567-569.

林卿，张鼎华，危廷林，等. 1998. 闽北山区坡地农林复合经营生态模式的研究[J]. 生态农业研究，6(4)：60-63.

林日建，胡耀华. 1991. 灰色系统理论与海南农业系统发展分析[J]. 热带作物研究，44(2)：1-7.

刘宝碇，赵瑞清. 1998. 随机规划与模糊规划[M]. 北京：清华大学出版社.

刘贵周，蔡传涛，罗媛. 2008. 不同混农林种植模式下糖胶树生物量与生长规律研究[J]. 中国生态农业学报，16(1)：150-154.

刘金勋，李文华，赖世登. 1996. 地理信息系统技术在农林复合经营设计中的应用[J]. 农业系统科学与综合研究，12(4)：249－252.

刘金勋，李文华，张仁杰. 1996. 农林复合经营系统模式化仿真模型研究[J]. 农业系统科学与综合研究，12(4)：261－266.

刘宁，余雪标，林培群，等. 2009. 桉树—甘蔗间作模式及配套管理技术[J]. 广东农业科学（7）：32－34.

刘新宇，赵岭，许成启，等. 2000. 黑龙江省平原缓丘农区农林复合经营开发模式探讨[J]. 防护林科技，44(3)：76－78.

刘兴宇，曾德慧. 2007. 农林复合系统种间关系研究进展[J]. 生态学杂志，26(9)：1464－1470.

刘永涛，于法隐. 1997. 灰色关联分析在汉江平原三高棉田优化模式中的应用[J]. 农业系统科学与综合研究，13(1)：29－32.

刘苑秋，郭晓敏，黄小珊，等. 1998. 赣南低丘陵橘园立体经营模式研究[J]. 江西农业大学学报，20(1)：96－100.

娄安如. 1995. 农林复合生态系统简介[J]. 生物学通讯，30(5)：9－10.

卢国珍，李洪波，步兆东，等. 2004. 辽西半干旱区杏(枣)农复合模式的研究[J]. 辽宁林业科技（5）：16－19.

卢琦，李新荣，肖洪浪，等. 2004. 荒漠生态系统观测方法——野外试验站(台)观测方法丛书[J]. 北京：中国环境科学出版社.

卢琦，赵体顺，师永全，等. 1999. 农用林业系统仿真的理论和方法[M]. 北京：中国环境科学出版社.

罗贞礼. 2005. 可持续发展背景下区域农业结构调整研究[M]. 长沙：湖南人民出版社.

麦肯齐，A.S. 鲍尔，S.R. 弗迪. 2004. 生态学[M]. 北京：科学出版社.

孟繁志，李长军，赵冰，等. 2004. 辽宁西部低山丘陵区农林复合经营技术的研究[J]. 辽宁林业科技（1）：9－11.

孟平，张劲松，樊巍，等. 2004. 农林复合生态系统研究[M]. 北京：科学出版社.

孟平，张劲松，樊巍. 2003. 中国复合农林业研究[M]. 北京：中国林业出版社.

孟庆法，侯怀恩. 1995. 黄淮海平原沙区金银花与农桐间作模式研究[J]. 生态经济(6)：43－45.

孟庆岩，王兆骞，姜曙千. 1999. 我国热带地区胶—茶—鸡农林复合系统能流分析[J]. 应用生态学报，10(2)：172－174.

孟庆岩，王兆骞，姜曙千. 2000. 我国热带地区胶—茶—鸡农林复合系统物质循环研究[J]. 自然资源学报，15(1)：61－65.

孟庆岩，王兆骞，宋莉莉. 2000. 我国热带地区胶—茶—鸡农林复合系统氮循环研究[J]. 应用生态学报，11(5)：707－709.

孟庆岩，叶旭君，严力蛟，等. 1999. 中国热带地区胶—茶—鸡农林复合模式生态效益研究[J]. 浙江农业学报，11(4)：193－195.

孟庆岩. 2001. 我国热带地区胶—茶—鸡农林复合模式社会经济效益分析[J]. 中国人口·资源与环境，11(52)：44－46.

莫保儒，蔡国军，于洪波，等. 2006. 定西黄土丘陵沟壑区农林复合系统主要类型及其模式设计[J]. 甘肃农业科技(3)：31－33.

莫保儒，彭鸿嘉，蔡国军，等. 2004. 定西地区黄土丘陵沟壑区农林复合生态系统分类研究[J]. 甘肃林业科技，29(12)：7－10.

潘标志. 2006. 毛竹雷公藤混农经营技术与固土保水功能[J]. 亚热带农业研究，2(4)：262－265.

潘超美，杨风，郑海水，等. 2000. 橡胶林在间种砂仁与咖啡的模式下土壤微生物生物量[J]. 土壤与环境，9(2)：114－116.

潘玉君，等. 2005. 可持续发展原理[M]. 北京：中国社会科学出版社.

庞爱权. 1997. 中国农林复合生态系统的经济评价[J]. 自然资源学报，12(4)：176－181.

彭鸿嘉，莫保儒，蔡国军，等. 2004. 甘肃中部黄土丘陵沟壑区农林复合生态系统综合效益评价[J]. 干旱区地理，27(3)：367－371.

彭晓邦，蔡靖，姜在民，等. 2009. 光能竞争对农林复合生态系统生产力的影响[J]. 生态学报，29(1)：545－552.

戚新和. 2004. 旱地庭院农林复合经营建植技术[J]. 甘肃科技，20(5)：138－139.

戚英，虞依娜，彭少麟，等. 2007. 广东鹤山林—果—草—鱼复合生态系统生态服务功能价值评估[J]. 生态环境，16(2)：584－591.

钱学森，等. 2007. 论系统工程(新世纪版)[M]. 上海：上海交通大学出版社.

乔发才. 2008. 枣农间作综合效益调查分析[J]. 水土保持应用技术(4)：48－49.

秦富仓，等. 2003. 生态环境规划[M]. 呼和浩特：内蒙古人民出版社.

沙颂阳，罗治建，万开，等. 2008. 幼龄杨树与不同农作物农林复合模式经营年限探讨[J]. 福建林业科技，35(4)：185－189.

尚玉昌. 2003. 生态学概论[M]. 北京：北京大学出版社.

佘济云，张华英，李伟. 2004. "3S"技术与农林复合生态系统景观格局分析[J]. 经济林研究，22(4)：53－55.

沈立新，赵自富，白如礼，等. 1999. 云南省怒江峡谷区桐农复合经营模式效益分析[J]. 生态农业研究，7(1)：75－76.

沈小峰，等. 1987. 耗散结构理论[M]. 上海：上海人民出版社.

史彦江，卓热木·塔西，等. 2010. 枣农间作系统小气候水平分布特征研究[J]. 新疆农业科学，47(5)：888－892.

司洪生. 1998. 论农林复合生态工程建设问题[J]. 世界林业研究，11(3)：67－71.

宋西德，刘粉莲，张永. 2004. 黄土丘陵沟壑区林农复合生态系统立体经营模式研究[J]. 西北林学院学报，19(4)：43－46.

苏培玺，解婷婷，丁松爽. 2010. 荒漠绿洲区临泽小枣及枣农复合系统需水规律研究[J]. 中国生态农业学报，18(2)：334－341.

孙东川，林福永，孙凯. 2009. 系统工程引论[M]. 2版. 北京：清华大学出版社.

孙飞达，于洪波，陈文业. 2009. 安家沟流域农林草复合生态系统类型及模式优化设计[J]. 草业科学，26(9)：190－194.

孙辉，唐亚，何永华，等. 2002. 等高固氮植物篱模式对坡耕地土壤养分的影响[J]. 中国生态农业学报，10(2)：79－82.

孙辉，唐亚，谢嘉穗. 2004. 植物篱种植模式及其在我国的研究和应用[J]. 水土保持学报，18(2)：114－117.

谭跃进，陈英武，易进先. 1999. 系统工程原理[M]. 北京：国防科技大学出版社.

唐光旭，彭九生，杜强，等. 1997. 乌桕农林复合经营模式及其经济效益分析[J]. 经济林研究，15(1)：51－52.

田茂洁，等. 2006. 高植物篱模式下土壤物理性质变化与水土保持效果研究进展[J]. 土壤通报，37(2)：383－386.

田兴军. 2005. 生物多样性及其保护生物学[M]. 北京：科学出版社.

童庆元，周顺元，童云峰，等. 2008. 兰溪枣园经营模式调查与分析[J]. 浙江林业科技，28(4)：92－94.

汪德玉. 2005. 江淮丘陵农林复合经营系统类型的划[J]. 安徽农业科学，33(1)：82－83.

汪应洛. 1998. 系统工程理论、方法和应用[M]. 2版. 北京：高等教育出版社.

王邦兆. 2001. 区域农业生态系统的系统动力学模型及仿真[J]. 统计与决策，12：36－37.

王汉杰. 1999. 农林复合生态系统与低层大气间的通量研究[J]. 应用生态学报，10(5)：534－538.

王槐清. 2009. 重庆市云阳县桐粮间作模式及效益分析[J]. 中国西部科技，8(18)：1－2.

王礼先，王斌瑞，朱金兆，等. 2000. 林业生态工程学[M]. 2版. 北京：中国林业出版社.

王礼先，朱金兆. 2005. 水土保持学[M]. 2版. 北京：中国林业出版社.

王立刚，赵岭，许成启，等. 2000. 黑龙江省西部农林复合经营类型、模式及其效益分析[J]. 防护林科技，44(3)：32－37.

王丽梅，邵明安，郑纪勇，等. 2005. 渭北旱塬两种类型农林复合经营生态系统环境效应评价[J]. 农业环境科学学报，24(5)：940－944.

王玲玲，何丙辉. 2002. 农林复合经营实践与研究进展[J]. 贵州大学学报，21(6)：448－452.

王青. 1997. 黄土高原可持续农业开发模式研究——以陕西黄土高原区为例[J]. 干旱区研究，14(2)：45－50.

王世忠，郭浩，李树民，等. 2003. 辽西地区几种农林复合型水土保持林模式的研究[J]. 林业科学，39(3)：163－168.

王寿云，于景元，戴汝为，等. 1996. 开放的复杂巨系统[M]. 杭州：浙江科学技术出版社.

王燕，宋凤斌，刘阳. 2006. 等高植物篱种植模式及其应用中存在的问题[J]. 广西农业生物科学，25(4)：369－374.

王佑民，王忠林. 1992. 黄土高原沟壑区混农林的结构及其防护效益研究[J]. 水土保持学报，6(4)：54－59.

王治国，张云龙，刘徐师，等. 2000. 林业生态工程学[M]. 北京：中国林业出版社.

王百田. 2010. 林业生态工程学[M]. 3版. 北京：中国林业出版社.

韦玉春，陈锁忠. 2005. 地理建模原理与方法[M]. 北京：科学出版社.

文雅，宋桂琴，李锐，等. 1996. 系统动力学仿真方法在土地生态设计中的应用——以渭北高原沟壑区长武县为例[J]. 水土保持学报，2(3)：48－55.

吴发启，刘秉正. 2003. 黄土高原流域农林复合配置[M]. 郑州：黄河水利出版社.

吴钢，魏晶，张萍，等. 2002. 三峡库区农林复合生态系统的效益评价[J]. 生态学报，22(2)：233－239.

吴胜军. 2003. 农村生态经济系统动态仿真分析——以湖北省崇阳县为例[J]. 农业系统科学与综合研究，19(1)：5－8.

吴晓婷，陈亮中. 2006. 农林复合系统分类体系与研究方法综述[J]. 林业调查规划，31(3)：101－104.

吴祖建，林奇英，谢联辉. 2003. 不同类型土壤作物混合种植布局优化模型[J]. 农业系统科学与综合研究，19(1)：5－8.

奚旦立，孙裕生，刘秀英. 2004. 环境监测[M]. 北京：高等教育出版社.

席桂萍. 2008. 豫东黄河故道农林复合生态模式经济效益分析[J]. 河南林业科技，28(2)：23－25.

袭福庚，方嘉兴. 1996. 农林复合经营系统及其实践[J]. 林业科学研究，9(3)：318－322.

肖笃宁，等. 2003. 景观生态学[M]. 北京：科学出版社.

邢尚军，张建锋，郗金标. 2003. 黄河三角洲地区农林复合经营模式构建技术及效益分析[J]. 东北林业大学学报，31(6)：102-103.

熊文愈，姜志林，等. 1994. 中国农林复合经营研究与实践[M]. 江苏：江苏科学技术出版社.

徐呈祥，徐锡增. 2005. 枣粮间作的机制优化模式及管理[J]. 江苏林业科技，32(1)：42-45.

徐福元，葛明宏，张培，等. 2001. 不同类型林带对鱼塘环境因子的调节作用及林渔复合经营系统模式的组建[J]. 江苏林业科技，28(5)：1-5.

徐建华. 2002. 现代地理学中的数学方法[M]. 北京：高等教育出版社.

徐小牛. 2008. 林学概论[M]. 北京：中国农业大学出版社.

许涤新. 1987. 生态经济学[M]. 杭州：浙江人民出版社.

薛华成. 2007. 管理信息系统[M]. 5版. 北京：清华大学出版社.

薛建辉，徐友新. 1998. 湿地农林复合经营类型与技术[J]. 林业科技开发(4)：56-58.

薛建辉. 1991. 灰色局势决策在林下间作作物组合优化中的应用[J]. 生态学杂志，10(2)：32-35.

杨萌. 2010. 三峡库区果粮间作模式及效益分析——以云阳县为例[J]. 中国西部科技，9(19)：43-44.

杨学津. 1998. 系统科学理论与方法[M]. 济南：山东人民出版社.

杨玉盛，王启其. 1996. 杉木、油桐、仙人草复合经营模式生物量的研究[J]. 福建林学院报，16(3)：200-204.

杨玉盛，俞新妥，林先富. 1993. 杉木—山苍子—作物复合经营模式土壤肥力的研究[J]. 林业科学，29(2)：97-102.

叶晓伟，张放，方志根. 2007. 丘陵山区梨—草—鸡复合系统的生态经济分析——浙江南部丘陵山区农林复合模式[J]. 农机化研究(2)：70-72.

余晓章. 2003. 农林复合模式研究与进展[J]. 四川林勘设计(3)：7-10.

余新晓，等. 2006. 景观生态学[M]. 北京：高等教育出版社.

张鼎华，罗金旺，吴建平，等. 2008. "林—蛙—鱼"生态农业模式研究[J]. 中国生态农业学报，16(1)：183-186.

张健，窦永群，桂仲争，等. 2010. 南方蚕区蚕桑产业循环经济的典型模式——桑基鱼塘[J]. 蚕业科学，36(3)：470-474.

张均营，王振一. 1999. 农林复合生态系统林网——杨农间作模式的初步研究[J]. 河北林业科技(1)：4-6.

张均营，吴炳奇，刘亚民. 1998. 农林复合生态系统优化模式研究——以河北省饶阳区为例[J]. 生态农业研究，6(3)：55-58.

张燕，余雪标. 2007. 桉—农复合经营对甘蔗产量的影响及其经济效益分析[J]. 热带农业科学，27(5)：27-30.

张玉峰，白志明. 1996. 灰色预测在农林牧系统结构预测中的应用[J]. 山西农业大学学报，16(4)：414-417.

赵成义，王玉朝，李志良，等. 2002. 西北干旱区退耕还林(草)后水土资源开发的优化模式研究[J]. 干旱区地理，25(4)：321-328.

赵济，陈传康. 1999. 中国地理[M]. 北京：高等教育出版社.

赵廷宁，丁国栋，马履一，等. 2004. 生态环境建设与管理[M]. 北京：中国林业出版社.

赵兴征，卢剑波，田小明. 2005. 竹林—鸡农林系统模式效益探析[J]. 中国生态农业学报，13(2)：164-166.

中国21世纪议程管理中心. 2006. 可持续发展管理[M]. 北京：科学出版社.

中国生态系统研究网络科学委员会. 2007. 陆地生态系统生物观测规范[M]. 北京：中国环境科学出

版社.

周德群. 2005. 系统工程概论[M]. 北京：科学出版社.

周刚，倪爱平，袁正科，等. 2000. 衡阳县英南试验示范区防护林农林复合经营系统结构优化方案研究[J]. 湖南林业科技，27(3)：53-59.

周海林. 2004. 可持续发展原理[M]. 北京：商务印书馆.

周家维，安和平. 2002. 贵州喀斯特地区农林复合系统的分类[J]. 贵州林业科技，30(2)：31-34.

朱清科，沈应柏，朱金兆. 1999. 黄土区农林复合系统分类体系研究[J]. 北京林业大学学报，21(3)：36-40.

朱清科，肖斌. 1994. 淳化泥河沟流域农林复合生态经济系统优势分析[J]. 西北林学院学报，9(1)：52-57.

朱清科，朱金兆. 2003. 黄土区退耕还林可持续经营技术[M]. 北京：中国林业出版社.

朱首军，丁艳芳. 2000. 土壤—植物—大气(SPAC)系统和农林复合系统水分运动研究综述[J]. 水土保持研究，1(7)：49-53.

朱廷，关德新，周广胜，等. 2001. 农田防护林生态工程学[M]. 北京：中国林业出版社.